纺织服装类"十四五"部委级规划教材

女装结构综合设计

女装结构细节处理与解析大全

徐雅琴　编著

東華大學出版社 · 上海

目录 | CONTENTS

前言 | PREFACE

服装结构设计作为服装设计的重要组成部分，已经成为服装设计专业的主干课程之一。我国服装工业的迅速发展，需要大量服装结构设计方面的人才。现在服装结构设计已经成为服装专业学生学习的一门重要的必修课程，也是从事服装应用与技术研究应该掌握的重要知识之一。目前，随着服装CAD的应用与逐渐普及，服装结构设计对精确性要求更高了。为了适应服装结构设计课程学习的要求，作者根据多年教学与科研实践经验编著了本教材，希望给服装专业学生及广大读者提供一本既能保持教学的系统性，又能反映当前服装结构设计发展最新成果的教科书。

服装结构设计是以研究服装结构规律及分解原理为基础，通过服装款式结构的展开与分割等方法，构成服装平面结构图为主要内容的一门专业性很强的课程。服装结构设计根据穿着对象的不同，可分为男装、女装和童装结构设计。本教材选取女装结构设计的角度，对服装结构设计的构成原理、构成细节解析、款式变化等方面，进行了系统而较全面地解剖和分析。

本教材的写作思路：总框架由分部结构设计和整装结构设计两部分组成。分部结构设计内容包括衣身、衣领、衣袖结构设计，其内容为每一分部结构设计的分类及构成原理、各类款式变化原理与方法及款式结构的具体处理。整装结构设计包括衬衣、连衣裙、春秋上衣、大衣结构设计，其内容为各类衬衣、连衣裙、春秋上衣及大衣款式的结构处理方法。

本书注意保持了教学内容的系统性，同时以女装结构设计应用为主线，加入了衣身、衣领、衣袖的结构设计方法等细节解析，力求能反映女装结构设计的全过程。在本书编著过程中，作者力求做到层次清楚、语言简洁流畅、内容丰富，既便于读者循序渐进地系统学习，又能使读者了解到服装结构设计的新发展。希望本书对读者掌握女装结构设计的知识与应用有一定的帮助。

本书适合服装专业本科及大专层次的教学，同时也可作为服装专业技术人员、服装爱好者的自学用书。

在撰写本书的过程中，得到了顾惠忠教授、孙熊教授、冯翼校长、包昌法教授的热情指导和帮助，得到了上海东海职业技术学院领导的大力支持。

由于作者的水平有限，本书难免有不足之处，敬请各位专家、读者指正。

作者

衣身篇

女装衣身是女装整体结构设计中的重要组成部分。女装衣身的基本结构是由前 / 后衣身所构成，根据女性人体的体型要求、合体程度与款式变化要求，在衣身基型的基础上进行前 / 后衣身的结构设计，是快速、精确地达到衣身结构设计目标的途径。衣身基型的正确与否以及对衣身基型的全面理解，将直接关系到女装衣身的成衣效果。衣身的变化在女装中表现为胸省的变化、胸褶裥的变化、分割线的变化及综合变化等。

衣身可有以下几种分类方法：

（1）以衣身侧线的位置分，有四片式、三片式等（图 1、图 2）。

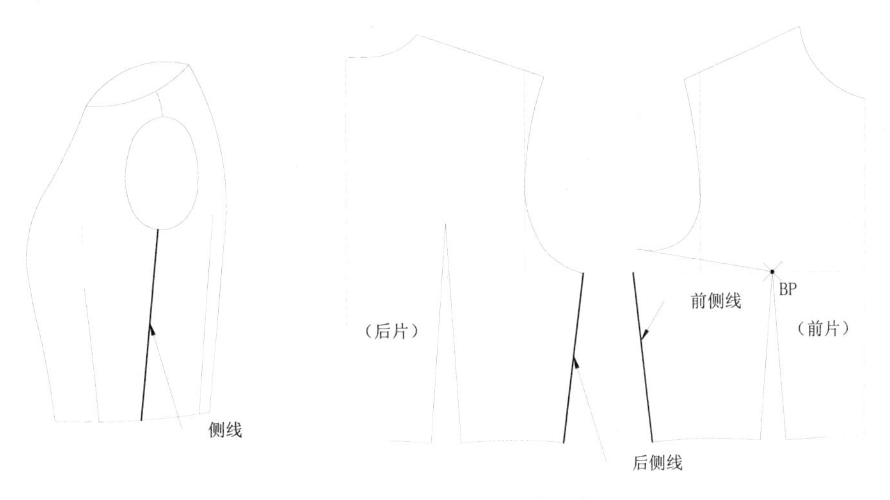

图 1 四片式衣身

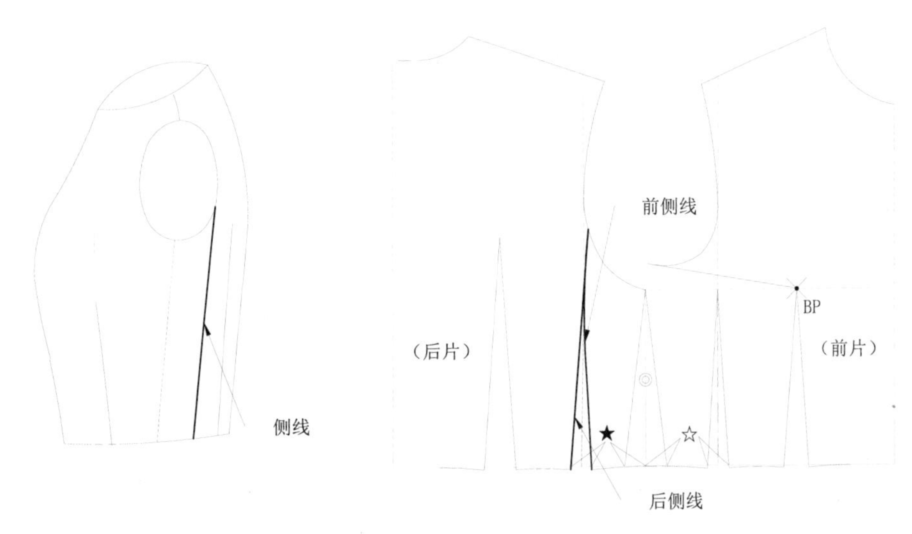

图 2 三片式衣身

（2）以衣身的造型分，有平直型、收省型、分割型、展开型等（图 3）。

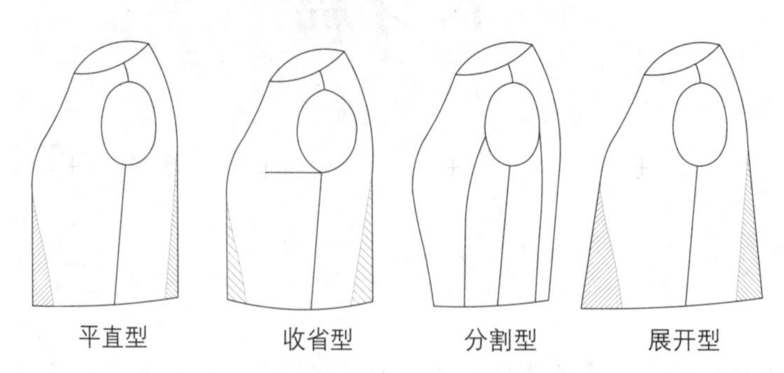

图 3 以衣身造型分类

（3）以衣身的外形轮廓分，有 X 型、H 型、A 型等（图 4）。

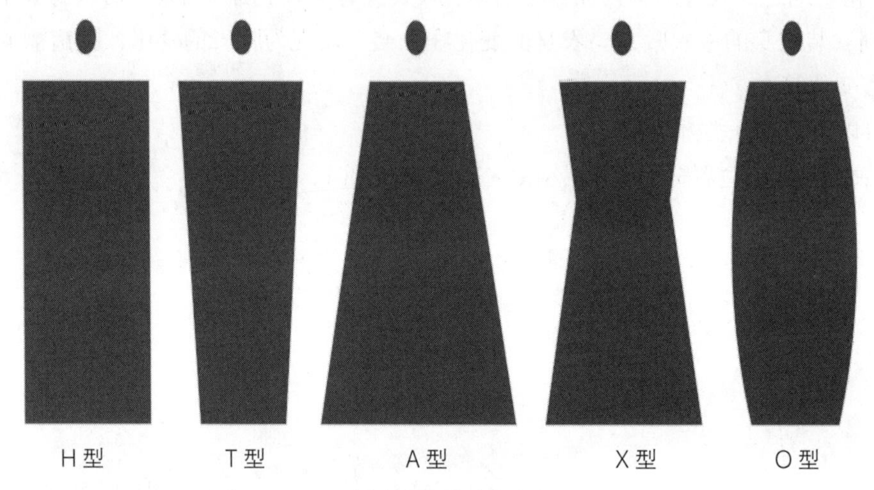

图 4 以衣身外形轮廓分类

（4）以衣身的结构特点分，有宽松型、适身型、合体型（图 5）。

图 5 以衣身结构特点分类

第一章 衣身基型

衣身的基本结构由前／后腰节长、肩宽、胸围、领圈弧线、前／后肩斜线、前／后袖窿深、前胸宽、后背宽等构成。衣身基型包含了衣身的共性部分，是衣身款式变化的基础。

第一节 衣身基型线条及部位名称

一、衣身基型线条名称

见图1-1。

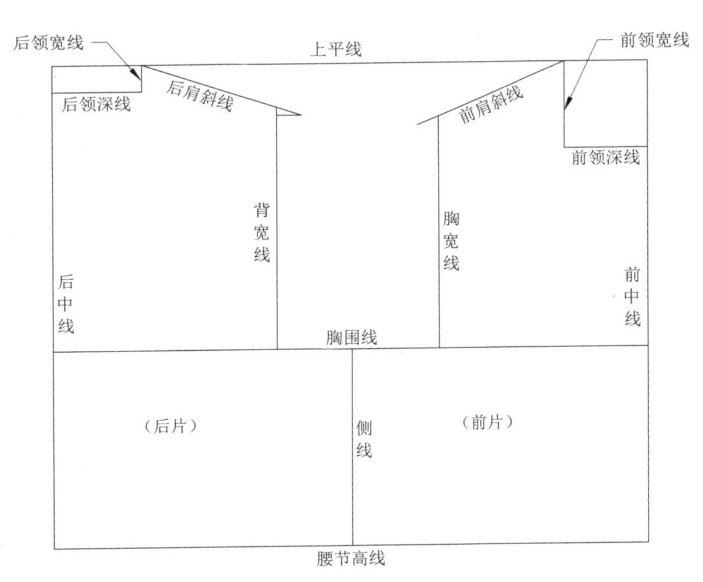

图1-1 衣身基型线条名称

二、衣身基型部位名称

见图1-2。

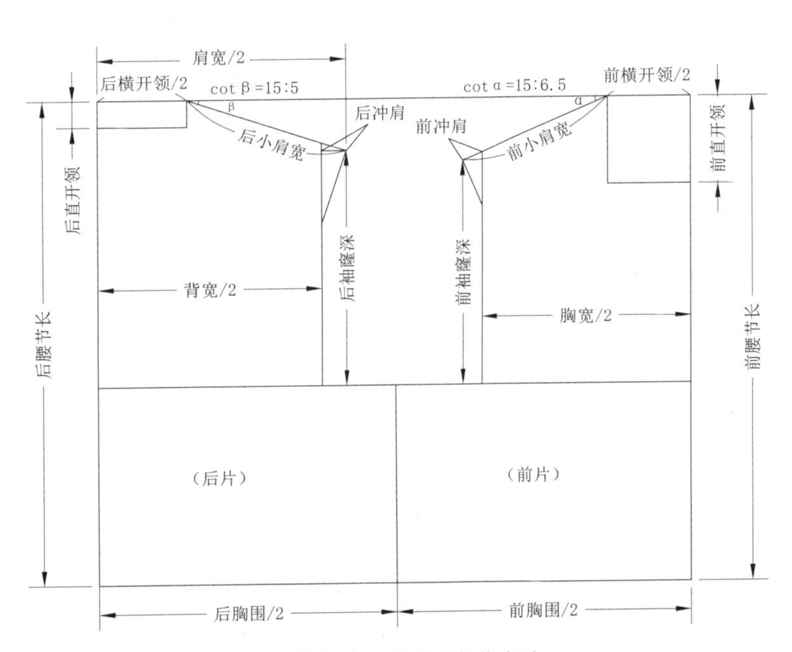

图1-2 衣身基型部位名称

三、衣身基型弧线名称

见图 1-3。

四、衣身与人体相对应的点与线

见图 1-4。

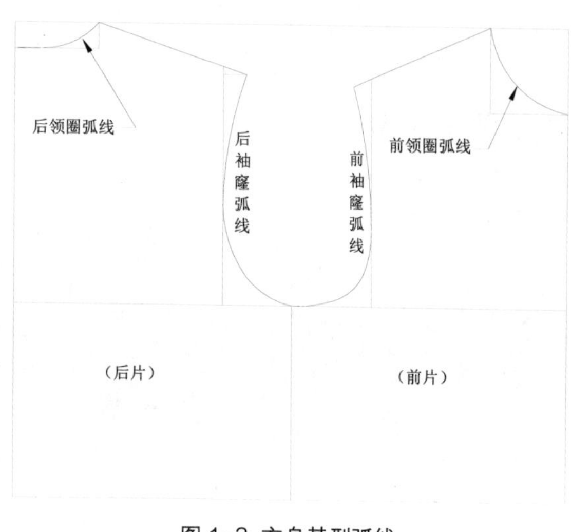

图 1-3 衣身基型弧线

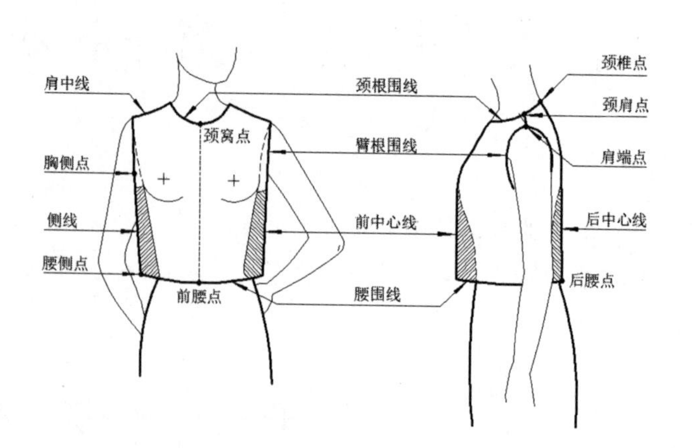

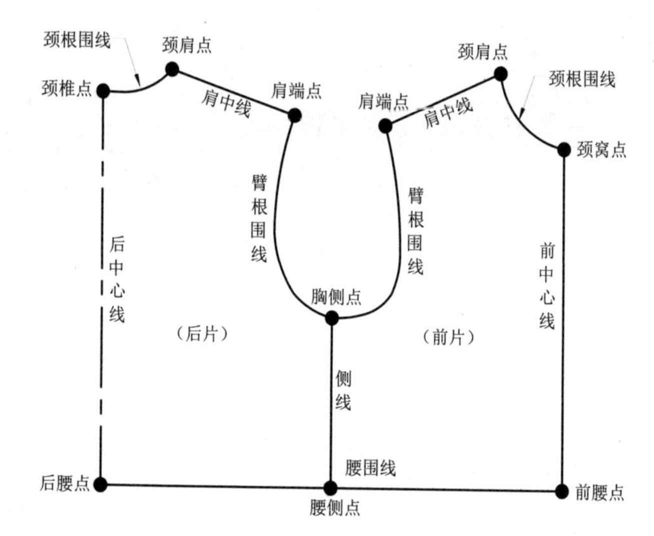

图 1-4 衣身与人体上相对应的点与线

第二节 衣身基型构成

一、设定规格

见表 1-1。

表 1-1 衣身部位规格表（单位：cm）

号型	胸围（B）	领围（N）	肩宽（S）
160/84A	96	36	40

二、衣身基本线构成

如图 1-5 所示。

①基本线（后中线）：首先构成的基础直线。

②上平线：垂直相交于基本线。

③下平线（腰节长线）：自上平线向下量取号 /4，作平行于上平线的直线。

④后领宽线：在上平线上距后中线取 0.2N，作后中线的平行线。

⑤后领深线：在后中线上距上平线量取 2 ～ 2.5cm 处，作上平线的平行线。

⑥后肩斜线：以后肩斜角余切为 15 ∶ 5 作后肩斜线。

（说明：在服装制图中通常采用作图法来取得角度，即通过一个直角三角形的两条直角边的比值来确定一个锐角。如 cot α =15 ∶ 5，即这个含锐角 α 的直角三角形的相邻直角边为 15，相对直角边为 5。全书后同。）

⑦后肩宽线：距后中线取 S/2 处，作平行于后中线的直线，交于后肩斜线。

⑧背宽线：自肩端点往后中线偏进 2cm 处，作平行于后中线的直线。

⑨胸围线：自肩端点向下量取“0.15B ＋ 5cm”处，作平行于上平线的直线。

⑩侧缝线：距后中线量取 B/4 处，作平行于后中线的直线。

⑪ 前中线：距侧线量取 B/4处，作平行于后中线的直线。

⑫ 前领宽线：在上平线上距前中线量取“0.2N - 0.5cm”处，作前中线的平行线。

⑬ 前领深线：在前中线上距上平线量取 0.2N 处，作上平线的平行线。

⑭前肩斜线斜度确定：以前肩斜角余切为 15 ∶ 6.5，作前肩斜线。

⑮ 前肩斜线长度确定：在前肩斜线上量取“后肩斜线长 －（0.5 ～ 1）cm”（为前肩斜线长）。

⑯ 胸宽线：距前中线量取“☆ - 1cm”，作平行于前中线的直线。

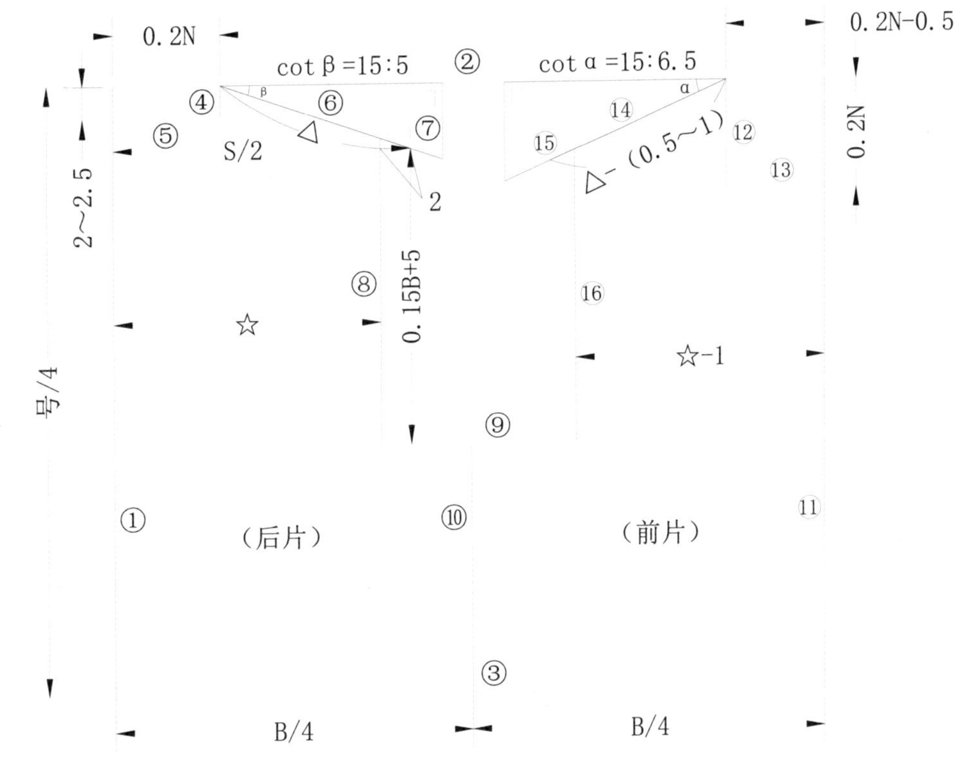

图 1-5 衣身基本线构成

三、衣身结构线构成

如图 1-6 所示，画出结构线：

①后中线、②后小肩宽线、③腰节高线、④侧线、⑤前中线、⑥前小肩宽线。

⑦后领弧线（详见图 1-7），从后领中点至后领肩点取 A、B、C 点画顺弧线。

⑧前领弧线（详见图 1-7），从前领中点至前领肩点取 D、E、F 点画顺弧线。

⑨后袖窿线（详见图 1-8），从后肩端点至后袖窿弧线与侧缝线的交点取 G、H、I 点，画顺弧线。

⑩前袖窿线（详见图 1-8），从前肩端点至前袖窿弧线与侧缝线的交点取 J、K、L 点，画顺弧线。

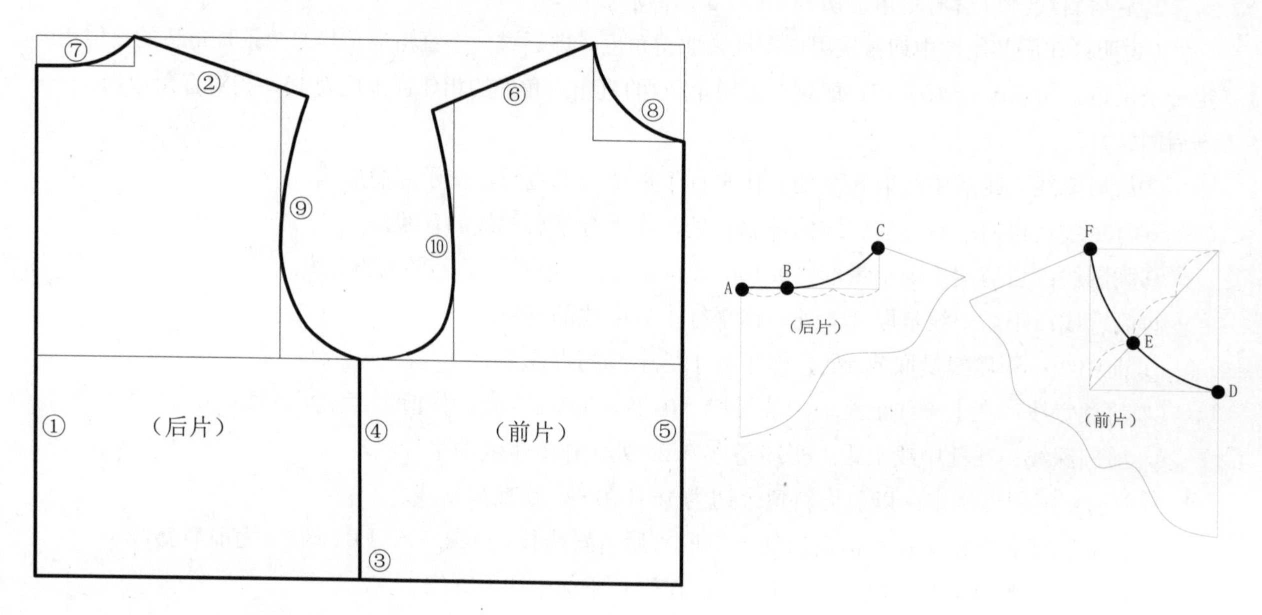

图 1-6 衣身结构线构成

图 1-7 前 / 后领圈弧线构成放大图

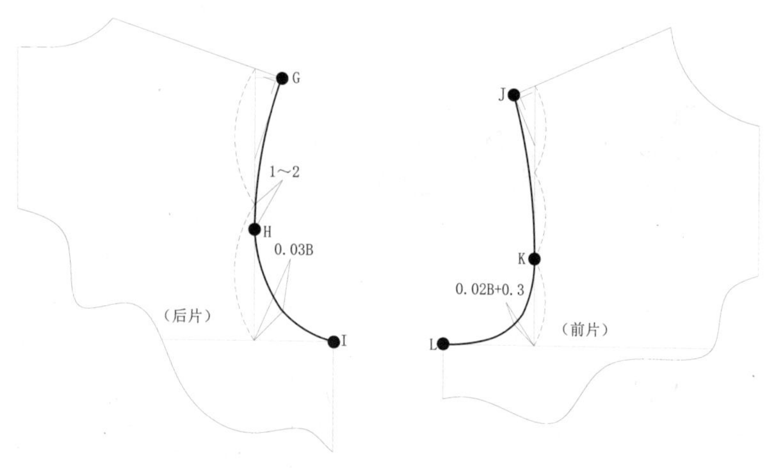

图 1-8 前 / 后袖窿弧线构成放大图

第三节 衣身基型类型

一、平直基型

（1）平直基型款式图（图 1-9）。

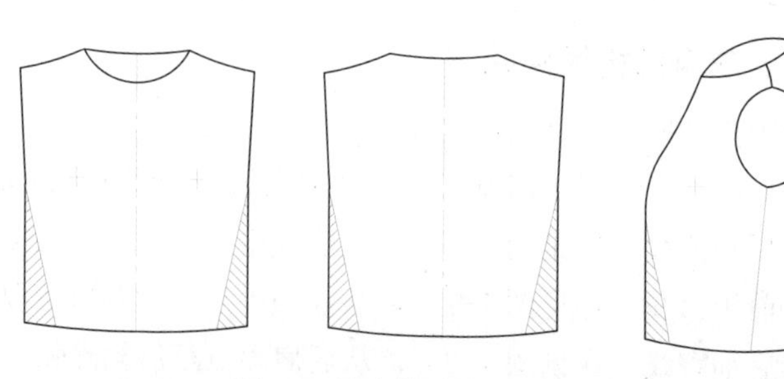

图 1-9 平直基型款式图

（2）平直基型结构图（图 1-10）。

（3）平直基型应用要点：

①平直基型适用于较为宽松的服装，胸围放松量为 20 ～ 25cm.。

②前 / 后腰节长可控制为：前腰节长低于后腰节长 0 ～ 1cm。

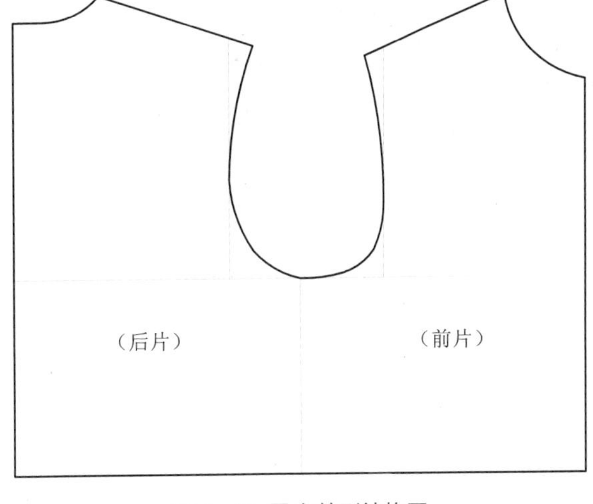

图 1-10 平直基型结构图

二、含胸省基型

（1）含胸省基型款式图（图 1-11）。

（2）含胸省基型结构图（图 1-12）。

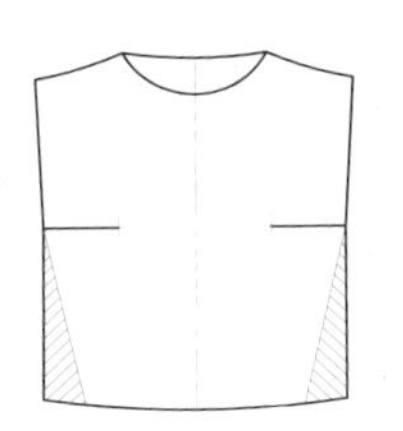
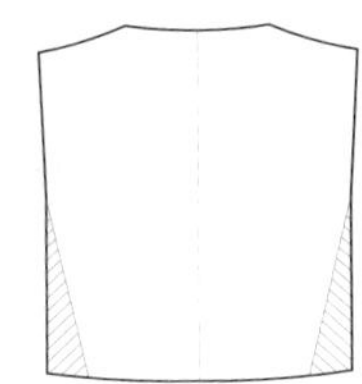
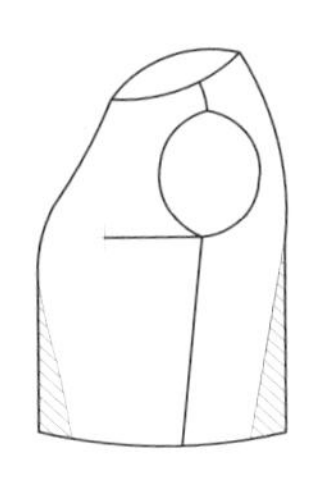

图 1-11 含胸省基型款式图

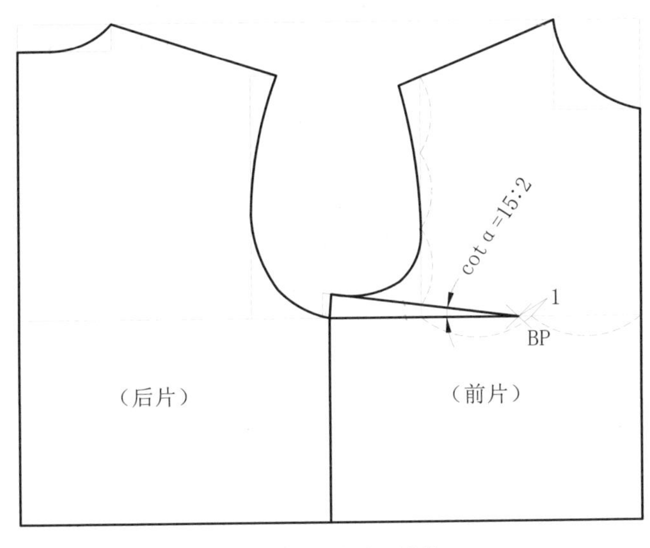

图 1-12 含胸省基型结构图

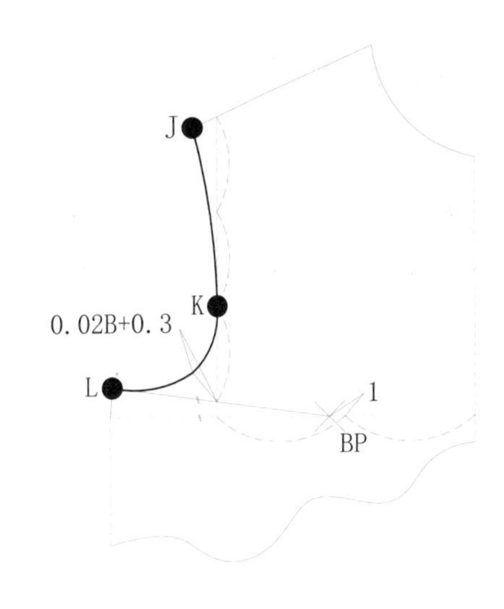

图 1-13 前袖窿弧线构成

（3）含胸省基型应用要点：

①胸高点定位：高度为胸围线；宽度为胸宽的 1/2 点向袖窿方向偏移 1cm。

②胸省定位：通过胸高点在前袖窿弧线上确定胸省夹角余切为 15 ∶ 2 的直角三角形，并调整省两边的长度，构成袖胸省（图 1-13）。

③含胸省基型适用于较为合体的服装，胸围放松量为（18 ～ 20）cm。

④前 / 后腰节长可控制为：前腰节长等于或高于后腰节长。

⑤前 / 后腰节长的差数与体型胸部高度及款式合体程度有关。具体体现：

当胸省夹角的余切为 15 ∶ 2 时，前腰节长 = 后腰节长。

当胸省夹角的余切为 15 ∶（2+C）时，则前腰节长为在后腰节长的基础上，上平线抬高“C”量。

三、含胸腰省基型

（1）含胸腰省基型款式图（图 1-14）。

（2）含胸腰省结构图（腰围 =77cm）（图 1-15）。

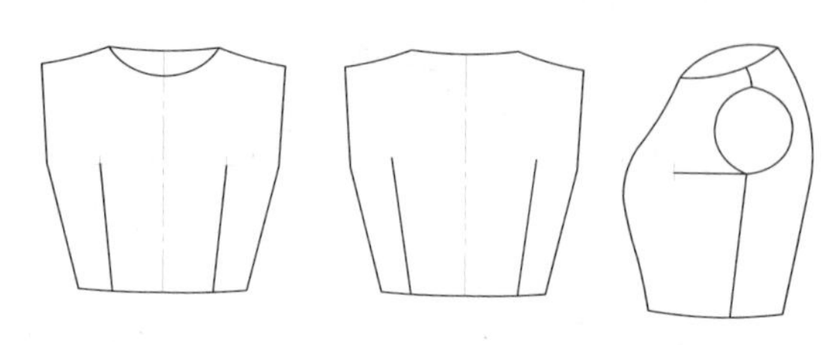

图 1-14 含胸腰省基型款式图

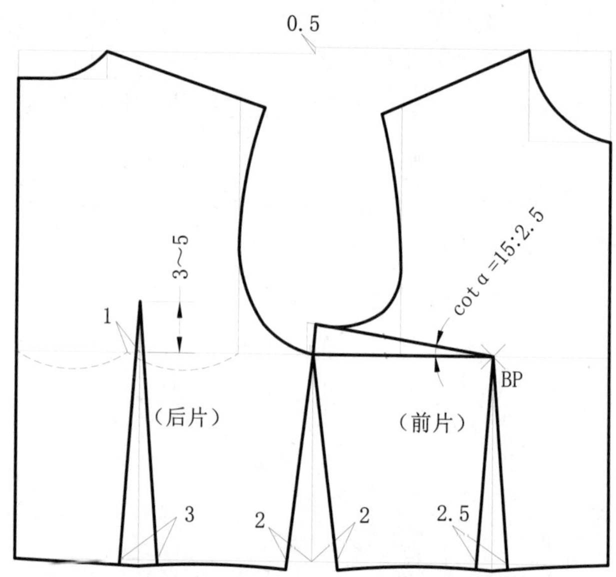

注：胸省夹角 α（cot α =15 ∶ 2.5），此种表述后同。

图 1-15 含胸腰省基型结构图

（3）含胸腰省基型应用要点：

①胸高点定位与胸省定位，参见含胸省基型。

②含胸腰省基型适用于合体或较为合体的服装，胸围放松量为 18cm 以下。

③腰围的控制量根据人体体型与服装的合体程度而定，一般情况下胸腰差为 16 ～ 20cm。腰省的定位如图 1-15 所示。

④前 / 后腰节长的确定，参见含胸省基型。

四、前劈门的构成与确定方法

1. 前劈门的构成与产生的原因

劈门是指前中心线上端偏进的量。当劈至胸围线时，称胸劈门；当劈至腹围线时，则称肚劈门。劈门产生的原因是为了更好地满足人体胸（或腹）部表面形状的需要。

2. 前劈门的具体确定方法

（1）一般情况下，前中不开襟及关门型衣领不直接放入劈门，采用调整前领宽的方法处理。一般前领宽小于后领宽 0.5 ～ 1cm。具体处理方法见图 1-16。

（2）一般情况下，开门型衣领适宜放入前劈门。一般前劈门为 1 ～ 2cm（图 1-17）。

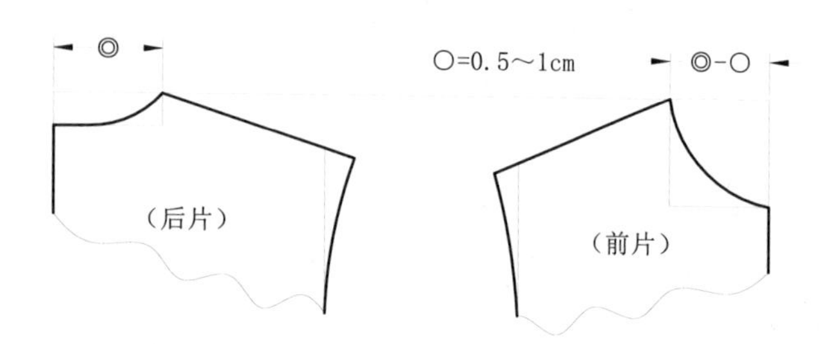

图 1-16 前 / 后领宽确定

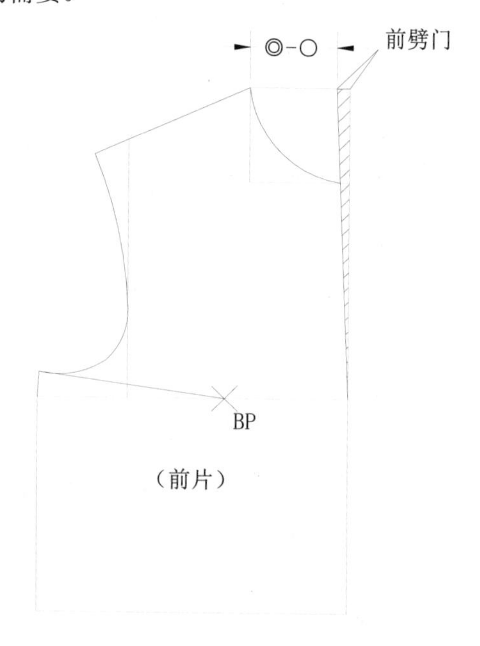

图 1-17 前劈门结构构成

第二章 衣身胸省

胸省是女装衣身相当重要的组成部分，本章将通过省型的种类、作用、转换形式及应用实例等方面，对胸省结构设计进行具体的展开。

第一节 省型概述

一、省的线条部位名称

见图 2-1。

二、省的基本种类

省的种类包括锥形省、喇叭形省、S 形省、钉形省、月亮形省、折线形省等（图 2-2）。由上述基本形省还可组合成腰省以及劈门、劈势与吸腰量等处于边缘部位的省（图 2-3）。

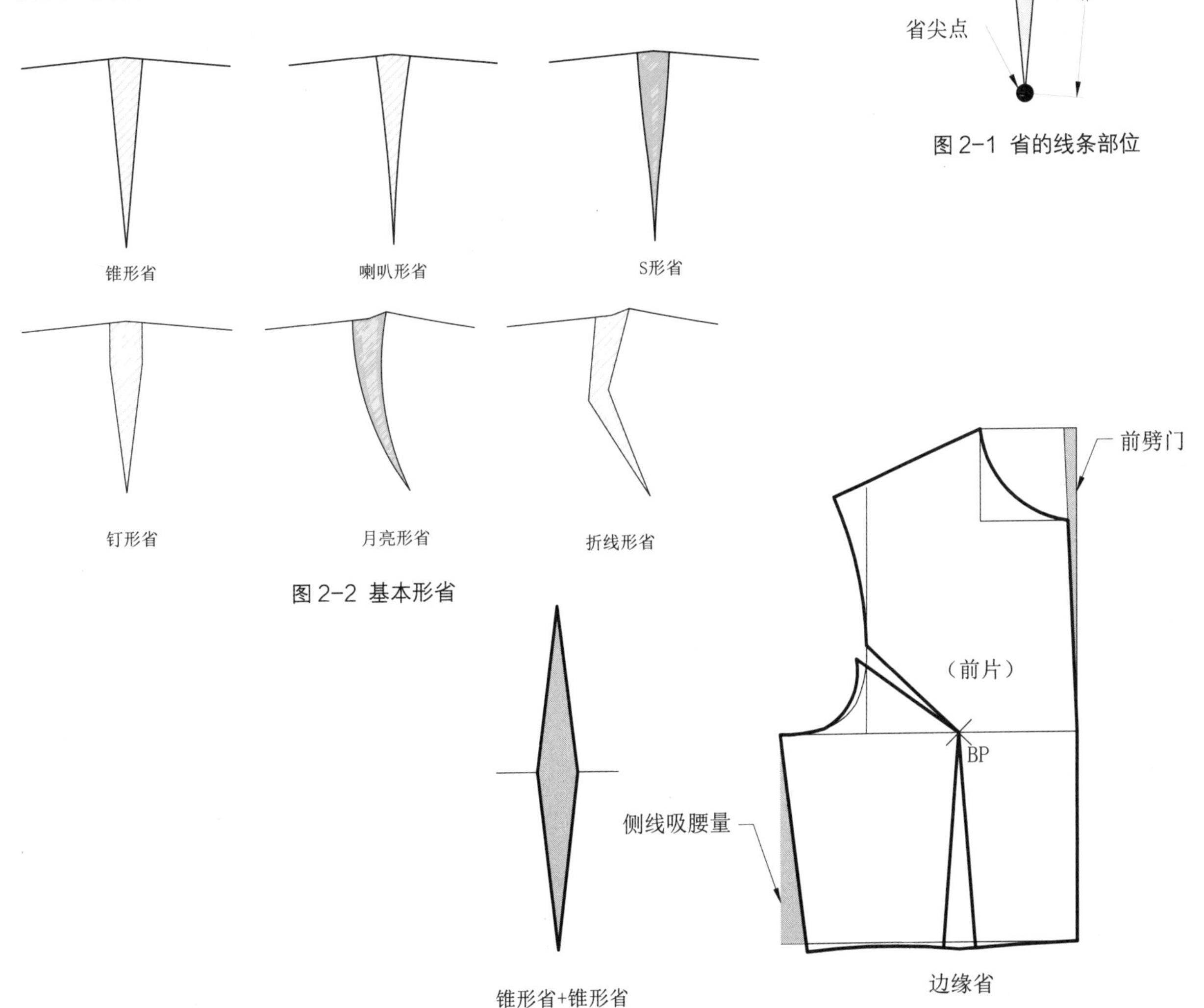

图 2-1 省的线条部位

图 2-2 基本形省

图 2-3 组合省与边缘省

三、省的作用

（1）省尖部位形成的锥面形态，要符合人体的表面（图 2-4）。

（2）调节省口、省尖所在的两个围度的差值（图 2-5）。

（3）通过省的设置，实现连通、分割（图 2-6）。

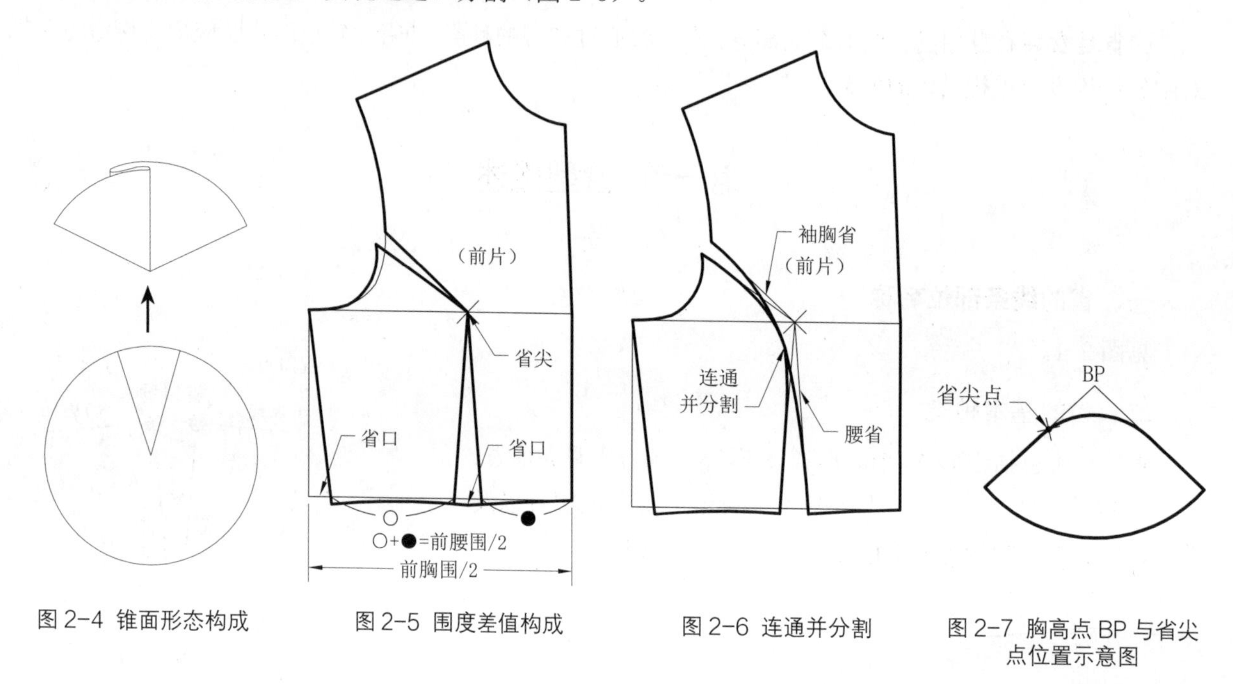

图 2-4 锥面形态构成

图 2-5 围度差值构成

图 2-6 连通并分割

图 2-7 胸高点 BP 与省尖点位置示意图

四、胸省结构的处理原则

1. 胸省省尖位置

指向球面中心，且与中心点保持一定距离，其距离为 2 ～ 5cm。

胸省的省尖点位置与胸高点关系密切，胸省的省尖点应与胸高点保持一定的距离。其原因是省尖点与胸高点重合时，形成锥面形态，而人体的胸部形态是抛物面（图 2-7），因此胸省的省尖点应与胸高点保持一定的距离。

2. 胸省省口位置

处于球面边界四周的任意位置。

3. 胸省省量控制

胸省的省量控制直接影响到胸部高度的刻画，胸部高度的刻画以角度控制法为佳。根据人体胸度高度、服装合体程度来确定胸省的角度大小。当人体胸部高度与服装合体程度表现为较高或高时，控制角度在正常体型基础上加大；反之，则减小。

本书中胸省量的大小控制采用角度法，考虑到操作的方便性，把它转换为比值法（直角三角形的两条直角边长相比）。比如，具体胸省夹角的余切大小一般控制在 15 ： X（X=2 ～ 3.5cm）。

第二节 衣身胸省构成及转换形式

一、胸省的构成

1. 常用胸省的形式

常用胸省的形式有肩胸省、领胸省、腰胸省、侧胸省、袖胸省（图 2-8）。

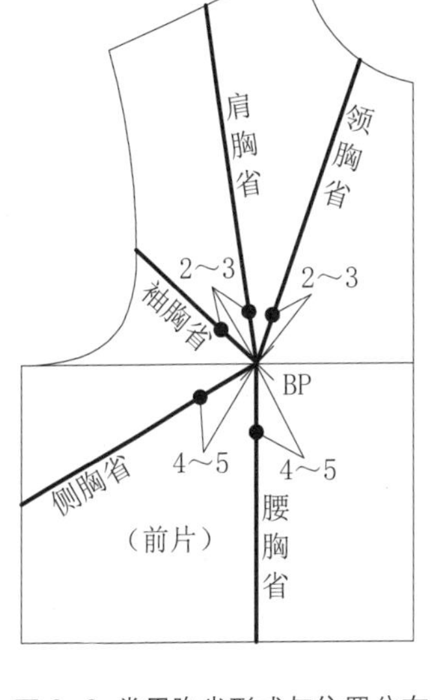

图 2-8 常用胸省形式与位置分布

2. 常用胸省省尖点位置分布

胸省处于胸高点以上时：省尖点距离胸高点的距离为 2 ～ 3cm；

胸省处于胸高点侧面和以下时：省尖点距离胸高点的距离为 4 ～ 5cm（图 2-8）。

二、胸省的转换形式（以肩胸省为例）

肩胸省款式见图 2-9。

1. 纸样折叠法

条件：必须以含胸省基型为基础制作。

（1）操作方法（图 2-10）：

① 在纸上复制衣身基型，并确定将要转换的胸省位置，连接胸高点（图 2-10 中 (a)）。

② 将胸省位置的线条剪开（图 2-10 中 (b)）。

③ 合并衣身基型原有胸省（图 2-10 中 (c)）。

④ 胸省转换至预定位置（图 2-10 中 (d)）。

（2）利弊分析：其优点为准确性高、直观易懂，其缺点为二步到位。

（3）适用范围：家庭制作，较复杂或复杂款式。

图 2-9 肩胸省款式图

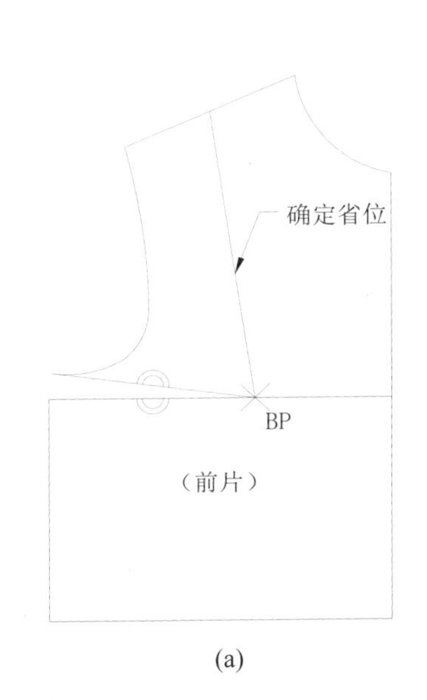

(a)

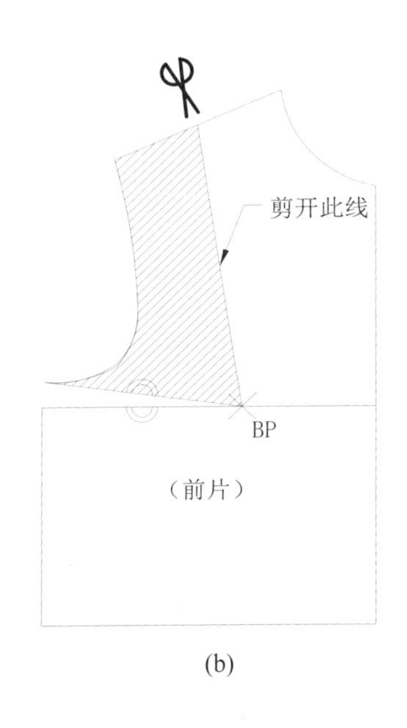

(b)

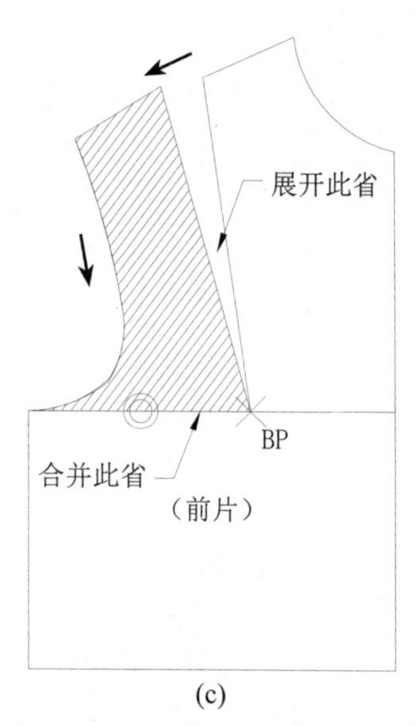

(c)

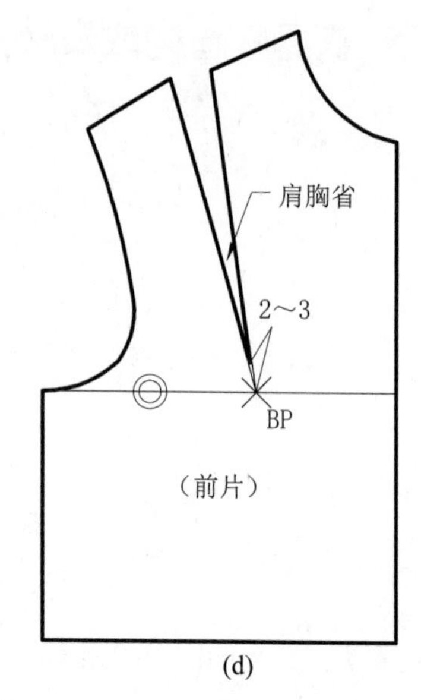

(d)

图 2-10 纸样折叠法

2. 板型旋转法

条件：必须以含胸省基型为基础制作。

（1）操作方法（图 2-11）：

①在纸上复制衣身基型，并确定将要转换的胸省位置，连接胸高点（图 2-11 中 (a)）。

②确定旋转部分（图 2-11 中 (b)）。

③将衣身基型板型与复制的板型重合，固定胸高点，旋转衣身基型，合并衣身基型原有胸省（图 2-11 中 (c)）。

④胸省转换至预定位置（图 2-11 中 (d)）。

（2）利弊分析：其优点为准确性高，其缺点为二步到位。

（3）适用范围：工厂制作；较复杂或复杂款式。

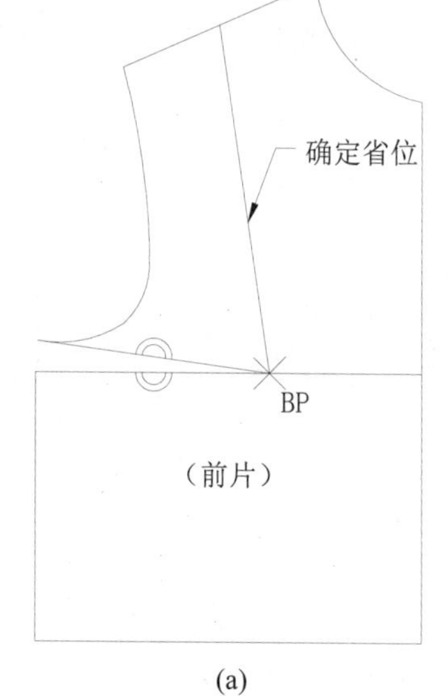

(a)

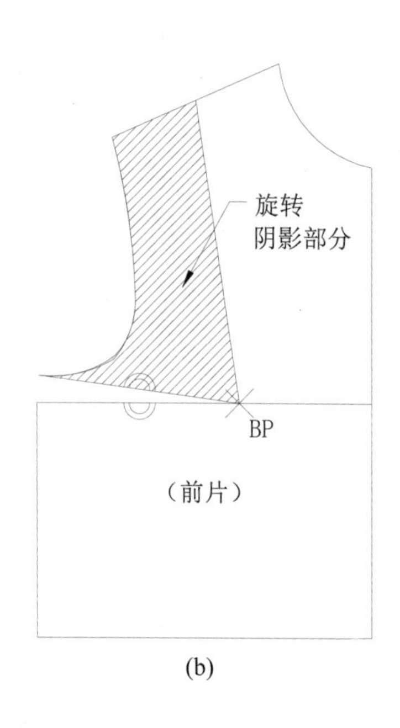

(b)

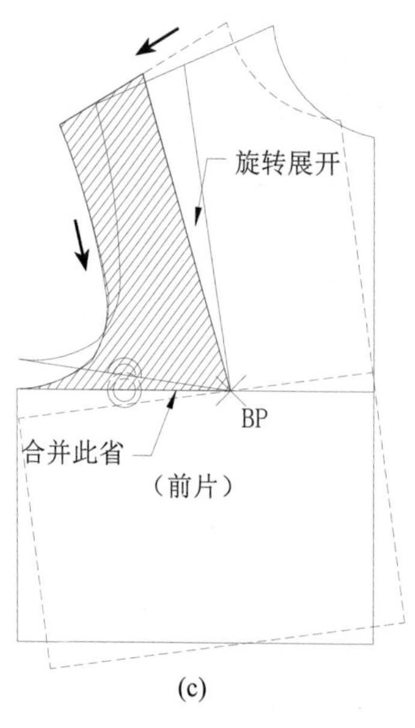

(c)

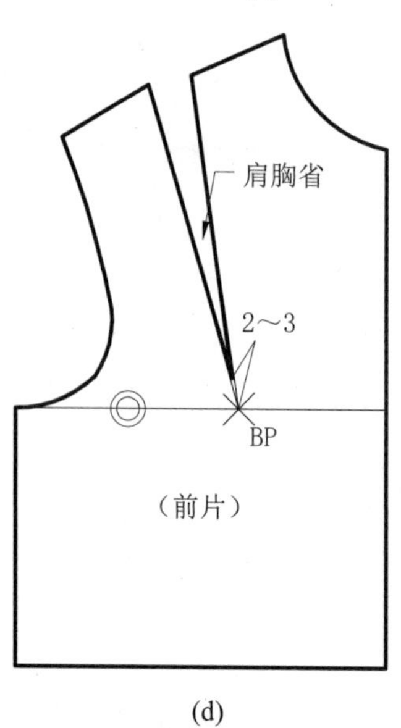

(d)

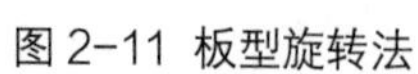
图 2-11 板型旋转法

3. 角度移位法

条件：必须以平直型基型为基础制作。

（1）操作方法（图 2-12）：

①制作衣身基型，并确定将要转换的胸省位置，连接胸高点（图 2-12 中 (a)）。

②通过胸高点，作锐角且其余切为 15 ∶ 2.5，然后作等腰三角形，得到 a' 点（图 2-12 中 (b)）。

③连接原肩端点与胸高点，作锐角且其余切为 15 ∶ 2.5，然后作等腰三角形，得到新的肩端点 b'（图 2-12 中 (c)）。

④如图调整胸宽（图 2-12 中 (d)）。

⑤连接 a' b'，得新的肩斜线；如图调整袖窿弧线（图 2-12 中 (e)）。

⑥胸省转换至预定位置，确定省尖点位置，完成结构图（图 2-12 中 (f)）。

（2）利弊分析：其优点为一步到位，其缺点为准确性不太高。

（3）适用范围：家庭或工厂制作均可；简单款式。

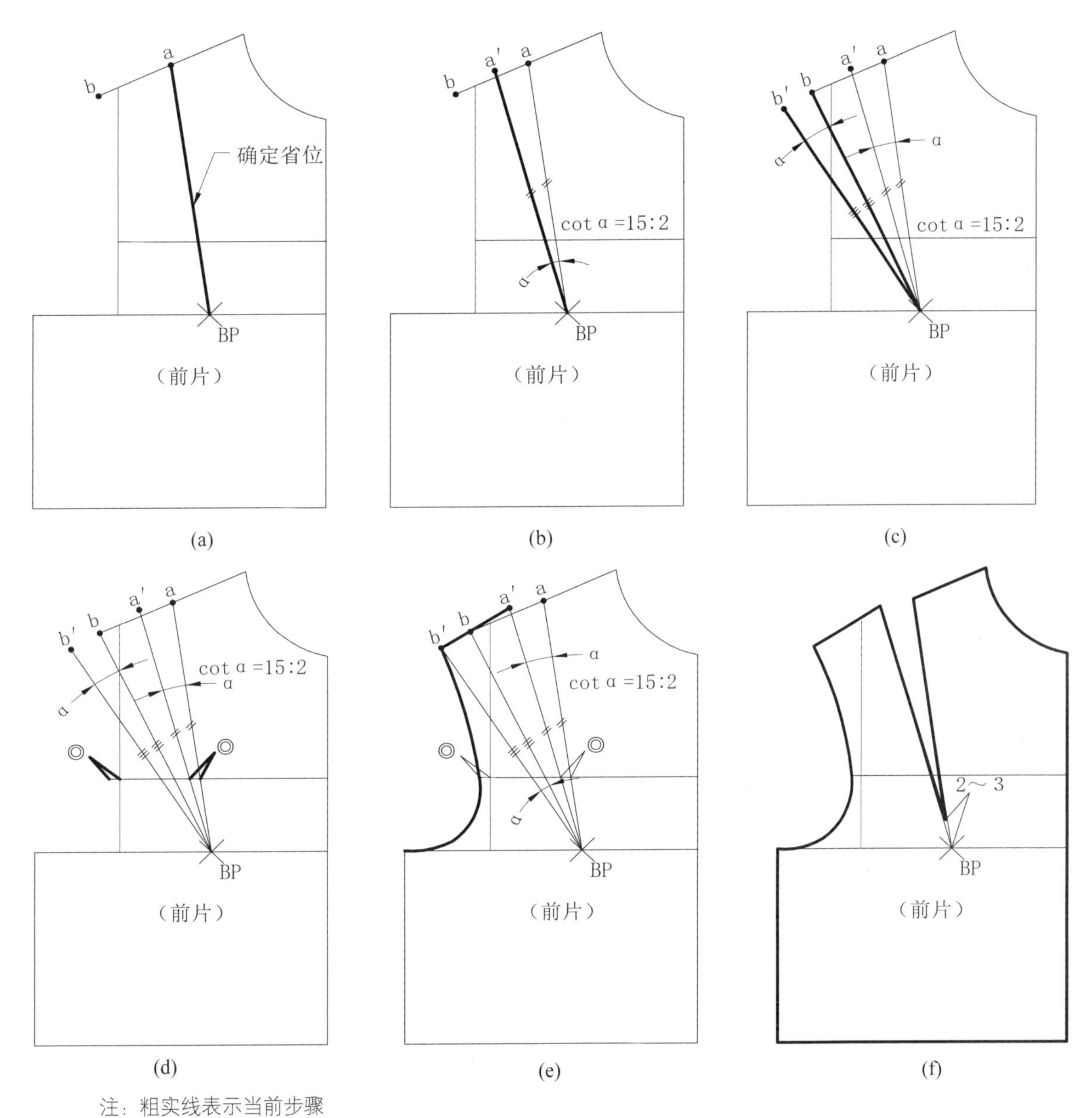

图 2-12 角度移位法

三、常用胸省（肩胸省除外）角度移位法操作步骤

1. 袖胸省

（1）袖胸省款式图（图 2-13）。

（2）袖胸省操作步骤及结构图（图 2-14）。

图 2-13 袖胸省款式图

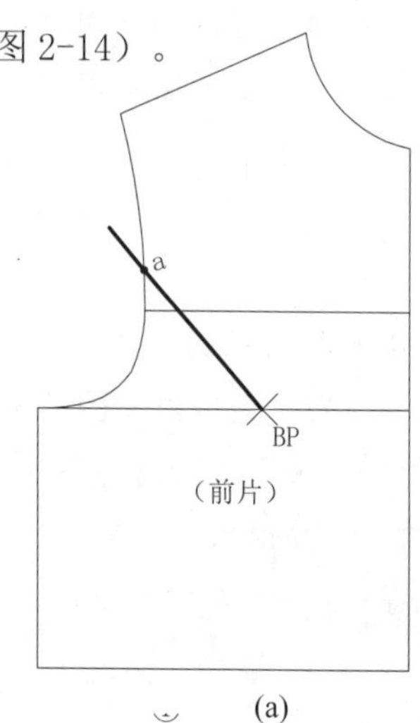

(a)

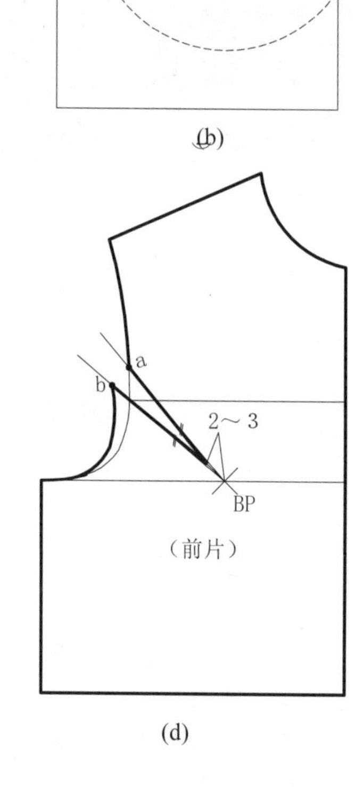

(b)

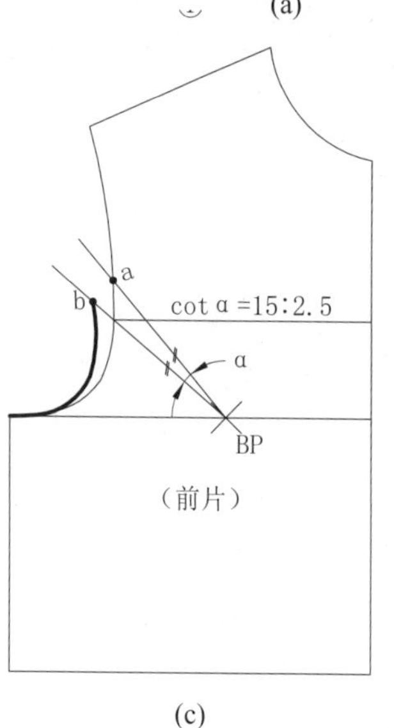

(c)

(d)

注：粗实线表示当前步骤

图 2-14 袖胸省操作步骤及结构图

2. 领胸省

（1）领胸省款式图（图 2-15）。

（2）领胸省操作步骤及结构图（图 2-16）。

图 2-15 领胸省款式图

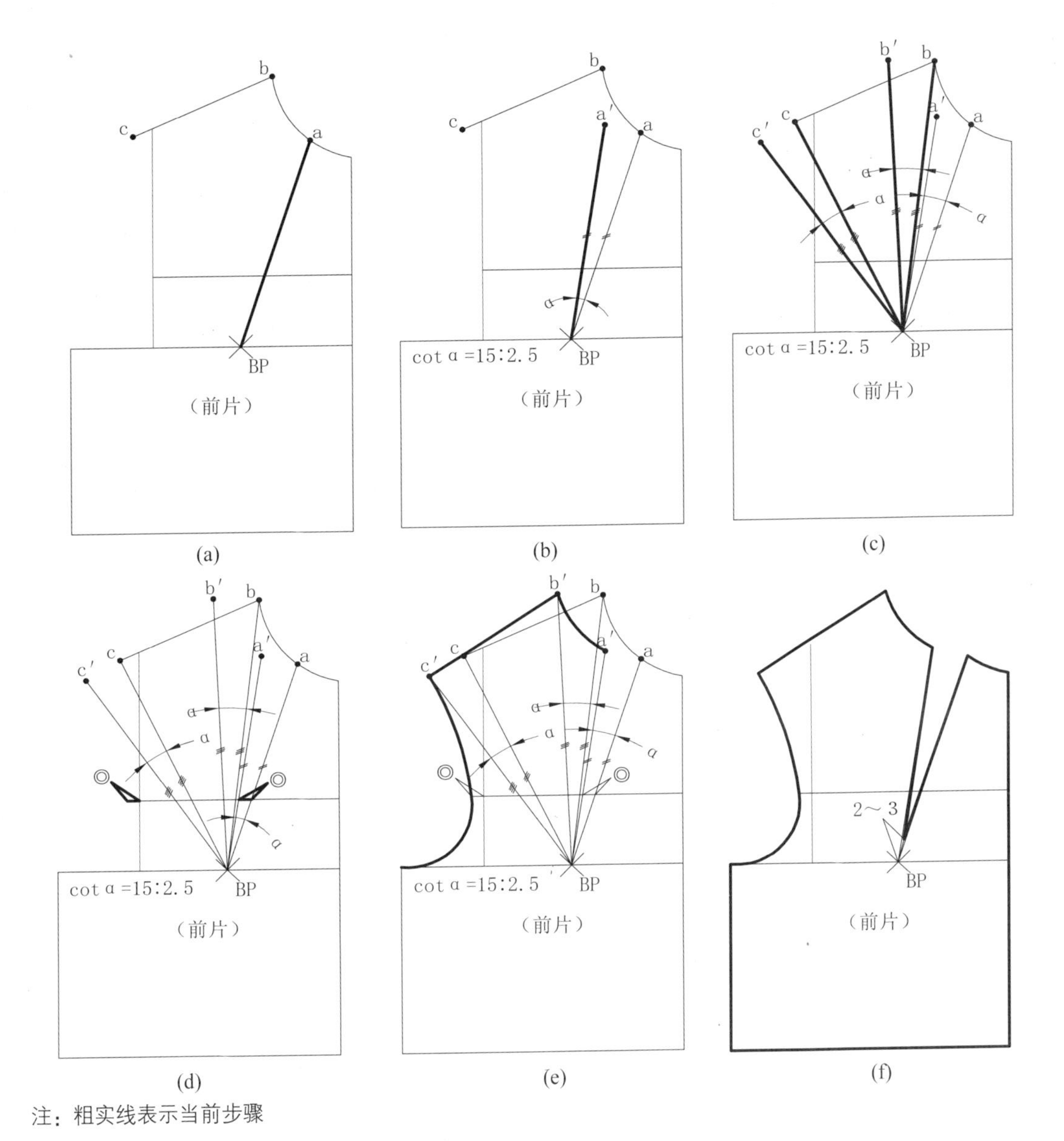

注：粗实线表示当前步骤

图 2-16 领胸省操作步骤及结构图

3. 侧胸省

（1）侧胸省款式图（图 2-17）。

（2）侧胸省操作步骤及结构图（图 2-18）。

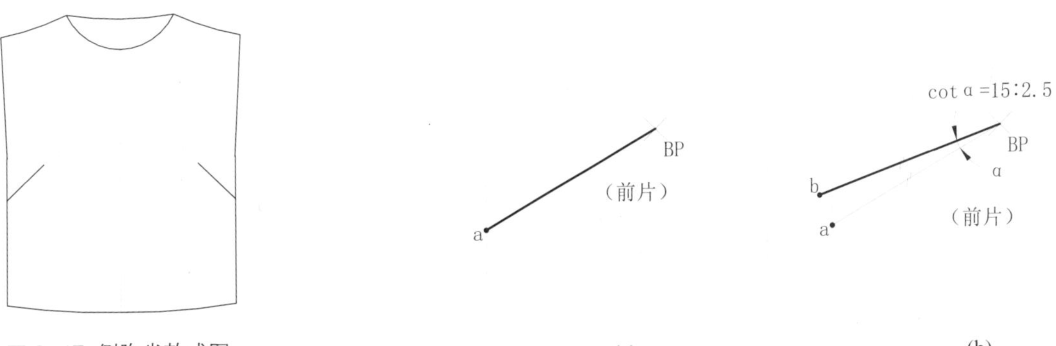

图 2-17 侧胸省款式图

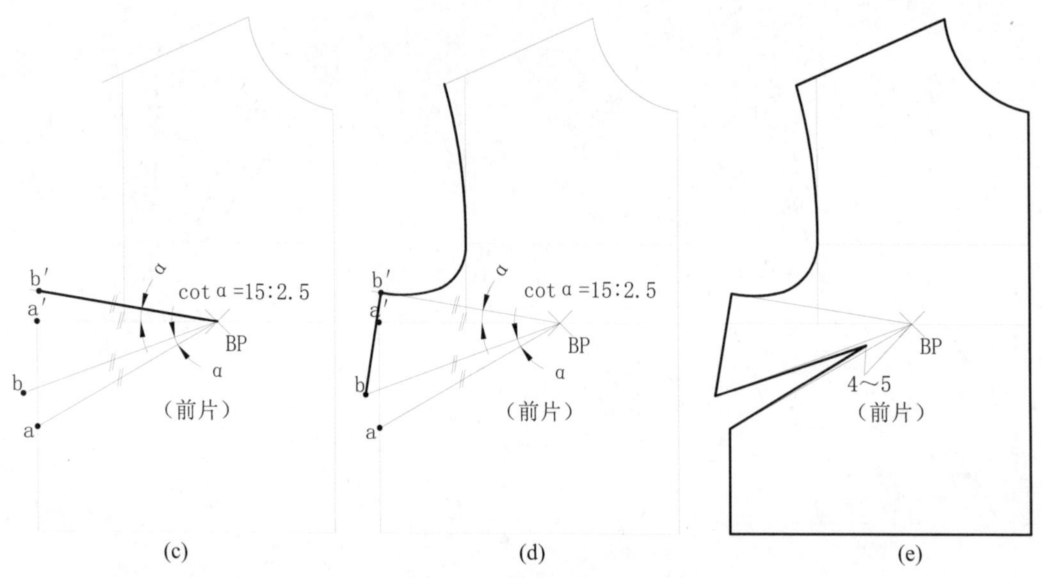

注：粗实线表示当前步骤

图 2-18 侧胸省操作步骤及结构图

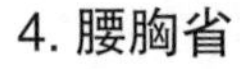

4. 腰胸省

（1）腰胸省款式图（图 2-19）。

（2）腰胸省操作步骤及结构图（图 2-20）。

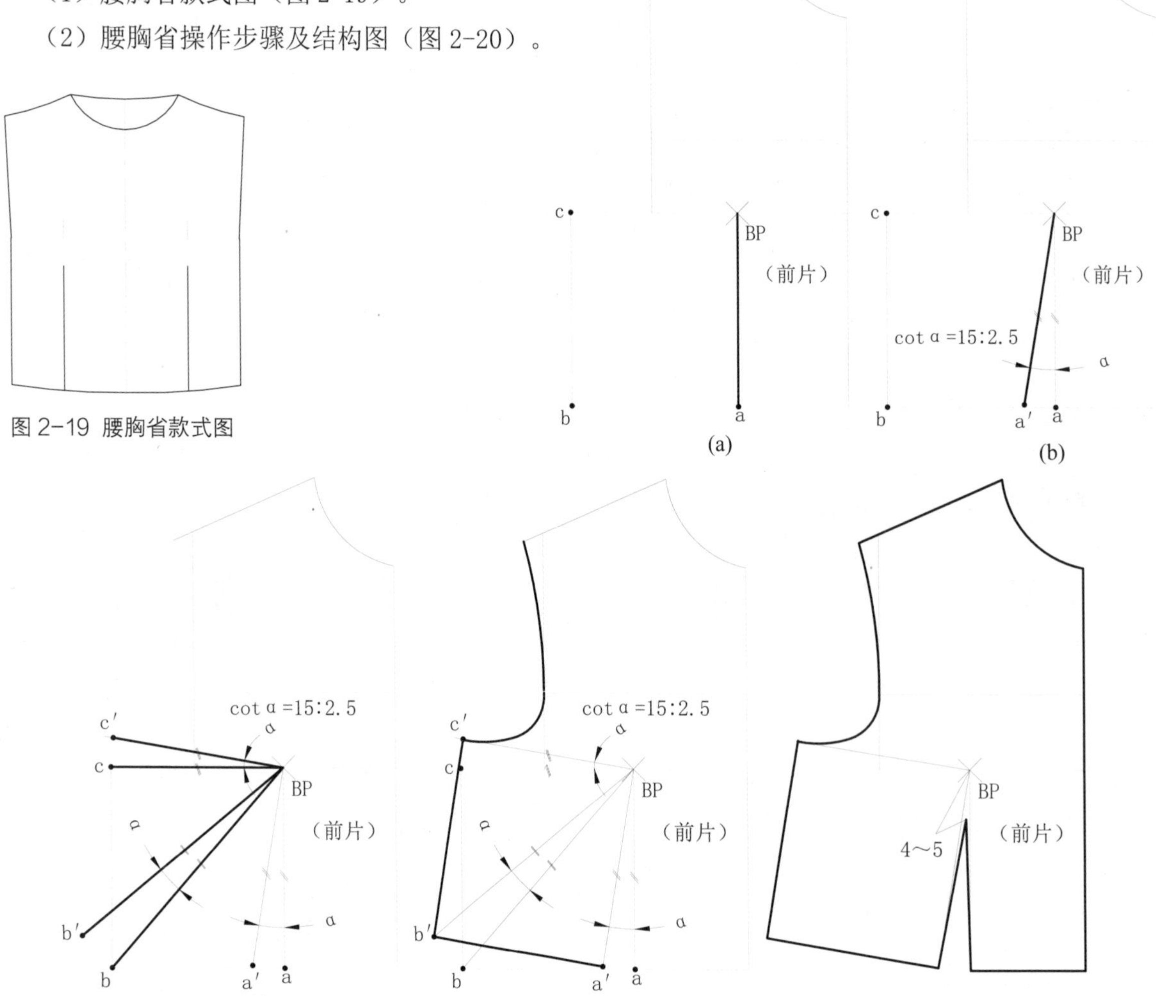

图 2-19 腰胸省款式图

注：粗实线表示当前步骤

图 2-20 腰胸省操作步骤及结构图

四、后背省的构成与款式变化

1. 后肩背省的构成

（1）后肩背省款式图（图 2-21）。

（2）后肩背省操作方法及结构图（图 2-22）。

①在后衣身基型基础上，确定背高点（图 2-22 中 (a)）

②通过背高点作锐角且其余切为 15 ：X（X=2 ～ 3），在肩斜线上量取 P，使肩端点上抬 2/3P，从而抬高肩斜线，确定后肩背省的位置（图 2-22 中 (b)）。

③使三角形的两边相等，得到 a' 点。连接原肩端点与背高点，取角 β 且其余切为 15 ：X，使三角形的两边相等，得 b' 点，连接 a' b'，得新的肩斜线；调整袖窿弧线（图 2-22 中 (c)）。

④确定省尖点，完成结构图（图 2-22 中 (d)）。

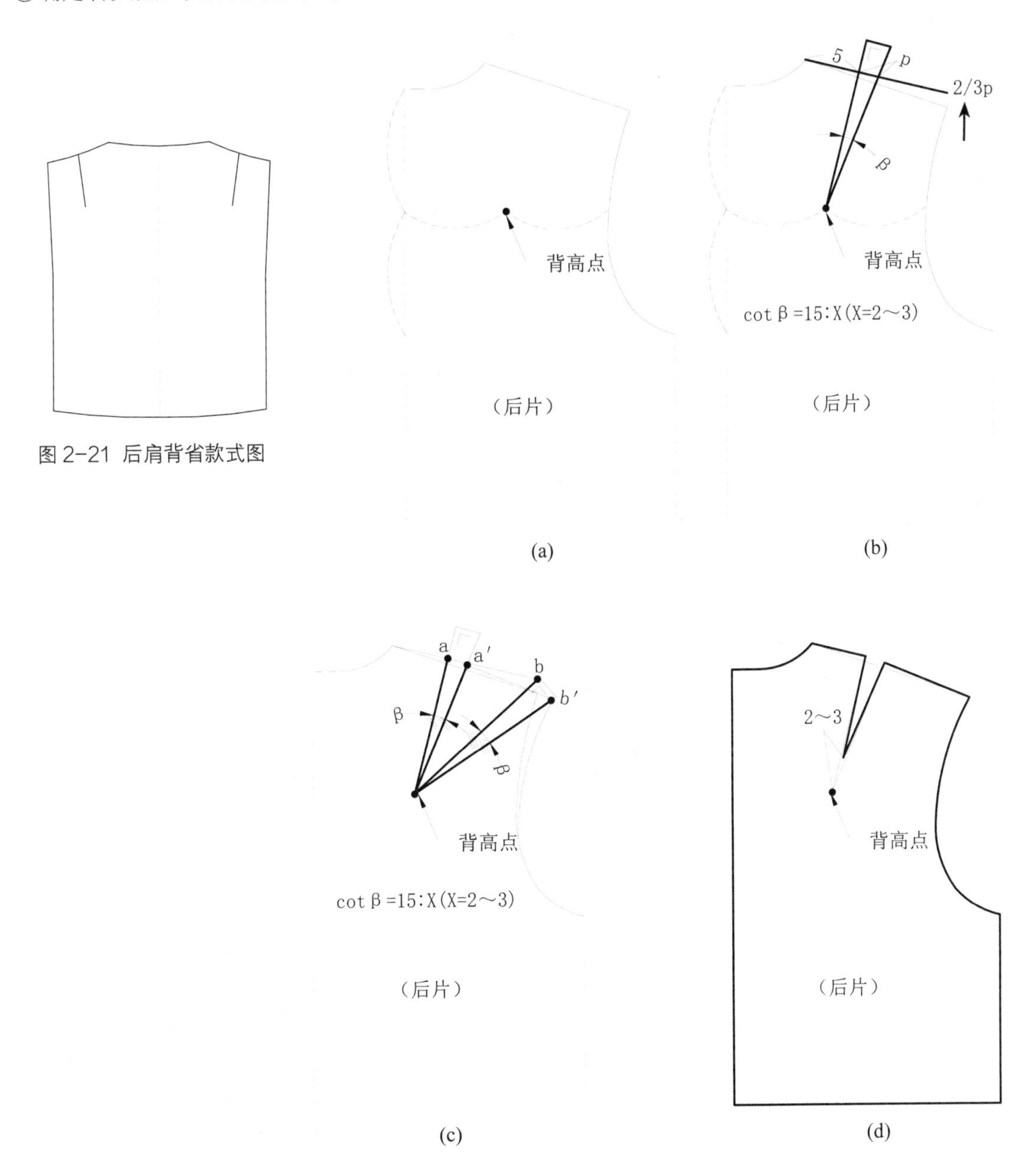

图 2-21 后肩背省款式图

图 2-22 后肩背省操作步骤及结构图

2. 后背省变化—后领背省

（1）后领背省款式图（图 2-23）。

（2）后领背省操作步骤及结构图（图 2-24）。

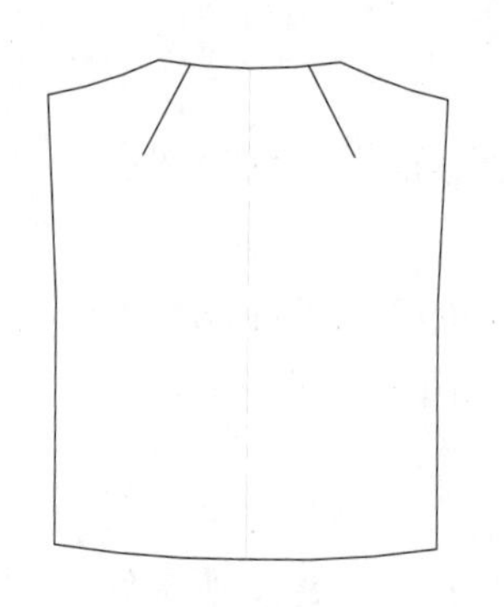

图 2-23 后领背省款式图

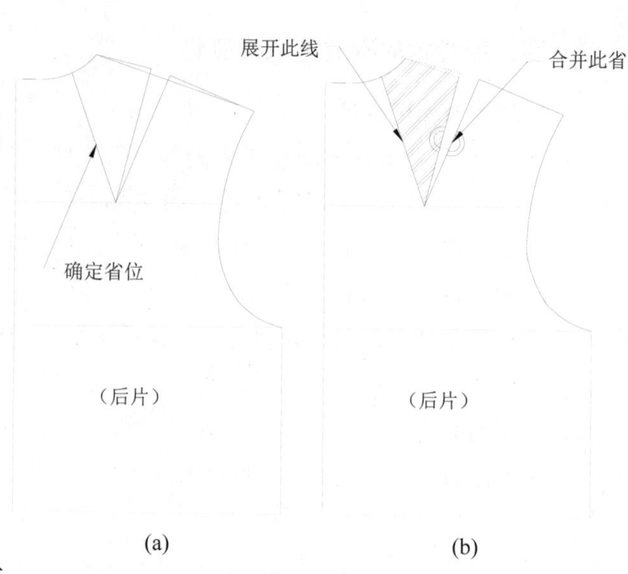

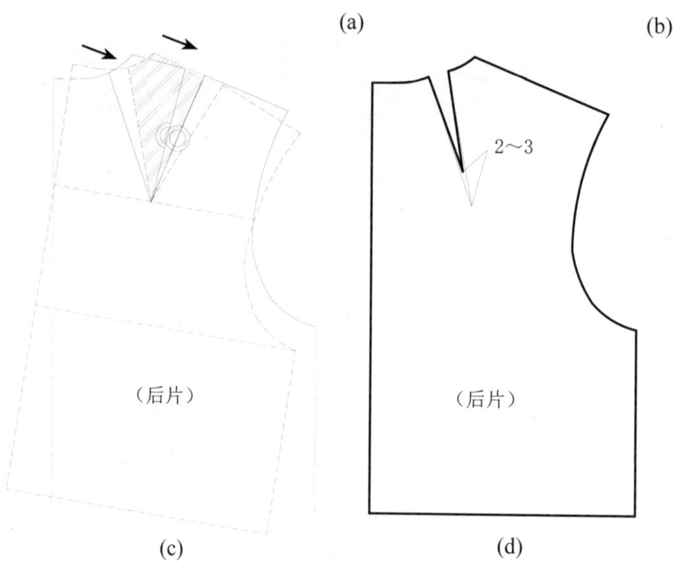

图 2-24 后领背省操作步骤及结构图

3. 后背省变化—后袖背省

（1）后袖背省款式图（图 2-25）。

（2）后袖背省操作步骤及结构图（图 2-26）。

图 2-25 后袖背省款式图

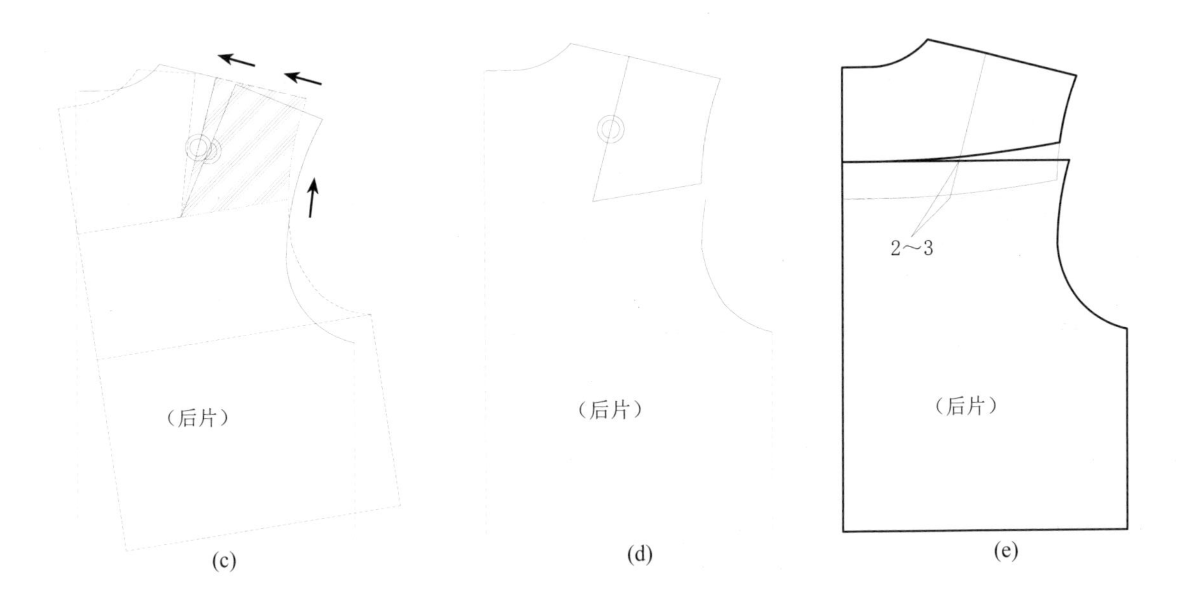

图 2-26 后袖背省操作步骤及结构图

第三节 衣身胸省结构应用实例

一、胸腰省联合（以纸样折叠法为例）

1. 袖胸省（含腰省）

（1）袖胸省（含腰省）款式图（图 2-27）。

（2）袖胸省（含腰省）操作步骤及结构图（图 2-28）。腰省合并至袖窿线部位。

图 2-27 袖胸省（含腰省）款式图

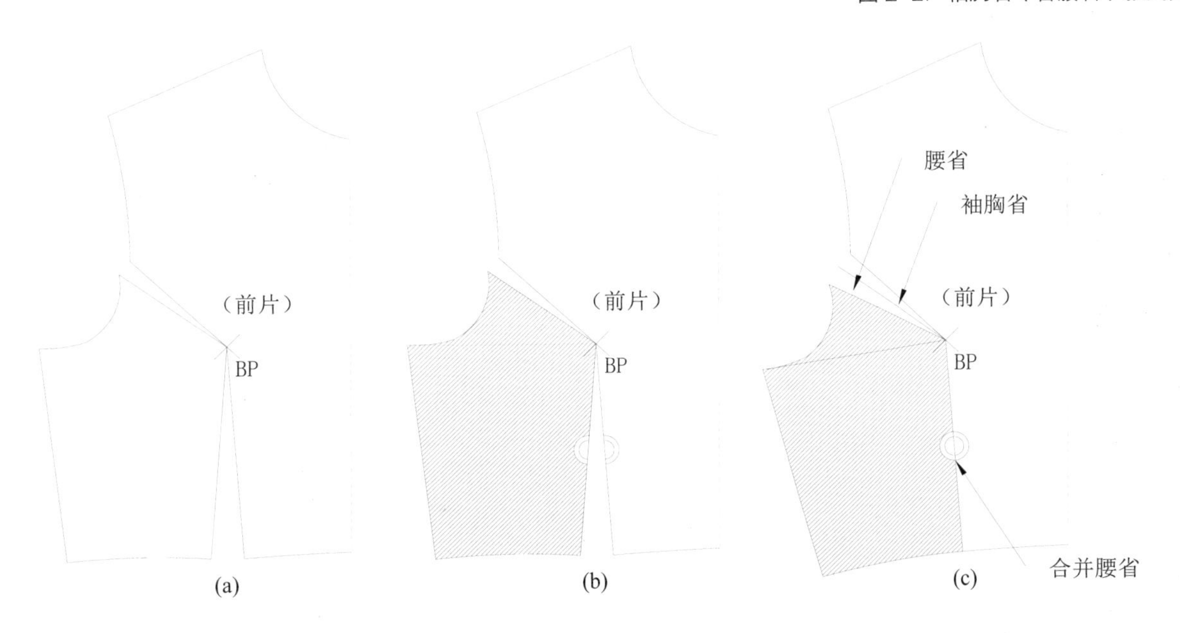

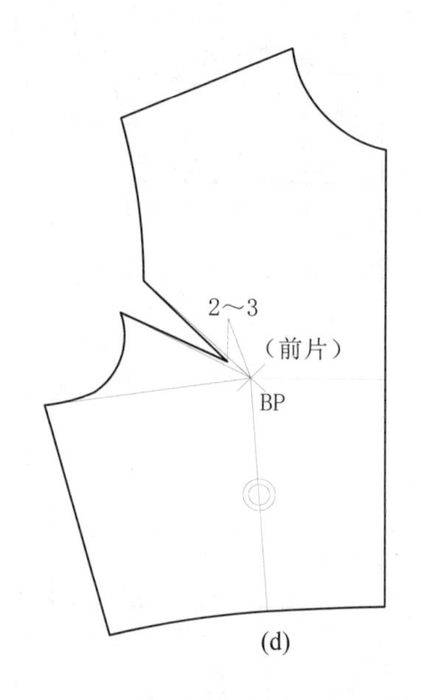

图 2-28 袖胸省（含腰省）操作步骤及结构图

2. 肩胸省（含腰省）

（1）肩胸省（含腰省）款式图（图 2-29）。

（2）肩胸省（含腰省）操作步骤及结构图（图 2-30）。腰省合并至肩线部位。

图 2-29 肩胸省（含腰省）款式图

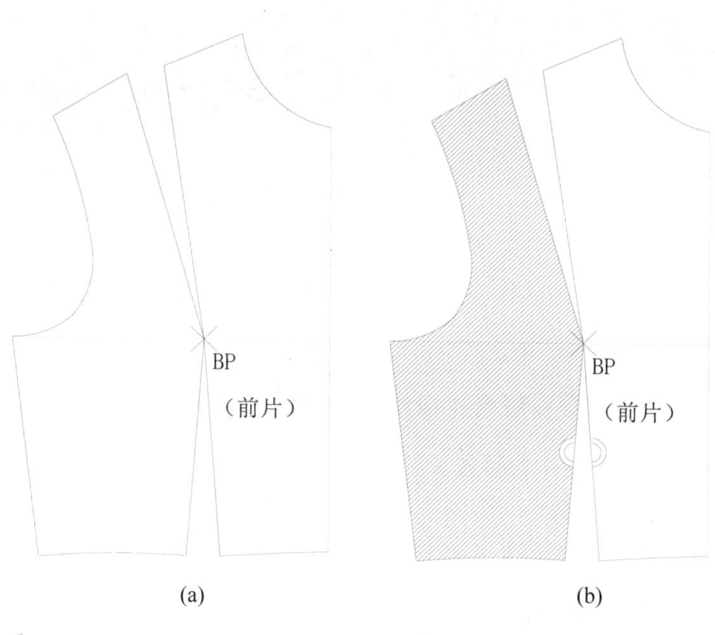

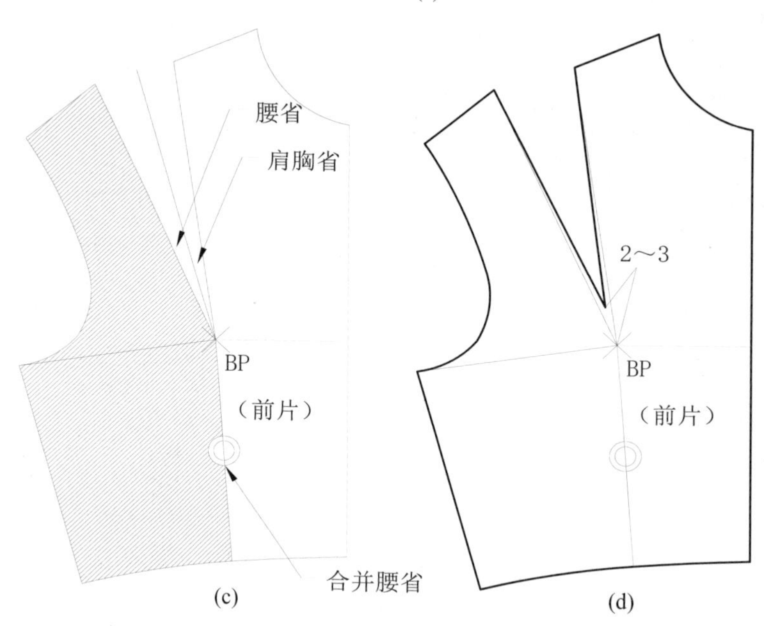

图 2-30 肩胸省（含腰省）操作步骤及结构图

3. 领胸省（含腰省）

（1）领胸省（含腰省）款式图（图 2-31）。

（2）领胸省（含腰省）操作步骤及结构图（图 2-32）。腰省合并至领圈线部位。

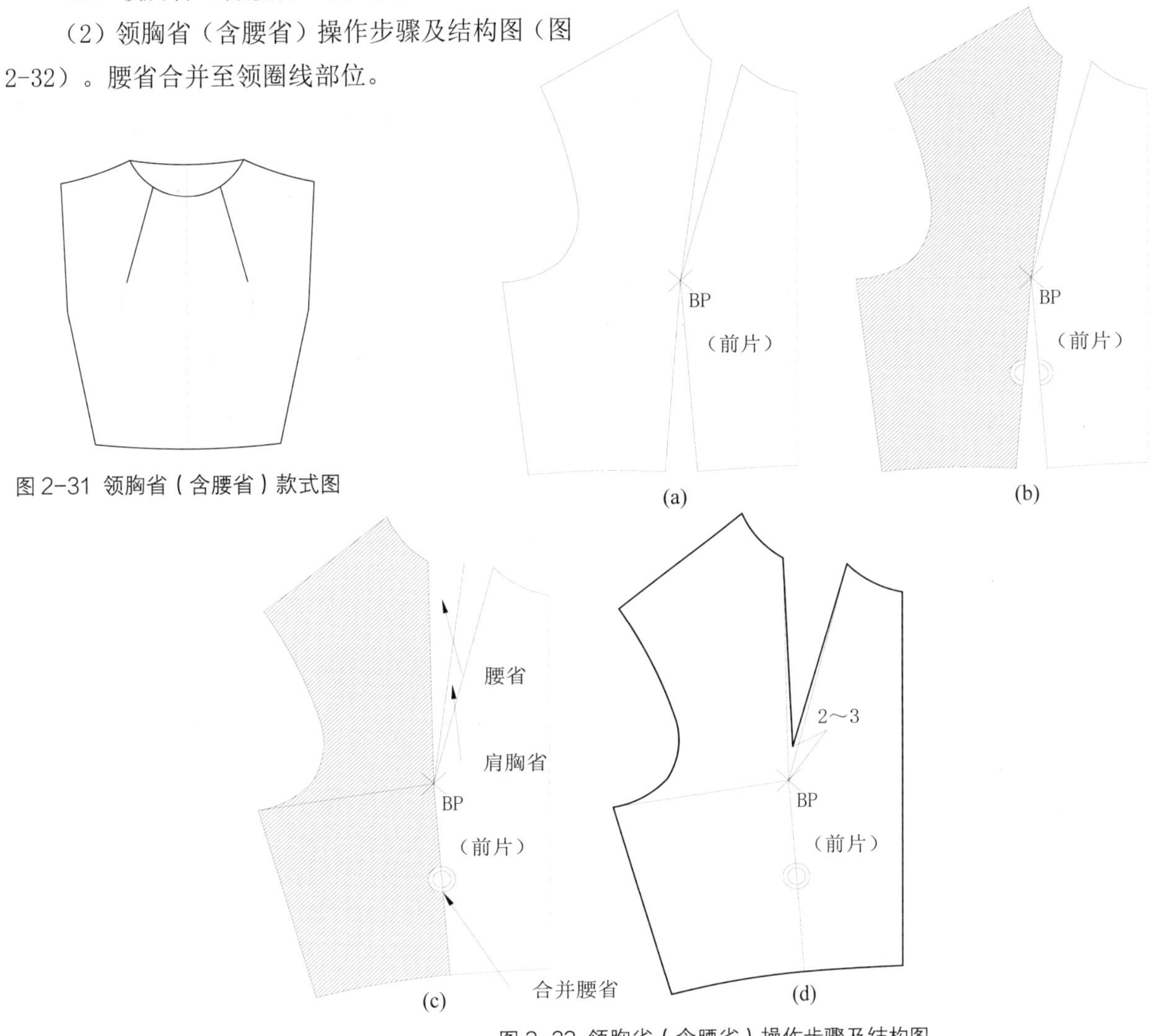

图 2-31 领胸省（含腰省）款式图

图 2-32 领胸省（含腰省）操作步骤及结构图

4. 侧胸省（含腰省）

（1）侧胸省（含腰省）款式图（图 2-33）。

（2）侧胸省（含腰省）操作步骤及结构图（图 2-34）。腰省合并至侧线部位。

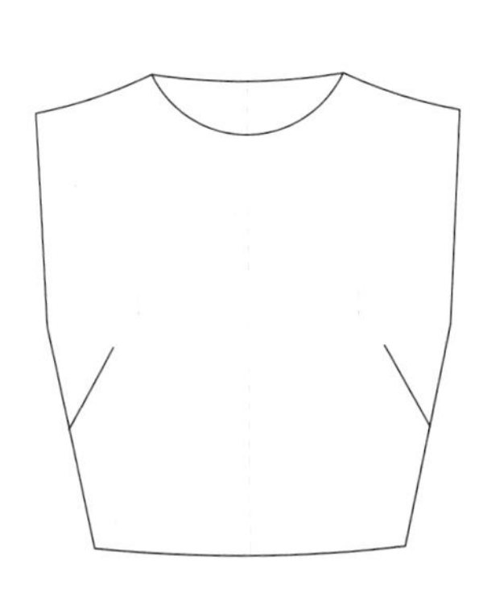

图 2-33 侧胸省（含腰省）款式图

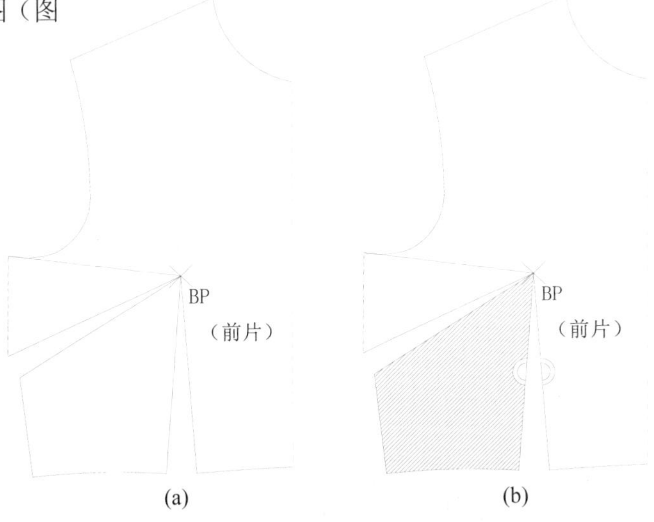

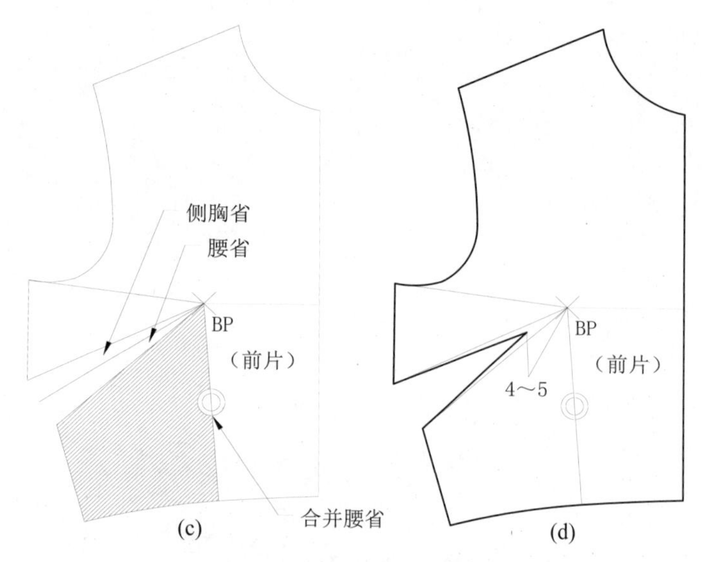

图 2-34 侧胸省（含腰省）操作步骤及结构图

图 2-35 腰胸省（含腰省）款式图

5. 腰胸省（含腰省）

（1）腰胸省（含腰省）款式图（图 2-35）。

（2）腰胸省（含腰省）操作步骤及结构图（图 2-36）。腰省合并至腰线部位。

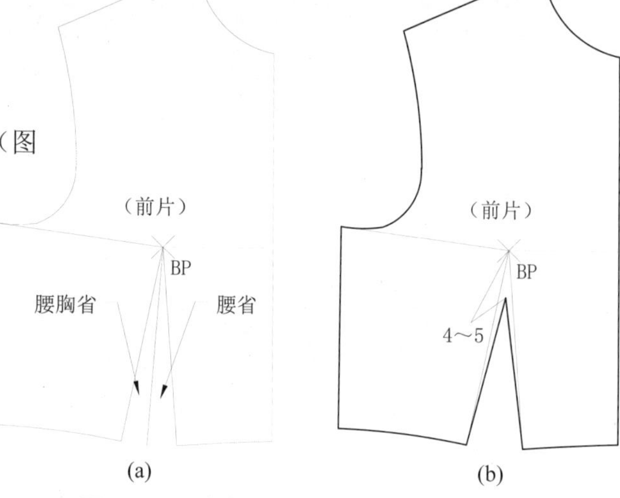

图 2-36 腰胸省（含腰省）操作步骤及结构图

二、变化型胸省应用实例（以纸样折叠法为例）

1. 斜平行线形胸腰省

（1）斜平行线形胸腰省款式图（图 2-37）。

（2）斜平行线形胸腰省操作步骤及结构图（图 2-38）。

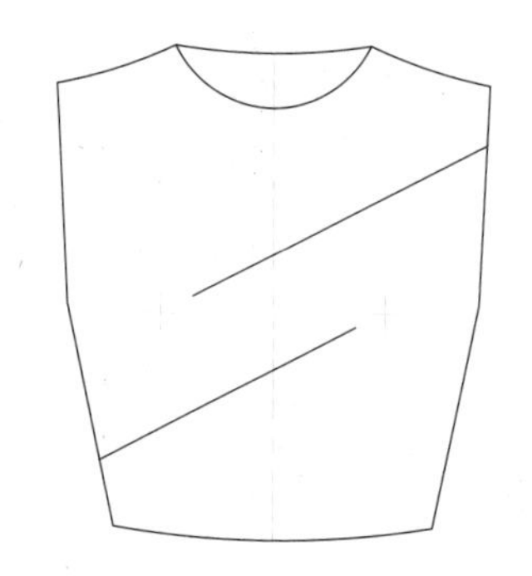

图 2-37 斜平行线形胸腰省款式图

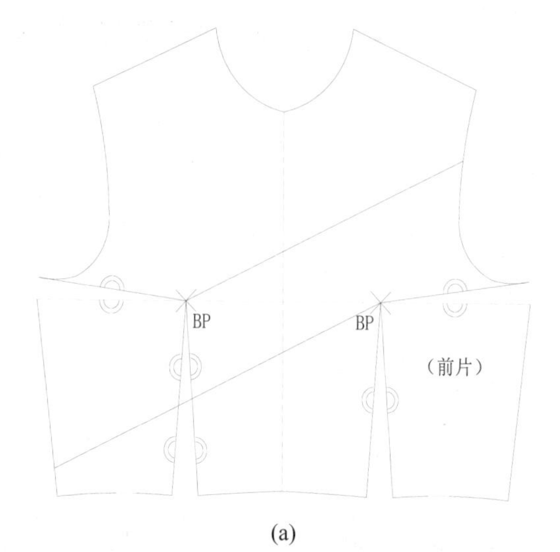

(a)

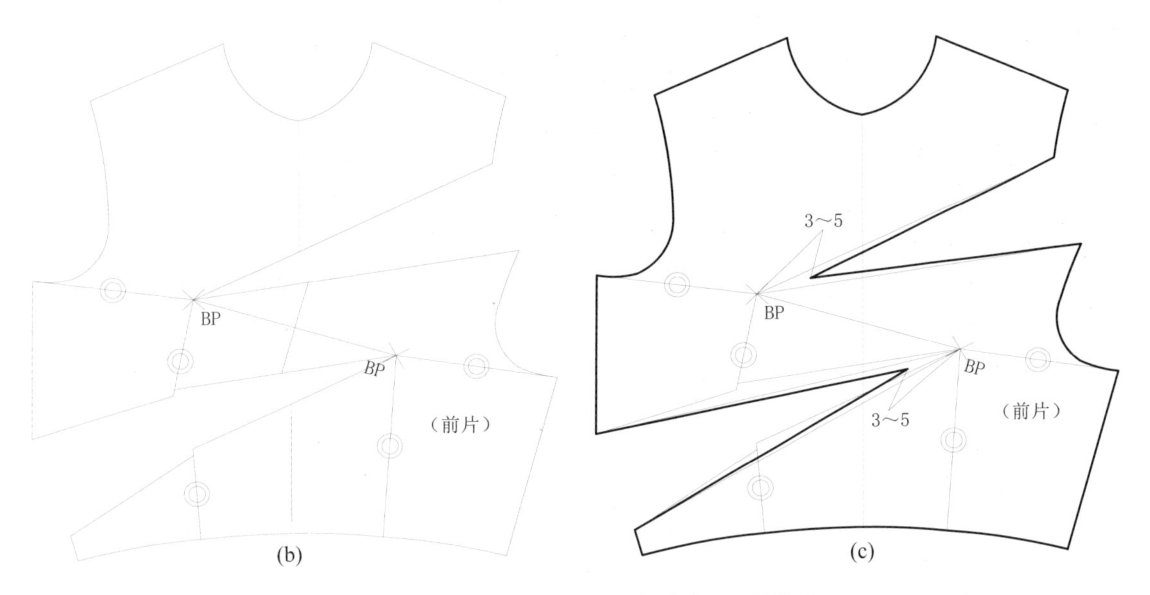

图 2-38 斜平行线形胸腰省操作步骤及结构图

2. 上交叉线形胸腰省

（1）上交叉线形胸腰省款式图（图 2-39）。

（2）上交叉线形胸腰省操作步骤及结构图（图 2-40）。

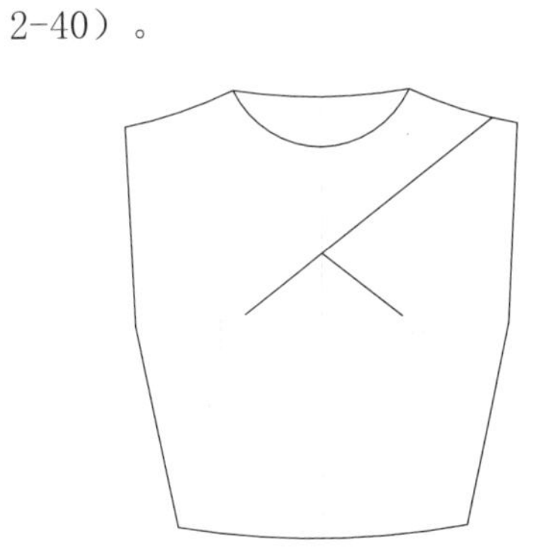

图 2-39 上交叉线形胸腰省款式图

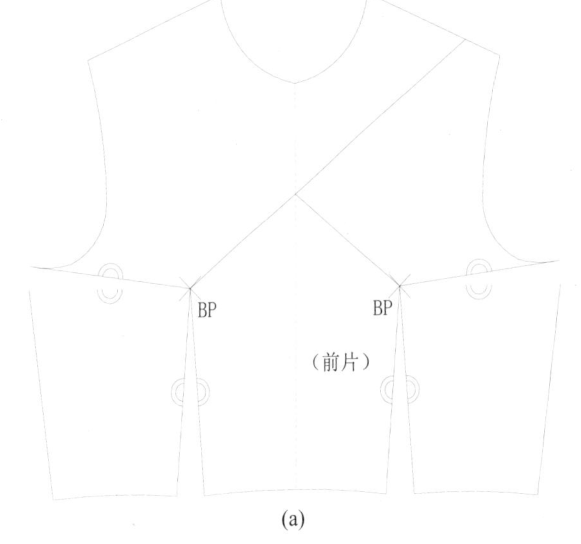

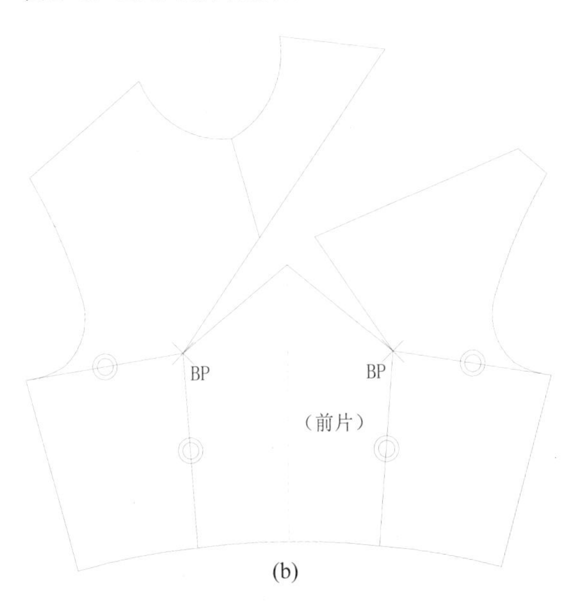

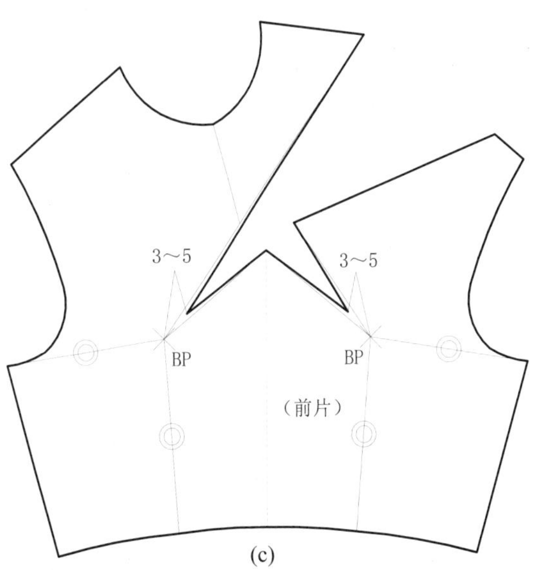

图 2-40 上交叉线形胸腰省操作步骤及结构图

3. 下交叉线形胸腰省

① 下交叉线形胸腰省款式图（图 2-41）。

② 下交叉线形胸腰省结构图（图 2-42）。

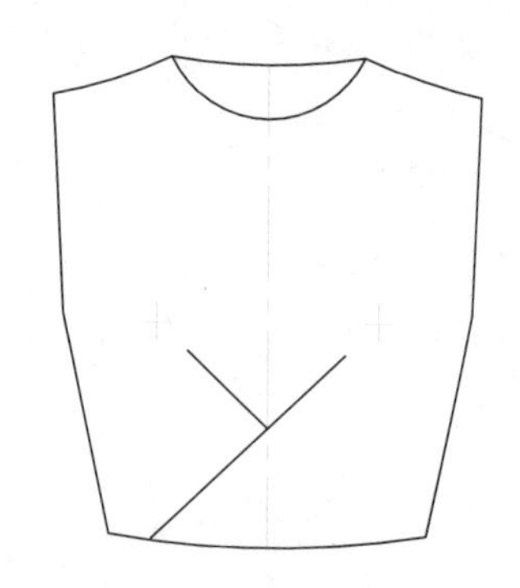

图 2-41 下交叉线形胸腰省款式图

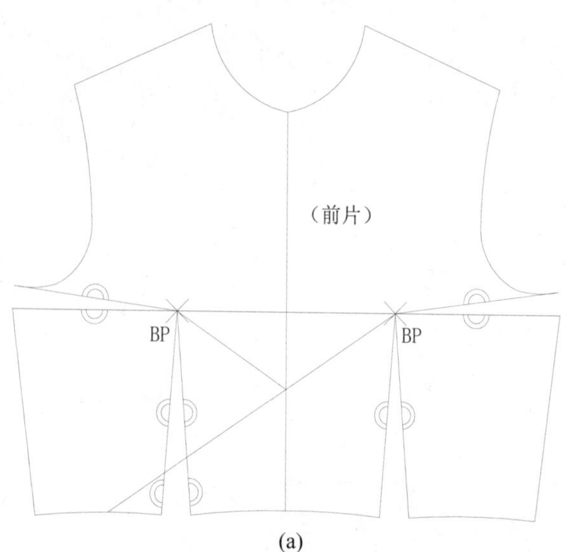

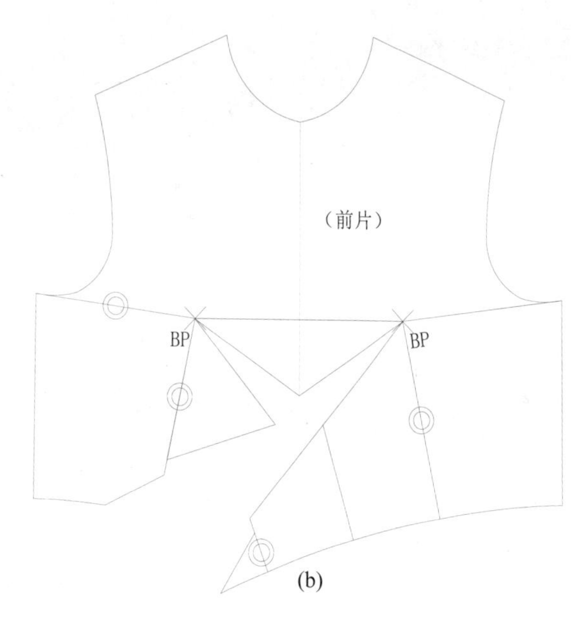

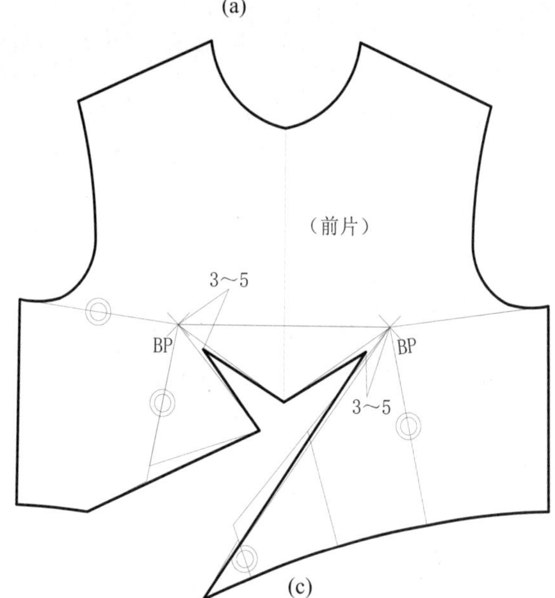

图 2-42 下交叉线形胸腰省操作步骤及结构图

4. 领口交叉线形胸腰省

（1）领口交叉线形胸腰省款式图（图 2-43）。

（2）领口交叉线形胸腰省结构图（图 2-44）。

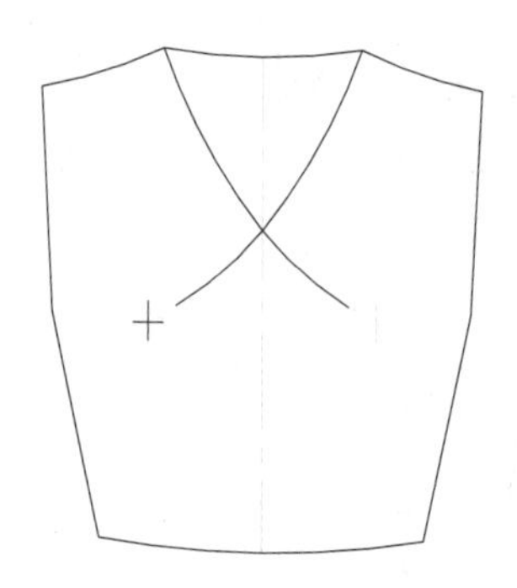

图 2-43 领口交叉线形胸腰省款式图

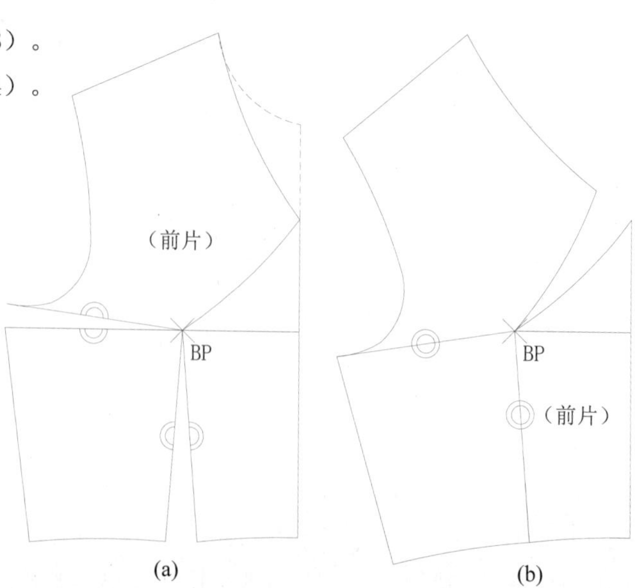

图 2-44 领口交叉线形胸腰省操作步骤及结构图

5. 丫字形胸腰省

（1）丫字形胸腰省款式图（图 2-45）。

（2）丫字形胸腰省结构图（图 2-46）。

图 2-45 丫字形胸腰省款式图

图 2-46 丫字形胸腰省操作步骤及结构图

6. T字形胸腰省

（1）T字形胸腰省款式图（图2-47）。

（2）T字形胸腰省结构图（图2-48）。

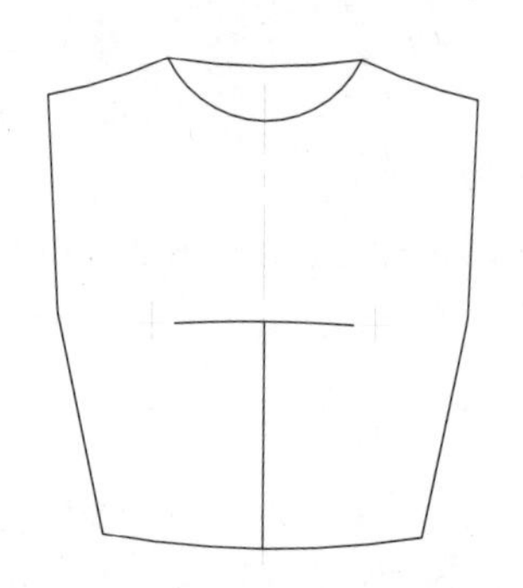

图2-47 T字形胸腰省款式图

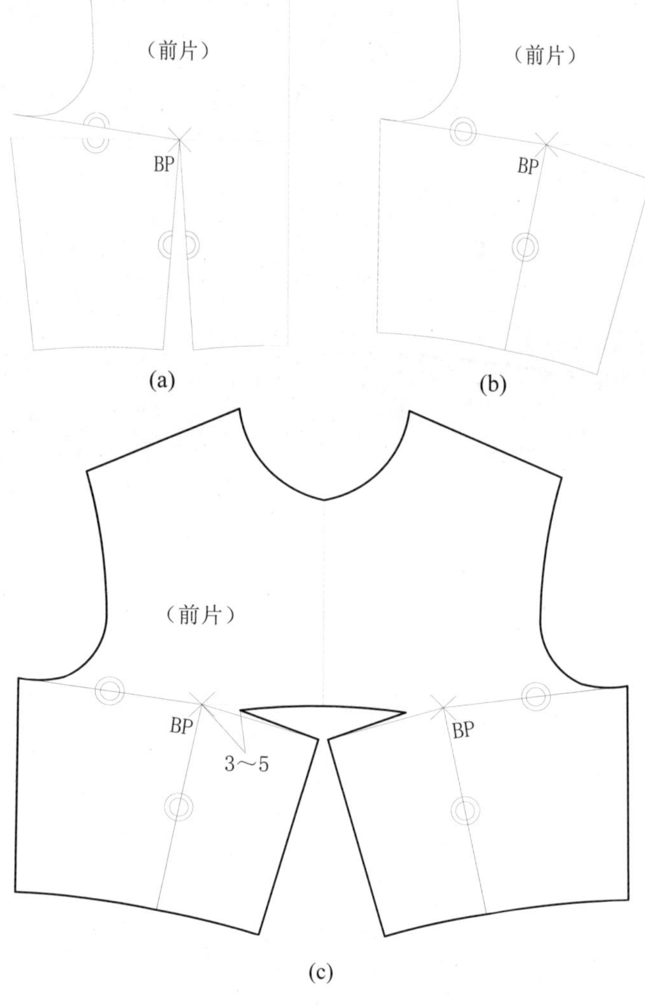

图2-48 T字形胸腰省操作步骤及结构图

7. 菱形胸腰省

（1）菱形胸腰省款式图（图2-49）。

（2）菱形胸腰省结构图（图2-50）。

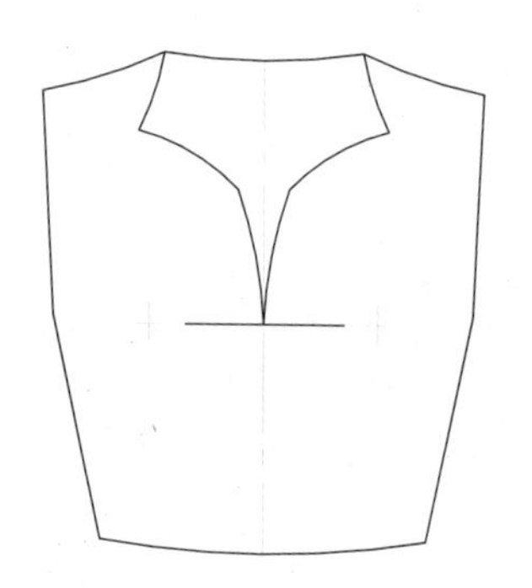

图2-49 菱形胸腰省款式图

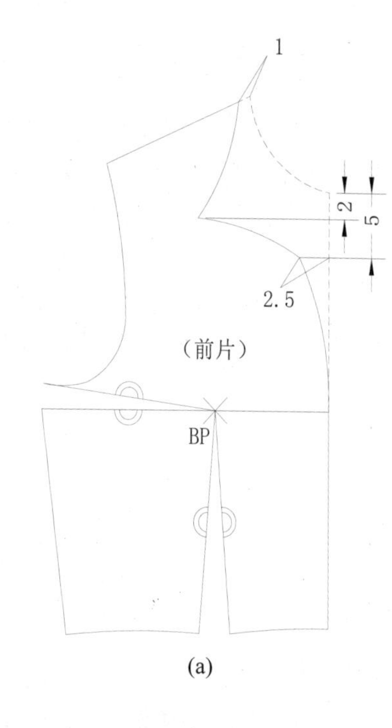

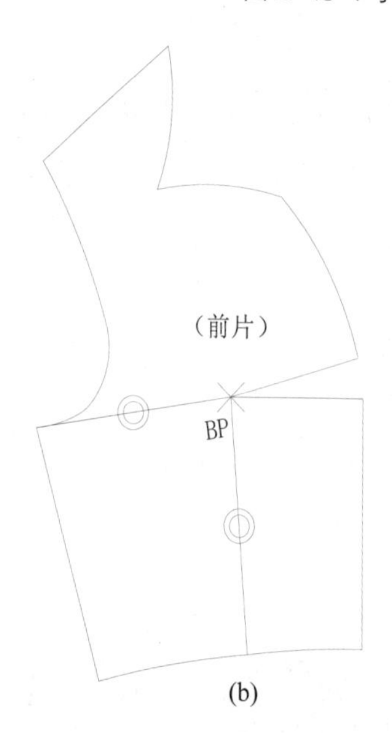

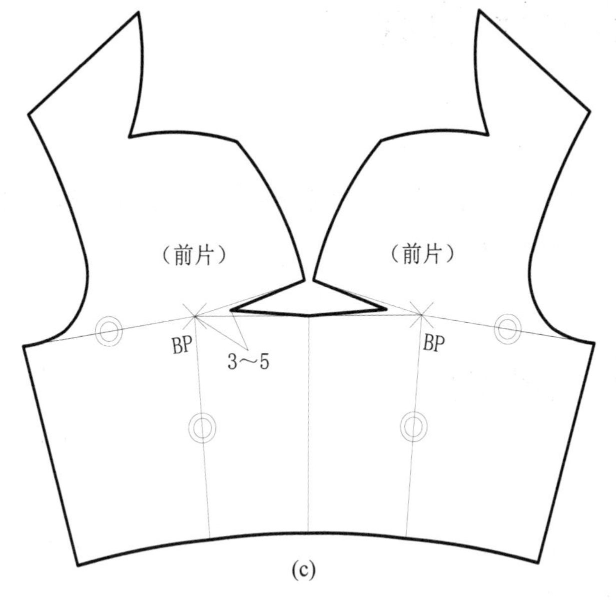

图 2-50 菱形胸腰省操作步骤及结构图

8. 折线形胸腰省

（1）折线形胸腰省款式图（图 2-51）。

（2）折线形胸腰省结构图（图 2-52）。

图 2-51 折线形胸腰省款式图

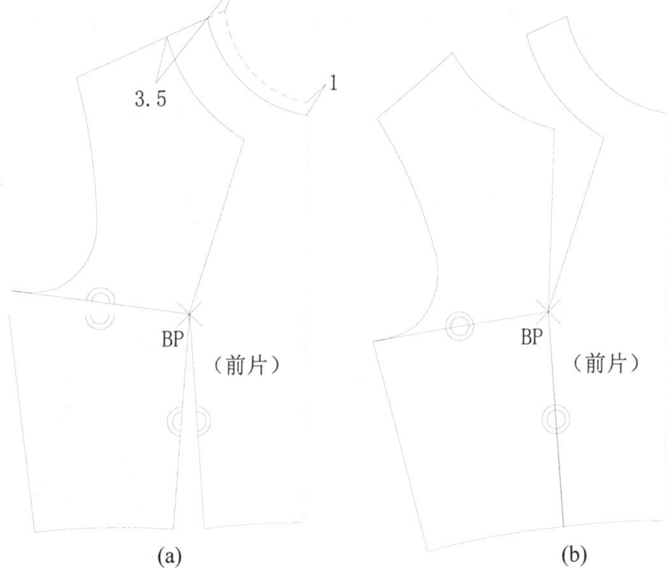

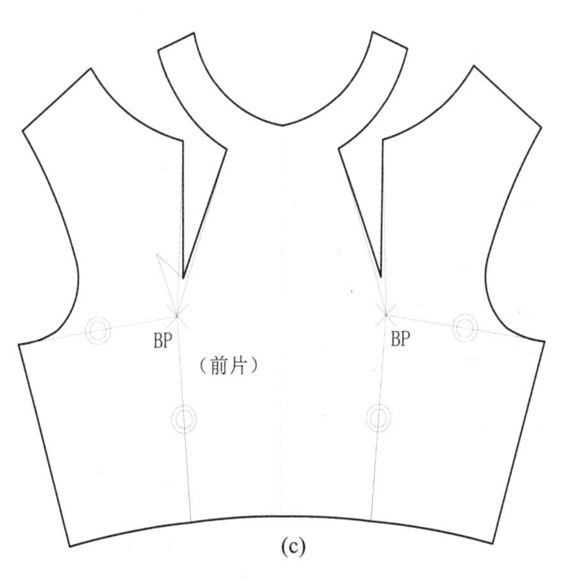

图 2-52 折线形胸腰省操作步骤及结构图

第三章 衣身胸褶裥

衣身胸褶裥是由胸省转化而来的结构形式之一。本章将通过在衣身胸褶裥的种类、作用、转换形式及应用实例等方面，对衣身胸褶裥结构设计进行具体的展开讲解。

第一节 胸褶裥概述

一、褶裥的概念

褶与裥是由收缩或折叠而形成的印痕。但它们在细节上的表现有所不同。

（1）褶又称为细褶。其表现为无规律的印痕，形似皱纹，分布成群而集中，无明显倒向（图3-1）。

（2）裥又称为折裥。其表现为有规律的印痕，形似线，分布有一定的规则，有明显倒向（图3-2）。

（3）褶、裥的展开量如果不收缩或折叠就形成了波浪。一般表现在底摆部位（图3-3）。

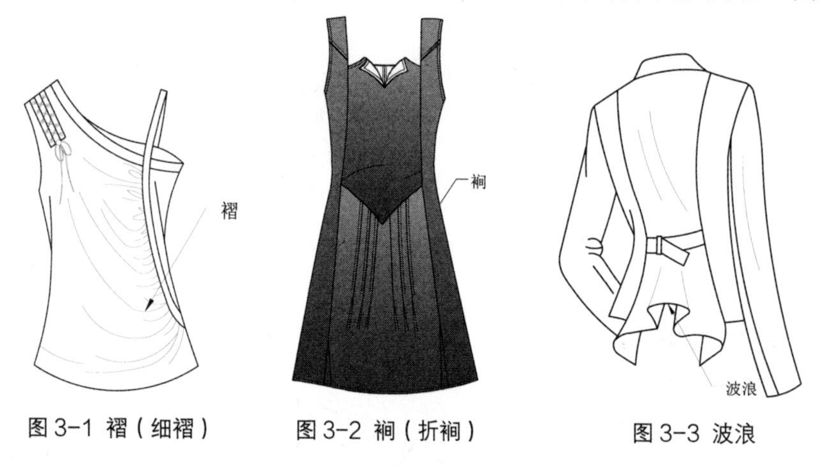

图3-1 褶（细褶）　图3-2 裥（折裥）　图3-3 波浪

二、褶裥的作用

（1）产生特殊的肌理效果。

（2）既能满足人体球面形态的要求，又能形成各种宽松形态的服装造型。

（3）调节褶裥边界线的长度值而扩大其邻近部位的松量。

（4）形成褶裥形的波浪。

三、褶裥结构的展开方法

1. 平移展开（图3-4）

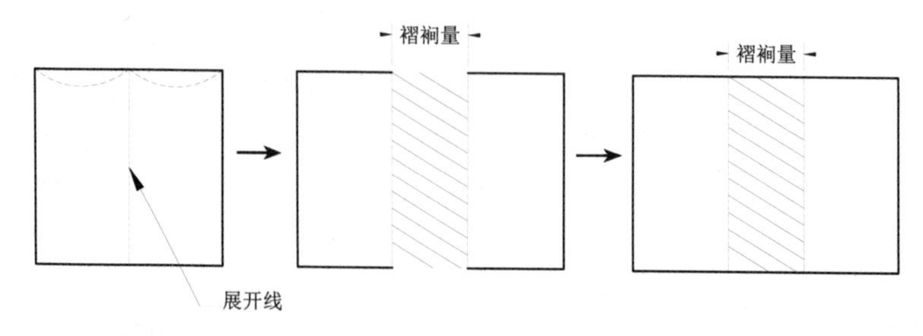

图3-4 褶裥平移展开示意图

2. 旋转展开（图 3-5）

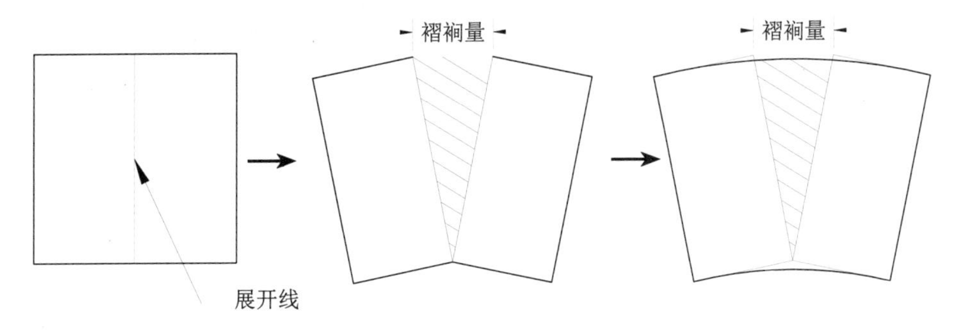

图 3-5 褶裥旋转展开示意图

3. 平移 + 旋转展开（图 3-6）

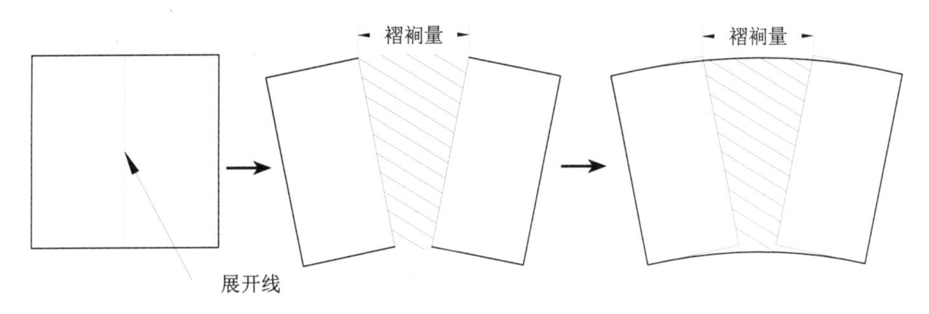

图 3-6 褶裥平移 + 旋转展开示意图

四、褶、裥边界线的构成方法

1. 褶边界线的构成方法

（1）褶直形边界线的操作方法（图 3-7）。

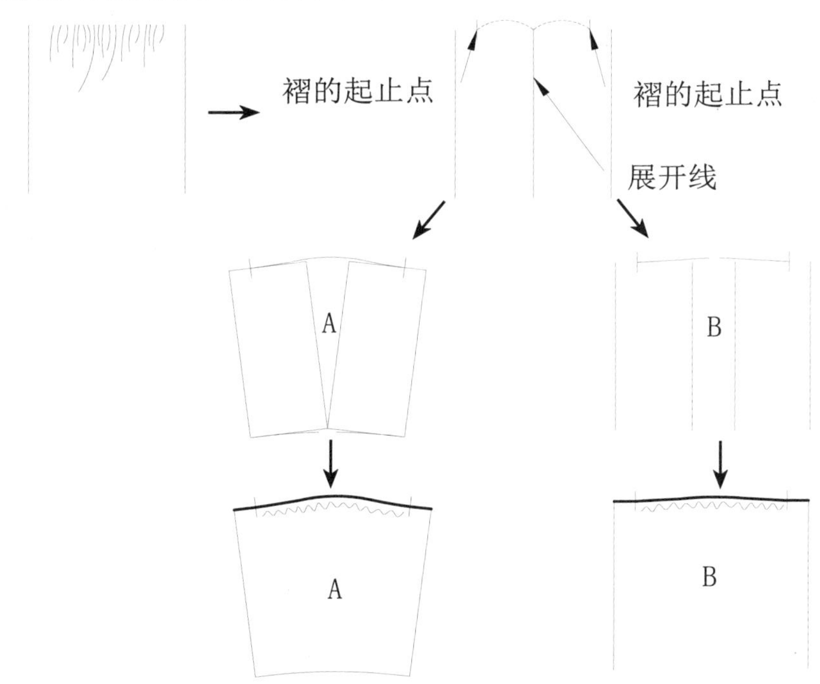

图 3-7 褶直形边界线的操作方法

（2）褶斜形边界线的操作方法（图 3-8）。

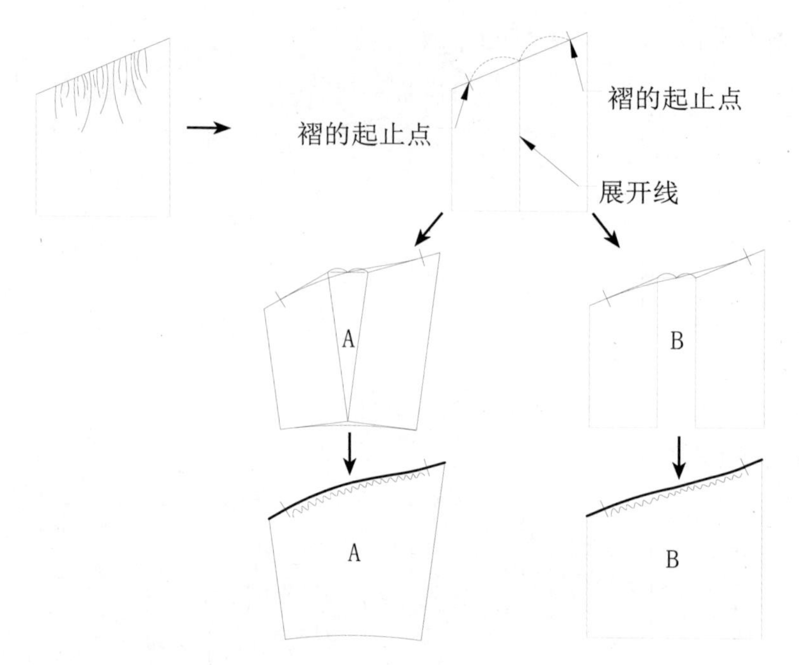

图 3-8 褶斜形边界线的操作方法

2. 裥斜向边界线的构成方法

（1）裥向右、向左侧折叠的操作示意图（图 3-9）。

（2）顺风裥向右、向左侧折叠的操作示意图（图 3-10）。

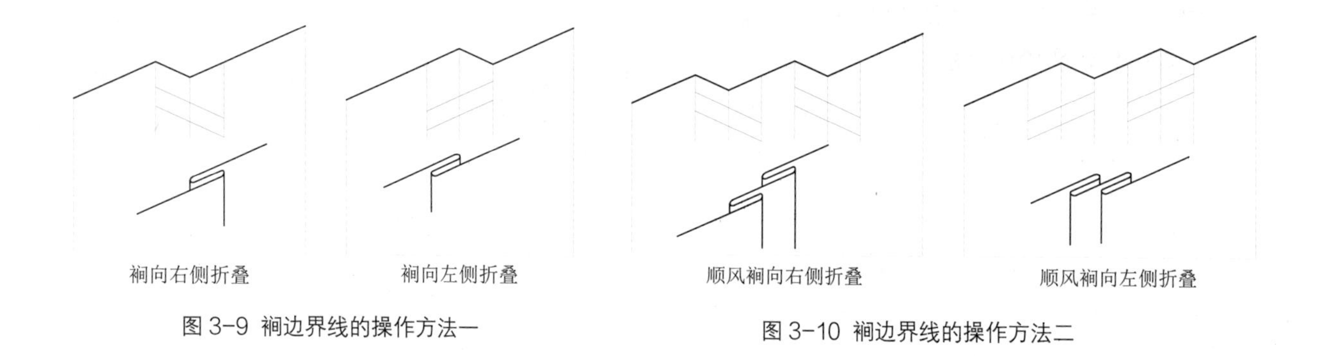

图 3-9 裥边界线的操作方法一

图 3-10 裥边界线的操作方法二

（3）裥相向、反向折叠效果图的操作示意图（图 3-11）。

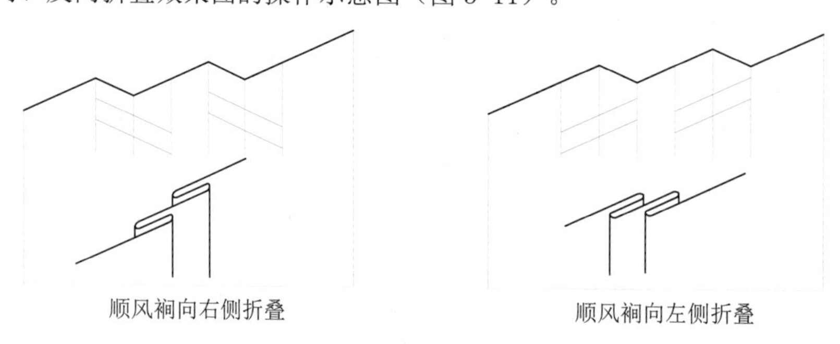

图 3-11 裥边界线的操作方法三

第二节 衣身胸褶、裥构成

一、胸褶、裥构成要点

（1）位置：围绕胸高点四周的任意位置。

（2）分布：应指向胸高点。

（3）边界线与胸高点的距离：不小于4cm。图3-12中：（a）的胸褶、裥边界线与胸高点间的距离大于4cm，因此（a）的胸褶、裥量大于（b）的。当胸褶、裥与胸高点间的距离小于4cm时，由于胸褶、裥量太小，不能满足设计要求，因此胸褶、裥量与胸高点间的距离不能小于4cm。

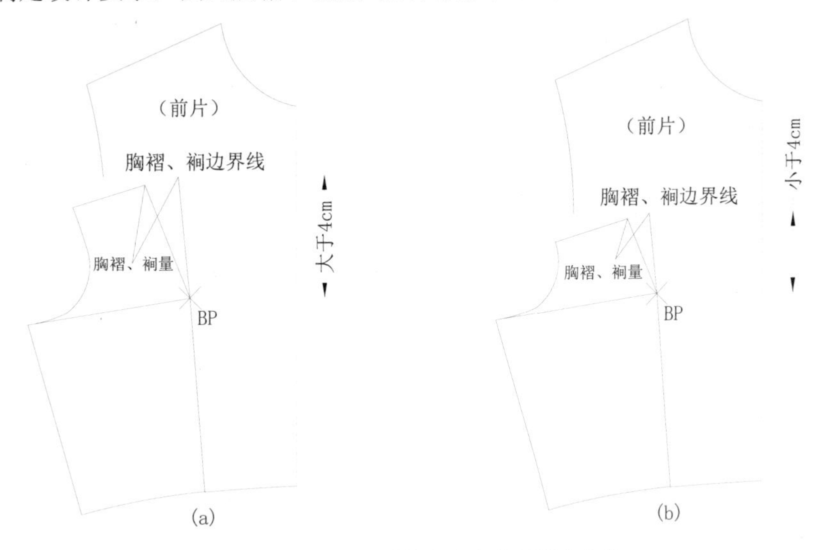

图3-12 胸褶、裥边界线与胸高点间距离变化

（4）胸褶、裥量的控制：在胸省夹角一定的条件下，胸褶、裥量的大小与褶、裥边界线至胸高点的距离有关。若胸褶、裥量不能满足对款式的设计要求，则可通过纸样展开来进一步地扩大胸褶、裥量，如图3-13中（a）所示。图3-13中（b）为用旋转展开法来扩大褶、裥量，在扩大褶、裥量时胸围也同步扩大了，因此服装的合体程度有减弱的趋势。图3-13中（c）为用平移展开法来扩大褶、裥量，在扩大褶、裥量时胸围与底摆围也同步扩大了，因此服装的合体程度有减弱的趋势。

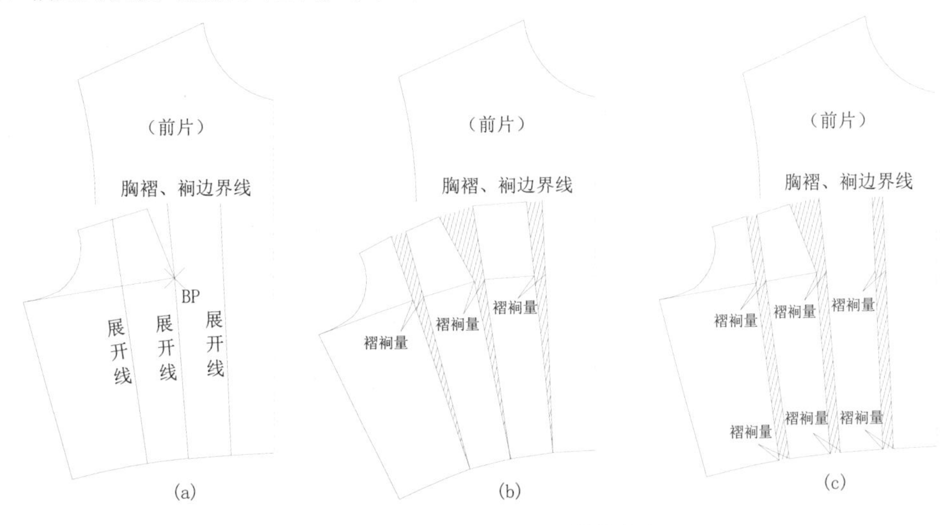

图3-13 胸褶、裥量扩大操作方法

二、胸褶、裥的操作步骤（以纸样折叠法为例）

（1）按款式图在衣身基型上画出与之相符合的分割线，并确定胸褶的起止点（若为胸裥则确定裥的具体位置），见图 3-14（a）、（b）。

（2）通过胸褶、裥部位作一条连接 BP 的辅助线，见图 3-14（c）

（3）固定 BP，用纸样折叠法或样板旋转法将胸省作相应位移，见图 3-14（d）、（e）。

（4）将胸省量转化为胸褶、裥量，见图 3-14（f）。

图 3-14 胸褶操作步骤

第三节 衣身胸褶裥结构应用实例

一、胸褶结构应用实例

1. 前肩分割胸褶、后片横向分割细褶

（1）前肩分割胸褶、后片横向分割细褶款式图（图 3-15）。

（2）前肩分割胸褶前片的操作步骤及结构图（图 3-16）。

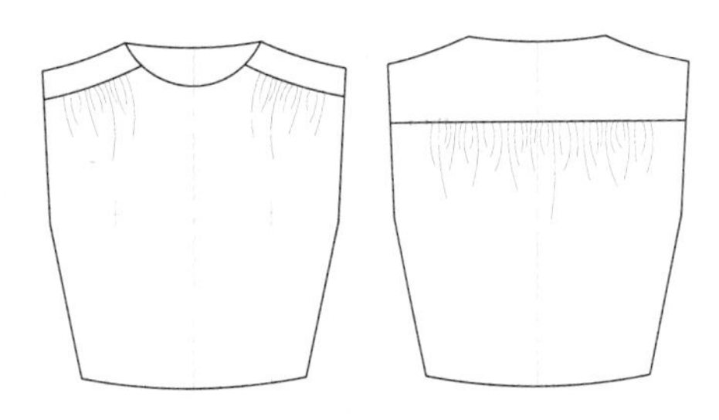

图 3-15 胸褶、背褶款式图

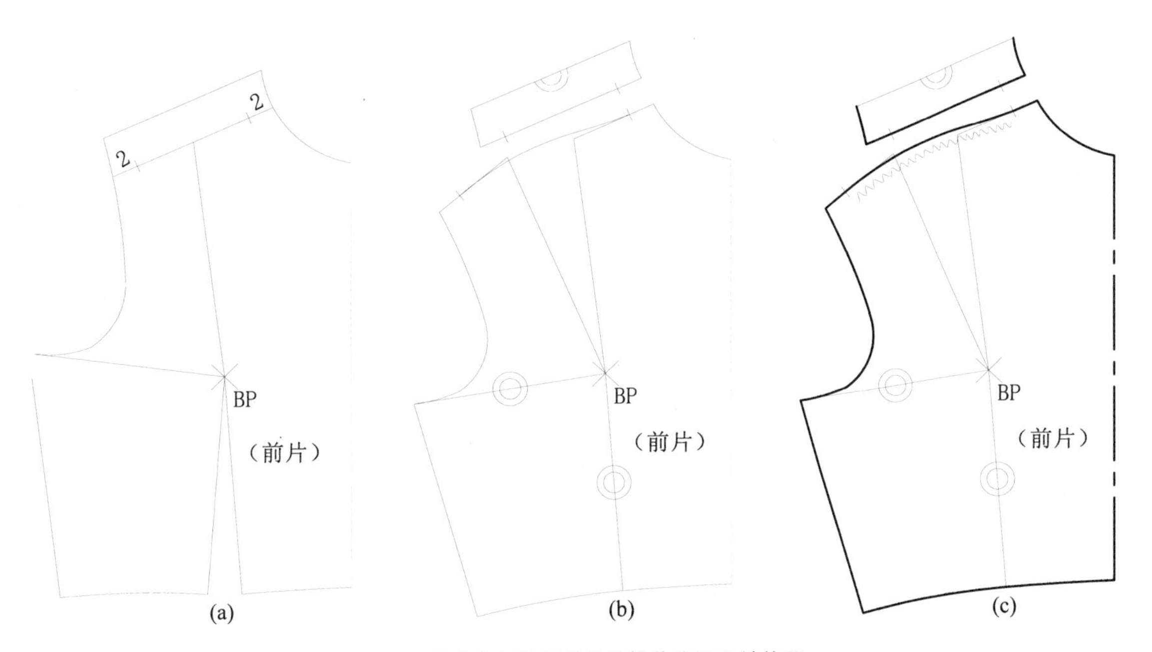

图 3-16 前肩分割胸褶前片的操作步骤及结构图

（3）后片横向分割背褶方法一的操作步骤及结构图（图 3-17）。

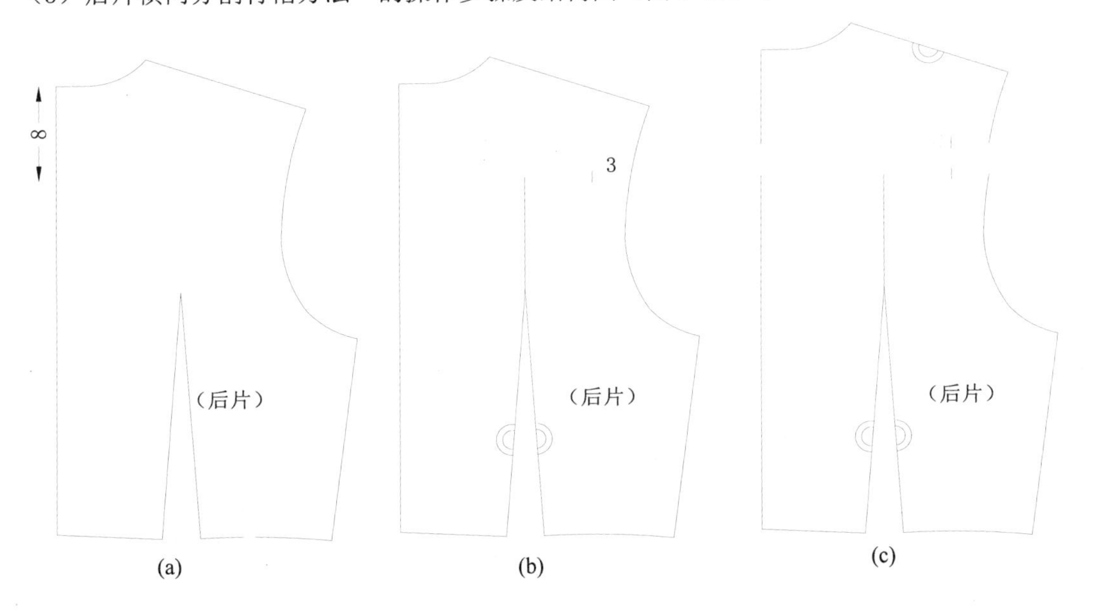

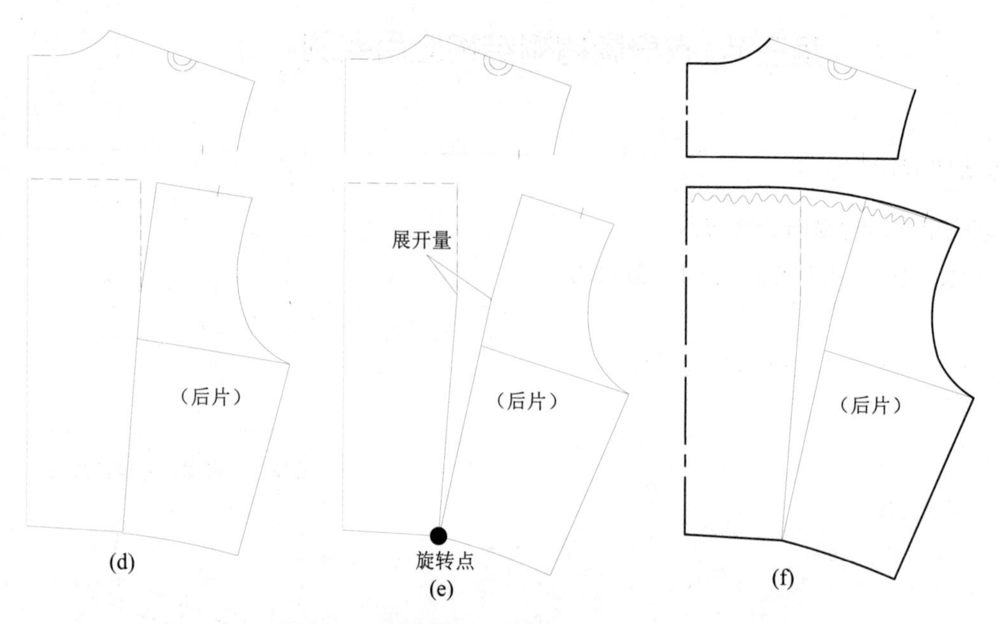

图 3-17 后片横向分割背褶方法一的操作步骤及结构图

（4）后片横向分割背褶方法二的操作步骤及结构图（图 3-18）。

（5）前 / 后肩育克结构图（图 3-19）。

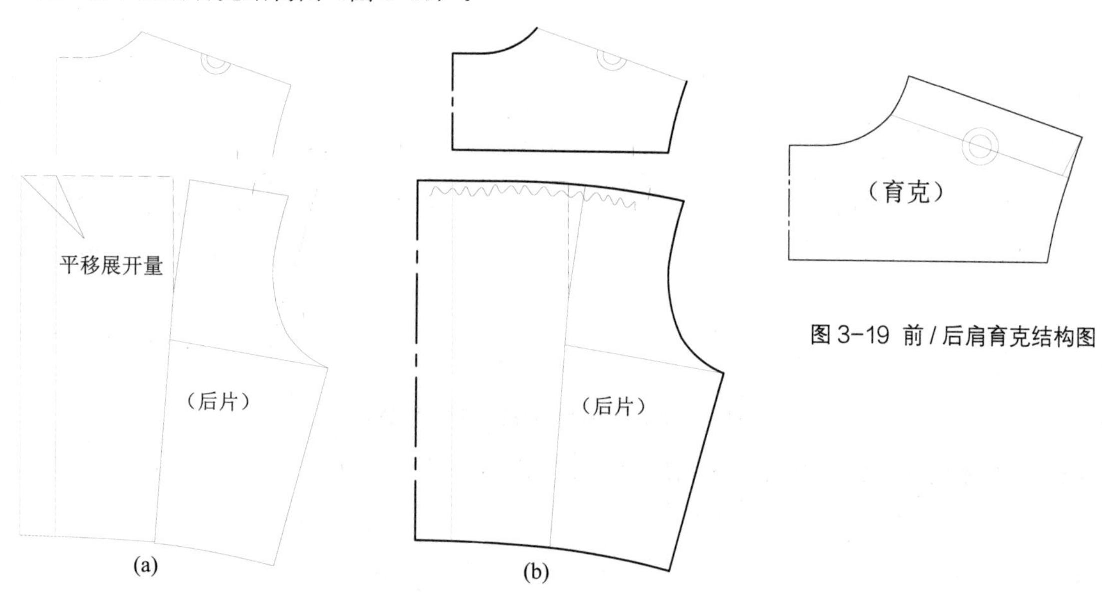

图 3-19 前 / 后肩育克结构图

图 3-18 后片横向分割背褶方法二的操作步骤及结构图

2. 圆领胸褶

（1）圆领胸褶款式图（图 3-20）。

图 3-20 圆领胸褶款式图

（2）圆领胸褶的操作步骤及结构图（图 3-21）。

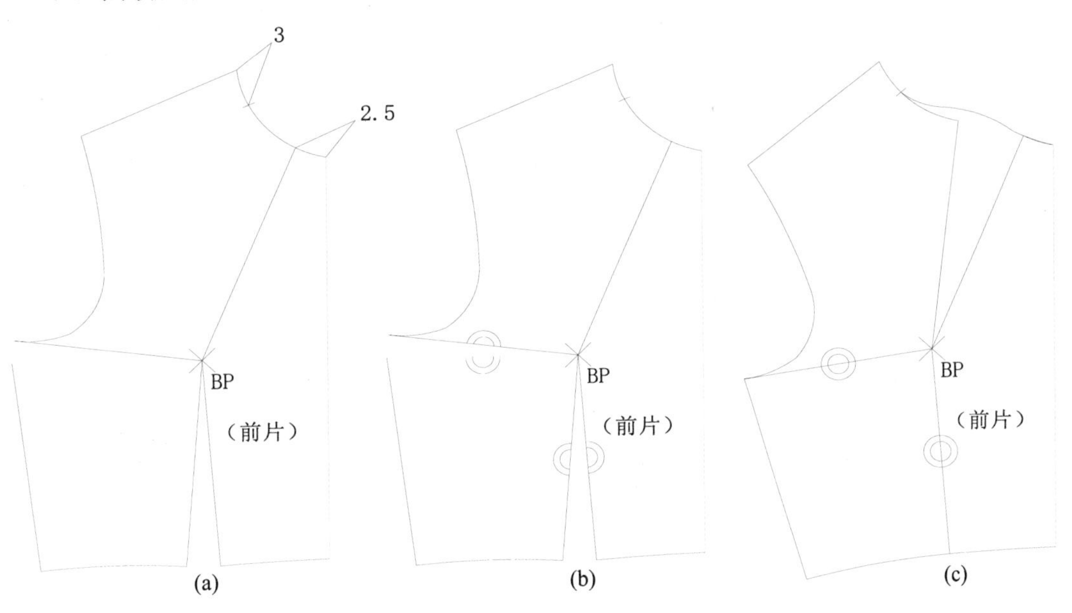

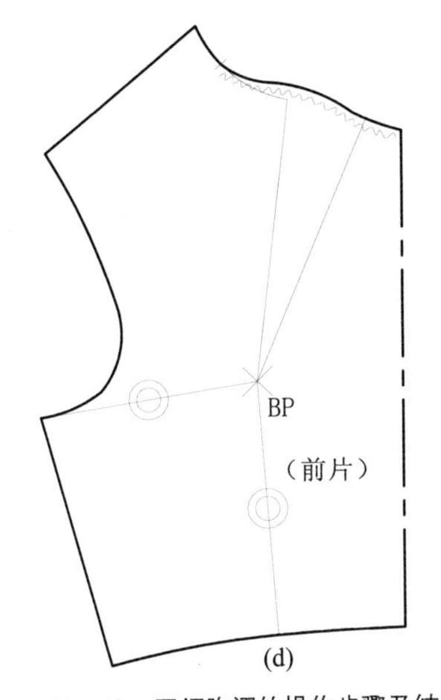

图 3-21 圆领胸褶的操作步骤及结构图

3.V 领胸褶

（1）V 领胸褶款式图（图 3-22）。

（2）V 领胸褶的操作步骤及结构图（图 3-23）。

图 3-22 V 领胸褶款式图

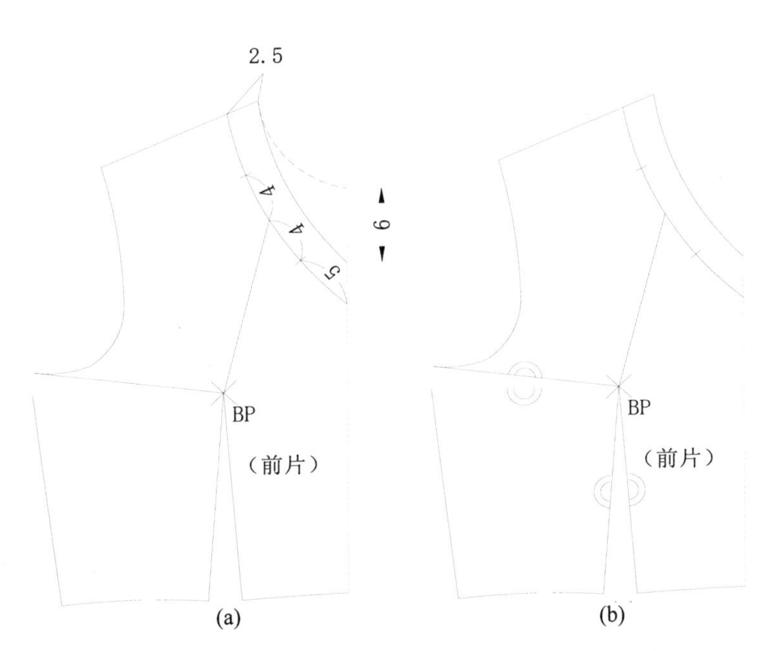

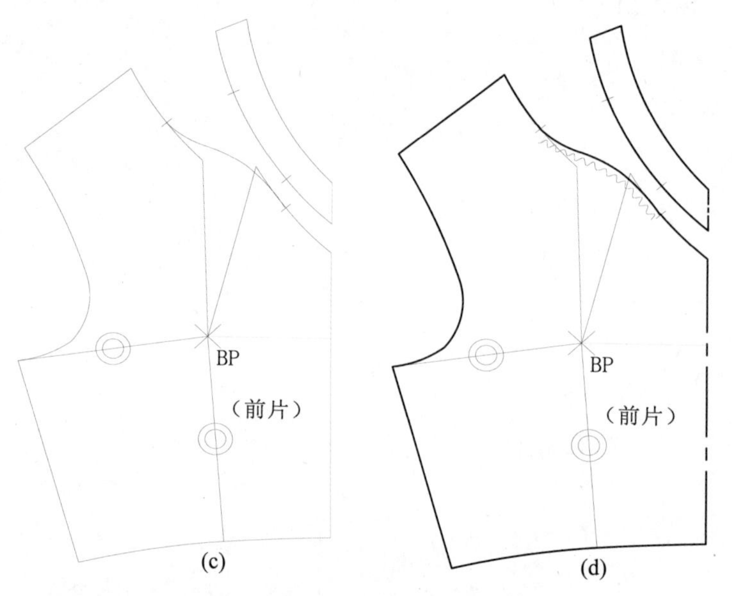

图 3-23 V 领胸褶的操作步骤及结构图

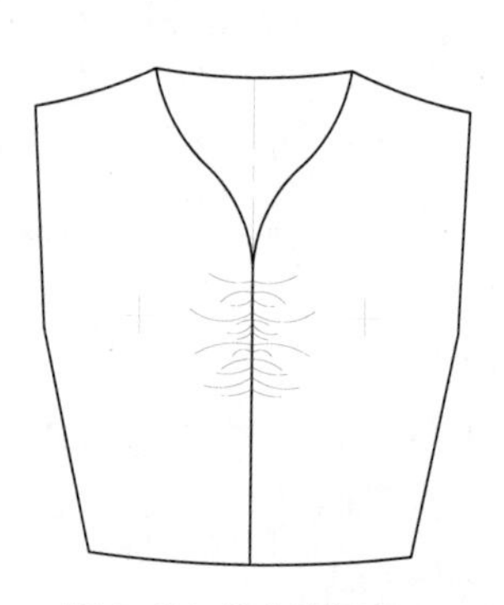

图 3-24 前中胸褶款式图

4. 前中胸褶

（1）前中胸褶款式图（图 3-24）。

（2）前中胸褶的操作步骤及结构图（图 3-25）。

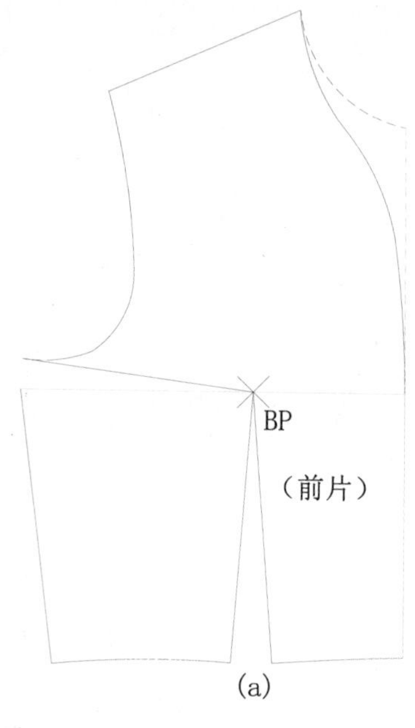

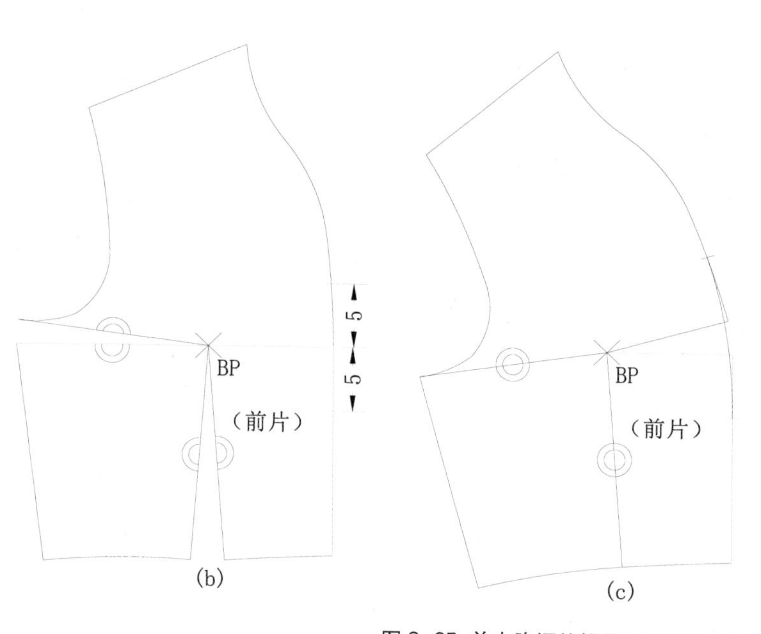

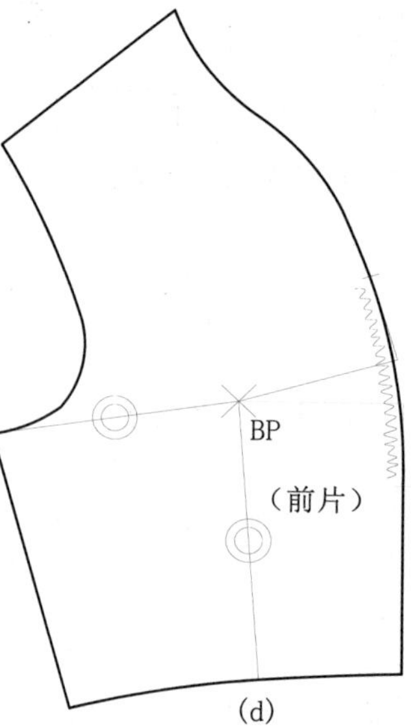

图 3-25 前中胸褶的操作步骤及结构图

5. 折线形胸褶

（1）线形胸褶款式图（图 3-26）。

（2）折线形胸褶的操作步骤及结构图（图 3-27）。

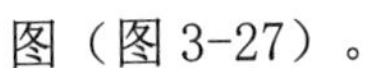

图 3-26 折线形胸褶款式图

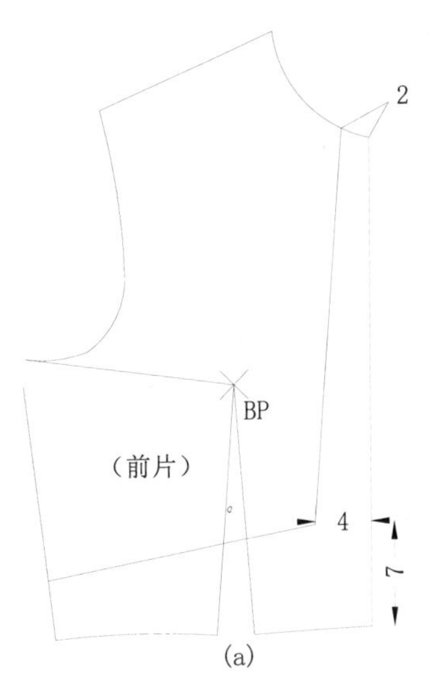

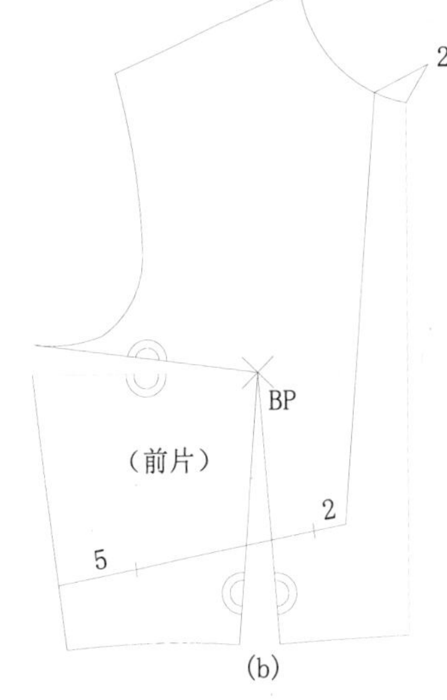

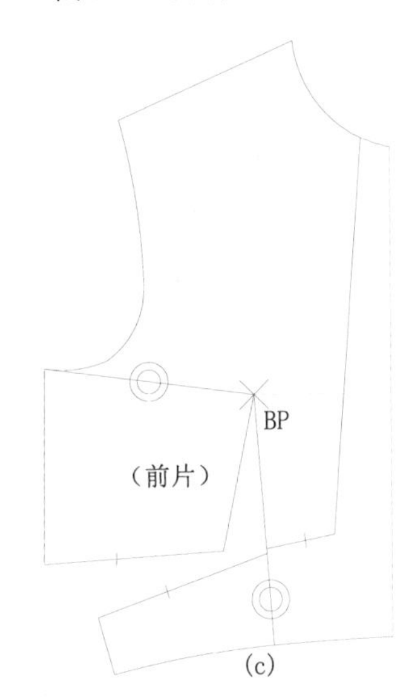

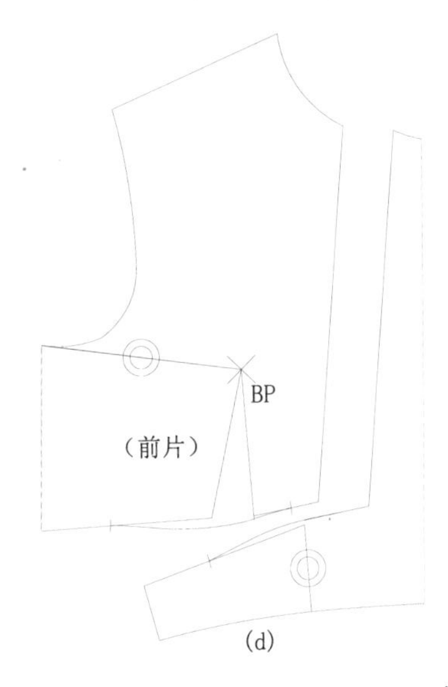

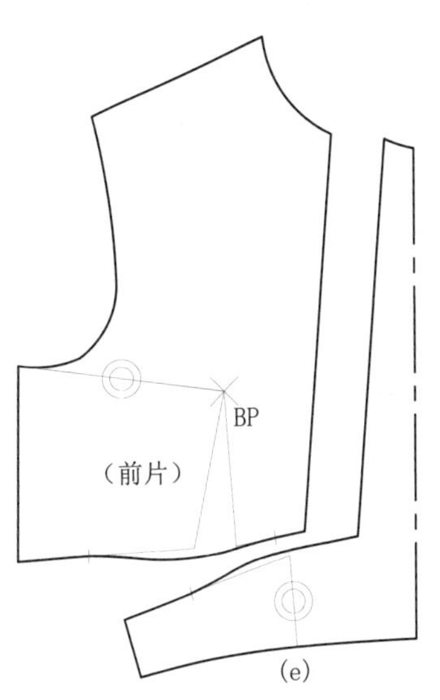

图 3-27 折线形胸褶的操作步骤及结构图

6. 斜弧线形胸褶

（1）斜弧线形胸褶款式图（图 3-28）。

（2）斜弧线形胸褶操作步骤及结构图（图 3-29）。

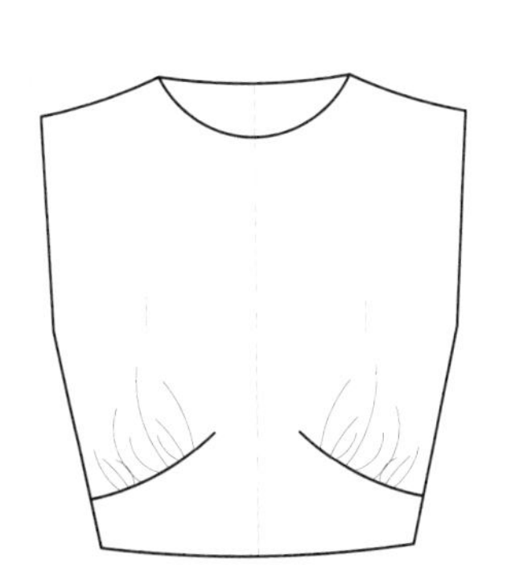

图 3-28 斜弧线形胸褶款式图

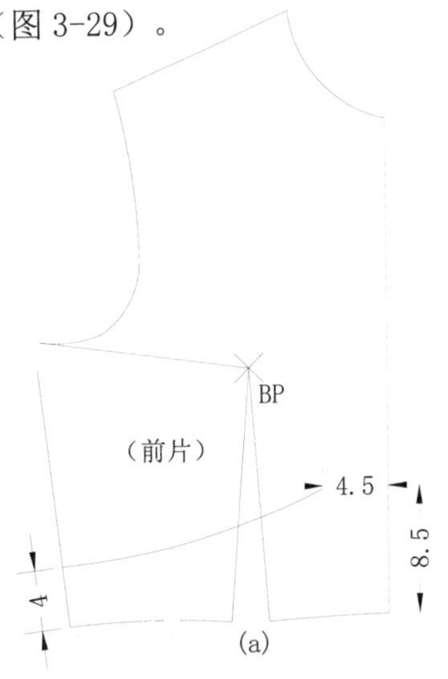

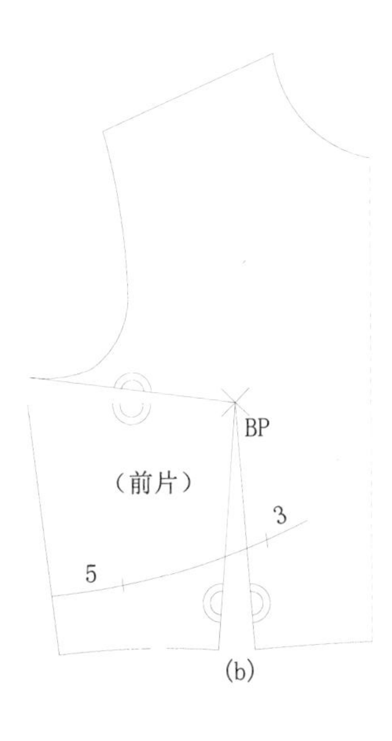

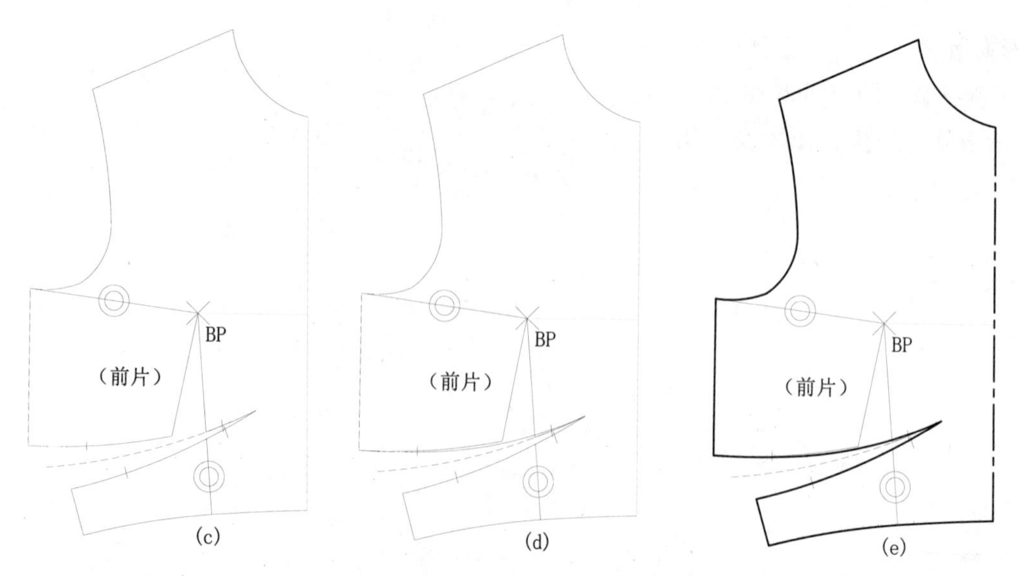

图 3-29 斜弧线形胸褶的操作步骤及结构图

7. 横向分割胸褶

(1) 横向分割胸褶款式图（图 3-30）。

(2) 横向分割胸褶的操作步骤及结构图（图 3-31）。

图 3-30 横向分割胸褶款式图

图 3-31 横向分割胸褶的操作步骤及结构图

8. 腰胸褶

(1) 腰胸褶款式图（图 3-32）。

(2) 腰胸褶的操作步骤及结构图（图 3-33）。

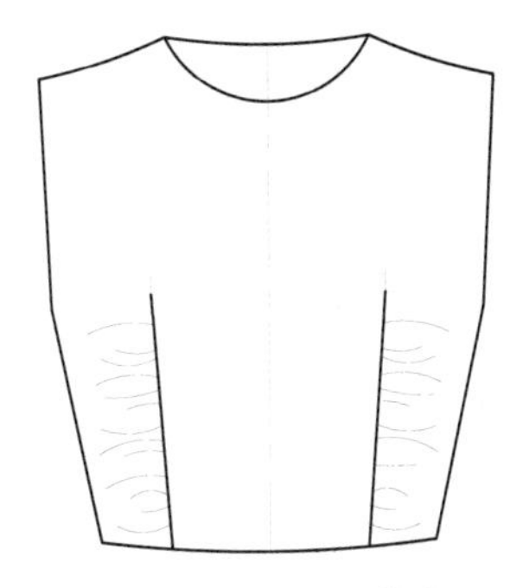

图 3-32 腰胸褶款式图

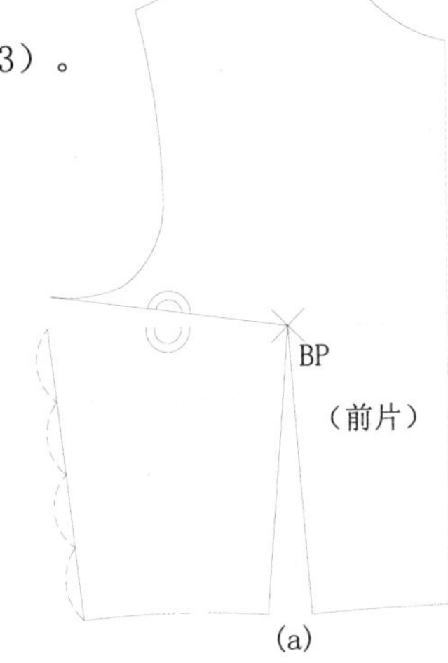

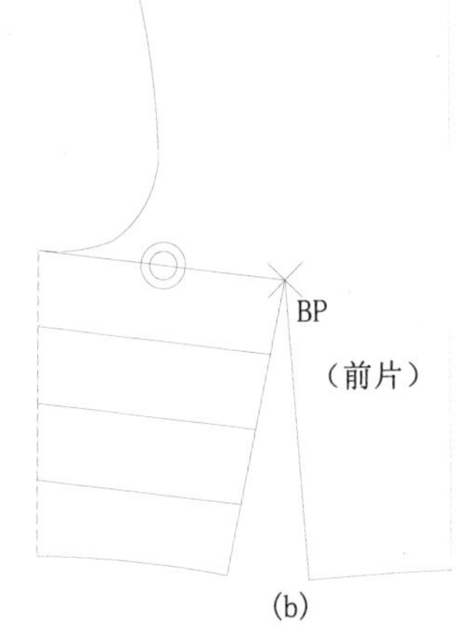

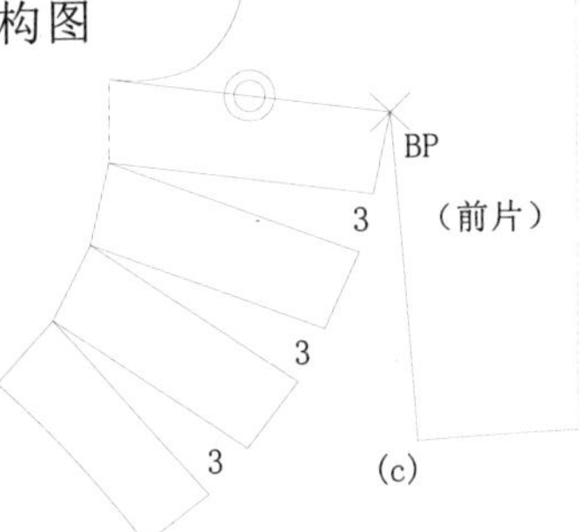

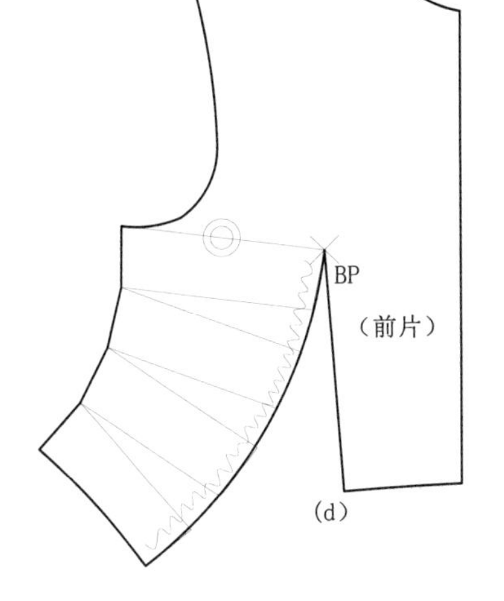

图 3-33 腰胸褶的操作步骤及结构图

9. 直向分割胸褶

(1) 直向分割胸褶款式图（图 3-34）。

(2) 直向分割胸褶的操作步骤及结构图（图 3-35）。

图 3-34 直向分割胸褶款式图

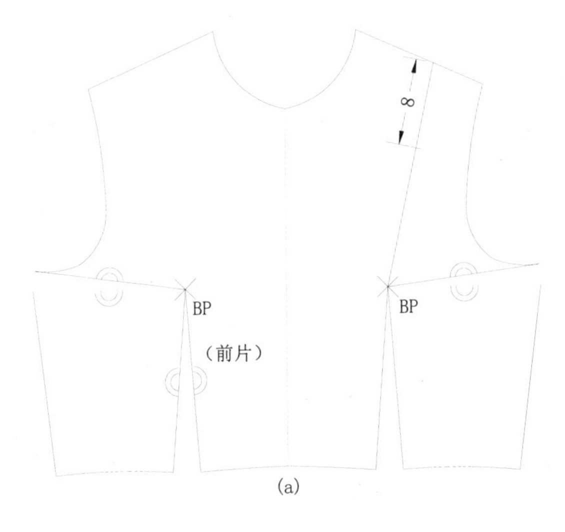

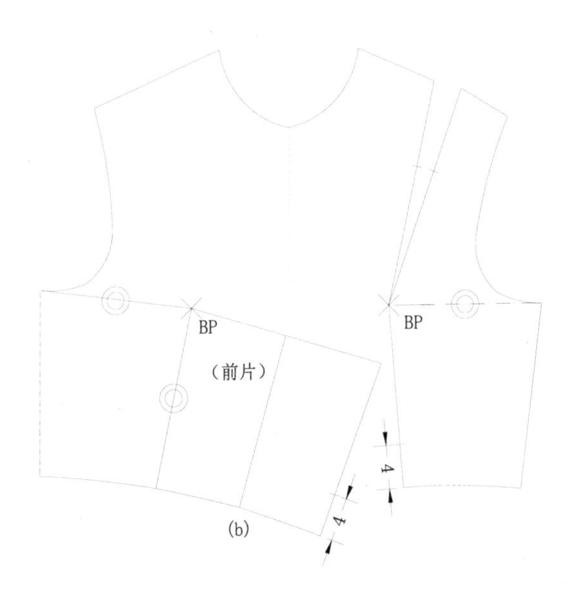

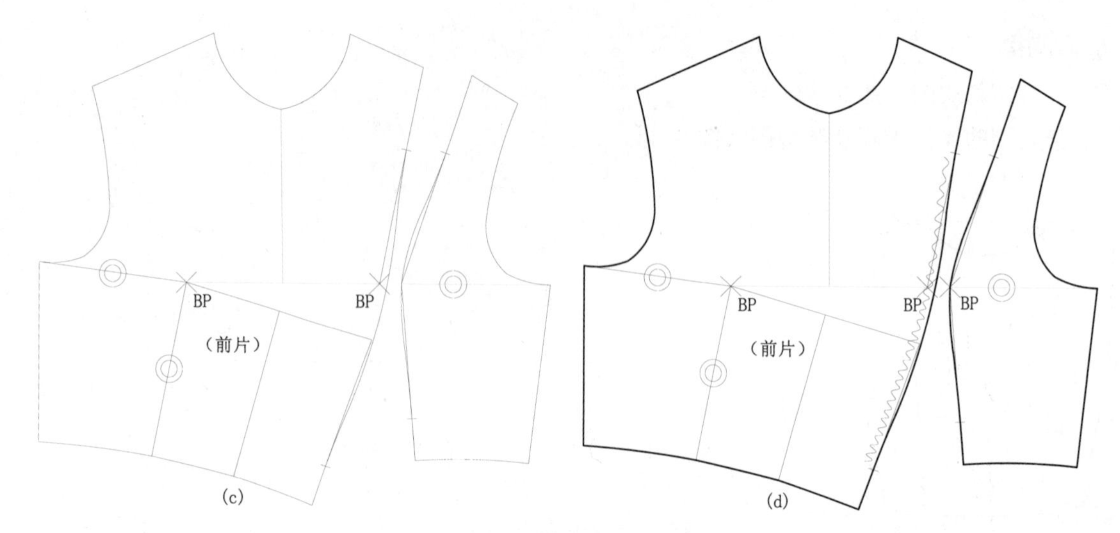

图 3-35 直向分割胸褶的操作步骤及结构图

二、胸裥结构应用实例

1. 前肩分割胸裥、后片横向分割背裥

（1）前肩分割胸裥、后片横向分割背裥款式图（图 3-36）。

（2）前肩分割胸裥的操作步骤及结构图（图 3-37）。

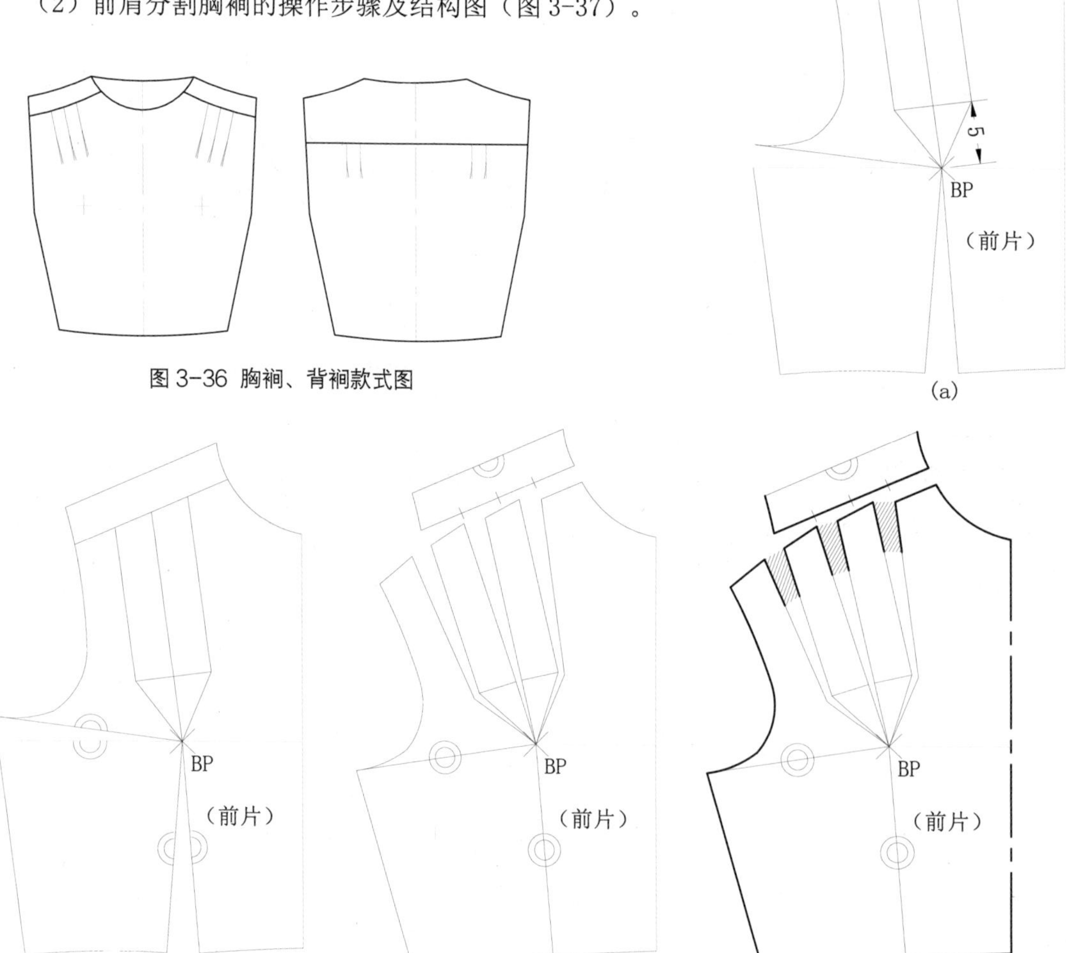

图 3-36 胸裥、背裥款式图

图 3-37 前肩分割胸裥的操作步骤及结构图

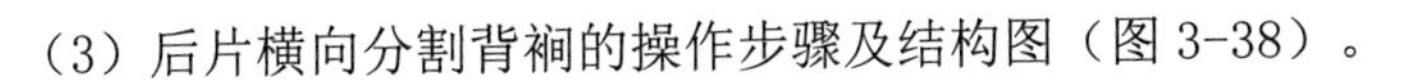

（3）后片横向分割背裥的操作步骤及结构图（图 3-38）。

图 3-38 后片横向分割背裥的操作步骤及结构图

（4）前 / 后肩育克结构图（图 3-39）。

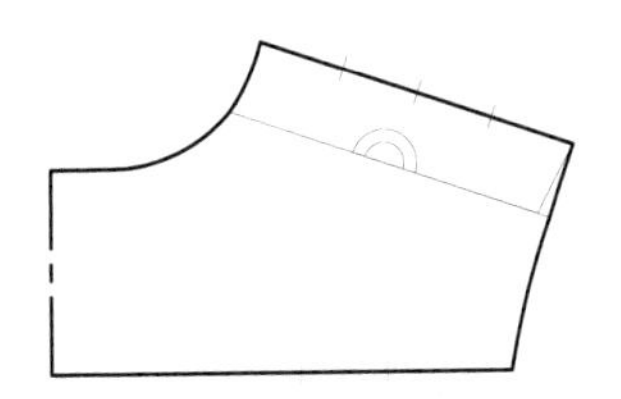

图 3-39 前 / 后肩育克

2. 前中胸裥

（1）前中胸裥款式图（图 3-40）。

（2）前中胸裥的操作步骤及结构图（图 3-41）。

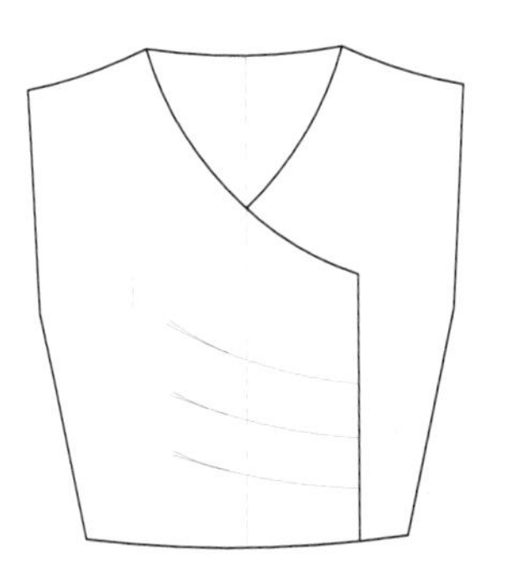

图 3-40 前中胸裥款式图

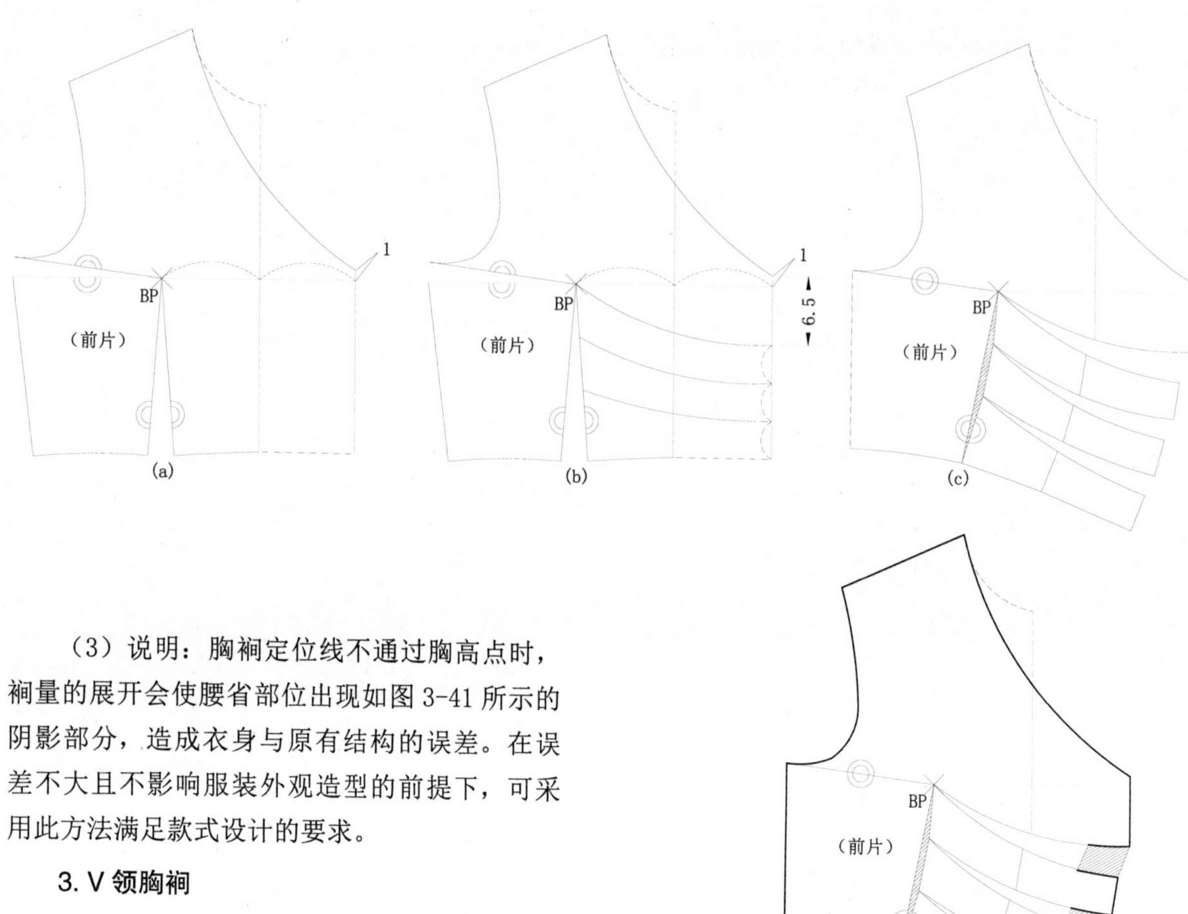

图 3-41 前中胸裥操作步骤及结构图

（3）说明：胸裥定位线不通过胸高点时，裥量的展开会使腰省部位出现如图 3-41 所示的阴影部分，造成衣身与原有结构的误差。在误差不大且不影响服装外观造型的前提下，可采用此方法满足款式设计的要求。

3. V 领胸裥

（1）V 领胸裥款式图（图 3-42）。

（2）V 领胸裥的操作步骤及结构图（图 3-43）。

图 3-42 V 领胸裥款式图

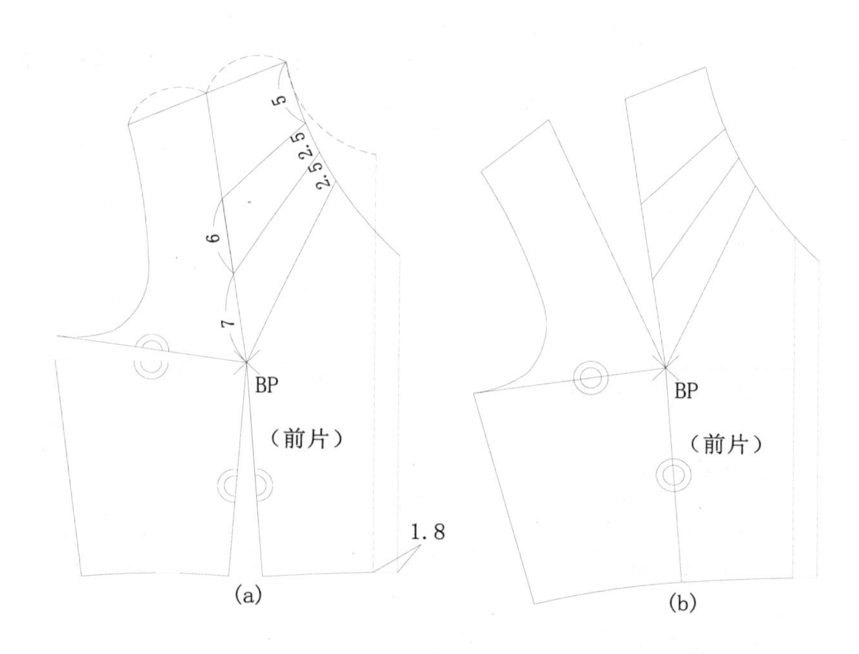

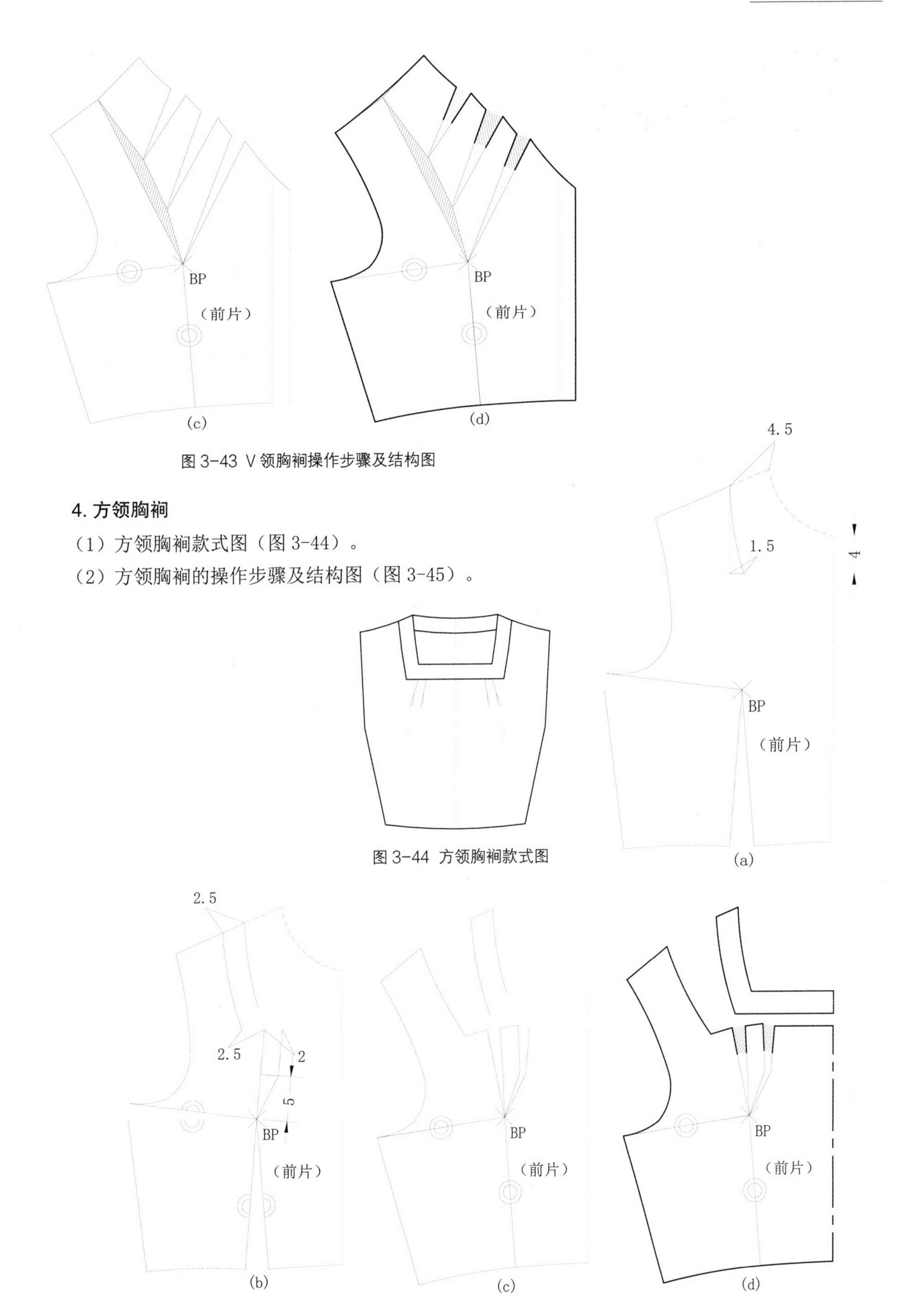

图 3-43 V 领胸裥操作步骤及结构图

4. 方领胸裥

（1）方领胸裥款式图（图 3-44）。

（2）方领胸裥的操作步骤及结构图（图 3-45）。

图 3-44 方领胸裥款式图

图 3-45 方领胸裥的操作步骤及结构图

5. 前肩胸裥

(1) 前肩胸裥款式图（图 3-46）。

(2) 前肩胸裥的操作步骤及结构图（图 3-47）。

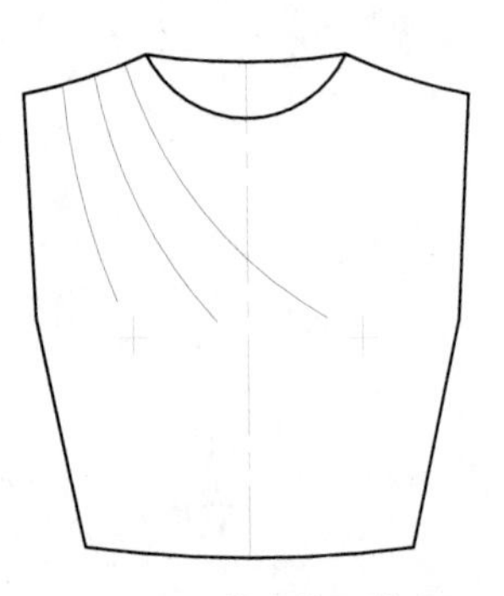

图 3-46 前肩胸裥款式图

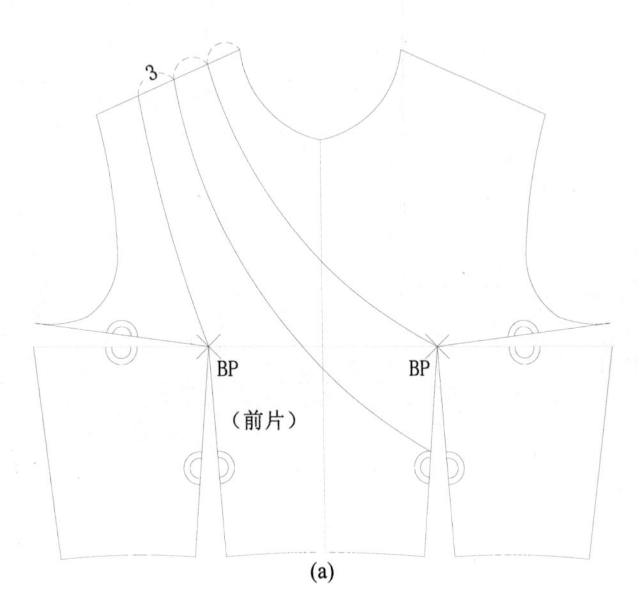

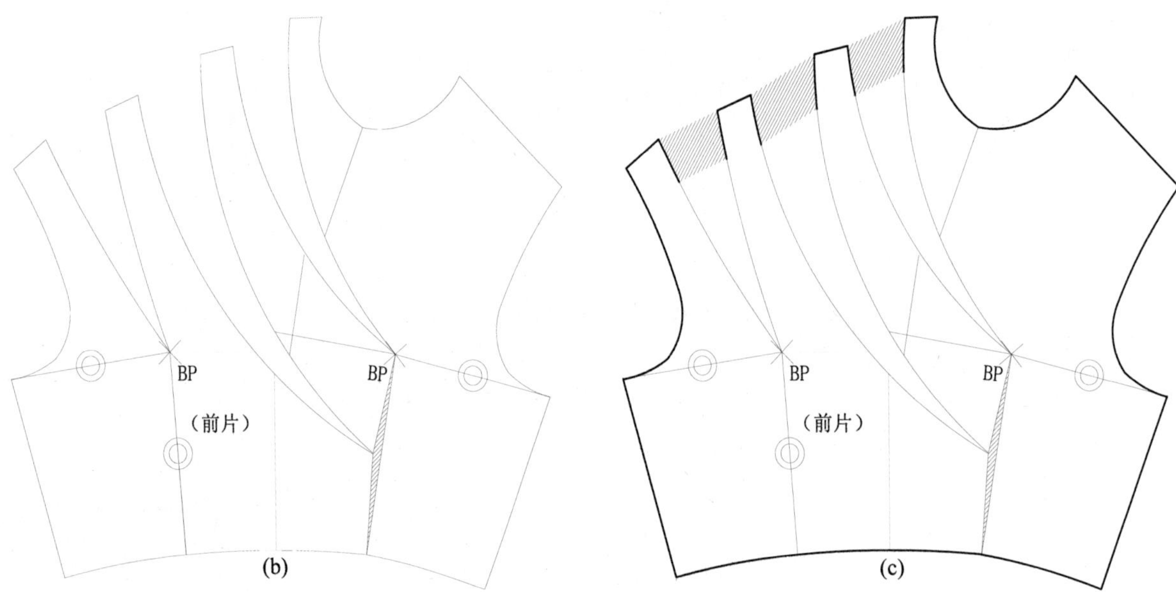

图 3-47 前肩胸裥的操作步骤及结构图

第四章 衣身分割线

衣身分割线是由胸省转化而来的结构形式之一。本章将通过在衣身分割线的种类、作用、转换形式及应用实例等方面，对衣身分割线结构设计进行具体的讲解。

第一节 分割线概述

一、分割线的概念

在服装上以线条的形式出现，但不属于必要结构线的线，称之为分割线。分割线是设定块面的线条。分割线按设计要求可有平面分割与立体分割线。

平面分割线：在服装上仅作线条的分割线，完成缝制后服装保持原来的平面状态。

立体分割线：在服装上作线条分割时，将相关的省融入分割线中，完成缝制后服装变化为符合人体的立体状态。

二、分割线的作用

分割线具有装饰和实用作用。装饰作用是指分割线增强了服装的美感。实用作用是指分割线使服装达到了合体的立体效果。

一般来说，具有实用作用的分割线同时可具有一定的装饰作用，而具有装饰作用的分割线却不一定具有实用作用。平面分割线仅具有装饰作用，立体分割线则兼具实用与装饰作用。

三、分割线结构

1. 分割线结构

分割线一经形成，在服装中就转化成了两条线，即造型线与结构线。造型线也可称为定型线；结构线也可称为定量线。造型线在分割线中起主导作用，分割线的外在美观度依赖于造型线的正确定位；结构线则从属于造型线，对服装的结构起到了量化的作用（图 4-1）。

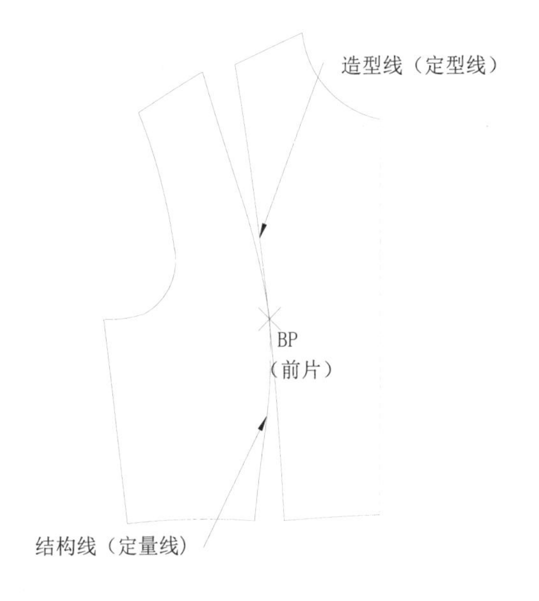

图 4-1 分割线的线条

2. 分割线结构的处理方法

分割线结构处理方法有两种，如图 4-2、图 4-3 所示。

结构线在胸高点以下为具有一定弧度量的弧线，见图 4-2、图 4-3 中 A。

结构线在胸高点以下为较直的弧线，见图 4-2、图 4-3 中 B。

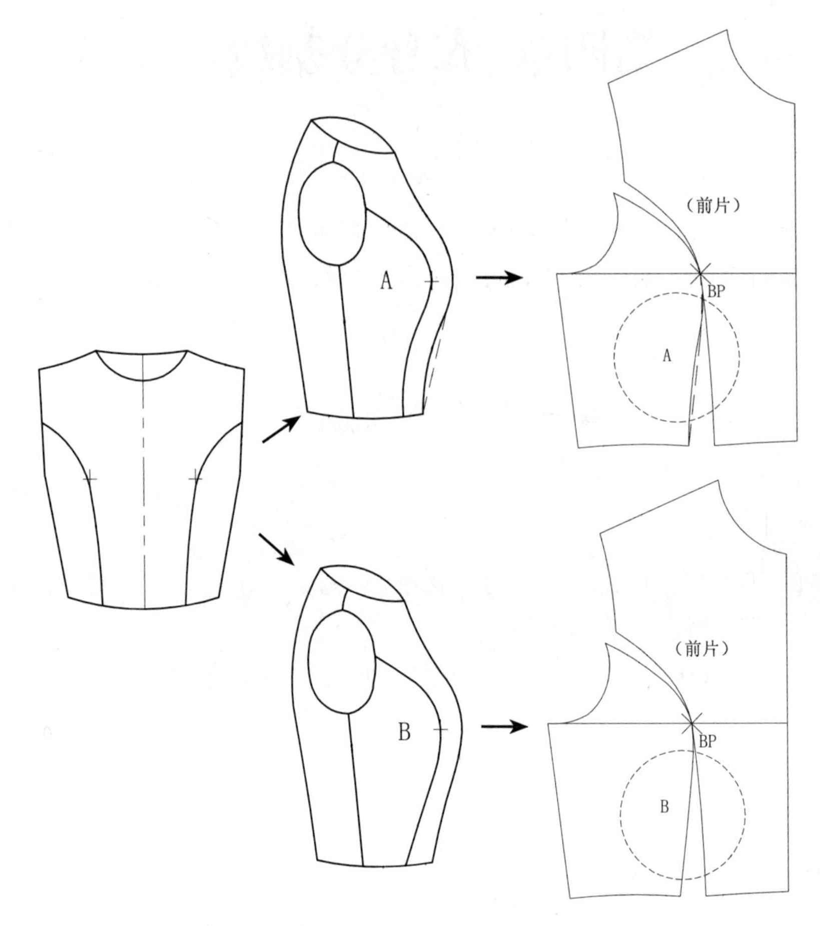

图 4-2 分割线结构处理方法一

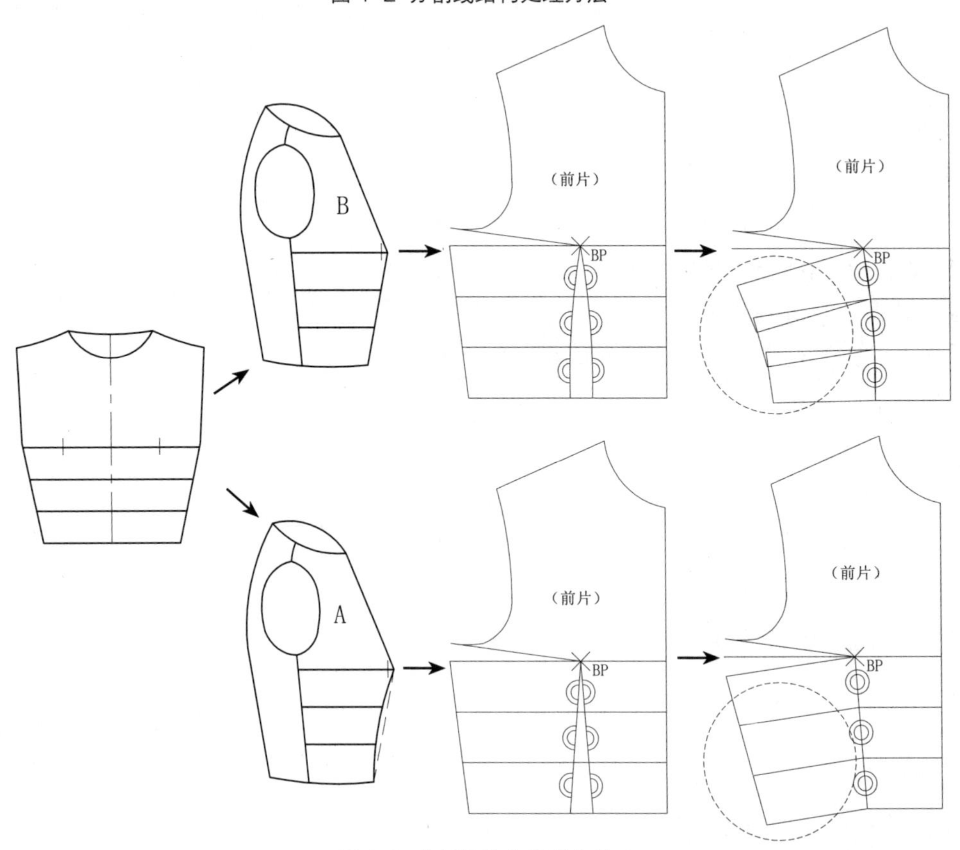

图 4-3 分割线结构处理方法二

四、分割线构成要点

1. 分割线的表现形式

(1) 按部位分割有领口、肩线、袖窿分割等。

(2) 按方向分割有纵向、横向、斜向分割等。

(3) 按形式分割有平行、垂直、交错分割等。

2. 分割线的数量变化

在服装分割线的设计中，为了满足合体的要求，胸腰差较大时可采用增加分割线或腰省的方法来分散收腰量，以使服装与人体的贴合度达到最佳状态（图 4-4）。

图 4-4 分割线数量变化款式

3. 分割线的组合

（1）分割线与胸省的组合，见图 4-5（a）。

（2）分割线与胸裙的组合，见图 4-5（b）。

（3）分割线与分割线的组合，见图 4-5（c）。

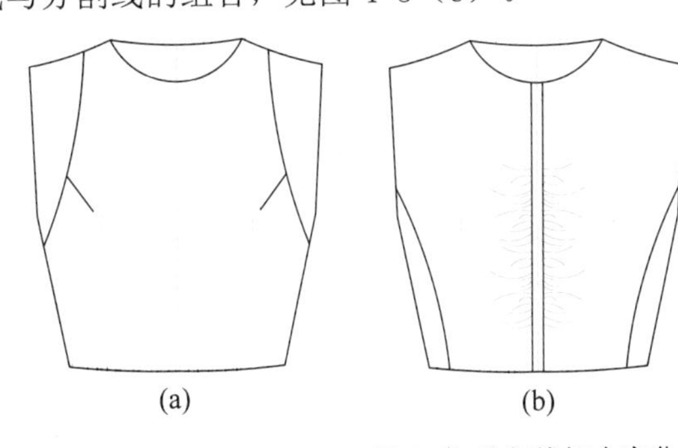

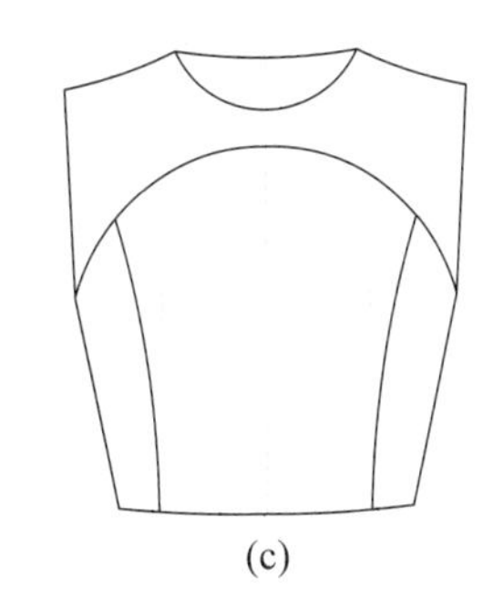

图 4-5 分割线组合变化

4. 立体分割线的设置

（1）通过胸高点的分割，见图 4-6（a）。

(2) 不通过胸高点的分割：分割线不通过胸高点时，前中衣身分割线与胸高点间的胸省省口量无法通过分割线转移，分割线的造型线与结构线产生了长度差。在分割线距离胸高点 2～6cm 的状态下，其长度差的解决方法可采用前中衣身胸高点上

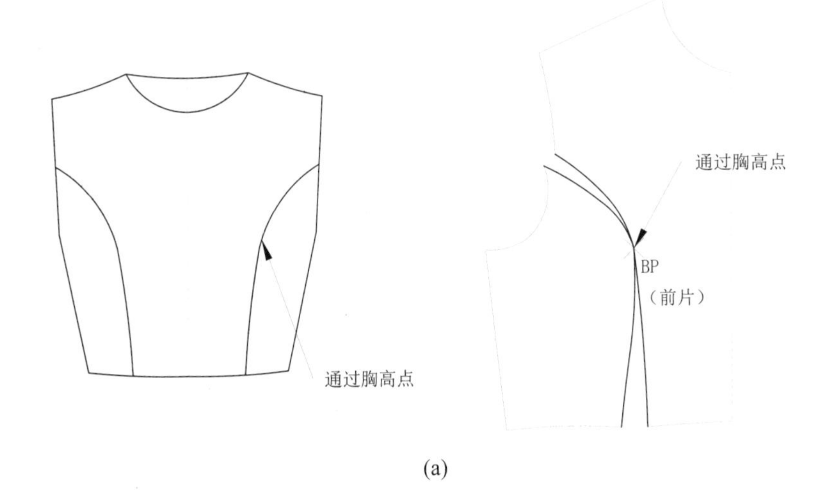

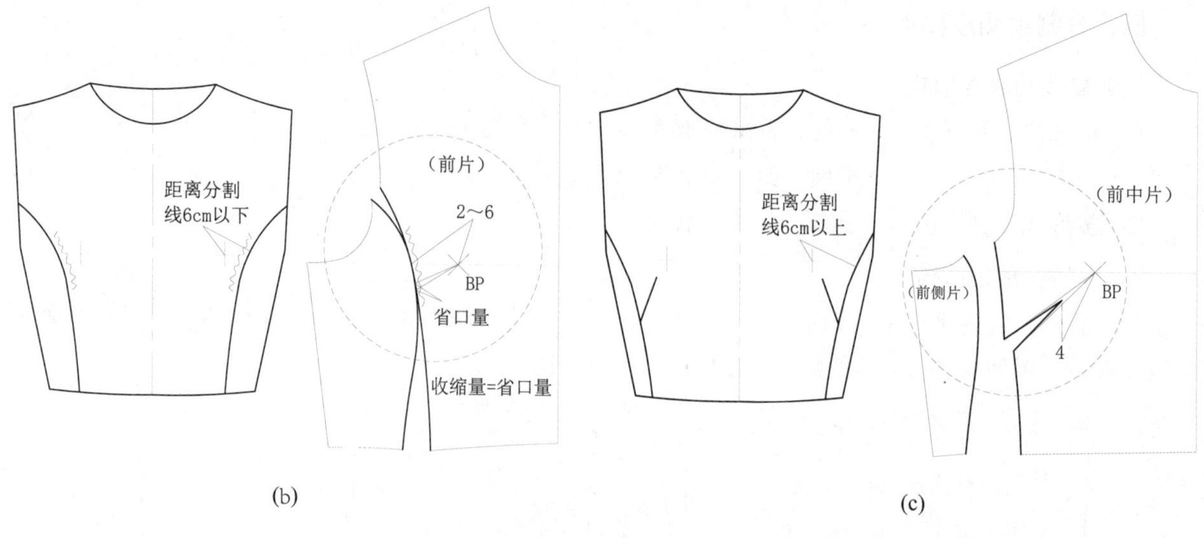

图 4-6 分割线设置

下一定距离范围内收缩长度差，见图 4-6（b）。在分割线距离胸高点 6cm 以上的状态下，其长度差的量会增加，采用收缩长度差的方法无法解决，此时可采用将长度差直接收胸省的方法，见图 4-6（c）。

第二节 衣身分割线构成方法

一、直形分割线构成操作方法（以纸样折叠法为例）

1. 直形分割线（通过胸高点）

（1）按款式图在衣身基型上画出与之相符合的定型分割线。见图 4-7、图 4-8（a）。

（2）在定型线的基础上确定转移部位，即图 4-8（b）的阴影部位。

（3）固定 BP，用纸样折叠法或样板旋转法，将胸省作相应位移。见图 4-8（c）。

（4）完成分割线的弧线及外轮廓线。见图 4-8（d）。

图 4-7 直形分割线（通过胸高点）款式图

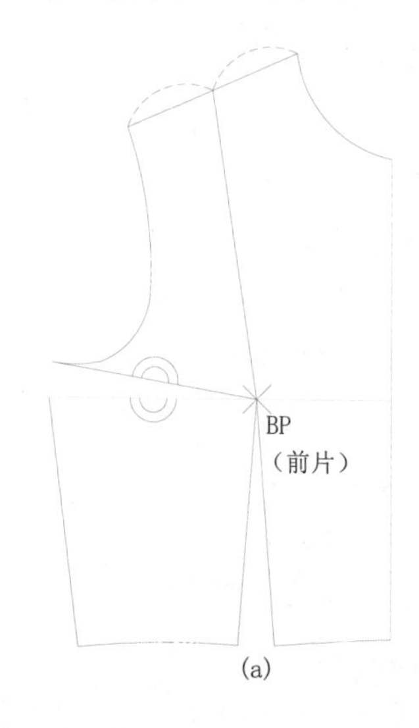

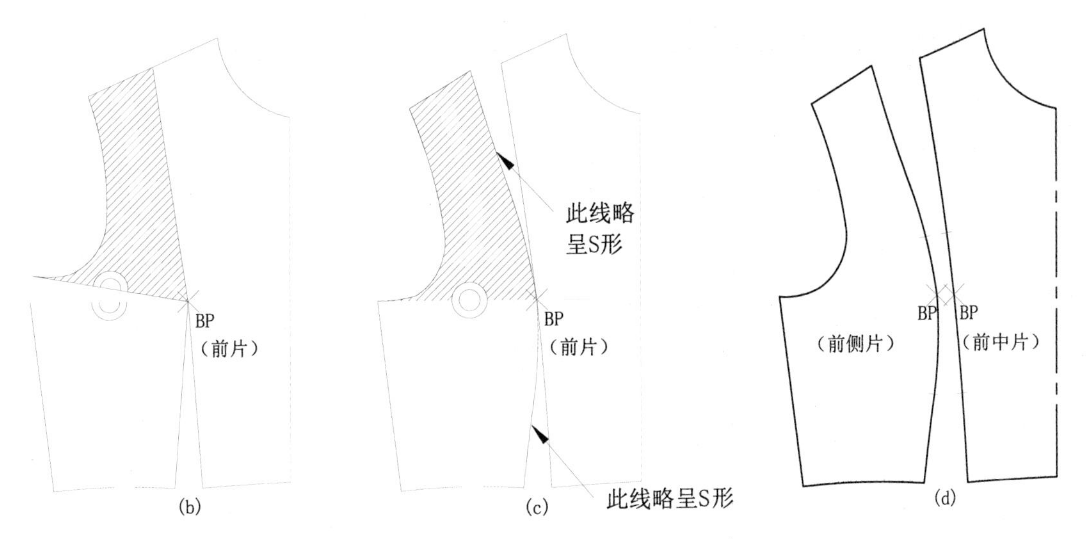

图 4-8 直形分割线（通过胸高点）操作步骤

2. 直形分割线（不通过胸高点）

（1）直形分割线（不通过胸高点）款式图（图 4-9）。

（2）直形分割线（不通过胸高点）分割线的操作步骤及结构图（图 4-10）。

图 4-9 直形分割线（不通过胸高点）款式图

图 4-10 直形分割线（不通过胸高点）的操作步骤及结构图

二、弧形分割线构成操作方法（以纸样折叠法为例）

1. 弧形分割线（通过胸高点）

（1）弧形分割线（通过胸高点）款式图（图 4-11）。

（2）弧形分割线（通过胸高点）的操作步骤及结构图（图 4-12）。

图 4-11 弧形分割线（通过胸高点）款式图

图 4-12 弧形分割线（通过胸高点）的操作步骤及结构图

2. 弧形分割线（不通过胸高点）

（1）弧形分割线（不通过胸高点）款式图（图 4-13）。

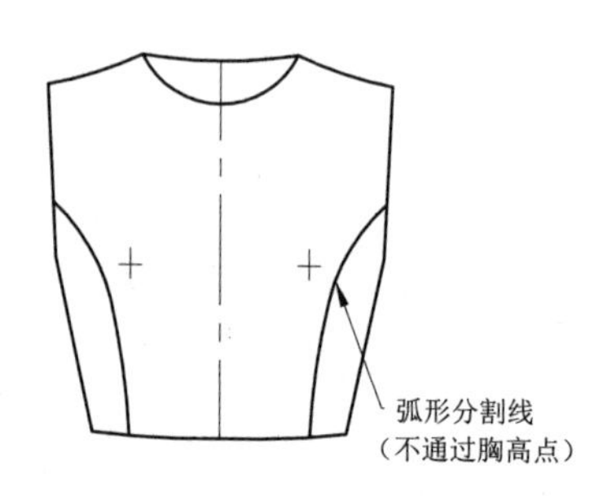

图 4-13 弧形分割线（不通过胸高点）款式图

（2）弧形分割线（不通过胸高点）的操作步骤及结构图（图 4-14）。

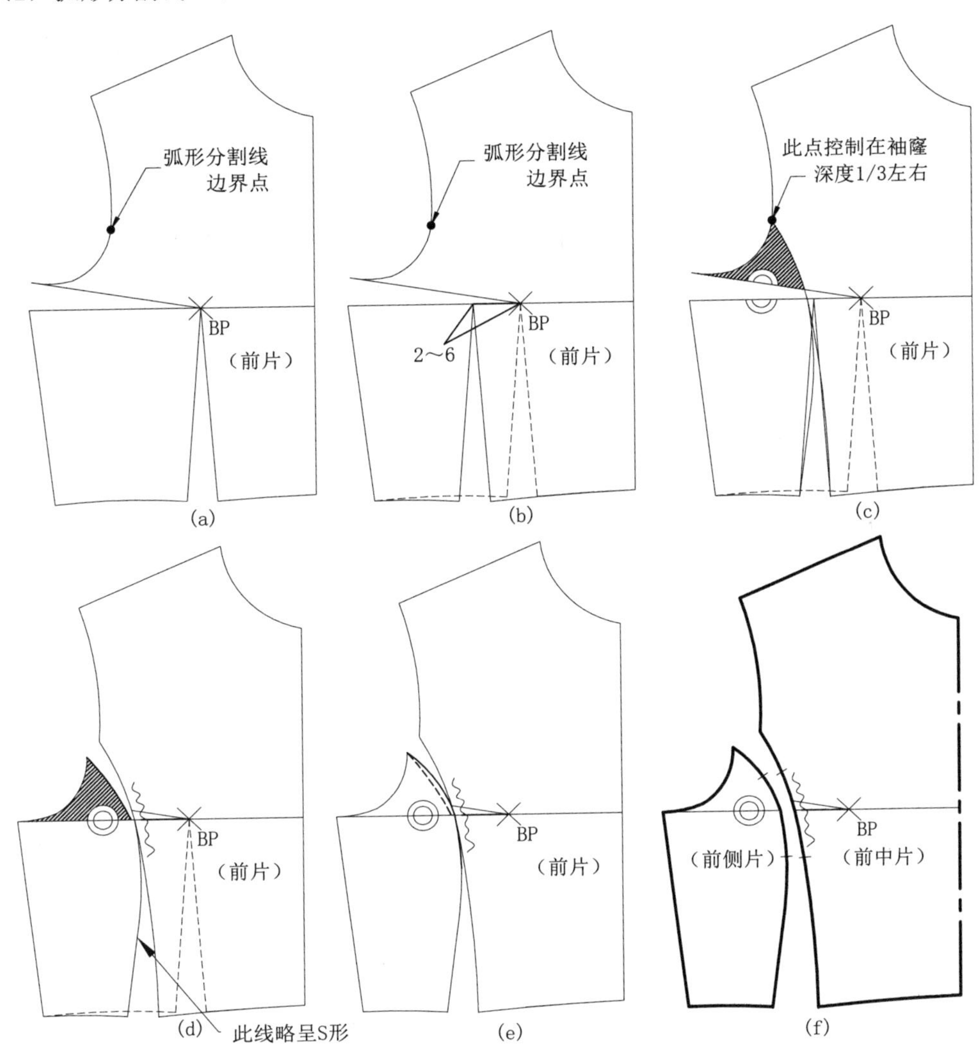

图 4-14 弧形分割线（不通过胸高点）的操作步骤及结构图

3. 弧形分割线与胸省组合（不通过胸高点）

（1）弧形分割线与胸省组合（不通过胸高点）款式图（图 4-15）。

（2）弧形分割线与胸省组合（不通过胸高点）的操作步骤及结构图（图 4-16）。

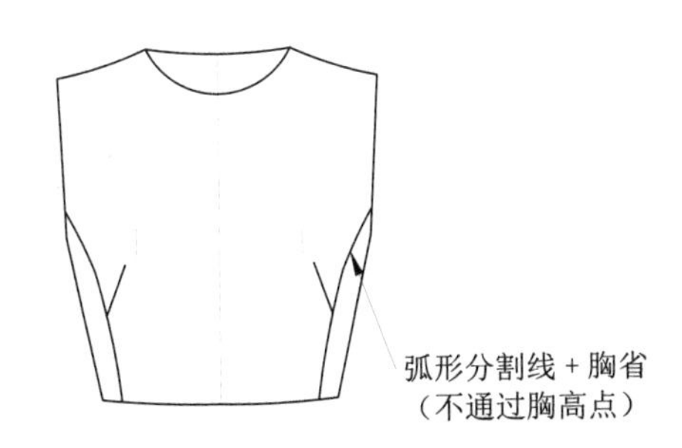

图 4-15 弧形分割线与胸省组合款式图

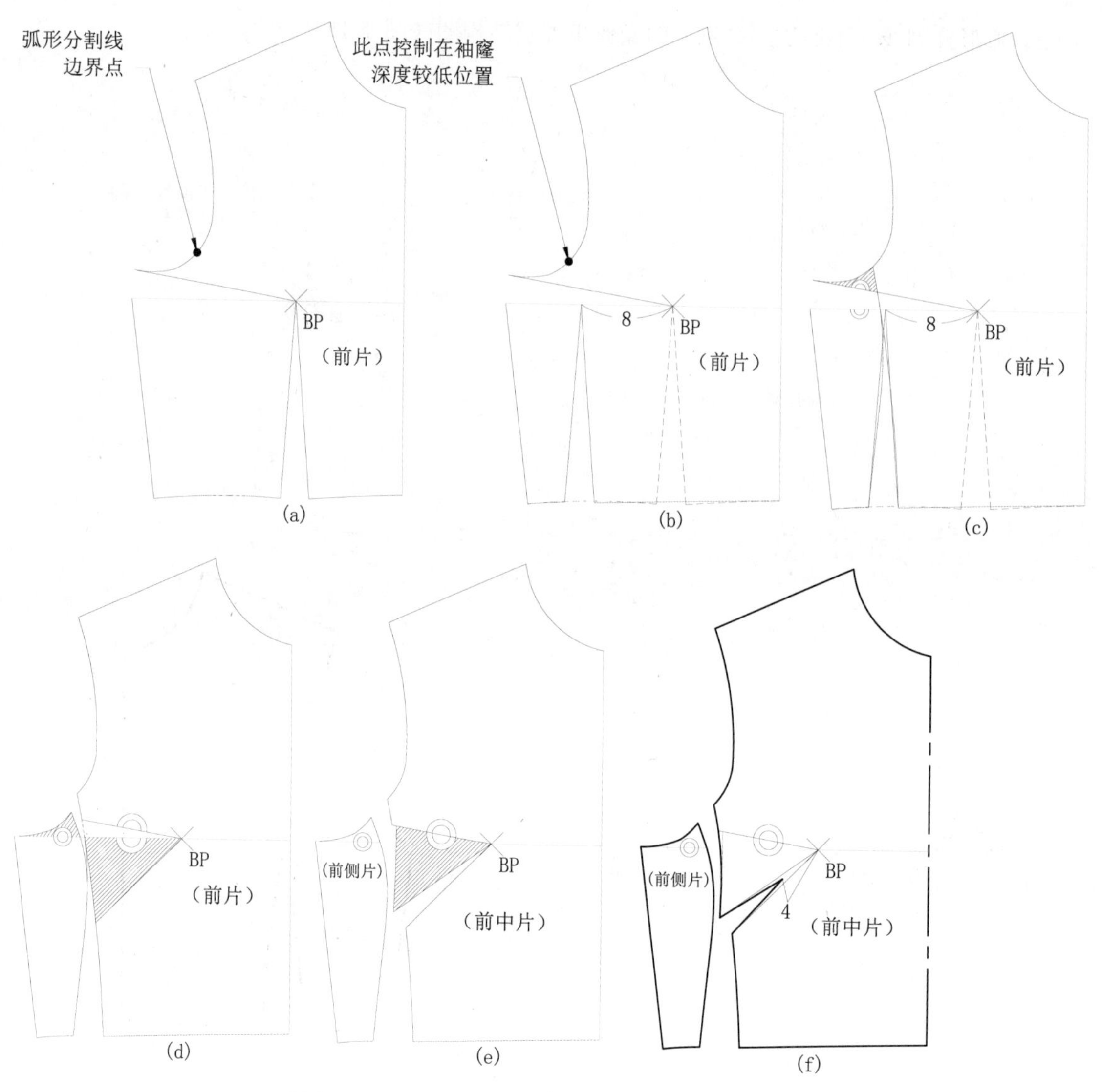

图 4-16 弧形分割线与胸省组合的操作步骤及结构图

三、领口分割线构成操作方法（以纸样折叠法为例）

（1）领口分割线款式图（图 4-17）。

（2）领口分割线的操作步骤及结构图（图 4-18）。

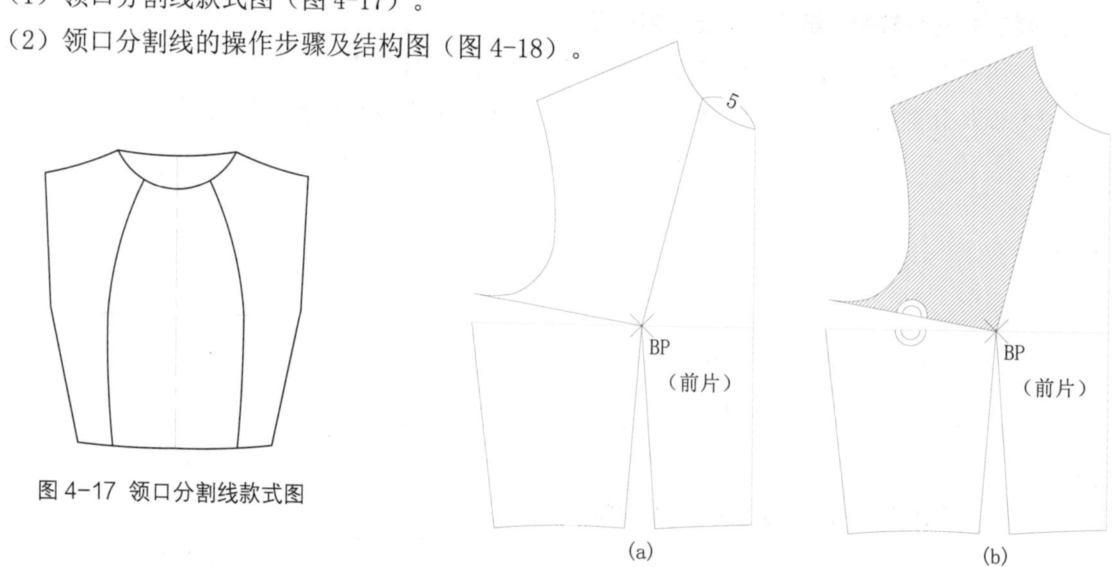

图 4-17 领口分割线款式图

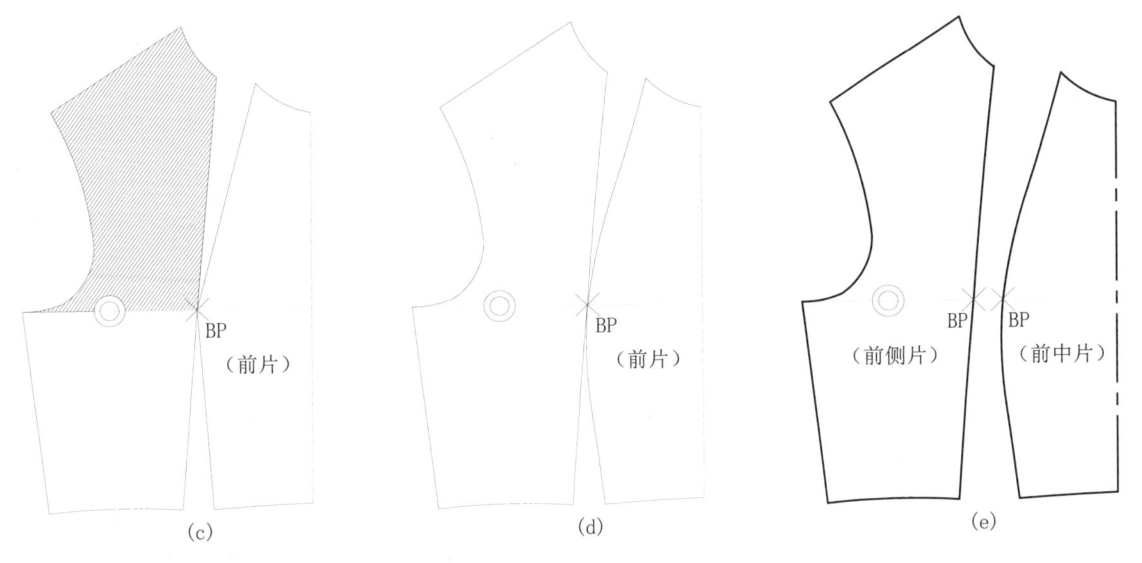

图 4-18 领口分割线的操作步骤及结构图

第三节 衣身分割线结构应用实例

一、分割线结构应用实例

1. 外折分割线

（1）外折分割线款式图（图 4-19）。

（2）外折分割线的操作步骤及结构图（图 4-20）。

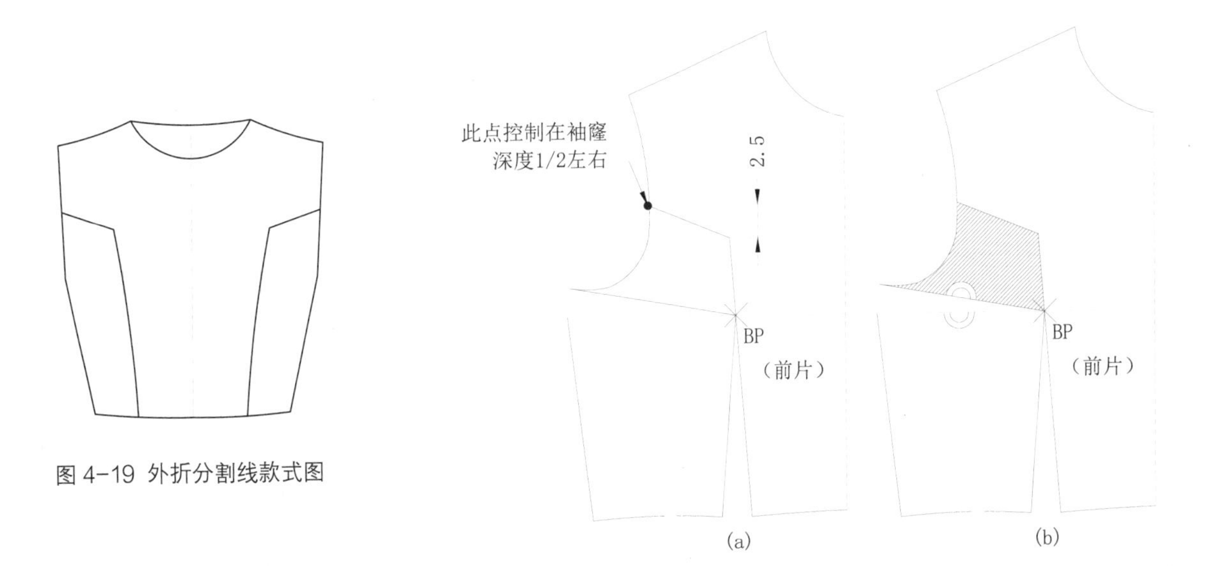

图 4-19 外折分割线款式图

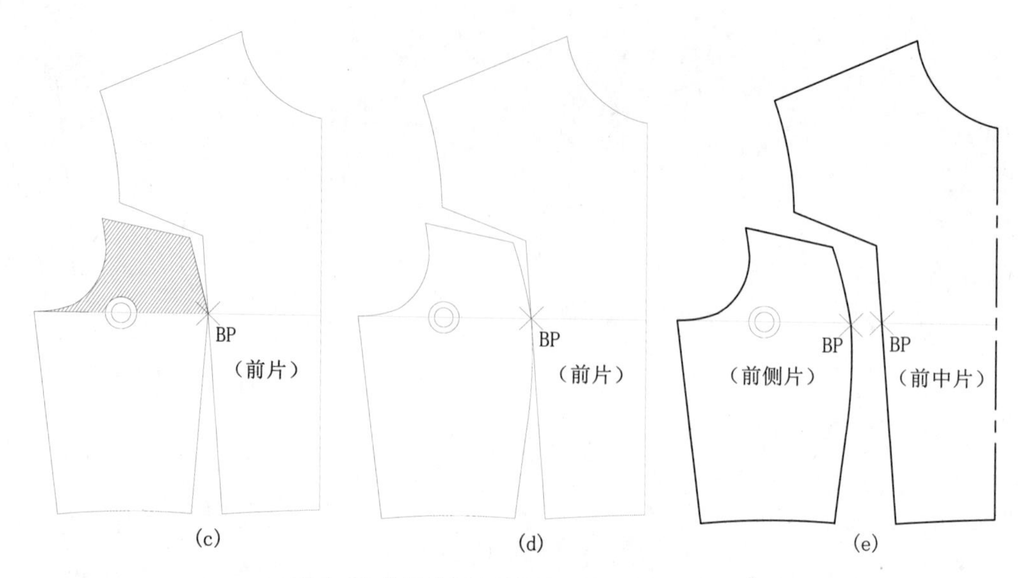

图 4-20 外折分割线的操作步骤及结构图

2. 内折分割线

（1）内折分割线款式图（图 4-21）

（2）内折分割线的操作步骤及结构图（图 4-22）。

图 4-21 内折分割线款式图

图 4-22 内折分割线的操作步骤及结构图

3. U 形分割线

（1）U 形分割线款式图（图 4-23）。

（2）U 形分割线的操作步骤及结构图（图 4-24）。

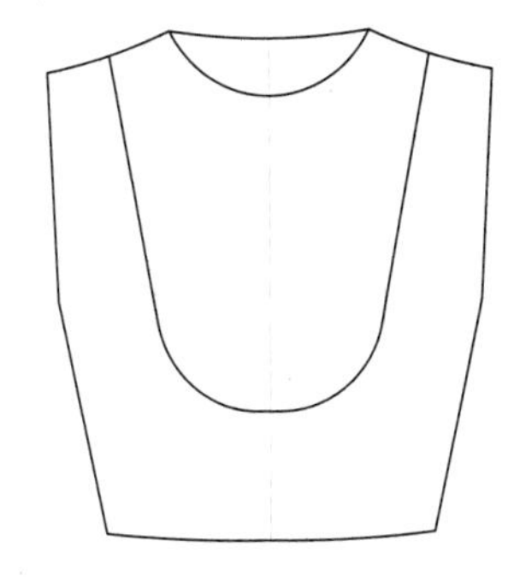

图 4-23 U 形分割线款式图

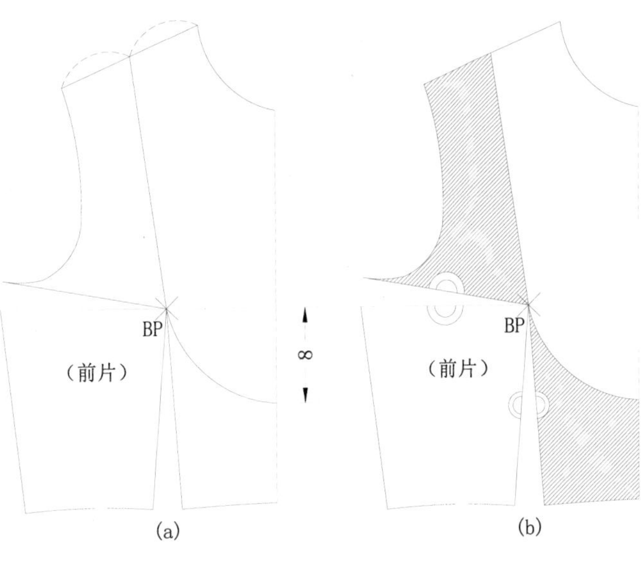

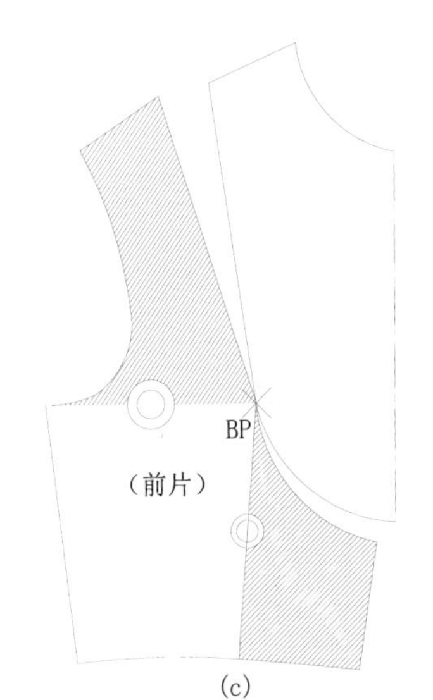

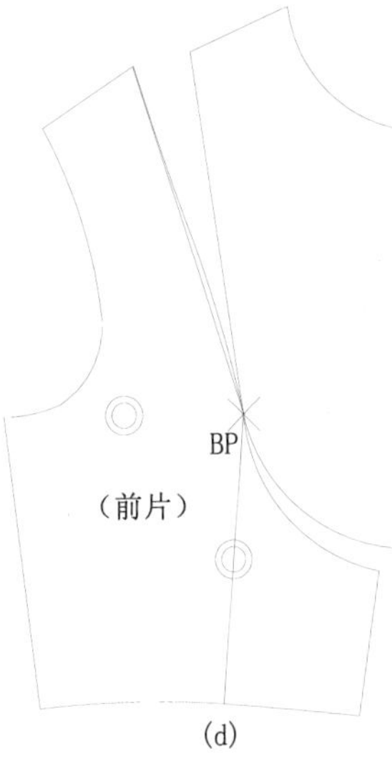

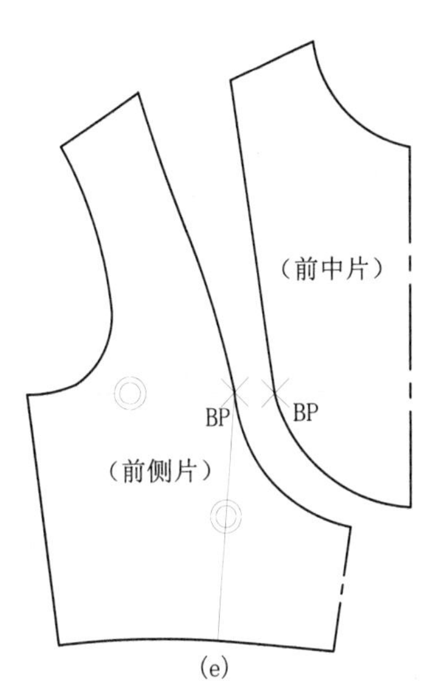

图 4-24 U 形分割线的操作步骤及结构图

4. V 形分割线

（1）V 形分割线款式图（图 4-25）。

（2）V 形分割线的操作步骤及结构图（图 4-26）。

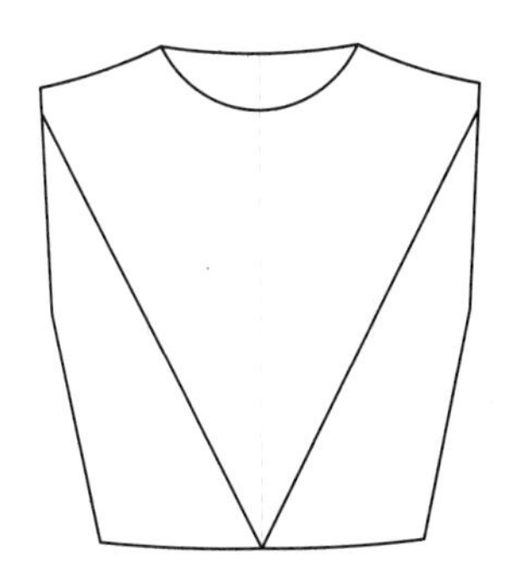

图 4-25 V 形分割线款式图

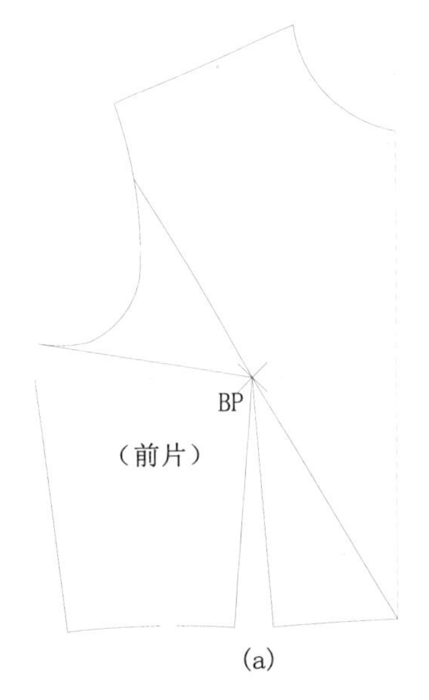

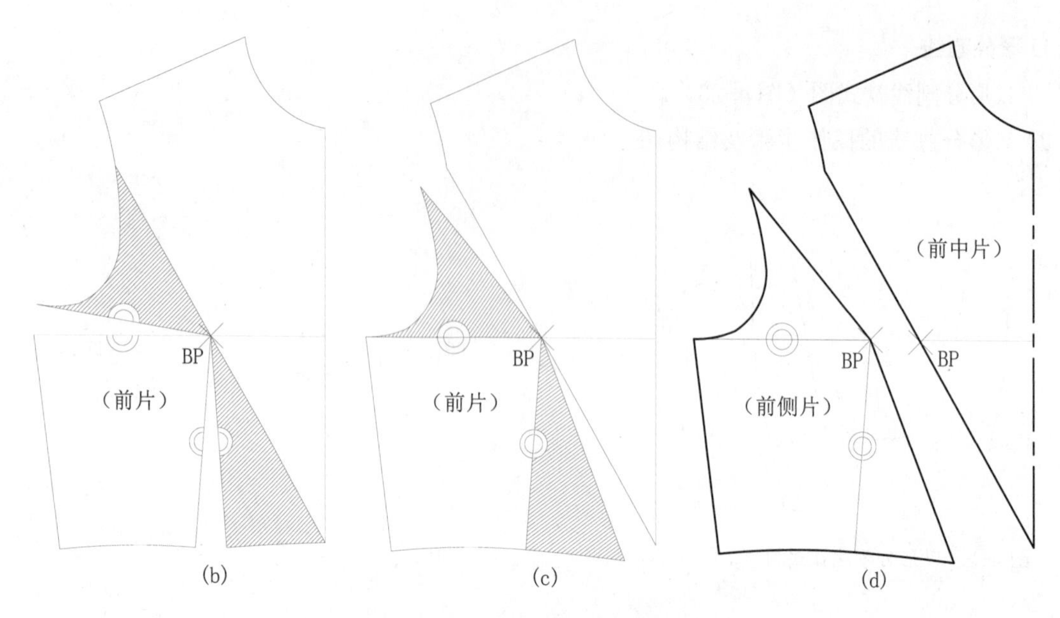

图 4-26 V 形分割线的操作步骤及结构图

5. 半圆形分割线

（1）半圆形分割线款式图（图 4-27）。

（2）半圆形分割线的操作步骤及结构图（图 4-28）。

图 4-27 半圆形分割线款式图

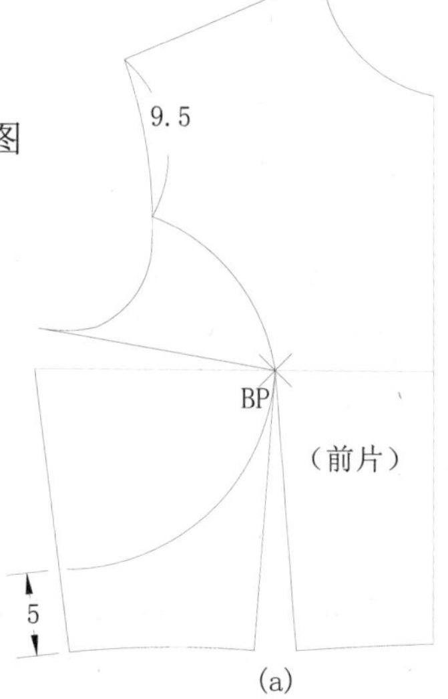

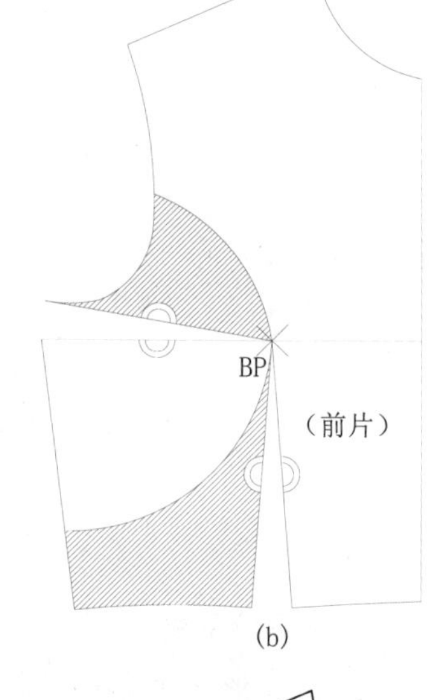

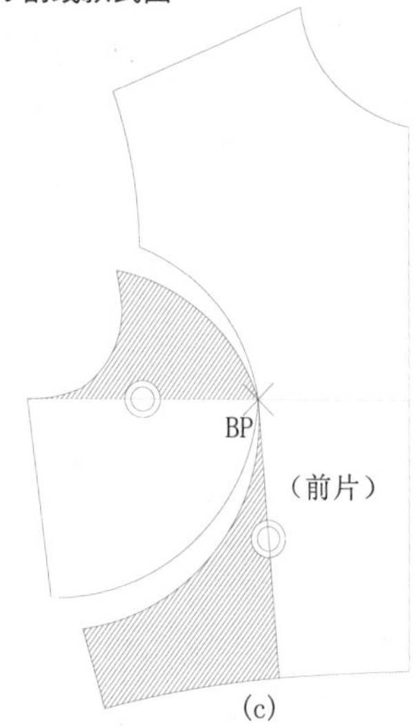

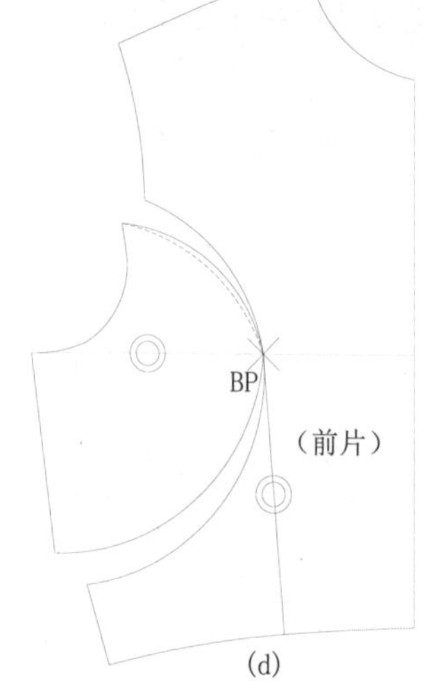

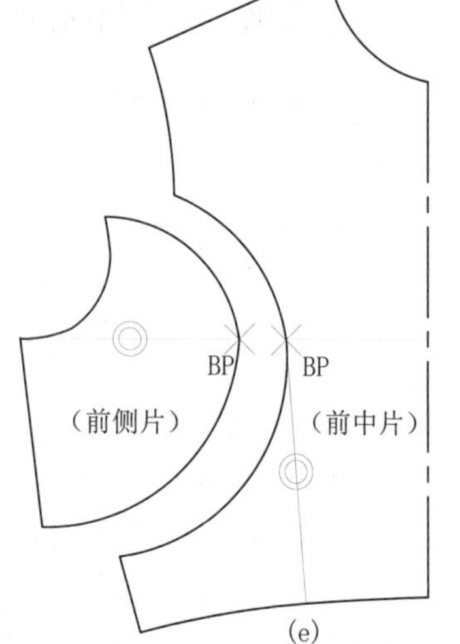

图 4-28 半圆形分割线的操作步骤及结构图

6. 折弧形分割线

（1）弧形分割线款式图（图 4-29）。

（2）折弧形分割线的操作步骤及结构图（图 4-30）。

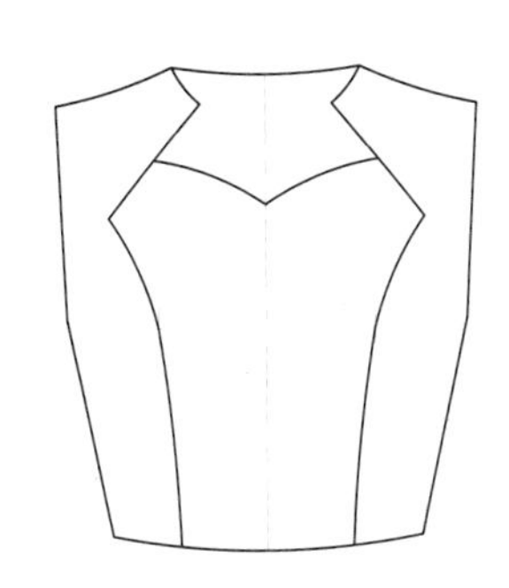

图 4-29 折弧形分割线款式图

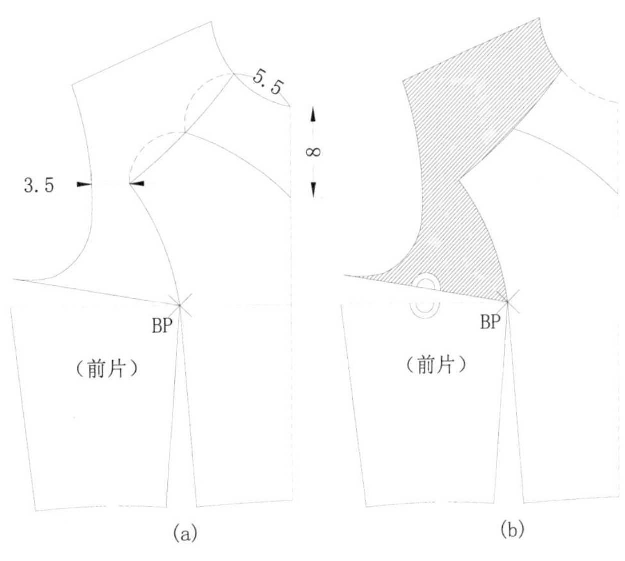

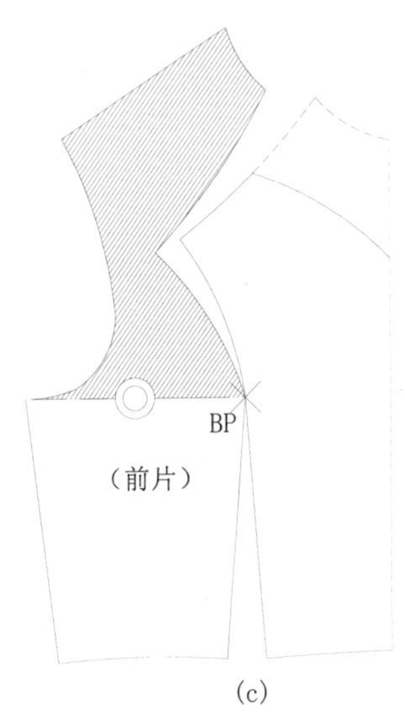

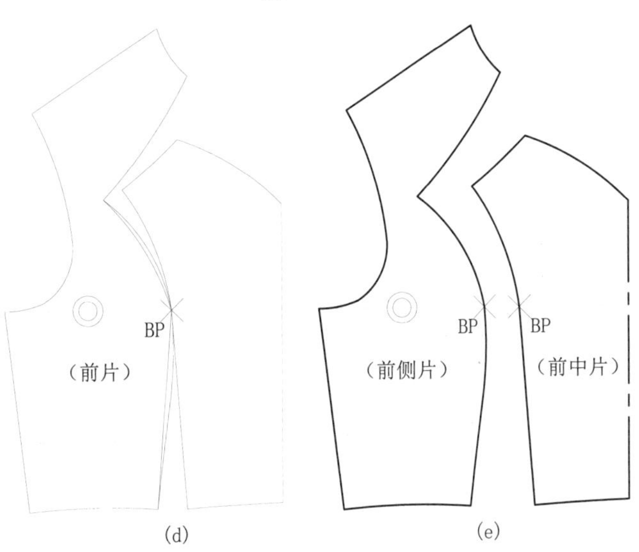

图 4-30 折弧形分割线的操作步骤及结构图

二、“胸省 + 分割线”结构应用实例

1.“侧胸省 + 分割线”结构

（1）款式图（图 4-31）。

（2）操作步骤及结构图（图 4-32）。

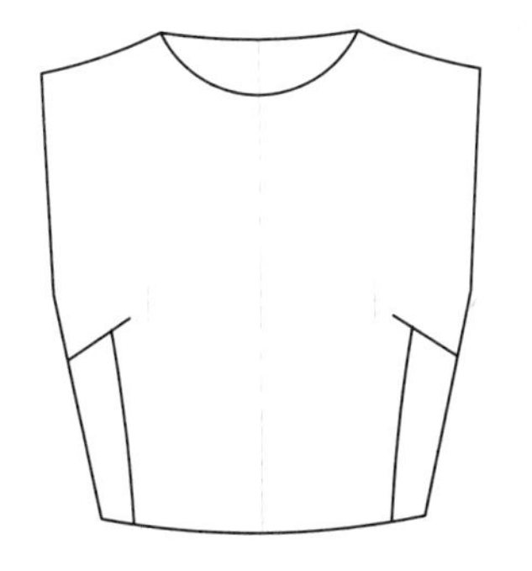

图 4-31 “侧胸省 + 分割线”结构款式图

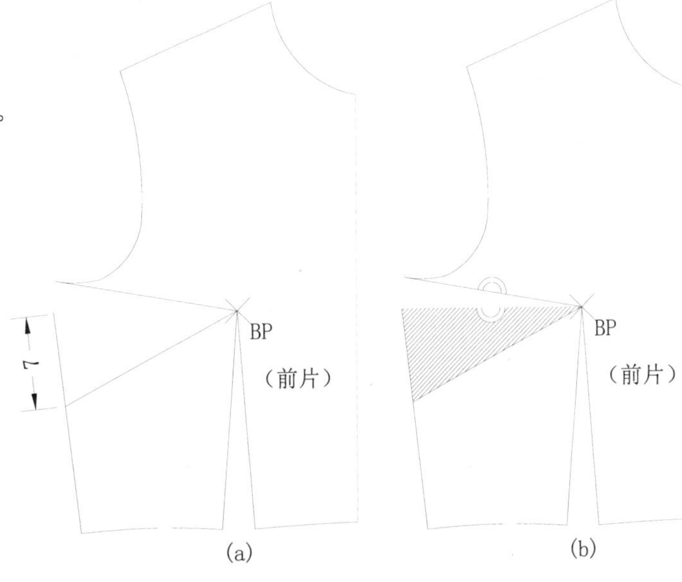

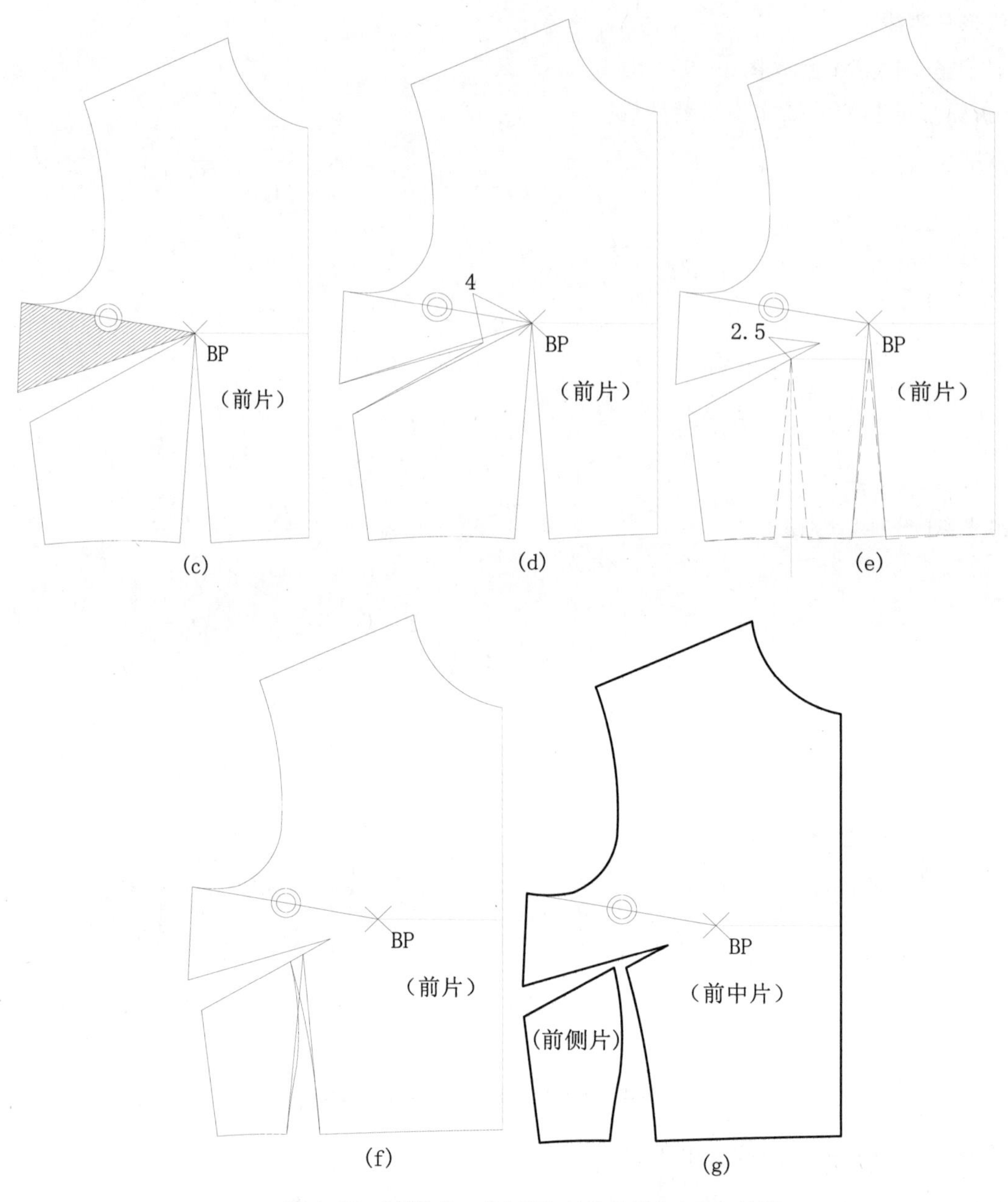

图 4-32 “侧胸省 + 分割线”结构的操作步骤及结构图

2.“斜胸省 + 分割线”结构

（1）款式图（图 4-33）。

图 4-33 “斜胸省 + 分割线”结构款式图

（2）操作步骤及结构图（图 4-34）。

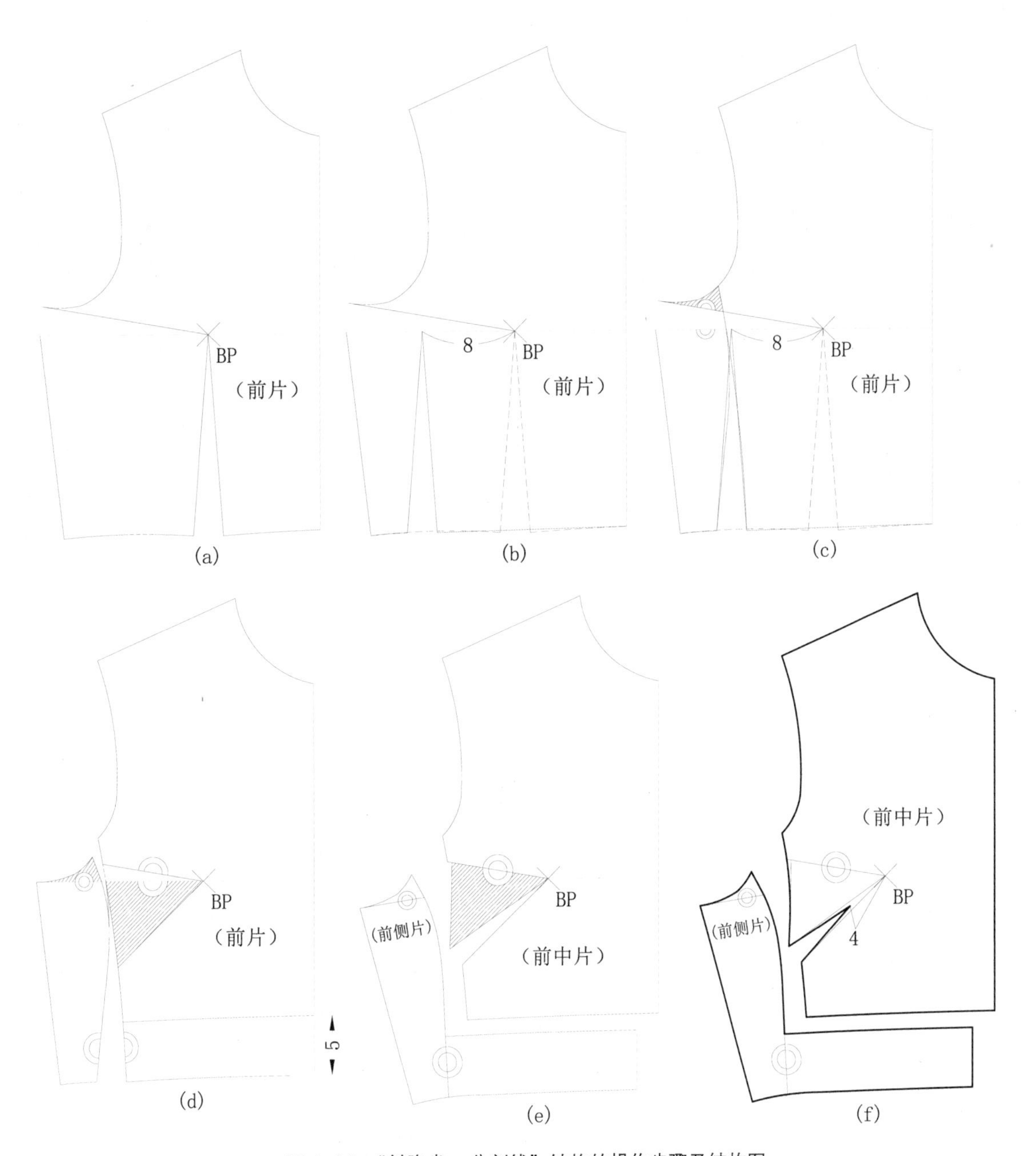

图 4-34 “斜胸省 + 分割线”结构的操作步骤及结构图

3. “腰胸省 + 倒 V 形分割线”结构

（1）款式图（图 4-35）。

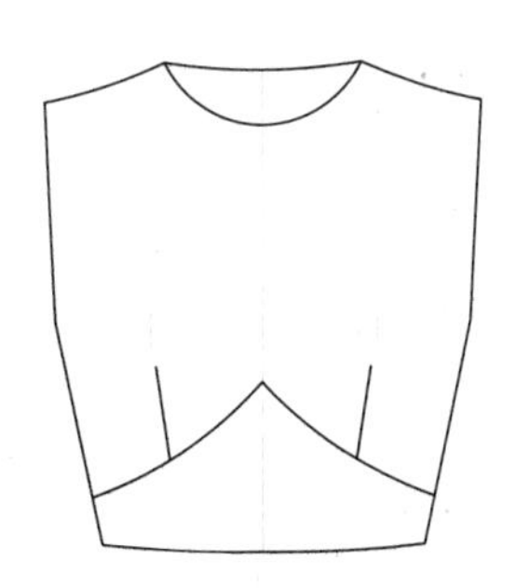

图 4-35 “腰胸省 + 倒 V 形分割线”结构款式图

（2）操作步骤及结构图（图 4-36）。

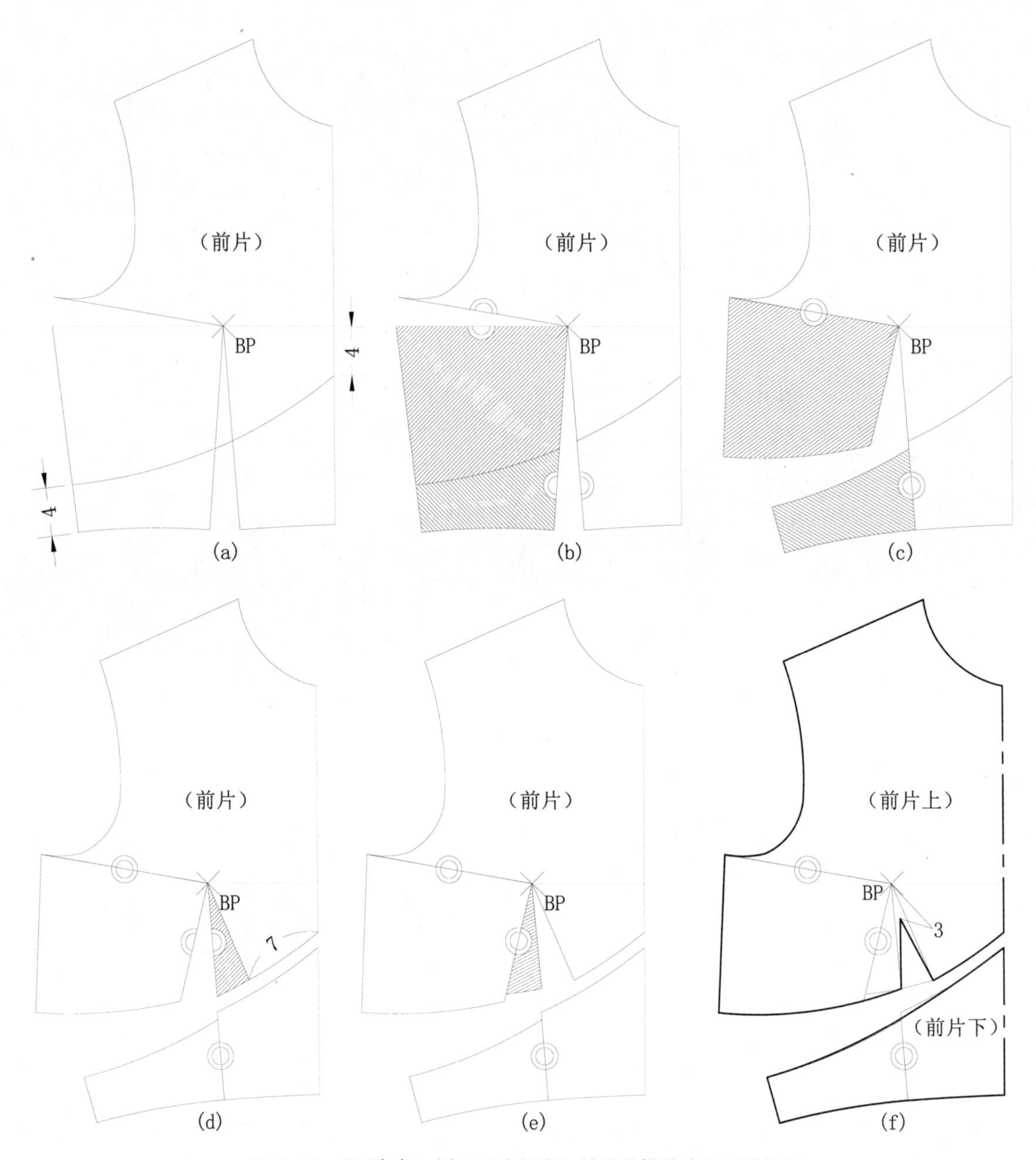

图 4-36 “腰胸省 + 倒 V 形分割线”结构的操作步骤及结构图

4.“腰胸省 +V 形分割线”结构

（1）款式图（图 4-37）。

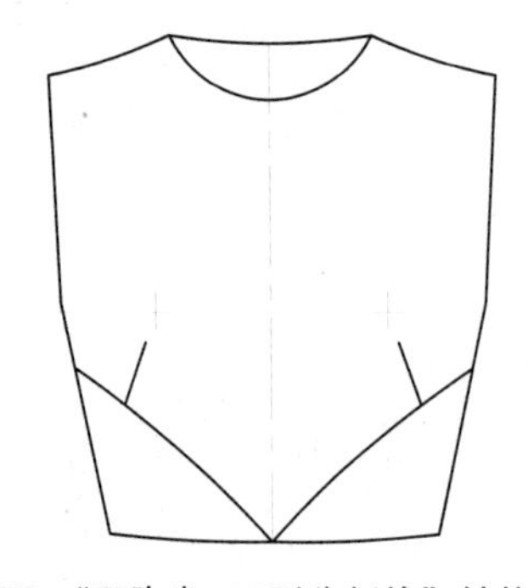

图 4-37 “腰胸省 +V 形分割线”结构款式图

（2）操作步骤及结构图（图 4-38）。

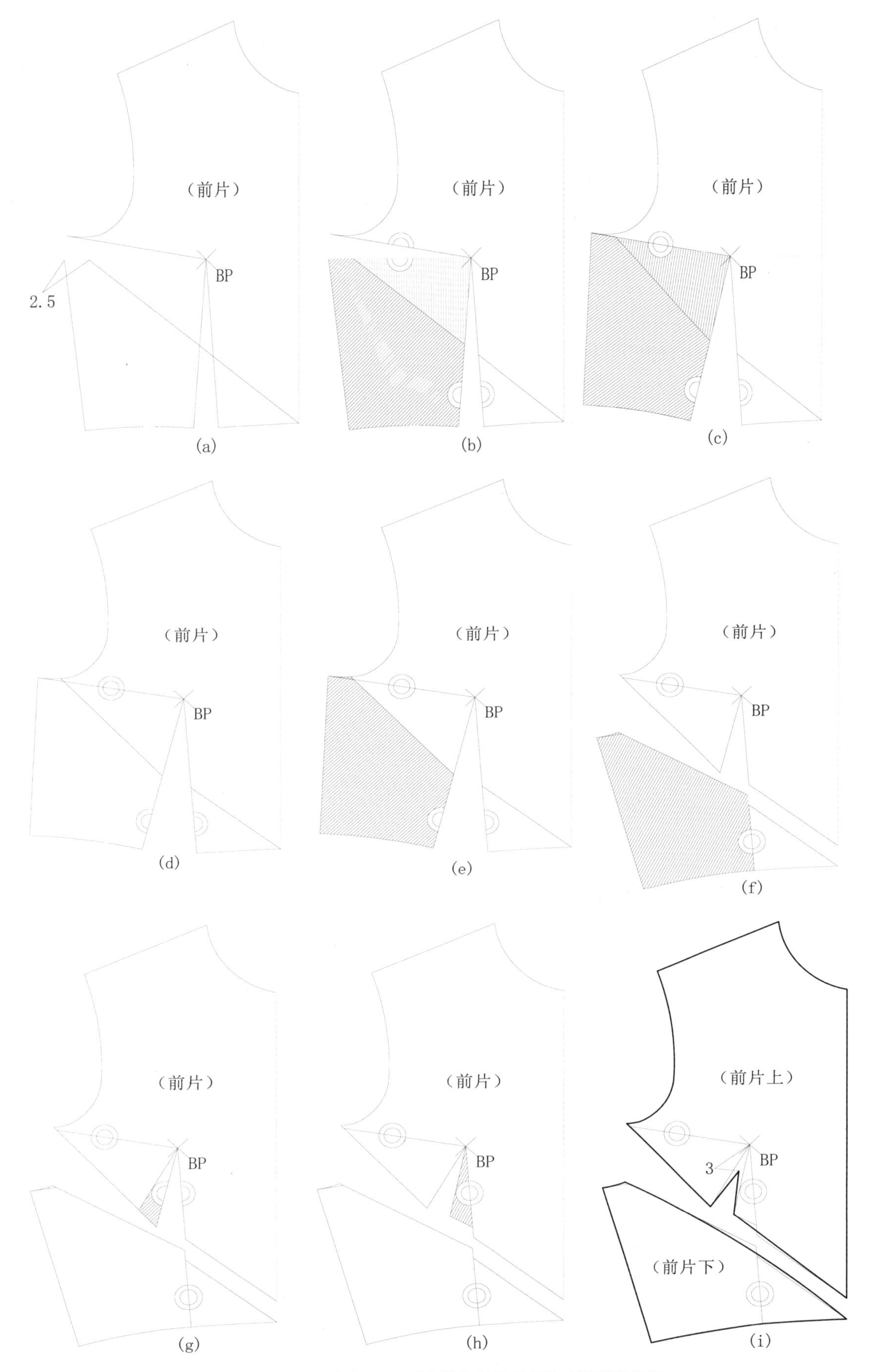

图 4-38 “腰胸省 +V 形分割线”结构的操作步骤及结构图

5. “腰胸省 + 下弧形分割线”结构

（1）款式图（图 4-39）。

（2）操作步骤及结构图（图 4-40）。

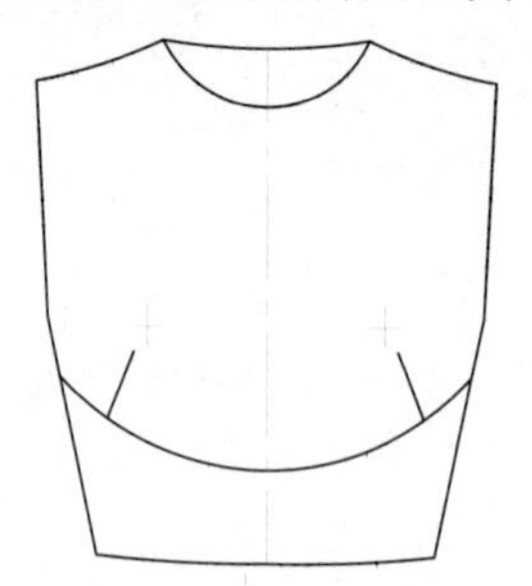

图 4-39 “腰胸省 + 下弧形分割线”结构款式图

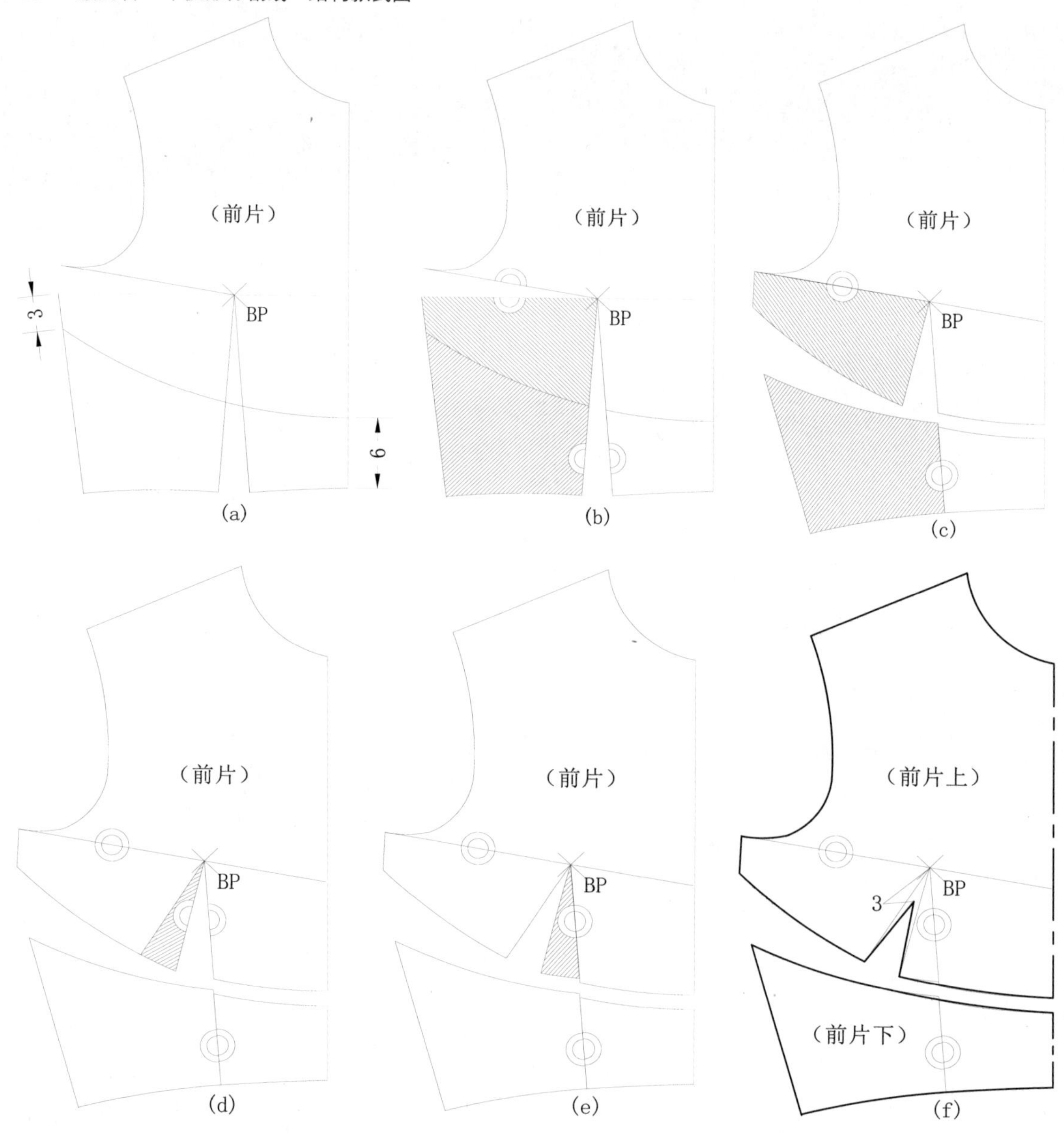

图 4-40 “腰胸省 + 下弧形分割线”结构的操作步骤及结构图

6. “袖胸省 + 分割线”结构

（1）款式图（图 4-41）。

（2）操作步骤及结构图（图 4-42）。

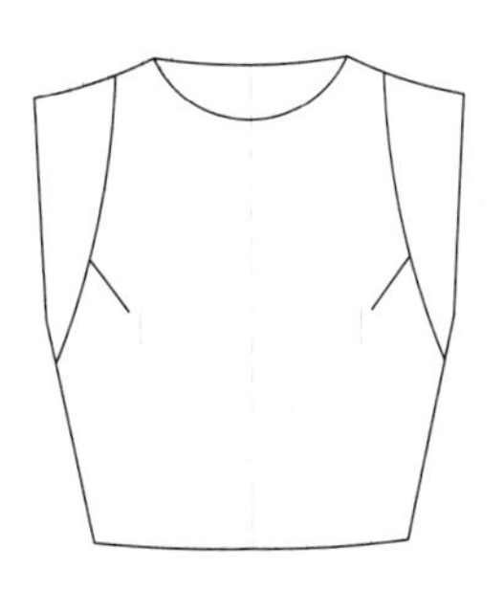

图 4-41 “袖胸省 + 分割线”结构款式图

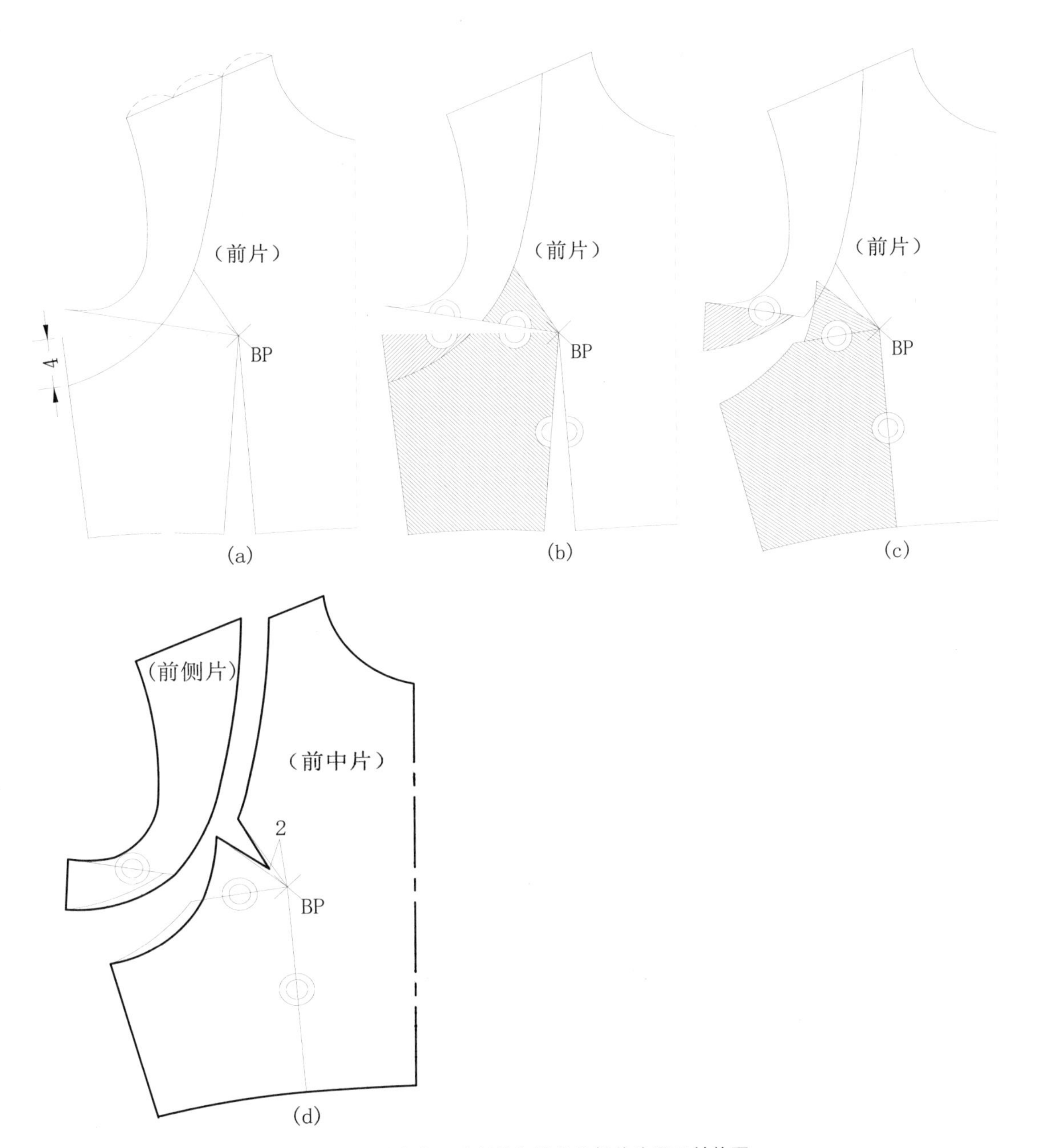

图 4-42 “袖胸省 + 分割线”结构的操作步骤及结构图

第五章 衣身结构综合设计

衣身结构由腰围以上与腰围以下两部分组成。从腰围线的角度看，衣身可有连腰与断腰之分。前述第一至第四章均为腰围线以上部分胸省、胸褶裥及分割线的结构设计；本节将腰围以上及以下部分的结构设计进行组合，以完成衣身整体的结构设计，同时还将衣身门襟及下摆的结构设计一并介绍。

第一节 衣身腰围线结构设计

下面通过断腰型、折裥型、细褶型、波浪型等衣身实例来对衣身腰围线结构设计进行讲解。

一、断腰型衣身

（1）款式图（图 5-1）。

（2）设定规格（表 5-1）。

表 5-1 衣身部位规格表（单位：cm）

号型	衣长	胸围	领围	肩宽
160/84A	60	96	36	40

图 5-1 断腰型衣身款式图

（3）结构图（图 5-2）。（说明：图 5-2 中的阴影部分为衣身基型，全书后同。）

（4）结构分解图（图 5-3）。

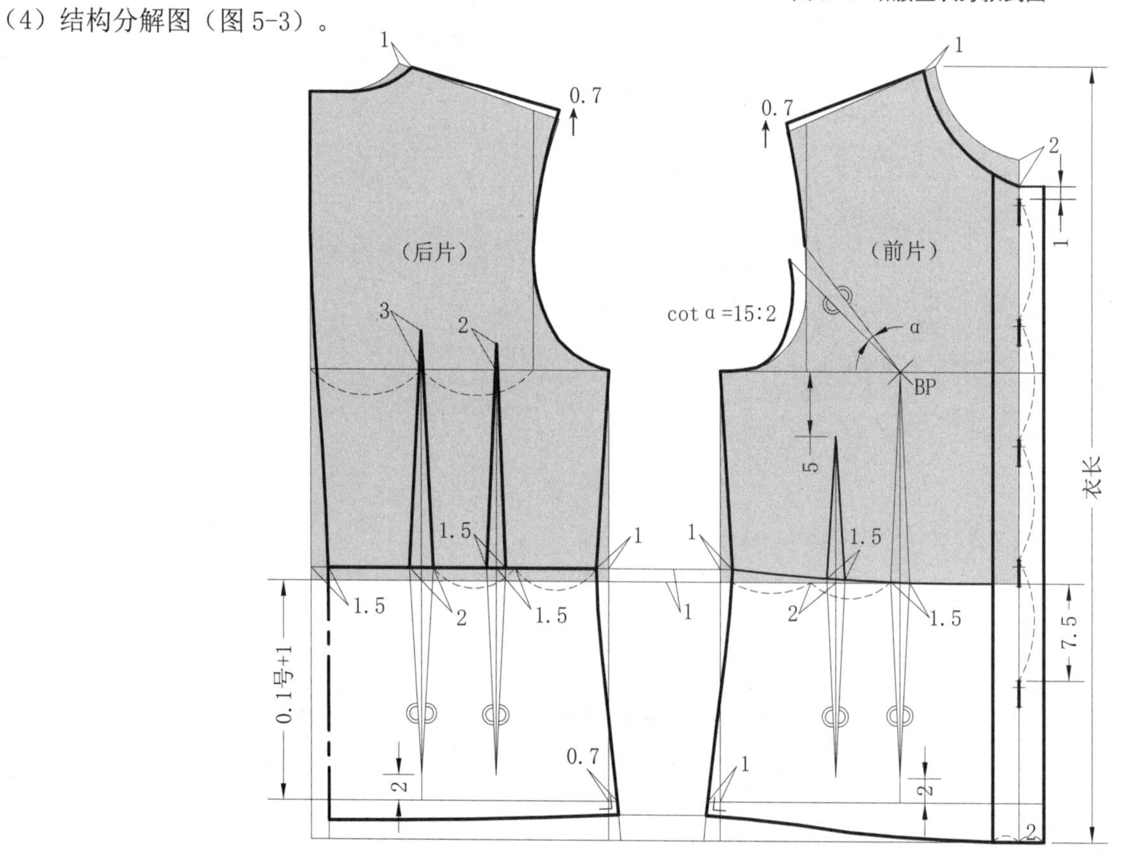

图 5-2 断腰型衣身结构图

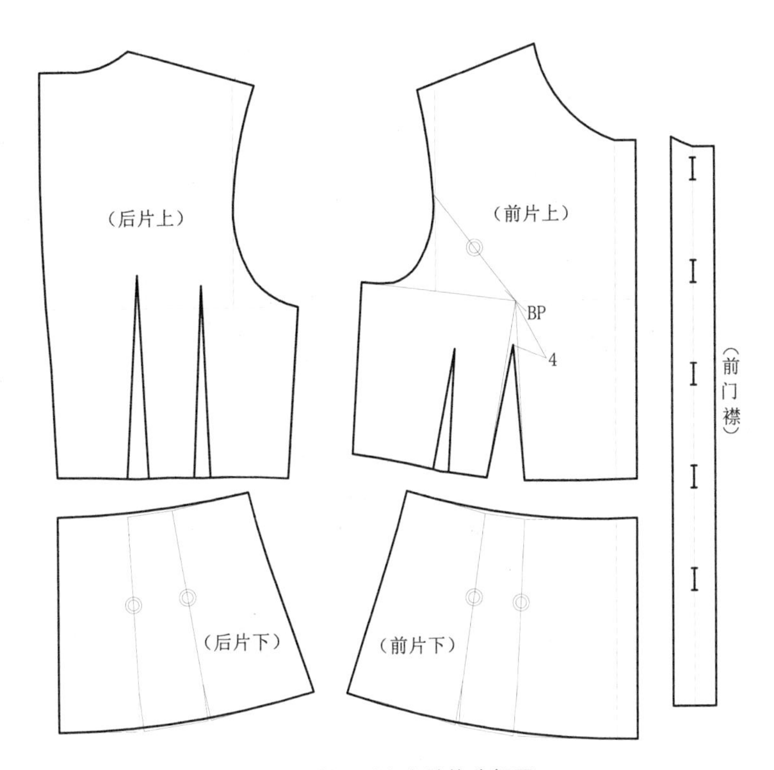

图 5-3 断腰型衣身结构分解图

二、细褶型衣身

（1）款式图（图 5-4）。

（2）设定规格（表 5-2）。

表 5-2 衣身部位规格表（单位：cm）

号型	衣长	胸围	领围	肩宽
160/84A	60	96	36	40

（3）结构图（图 5-5）。

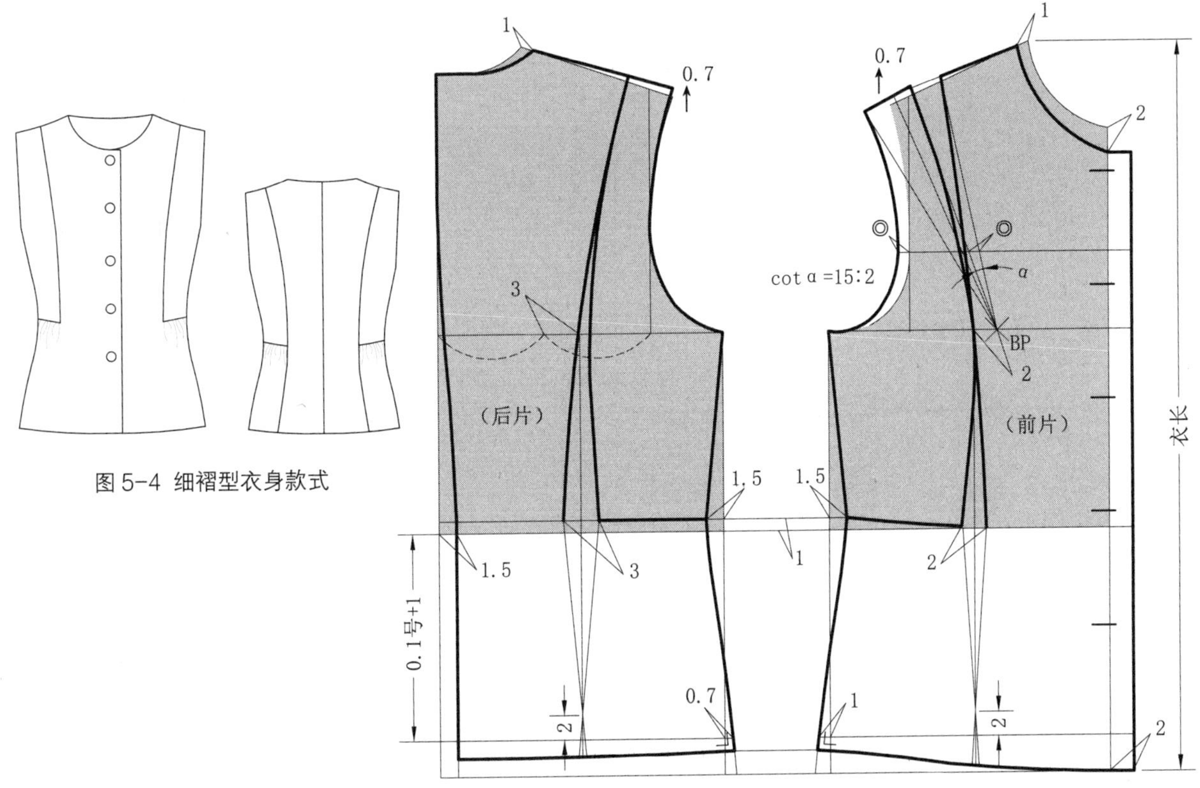

图 5-4 细褶型衣身款式

图 5-5 细褶型衣身结构图

注意：若将图 5-5 中的细褶量转化为折裥量，其则为折裥型衣身。

（4）结构分解图（图 5-6）。

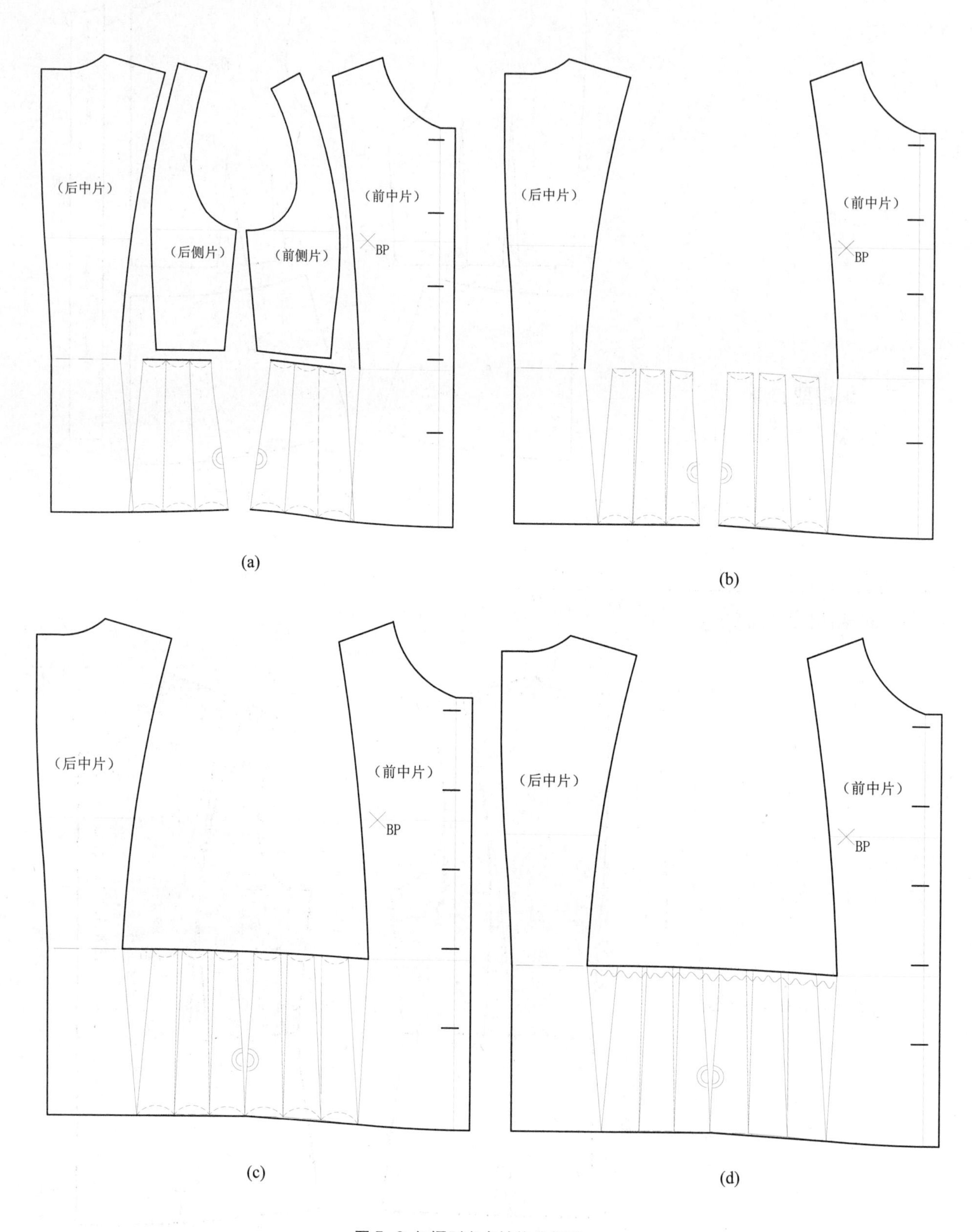

图 5-6 细褶型衣身结构分解图

三、波浪型衣身

（1）款式图（图5-7）。

图5-7 波浪型衣身款式图

（2）设定规格（表5-3）。

表5-3 衣身部位规格表（单位：cm）

号型	衣长	胸围	领围	肩宽
160/84A	62	96	36	40

（3）结构图（图5-8）。

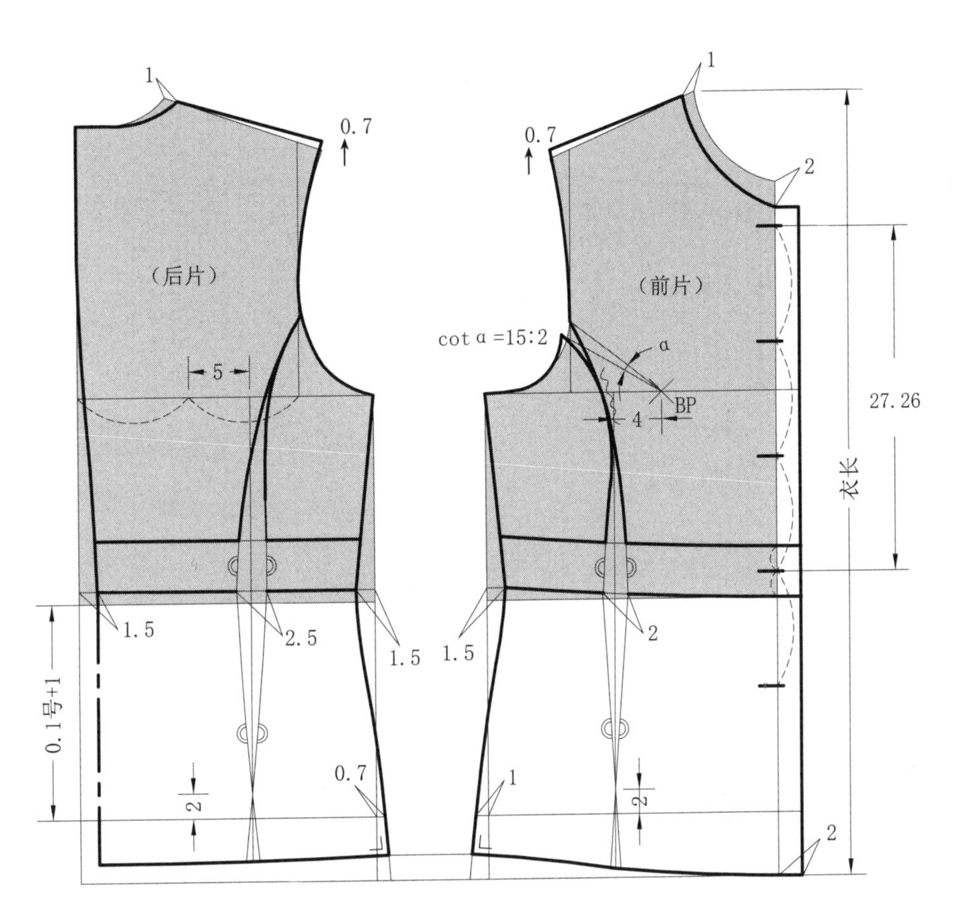

图5-8 波浪型衣身结构图

（4）结构分解图（图5-9）

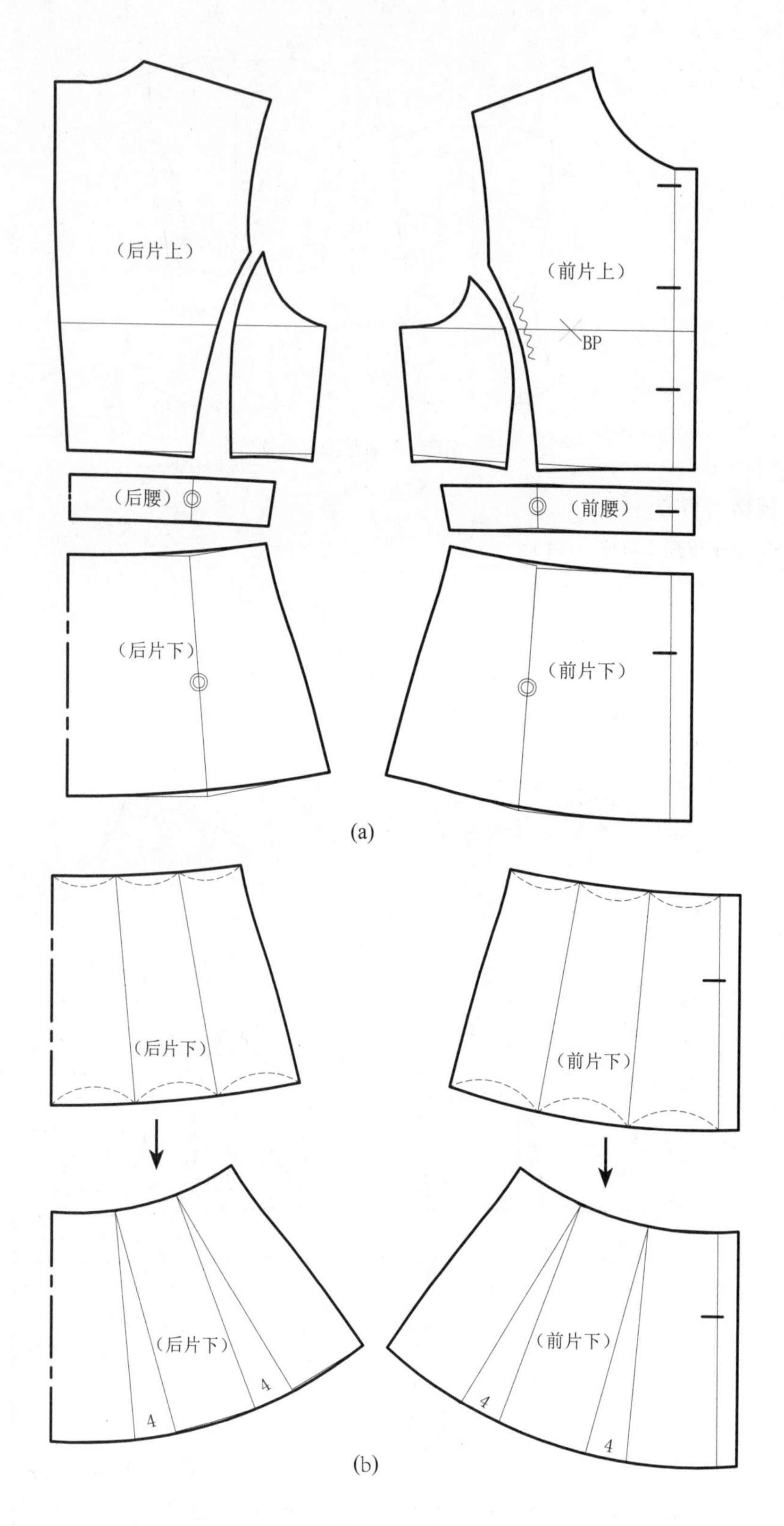

图5-9 波浪型衣身结构分解图

第二节 衣身门襟及下摆结构设计

一、衣身门襟的分类

（1）以门襟的线条方向分，有直门襟、斜门襟等。

（2）以门襟的纽扣排列分，有单门襟（单叠门）、双门襟（双叠门）等。

（3）以门襟的外型分，有明门襟、暗门襟等。

二、衣身下摆的分类

（1）以下摆的摆角形态分，有方角型、圆角型、尖角型等。

（2）以下摆的线条方向分，有平下摆、斜下摆、弧线型下摆等。

三、衣身门襟及下摆结构设计

1. 圆摆型衣身—款式 1

（1）款式图（图 5-10）。

（2）设定规格（表 5-4）。

表 5-4 衣身部位规格表（单位：cm）

号型	衣长	胸围	领围	肩宽
160/84A	64	96	36	40

（3）结构图（图 5-11）：衣身为三片式分割，为满足腰部贴体的要求，前 / 后衣身分别增设分割线。

（4）结构分解图（图 5-12）。

图 5-10 圆摆型衣身—款式 1

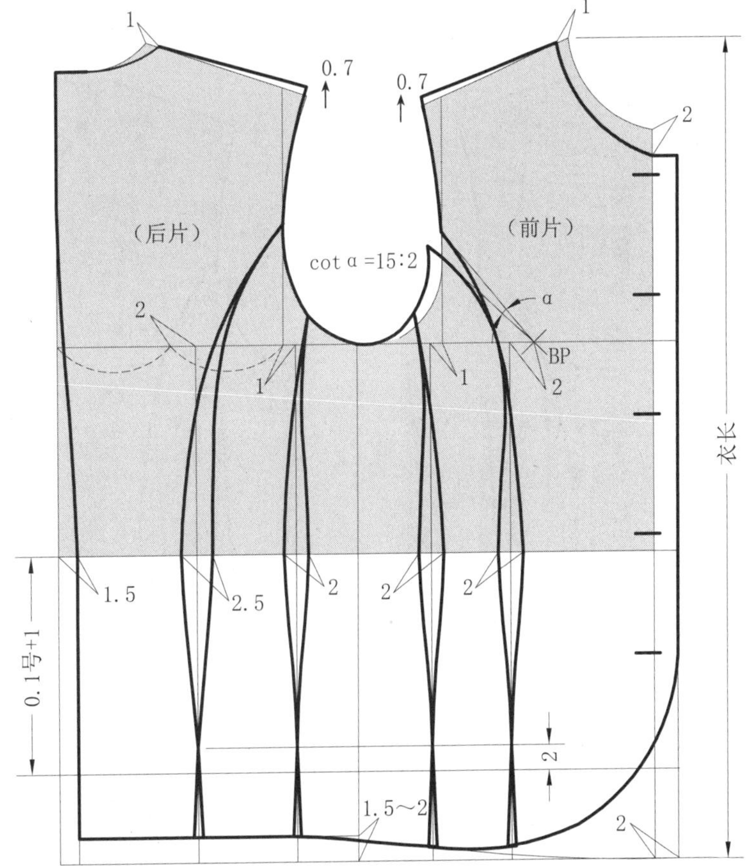

图 5-11 圆摆型衣身—款式 1 的结构图

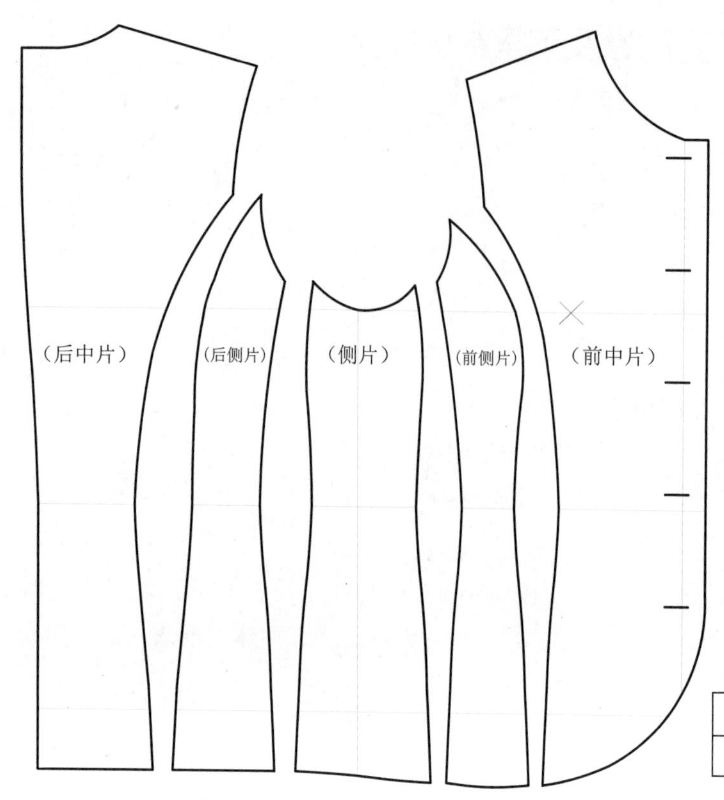

图 5-12 圆摆型衣身—款式 1 的结构分解图

2. 圆摆型衣身—款式 2

（1）款式图（图 5-13）。

图 5-13 圆摆型衣身—款式 2

（2）设定规格（表 5-5）。

表 5-5 衣身部位规格表（单位：cm）

号型	衣长	胸围	领围	肩宽
160/84A	64	96	36	40

（3）结构图（图 5-14）。

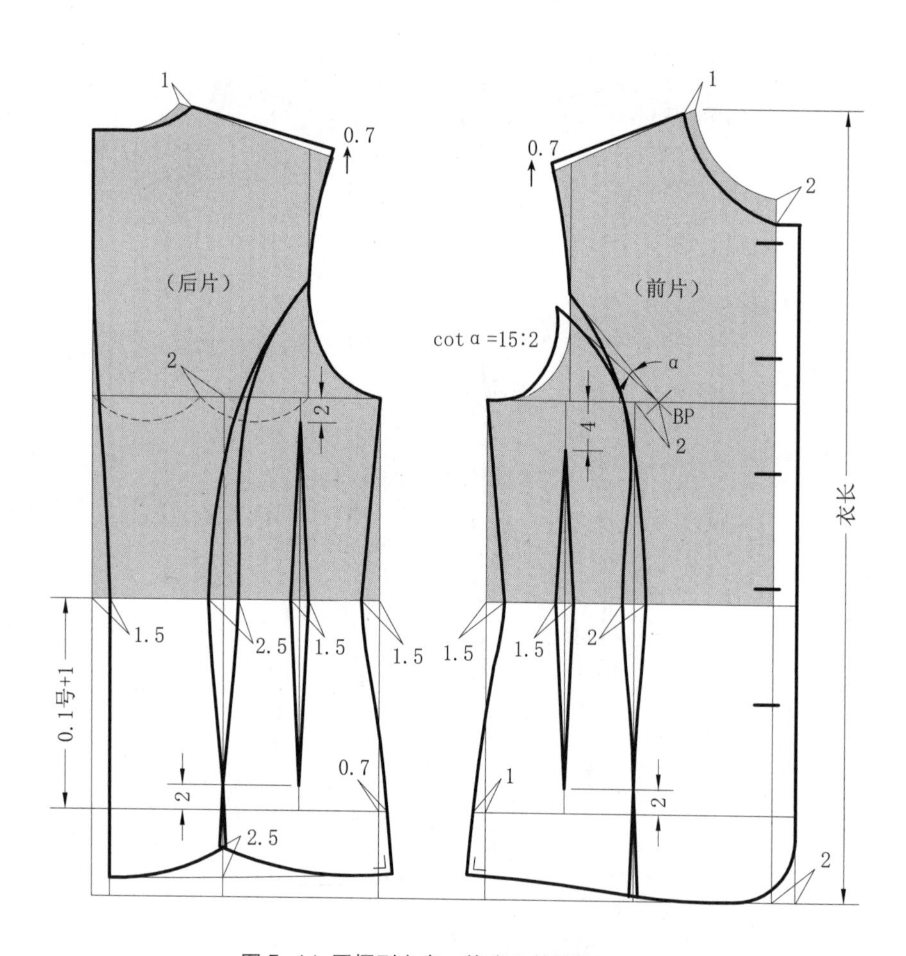

图 5-14 圆摆型衣身—款式 2 的结构图

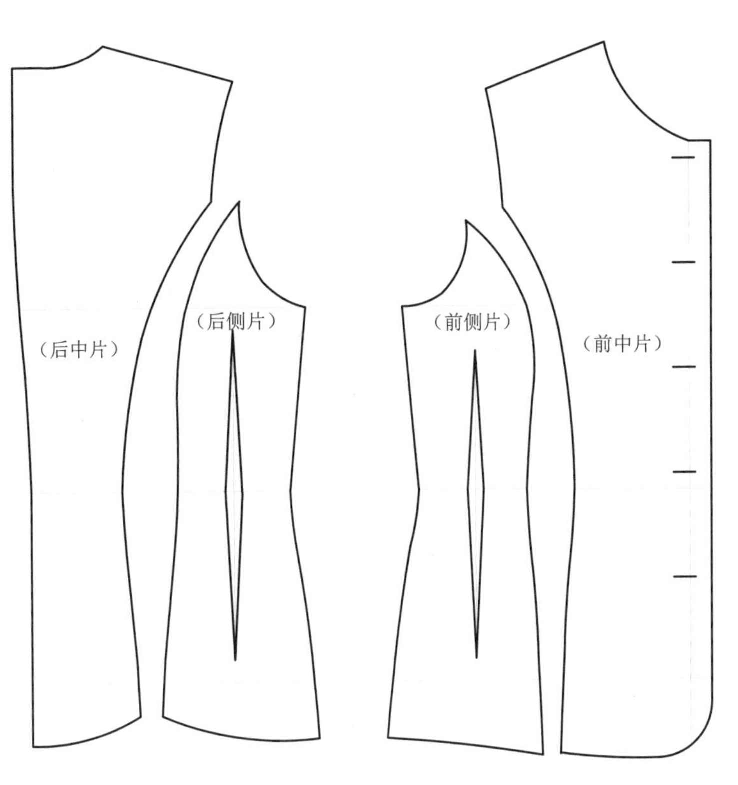

图 5-15 圆摆型衣身一款式 2 的结构分解图

（4）结构分解图（图 5-15）。

3. 斜襟型衣身一款式 1

（1）款式图（图 5-16）。

图 5-16 斜襟型衣身一款式 1

（2）设定规格（表 5-6）。

表 5-6 衣身部位规格表（单位：cm）

号型	衣长	胸围	领围	肩宽
160/84A	64	96	36	40

（3）结构图（图 5-17）。

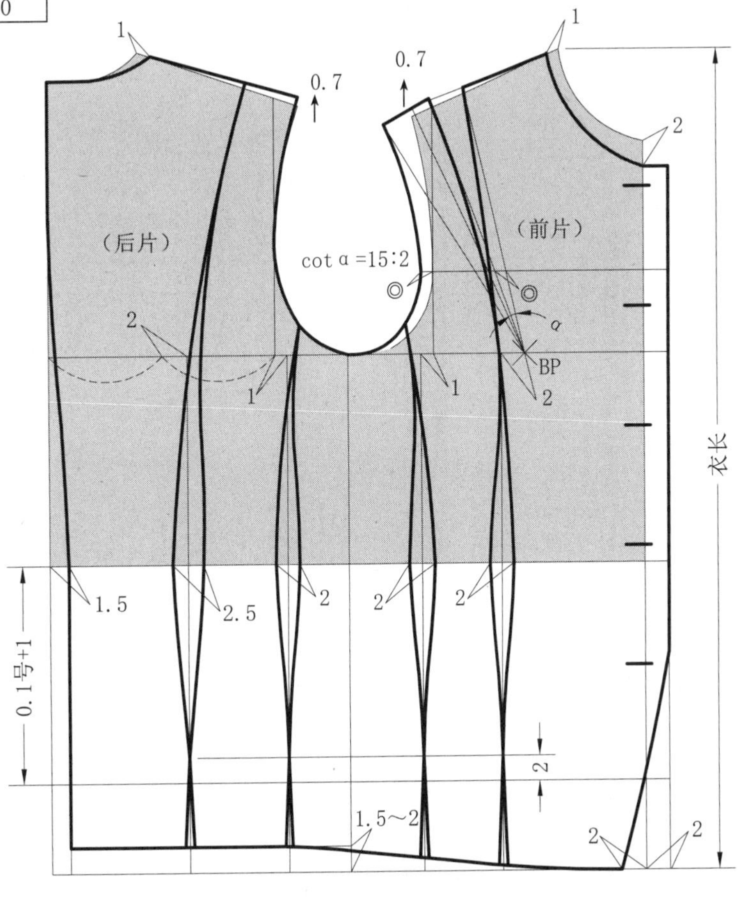

图 5-17 斜襟型衣身一款式 1 的结构图

（4）结构分解图（图 5-18）。

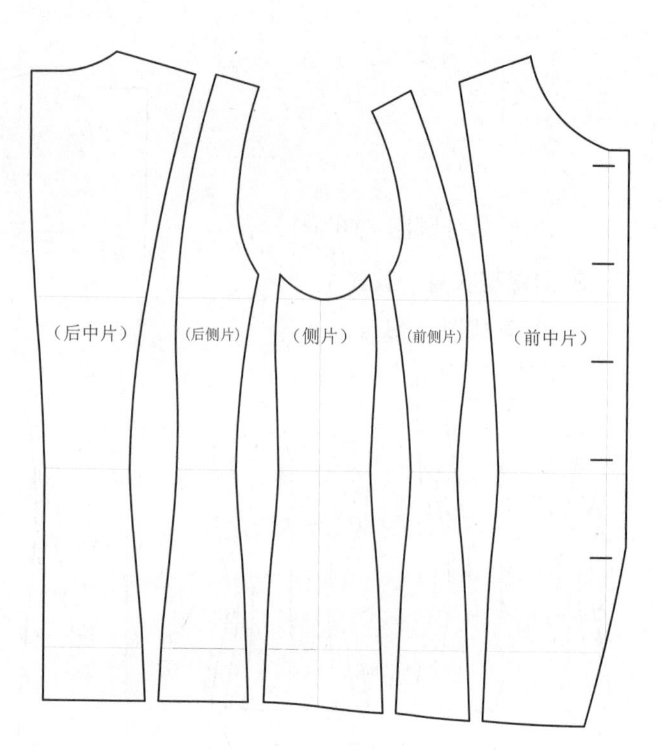

图 5-18 斜襟型衣身—款式 1 的结构分解图

4. 斜襟型衣身—款式 2

（1）款式图（图 5-19）。

图 5-19 斜襟型衣身—款式 2

（2）设定规格（表 5-7）。

表 5-7 衣身部位规格表（单位：cm）

号型	衣长	胸围	领围	肩宽
160/84A	57	96	36	40

（3）结构图（图 5-20）。

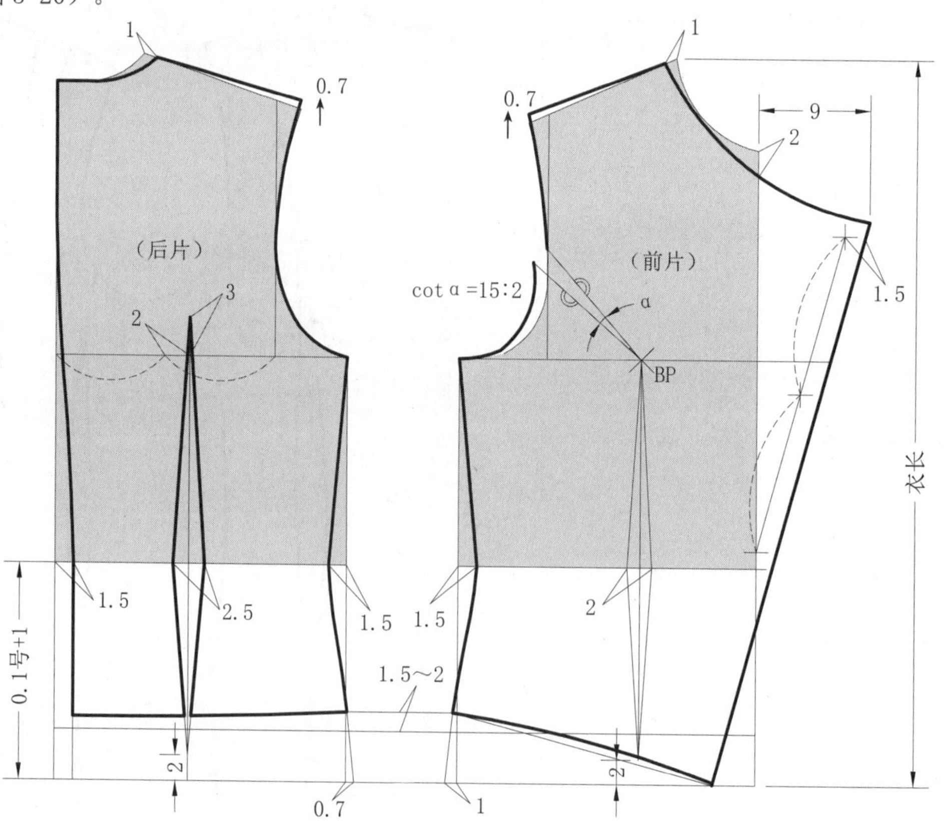

图 5-20 斜襟型衣身—款式 2 的结构图

（4）结构分解图（图 5-21）。

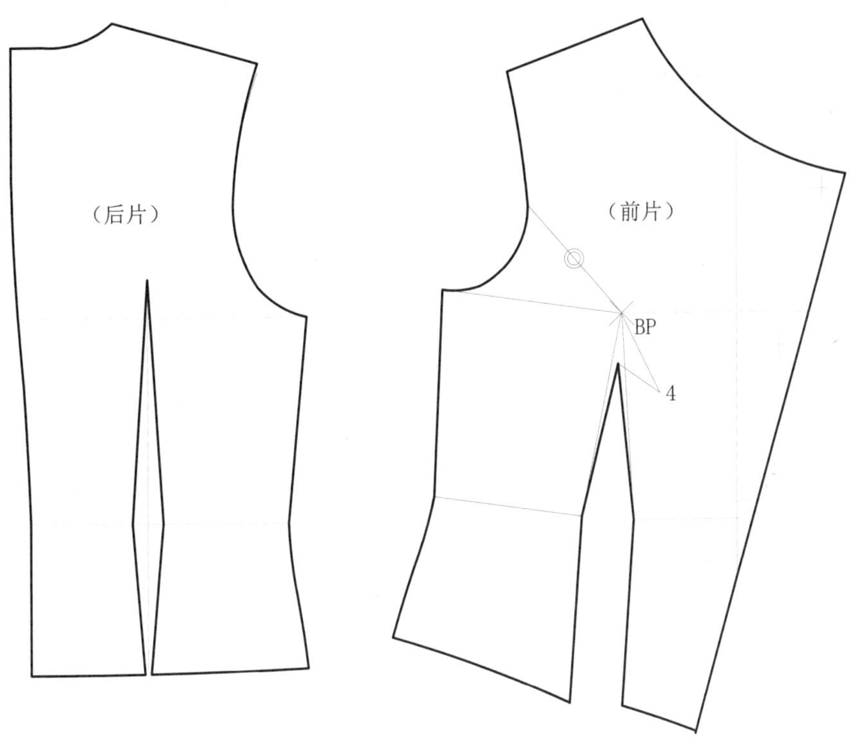

图 5-21 斜襟型衣身—款式 2 的结构分解图

5. 平摆型衣身—款式 1

（1）款式图（图 5-22）。

图 5-22 平摆型衣身—款式 1

（2）设定规格（表 5-8）。

表 5-8 衣身部位规格表（单位：cm）

号型	衣长	胸围	领围	肩宽
160/84A	64	96	36	40

（3）结构图（图 5-23）。

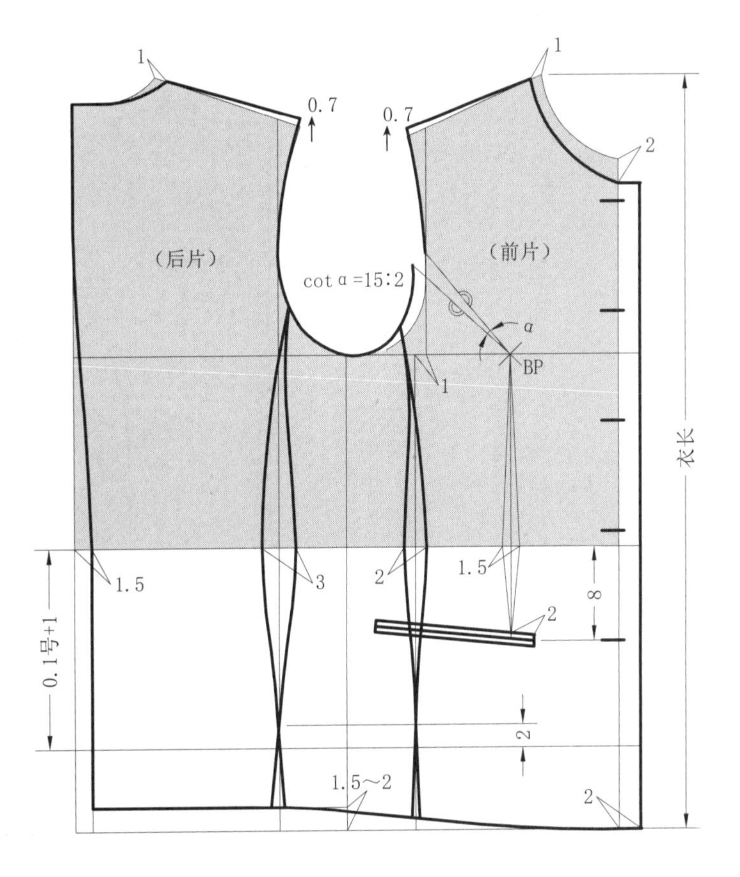

图 5-23 平摆型衣身—款式 1 的结构图

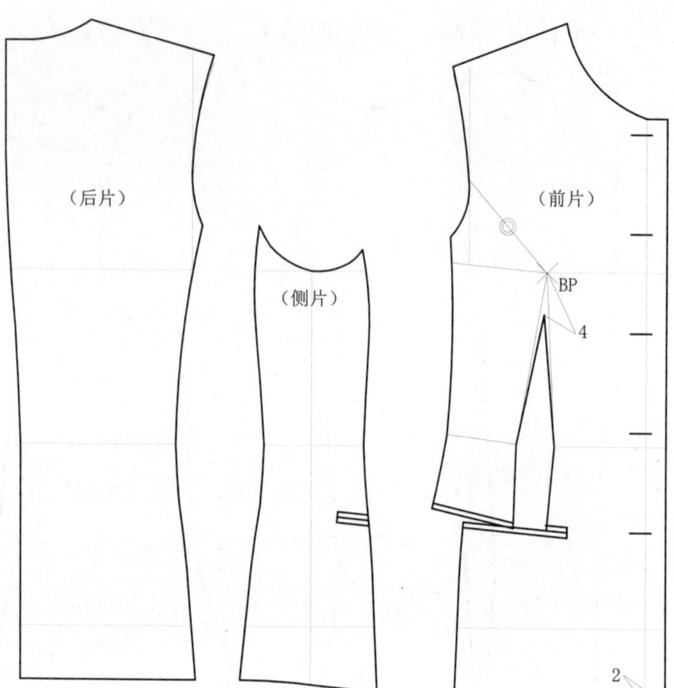

图 5-24 平摆型衣身—款式 1 的结构分解图

（4）结构分解图（图 5-24）。

6. 平摆型衣身—款式 2

（1）款式图（图 5-25）。

图 5-25 平摆型衣身—款式 2

（2）设定规格（表 5-9）。

表 5-9 衣身部位规格表（单位：cm）

号型	衣长	胸围	领围	肩宽
160/84A	64	96	36	40

（3）结构图（图 5-26）。

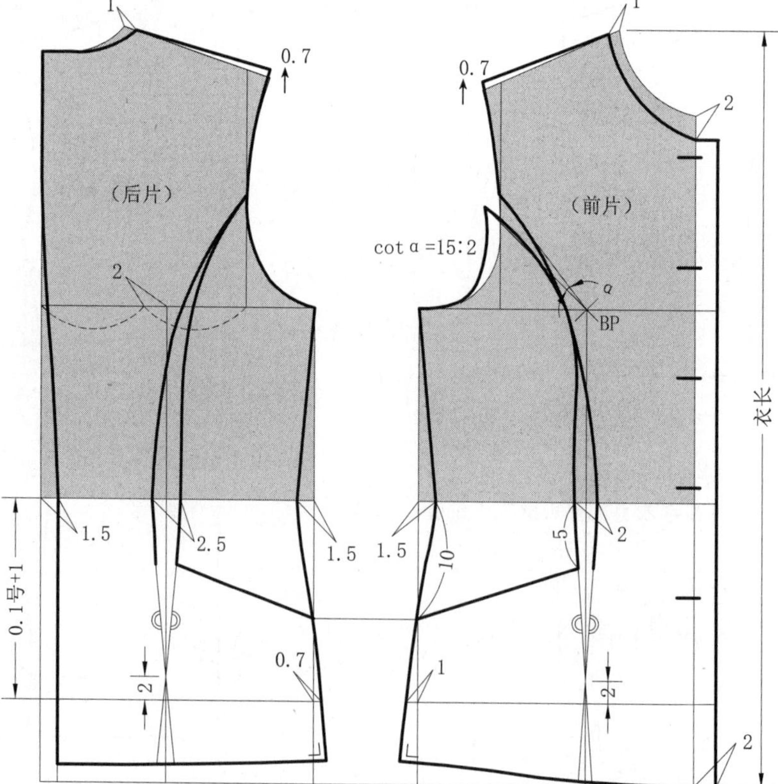

图 5-26 平摆型衣身—款式 2 的结构图

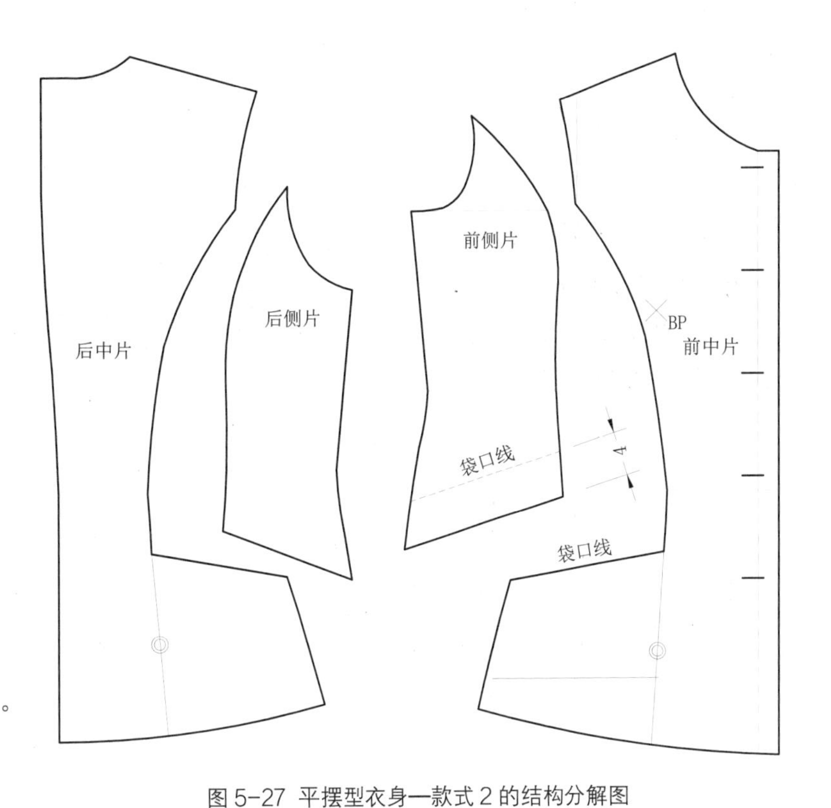

图 5-27 平摆型衣身—款式 2 的结构分解图

（4）结构分解图（图 5-27）。

7. 平摆型衣身—款式 3

（1）款式图（图 5-28）。

图 5-28 平摆型衣身—款式 3

（2）设定规格（表 5-10）。

表 5-10 衣身部位规格表（单位：cm）

号型	衣长	胸围	领围	肩宽
160/84A	64	96	36	40

（3）结构图（图 5-29）。

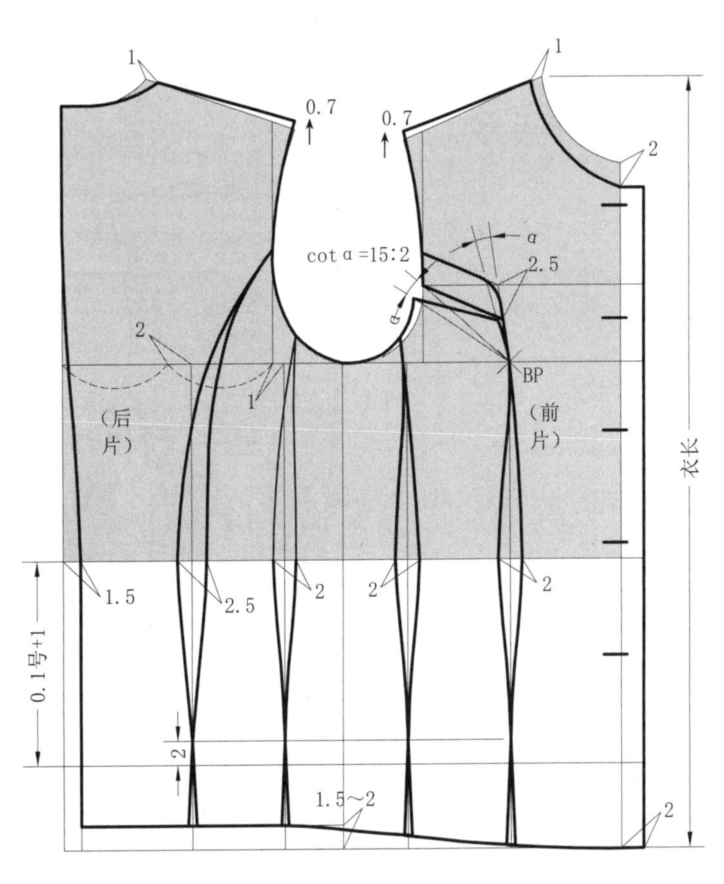

图 5-29 平摆型衣身—款式 3 的结构图

（4）结构分解图（图 5-30）。

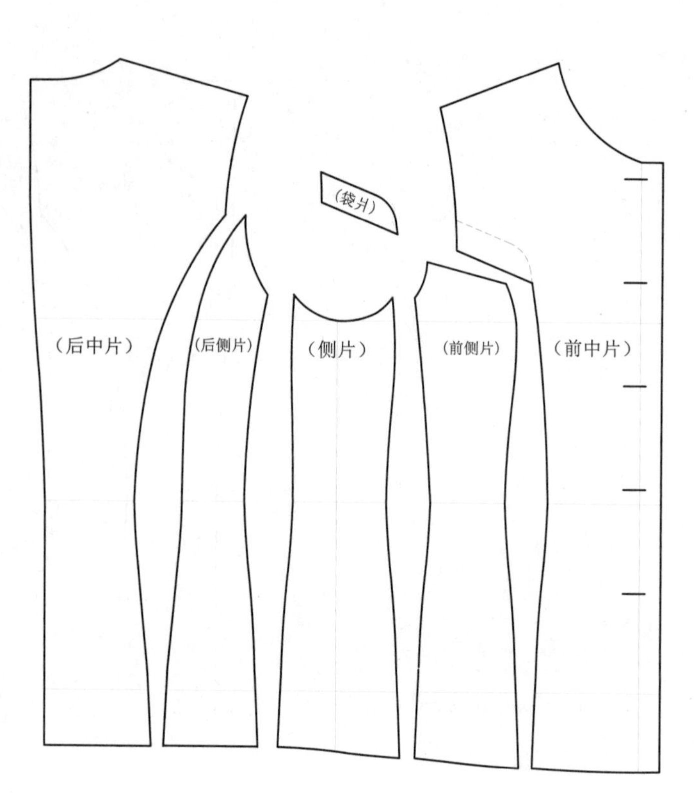

图 5-30 平摆型衣身—款式 3 结构分解图

8. 双叠门型衣身

（1）款式图（图 5-31）。

图 5-31 双叠门型衣身款式图

（2）设定规格（表 5-11）。

表 5-11 衣身部位规格表（单位：cm）

号型	衣长	胸围	领围	肩宽
160/84A	64	96	36	40

（3）结构图（图 5-32）。

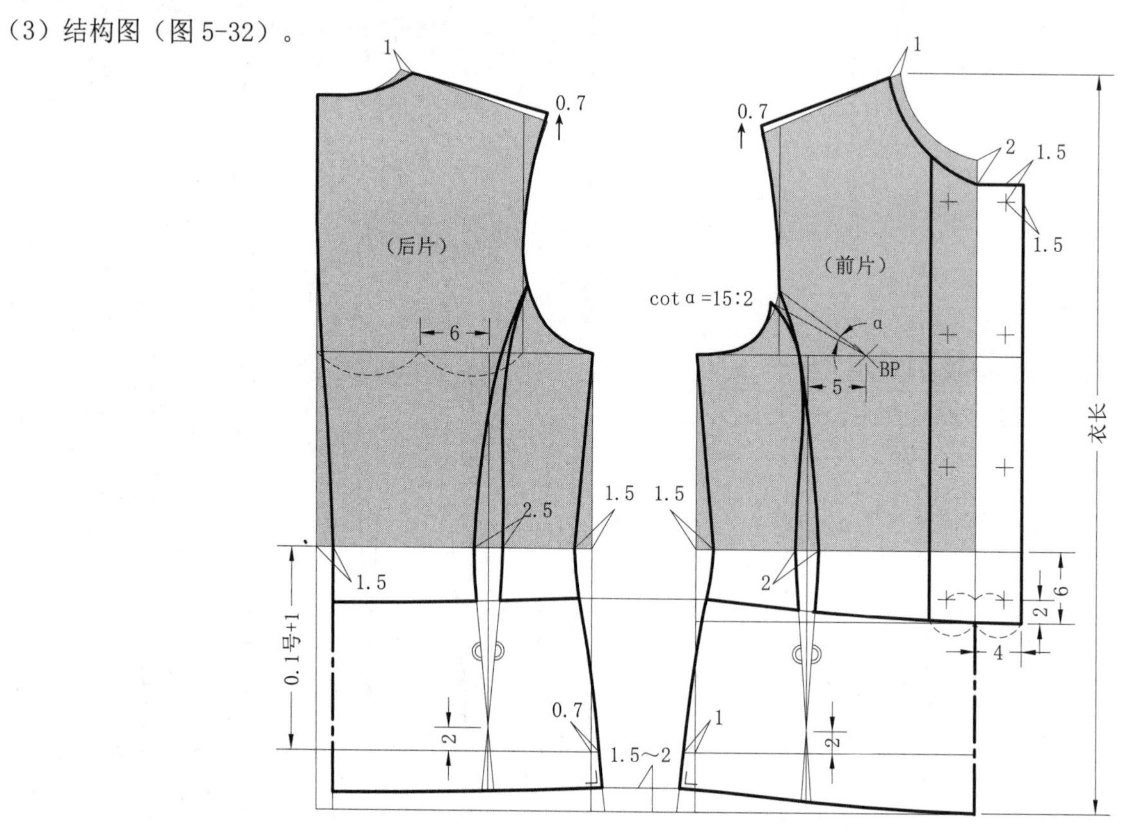

图 5-32 双叠门型衣身结构图

（4）结构分解图（图 5-33）。

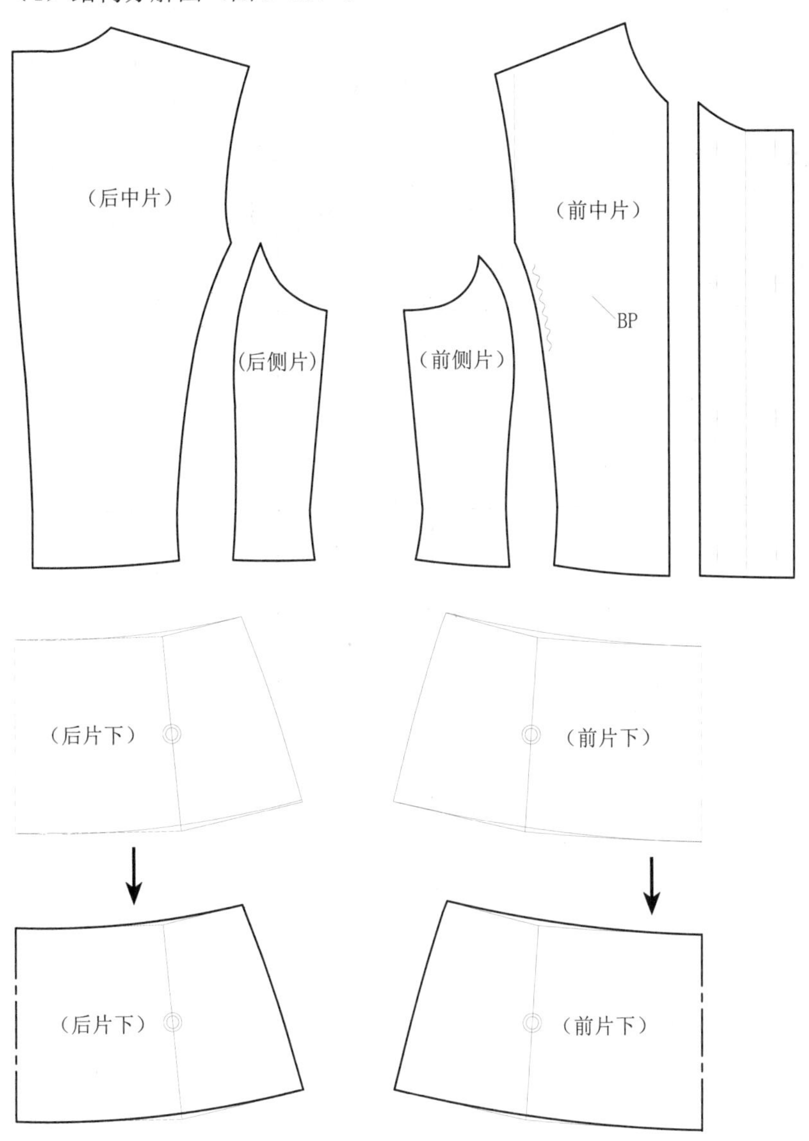

图 5-33 双叠门型衣身结构分解图

9. 组合分割型衣身

（1）款式图（图 5-34）。

图 5-34 组合分割型衣身款式图

（2）设定规格（表 5-12）。

表 5-12 衣身部位规格表（单位：cm）

号型	衣长	胸围	领围	肩宽
160/84A	64	96	36	40

（3）结构图（图 5-35）。

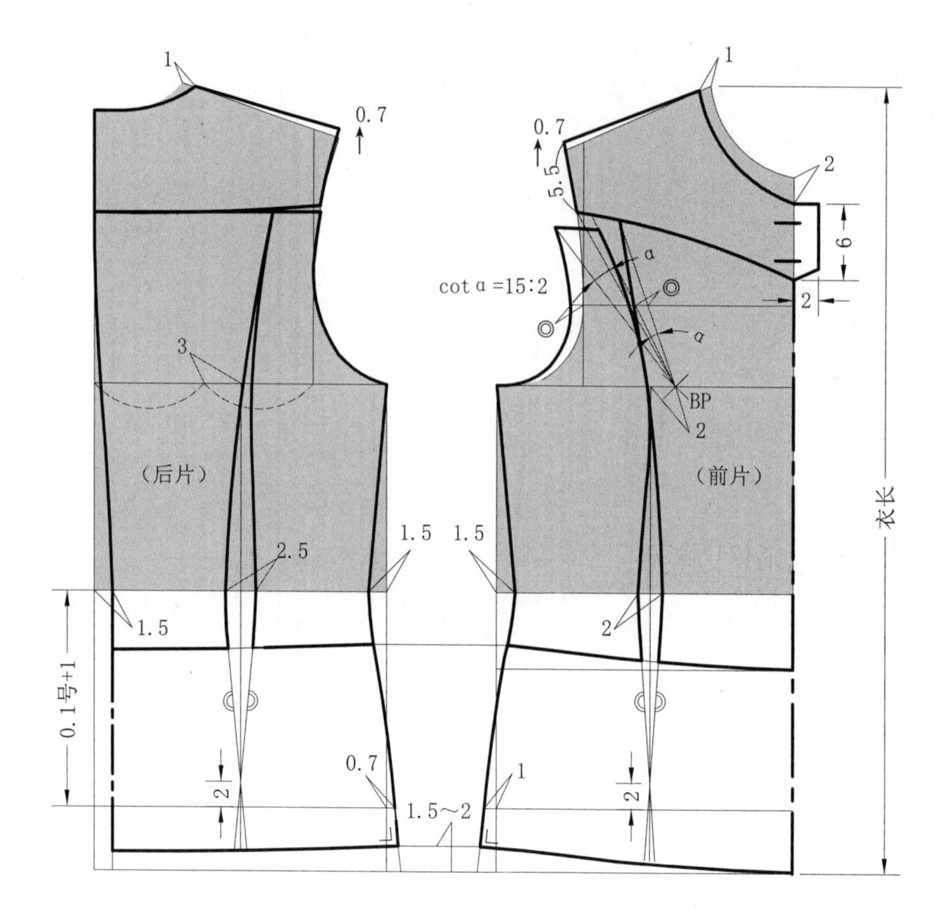

图 5-35 组合分割型衣身结构图

(4) 结构分解图（图 5-36）。

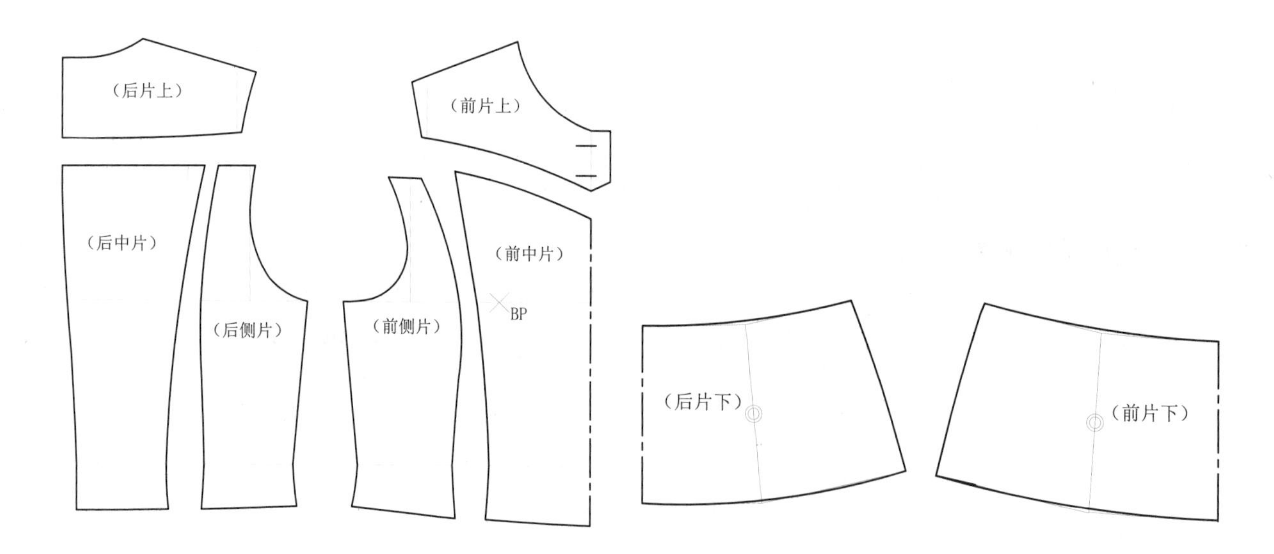

图 5-36 组合分割型衣身结构分解图

思考题：

1. 简述衣身与人体上相对应的点。
2. 简述分割类衣身基型的应用要点。
3. 简述胸部高度与胸省量的关系。
4. 简述衣身前 / 后腰节长度变化的依据。
5. 简述胸围成品规格的构成要素。
6. 简述前劈门的确定方法。
7. 影响肩斜度变化的相关因素有哪些？
8. 简述前 / 后小肩长度差控制量确定的相关因素。
9. 简述省的种类和作用。
10. 简述胸省结构的处理原则。
11. 常用胸省的形式有哪些？
12. 简述胸省省尖点的位置分布。
13. 简述胸省的转换形式。
14. 简述褶裥的作用。
15. 褶裥边界线的构成方法。
16. 简述分割线的作用。
17. 简述分割线的表现形式及数量变化。
18. 简述立体分割线的设置方法。
19. 衣身腰围以下的结构变化有哪些？

衣领篇

女装衣领是女装整体结构设计中重要的组成部分。女装衣领的基本结构是以领座高与翻领宽为构成要素。根据款式变化要求，在衣领基本型的基础上进行衣领的结构设计，是快速、精确地获得衣领结构设计目标的途径。衣领的结构设计主要与衣领的款式有关。

一、衣领分类

从款式角度来分，衣领可有多种分类方法，如根据领角的形状（方、圆、弧、曲）、翻领的宽窄变化、前领的高低不同等来分。从结构特点角度来分，衣领应从结构要素即领座高与翻领宽的量的变化来分。若设定领座高为 a，翻领宽为 b，则衣领可分为如下几类。

（1）无领：$a=0$；$b=0$（图 1）。

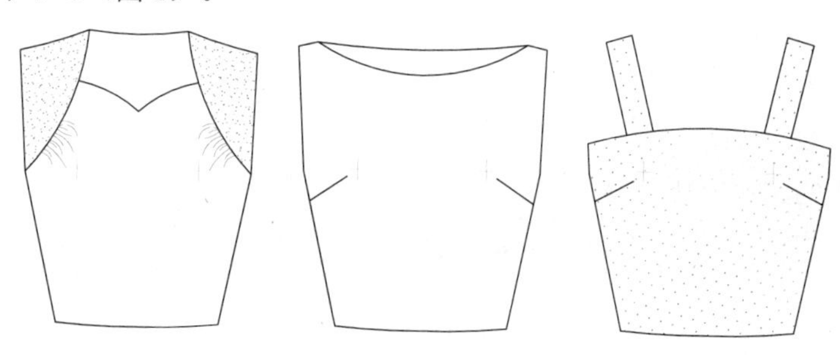

图 1 无领款式图

（2）袒领：$0 < a \leqslant 1$；$b > a$（图 2）。

图 2 袒领款式图

（3）立领：$a > 0$；$b=0$（图 3）。

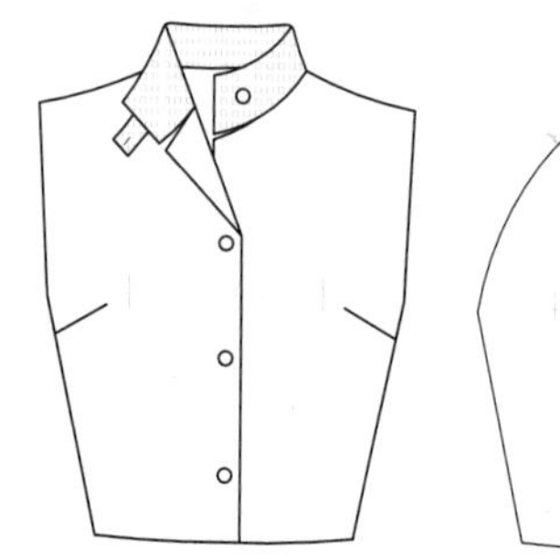
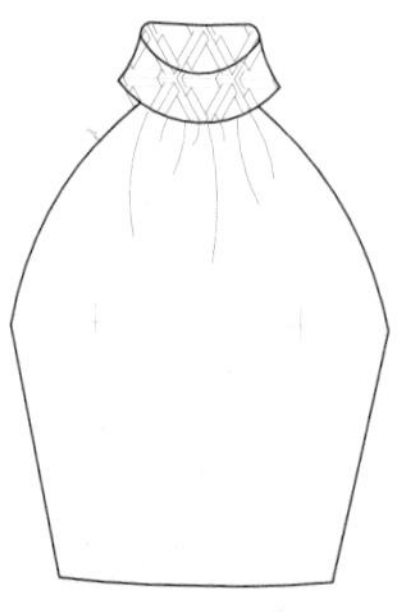
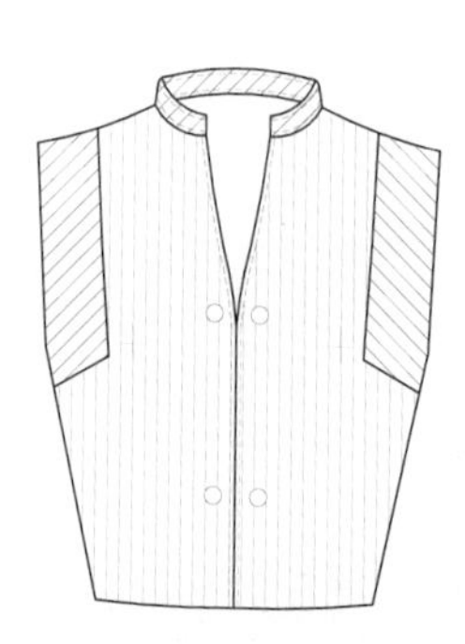

图 3 立领款式图

（4）翻驳领：a ＞ 1；b ＞ a（图 4）。

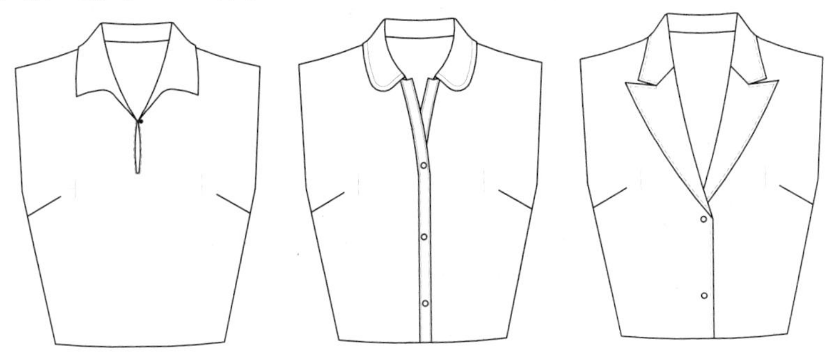

图 4 翻驳领款式图

（5）其他领：如环领、荡领、连帽领等（图 5）。

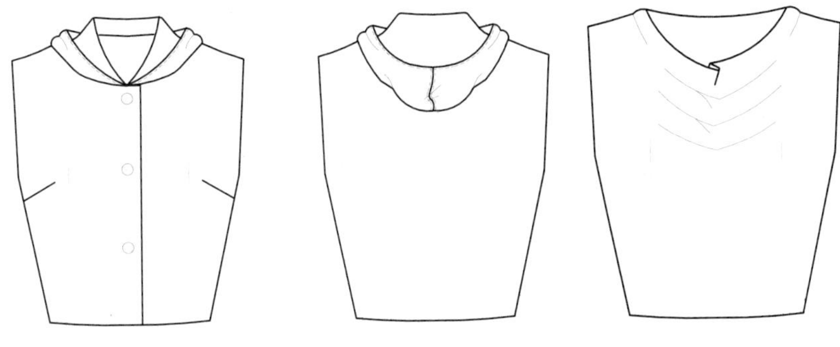

图 5 其他领款式图

二、衣领配置的基本方法

（1）重合法：衣领依赖于前 / 后领圈弧线的配置方法。重合法适用于领座较低的衣领，常用于袒领的结构设计（图 6）。

（2）平面法：衣领依赖于前领圈弧线的配置方法，平面法适用于前领为平面造型的衣领，常用于开门领的结构设计（图 7）。

（3）分离法：衣领与前 / 后领圈弧线分离配置的方法，也称为独立法。分离法适用于领座有一定高度且前领造型为立体的衣领，常用于立领及关门领的结构设计（图 8）。

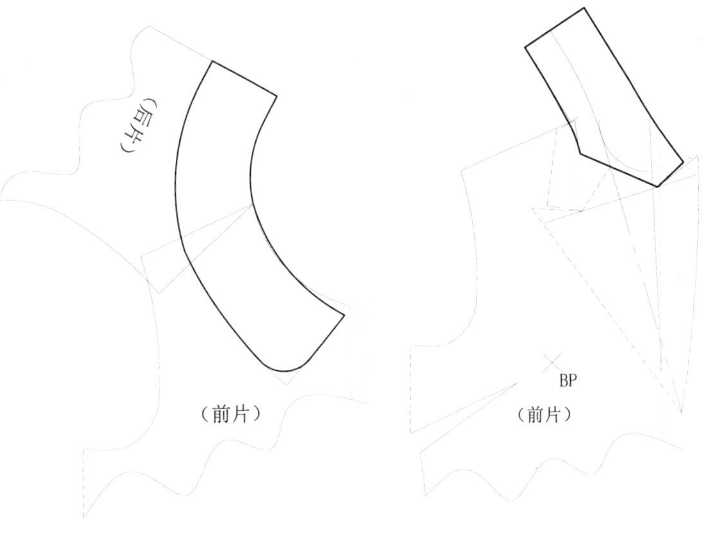

图 6 重合法

图 7 平面法

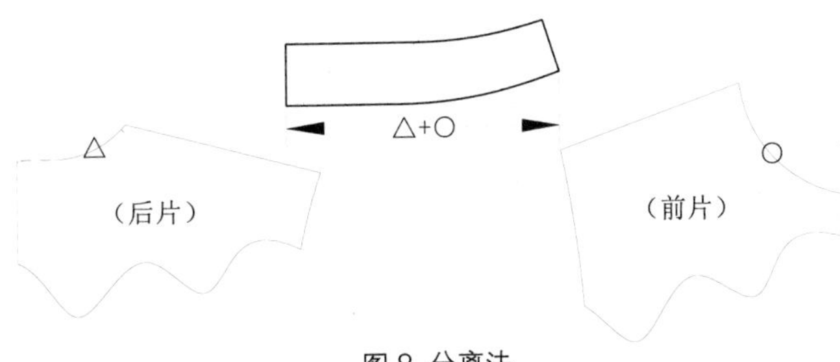

图 8 分离法

第一章 无领

无领款式的结构设计主要是领圈的线条变化。无领结构领圈线条的变化类型有圆形、方形、V形、鸡心形、一字形、弧曲形等。无领结构应注意考虑头围因素来确定领圈弧线的控制量，如领圈弧线控制量小于头围规格时，可考虑在相关部位设置开襟或开衩来满足头围的大小，以方便穿脱。无领结构基本型应注意控制前／后领宽（即前／后横开领），服装不开襟的状态下，前领宽控制量应小于后领宽，差数为0.5～1.5cm，以保持前领中部位伏贴。无领结构的领宽和领深在一般情况下，均应在基本型基础上增大。

第一节 无领基本结构应用实例

一、鸡心领

（1）鸡心领款式图（图1-1）。

（2）鸡心领操作步骤及结构图（图1-2）。

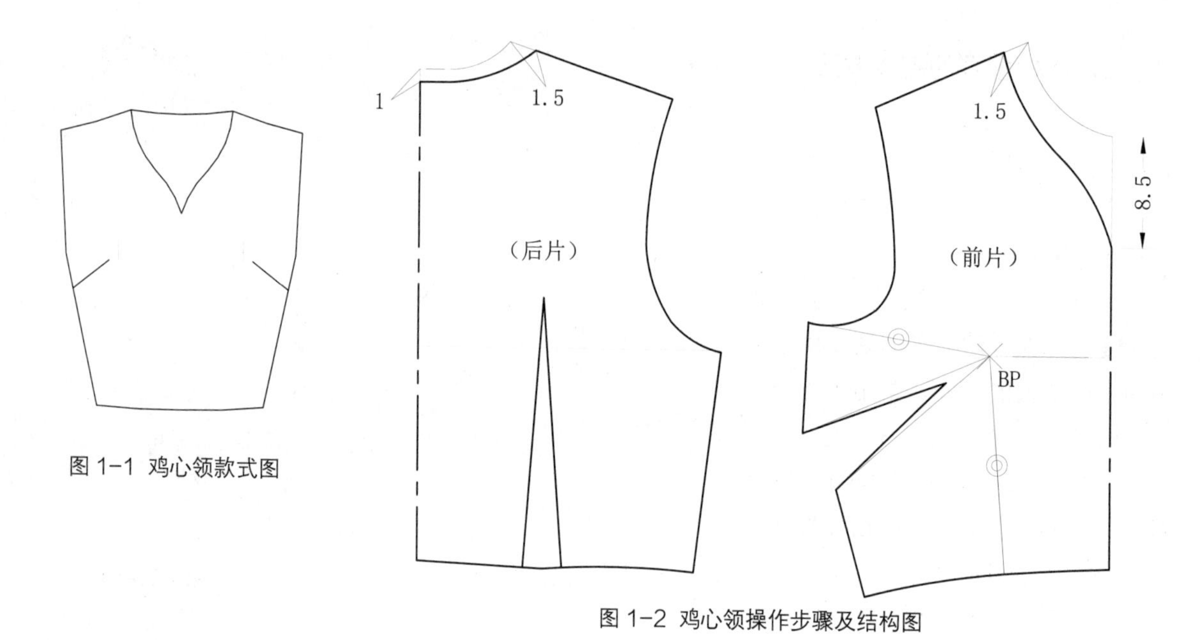

图1-1 鸡心领款式图

图1-2 鸡心领操作步骤及结构图

二、一字领

（1）一字领款式图（图1-3）。

（2）一字领操作步骤及结构图（图1-4）。

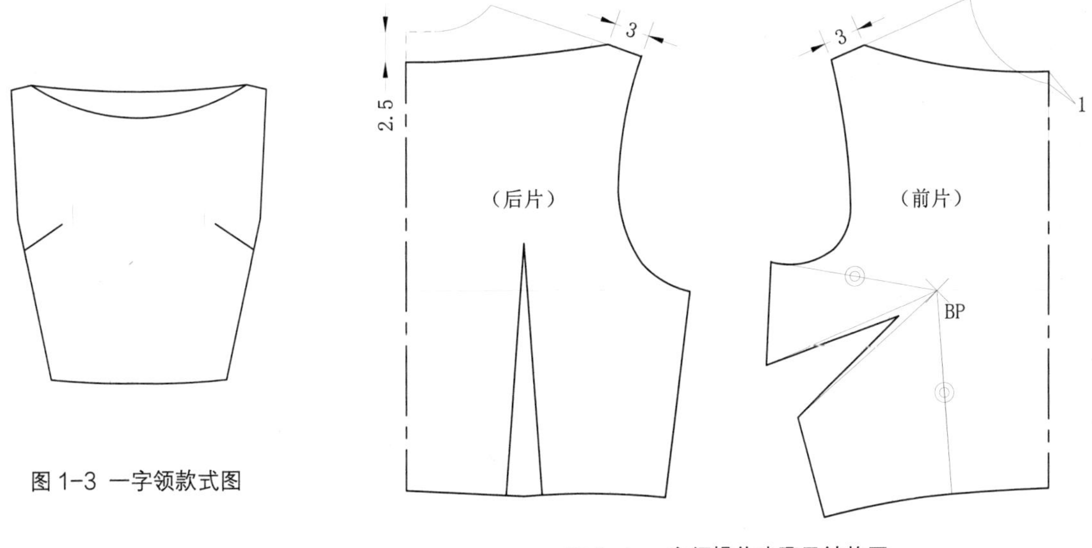

图 1-3 一字领款式图

图 1-4 一字领操作步骤及结构图

第二节 无领变化结构应用实例

一、圆形领

（1）圆形领款式图（图 1-5）。

（2）圆形领操作步骤及结构图（图 1-6）。

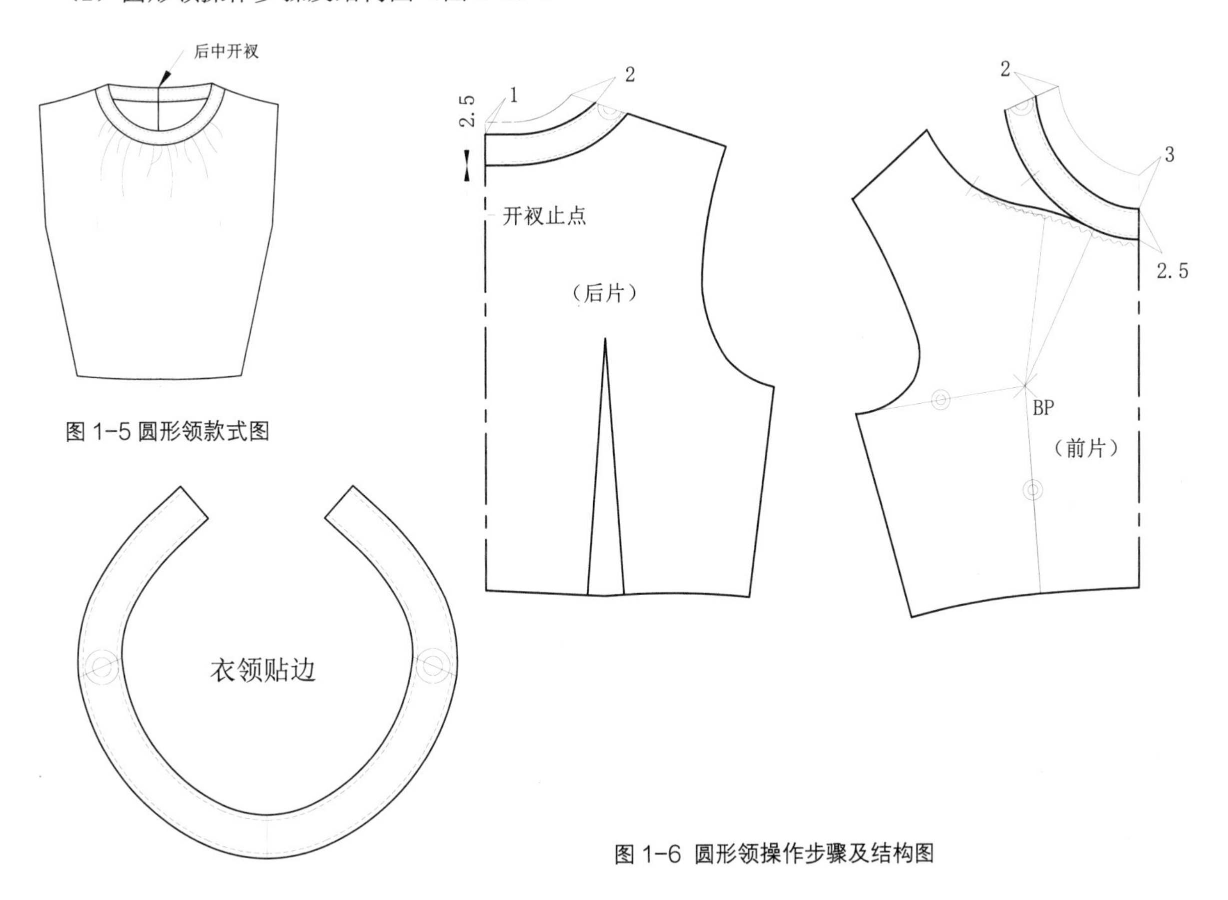

图 1-5 圆形领款式图

图 1-6 圆形领操作步骤及结构图

二、方形领

（1）方形领款式图（图1-7）。

（2）方形领的操作步骤及结构图（图1-8）。

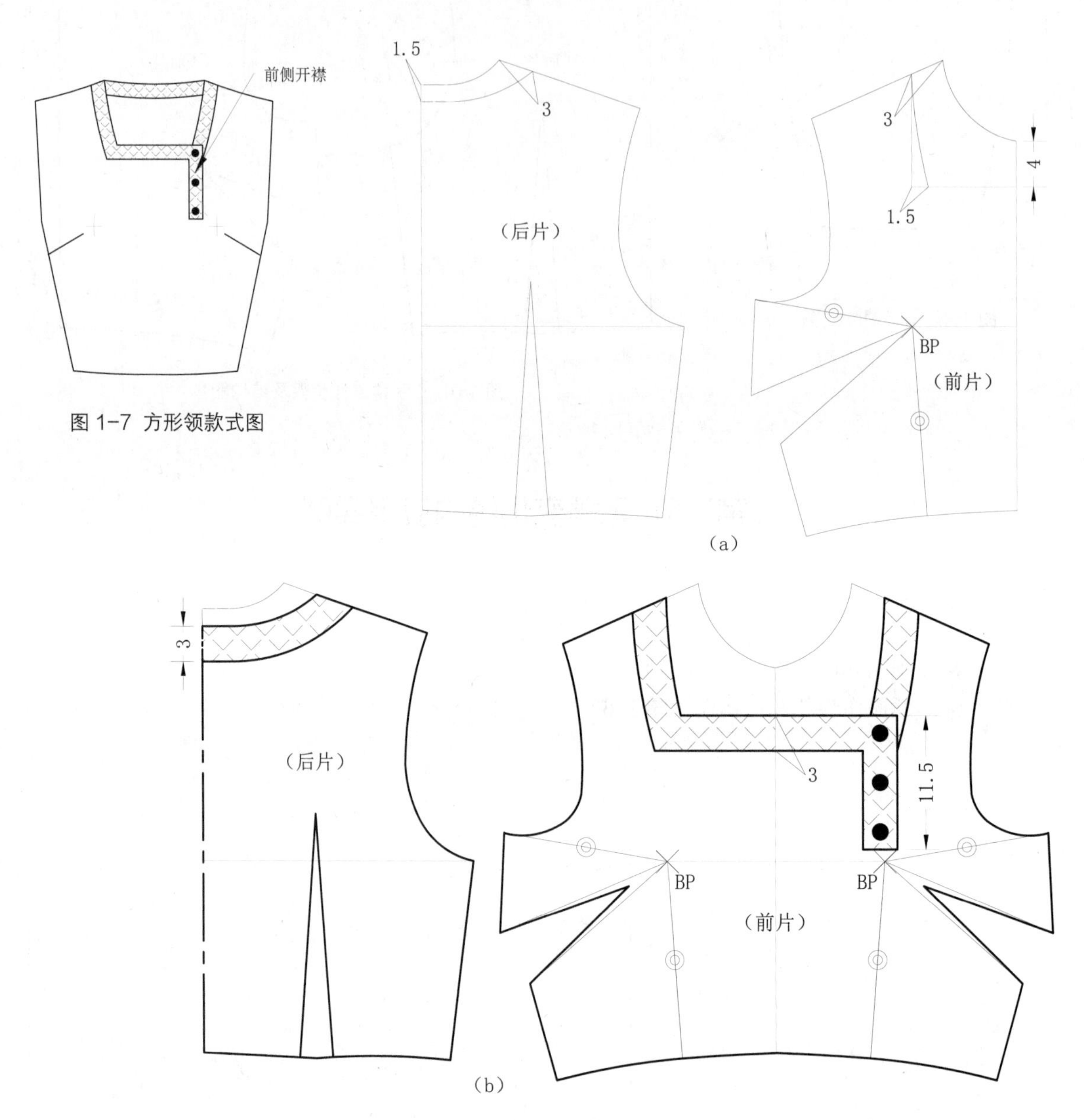

图1-7 方形领款式图

图1-8 方形领的操作步骤及结构图

三、梯形领

（1）梯形领款式图（图1-9）。

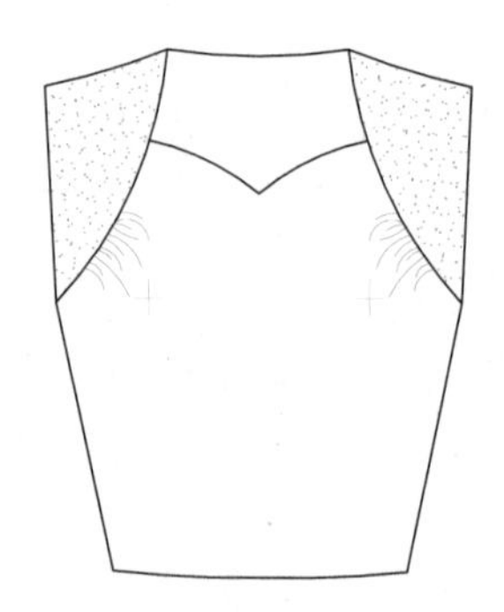

图1-9 梯形领款式图

（2）梯形领操作步骤及结构图结构图（图 1-10）。

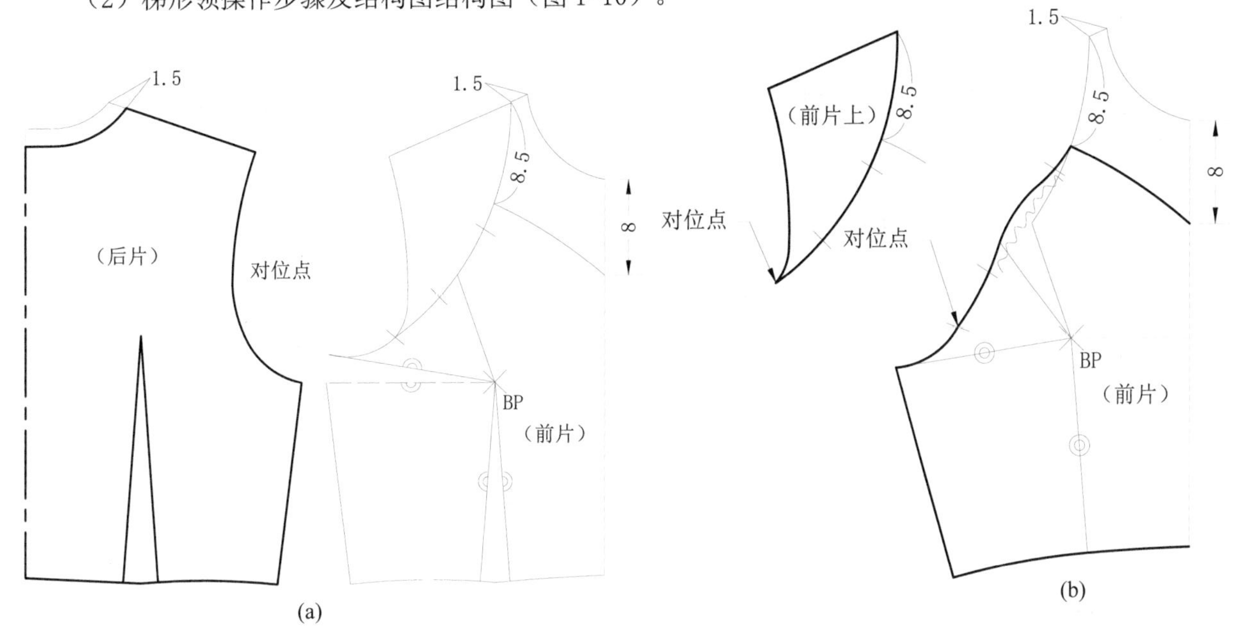

图 1-10 梯形领的操作步骤及结构图

四、V 形领

（1）V 形领款式图（图 1-11）。

（2）V 形领的操作步骤及结构图（图 1-12）。

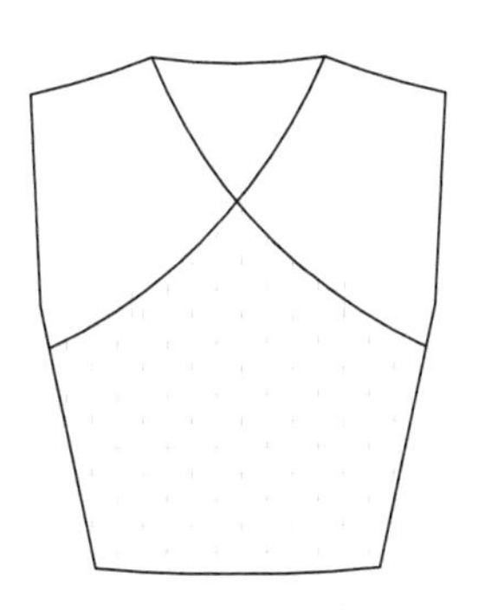

图 1-11 V 形领款式图

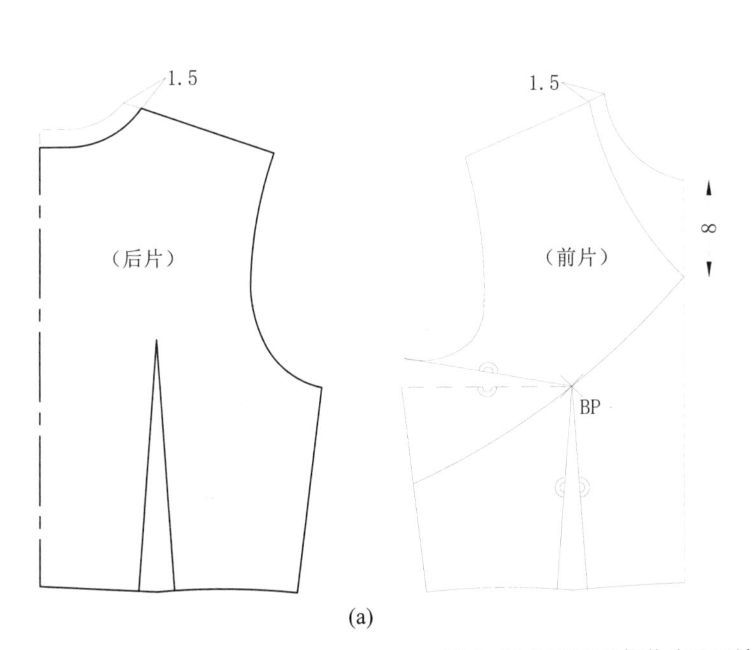

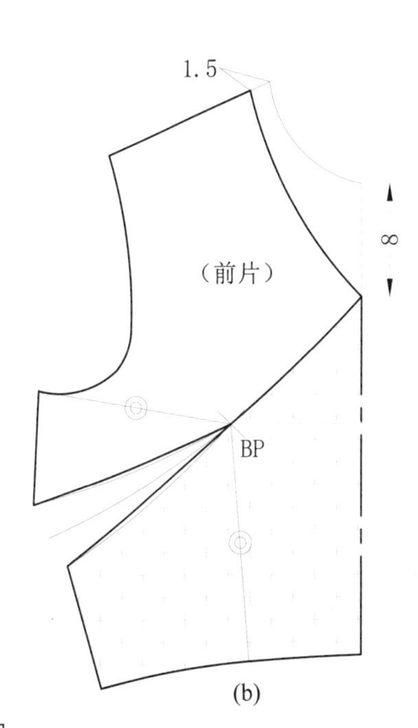

图 1-12 V 形领的操作步骤及结构图

五、吊带领

（1）吊带领款式图（图 1-13）。

（2）吊带领的操作步骤及结构图（图 1-14）。

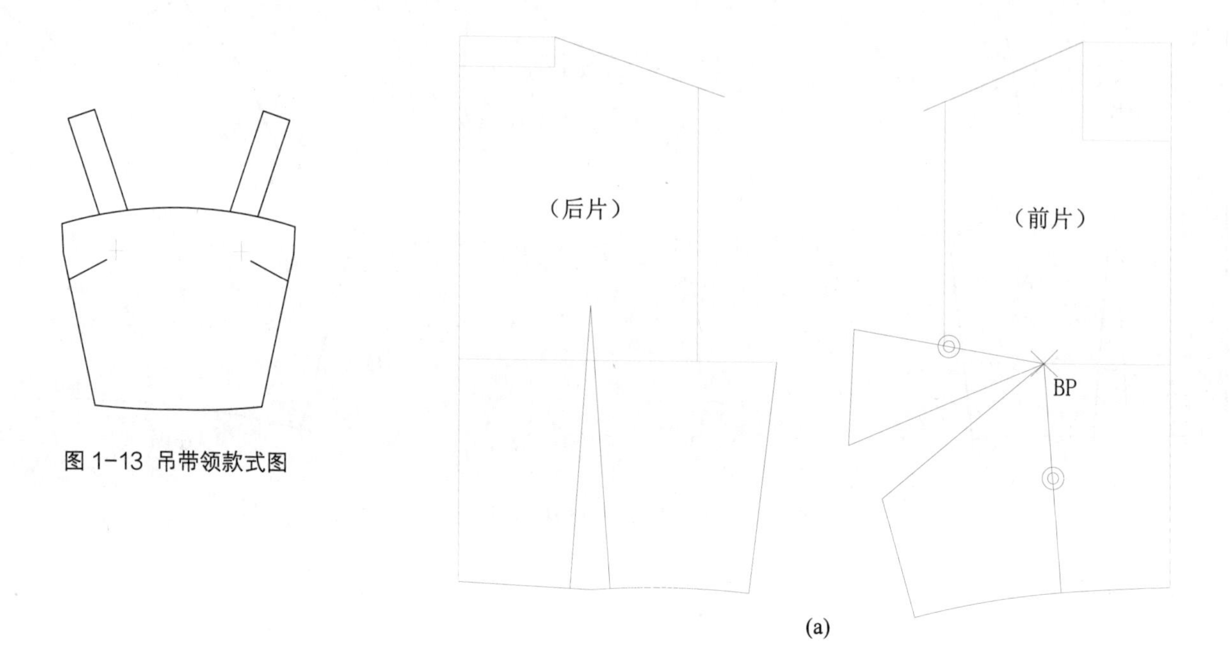

图 1-13 吊带领款式图

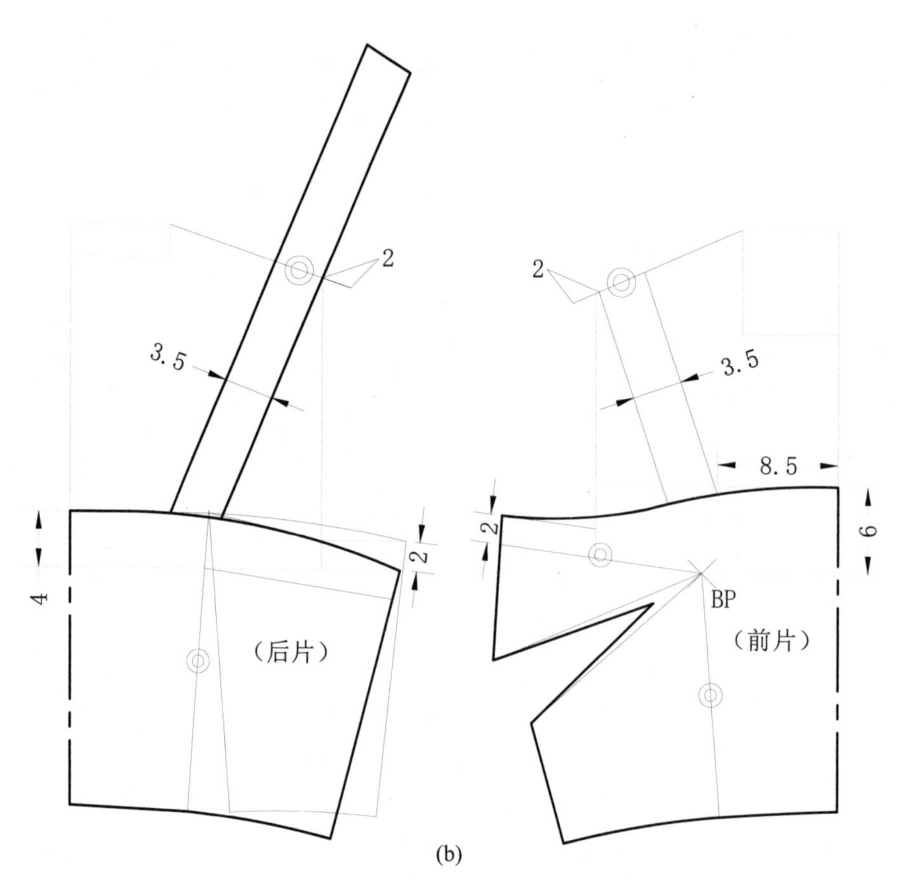

图 1-14 吊带领的操作步骤及结构图

第二章 袒领

袒领款式的主要特点是穿着时领座高接近于0。由于儿童体型的一个重要特征是颈部较短，所以袒领常用于童装；女装中也常见袒领。袒领结构的构成特点是依赖于衣身的前／后领圈，为满足袒领的穿着要求以及考虑到面料的性能特点，应注意前／后肩线的重叠量及前领中点的偏移量的正确处理。

第一节 袒领基型构成

一、袒领基本线及部位名称（图2-1）

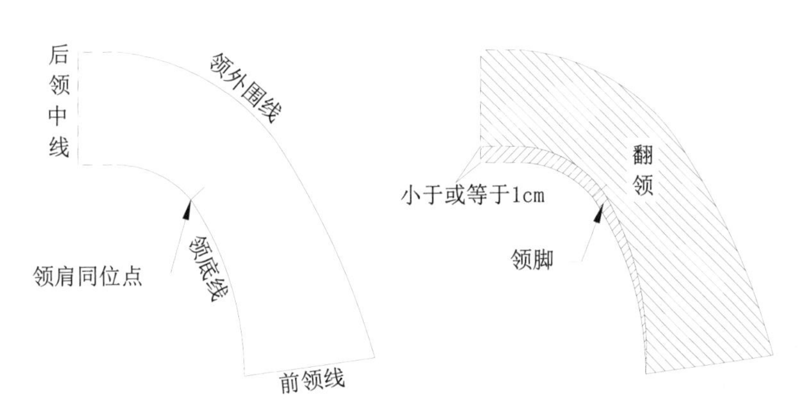

图2-1 袒领基本线及部位

二、袒领基型的构成（以方形前领角袒领为例）

（1）设定规格（表2-1）。

表2-1 部位规格表 （单位：cm）

号型	基本型领围	翻领高
160/84A	36	7

（2）袒领款式图（图2-2）。

（3）前／后衣身领圈线及叠门调整（图2-3）。

图2-2 袒领款式图

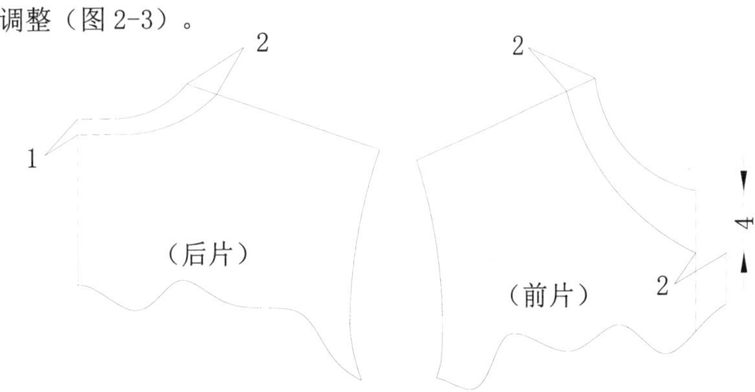

图2-3 前／后衣身领圈线调整

（4）袒领基本线构成。

a. 前 / 后肩线重叠：重叠量为 2 ～ 4cm（图 2-4 中①）。

b. 前领中点偏移：前领中点向袖窿侧偏移量为 1 ～ 2cm。通过领肩点连接前领中点偏移点 A，并使前领底线与前领弧线等长（图 2-5 中②）。

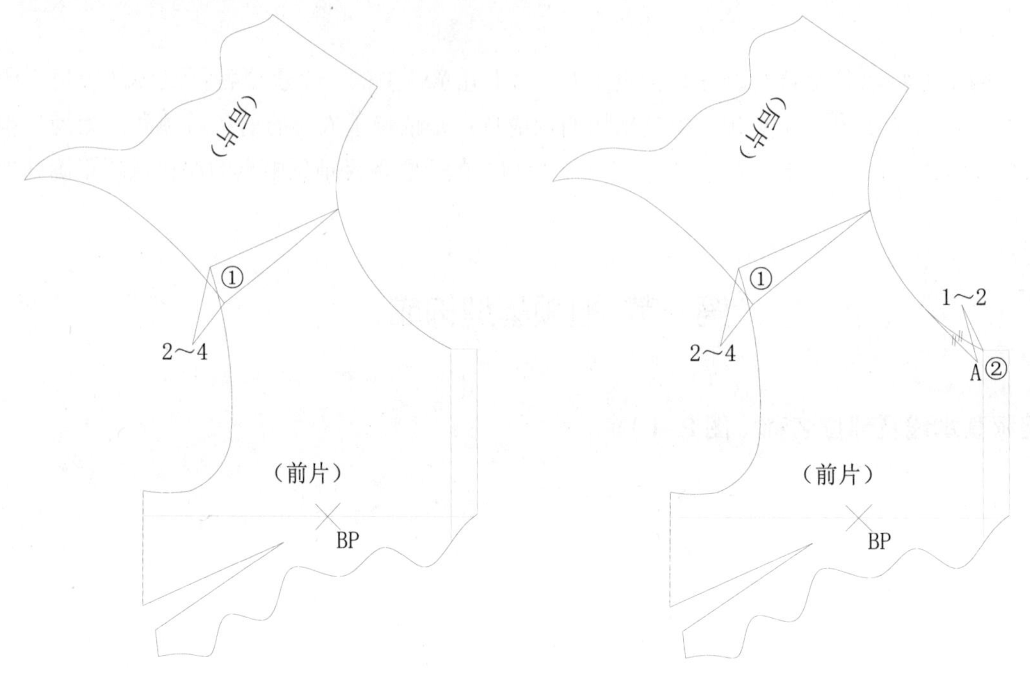

图 2-4 前 / 后肩线重叠　　图 2-5 前领中点偏移

（5）袒领结构线构成。

a. 领底线：画顺领底线（图 2-6 中③）。

b. 后领中线：取后领高 7cm（图 2-7 中④）。

c. 前领线：取 8.5cm 作前领线（图 2-8 中⑤）。

d. 领外围线：通过后领中点，经前 / 后肩线至前领长画顺领外围线（图 2-9 中⑥）。

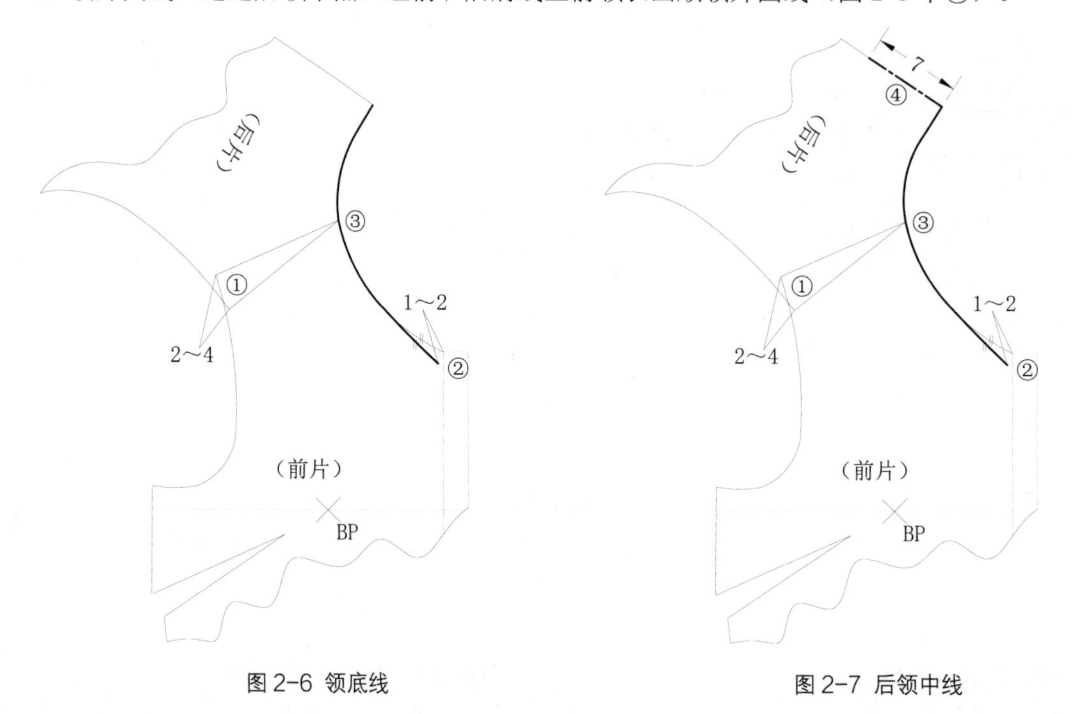

图 2-6 领底线　　图 2-7 后领中线

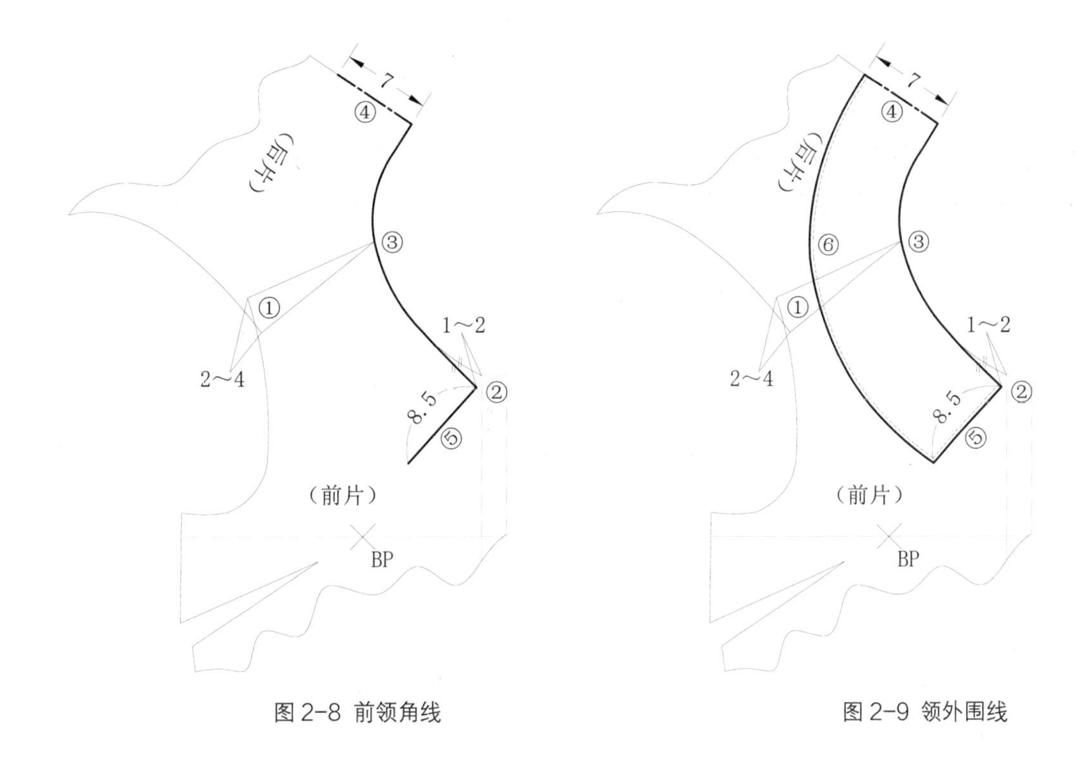

图 2-8 前领角线

图 2-9 领外围线

第二节 袒领结构应用实例

一、海军领

（1）海军领款式图（图 2-10）。

（2）海军领操作步骤及结构图（图 2-11、图 2-12）。

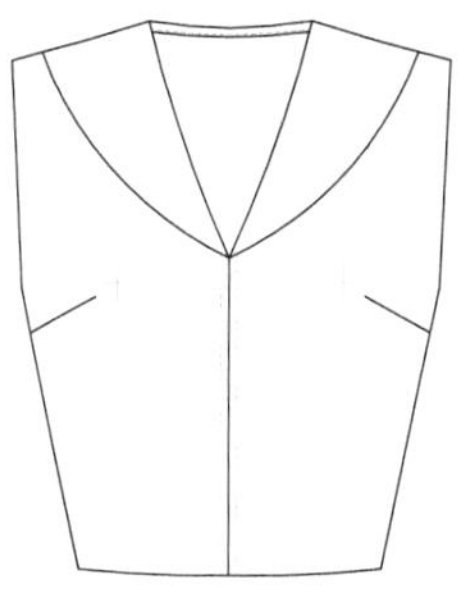

图 2-10 海军领款式图

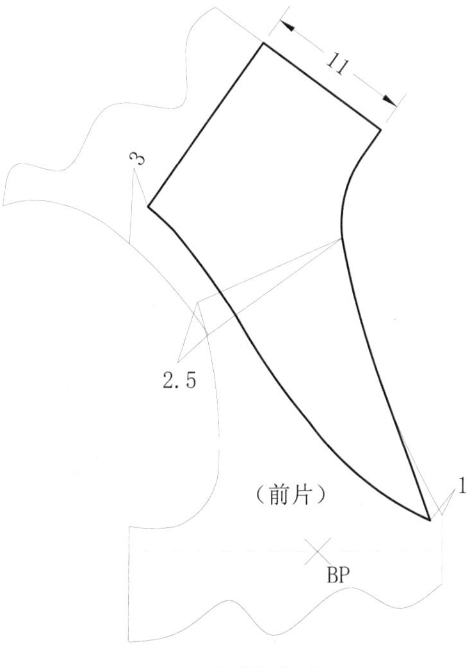

图 2-11 海军领结构图

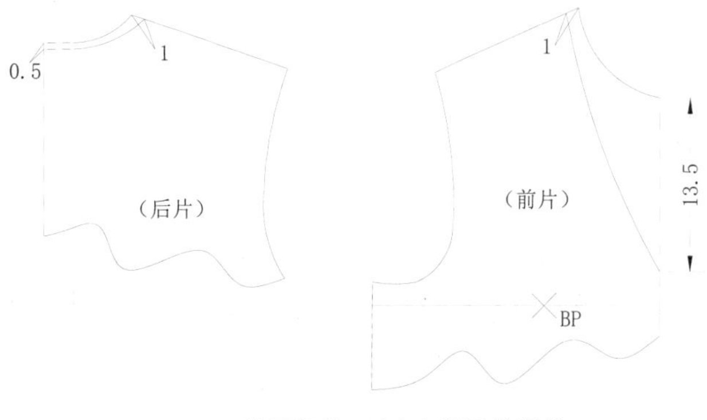

图 2-12 海军领前 / 后衣身领圈线调整

二、折裥型袒领

（1）折裥型袒领款式图（图 2-13）。

（2）折裥型袒领操作步骤及结构图（图 2-14 ～图 2-16）。

（3）折裥型袒领结构分解图（图 2-16）。

图 2-13 折裥型袒领款式图

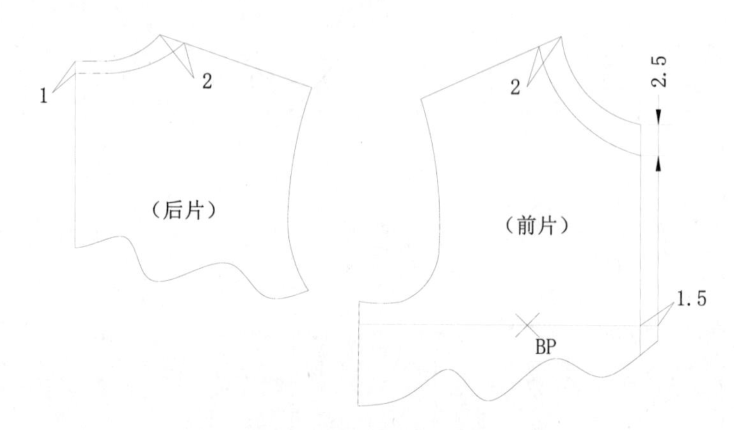

图 2-14 折裥型袒领前 / 后衣身领圈线调整

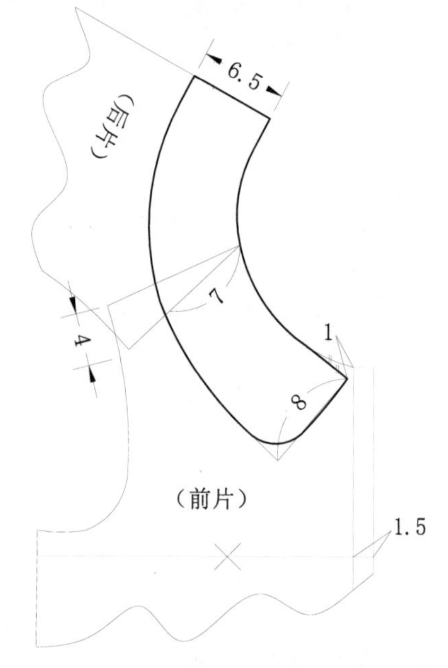

图 2-15 折裥型袒领结构图

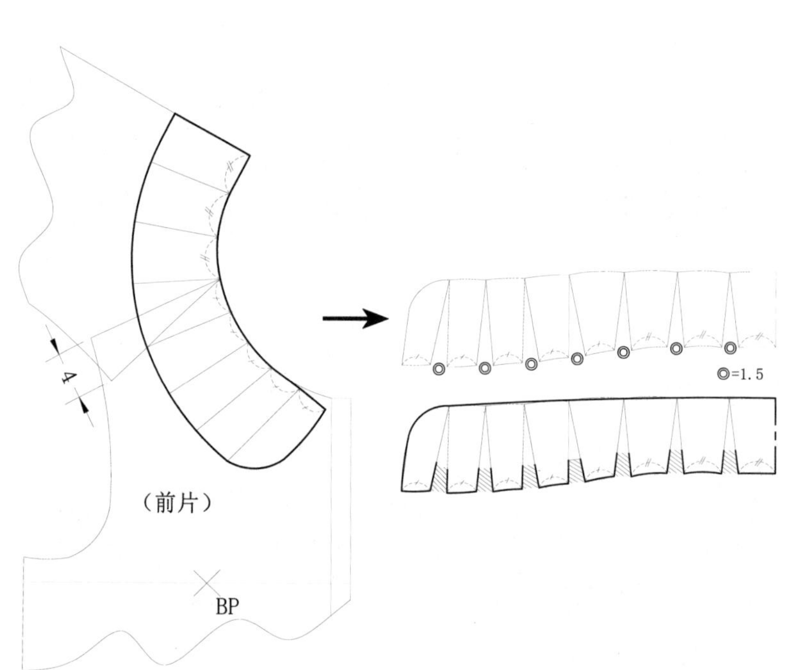

图 2-16 折裥型袒领结构分解图

三、荷叶边飘带袒领

（1）荷叶边飘带袒领款式图（图 2-17）。

（2）荷叶边飘带袒领操作步骤及结构图（图 2-18、图 2-19）。

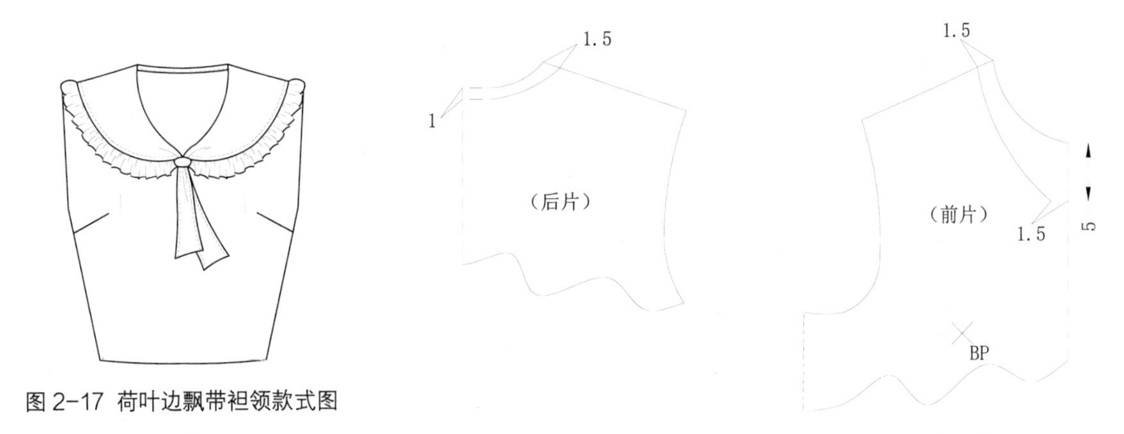

图 2-17 荷叶边飘带袒领款式图

图 2-18 荷叶边飘带袒领前 / 后衣身领圈线调整

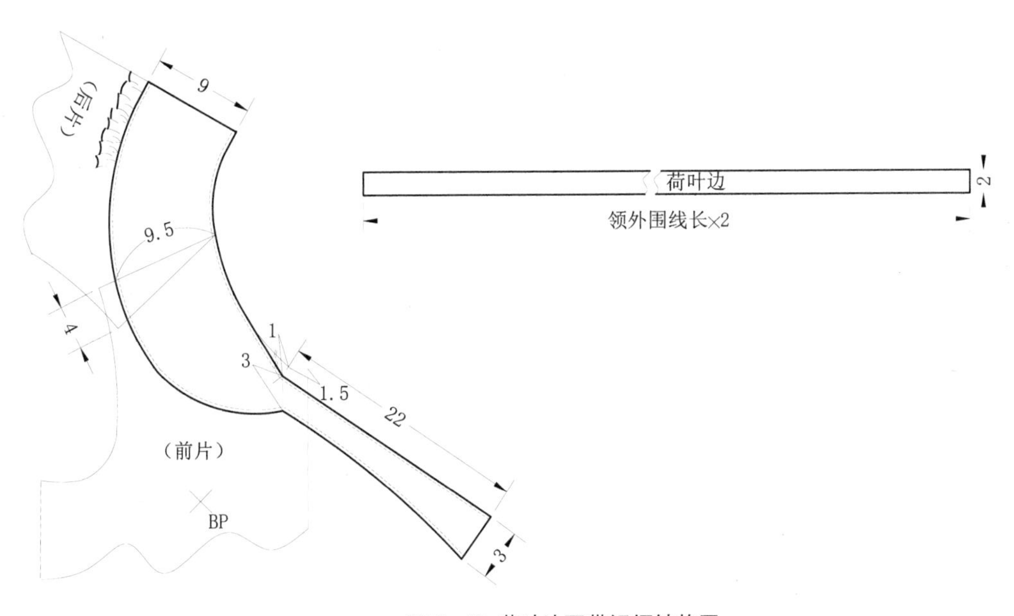

图 2-19 荷叶边飘带袒领结构图

四、波浪型袒领

（1）波浪型袒领款式图（图 2-20）。

图 2-20 波浪型袒领款式图

（2）波浪型袒领操作步骤及结构图（图 2-21、图 2-22）。

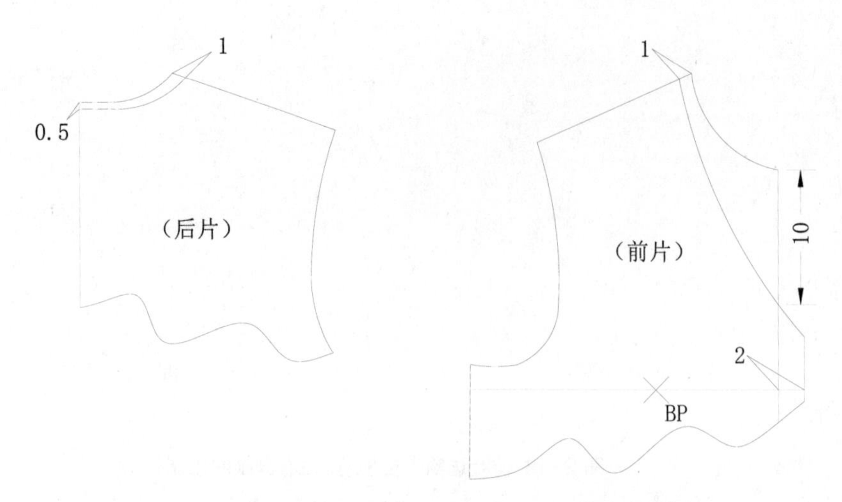

图 2-21 波浪型袒领前 / 后衣身领圈线调整

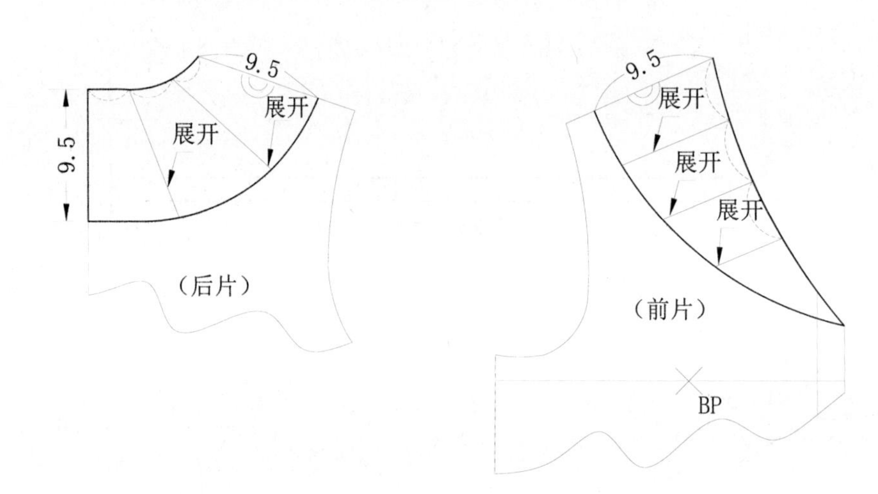

图 2-22 波浪型袒领结构图

（3）波浪型袒领结构分解图（图 2-23）。

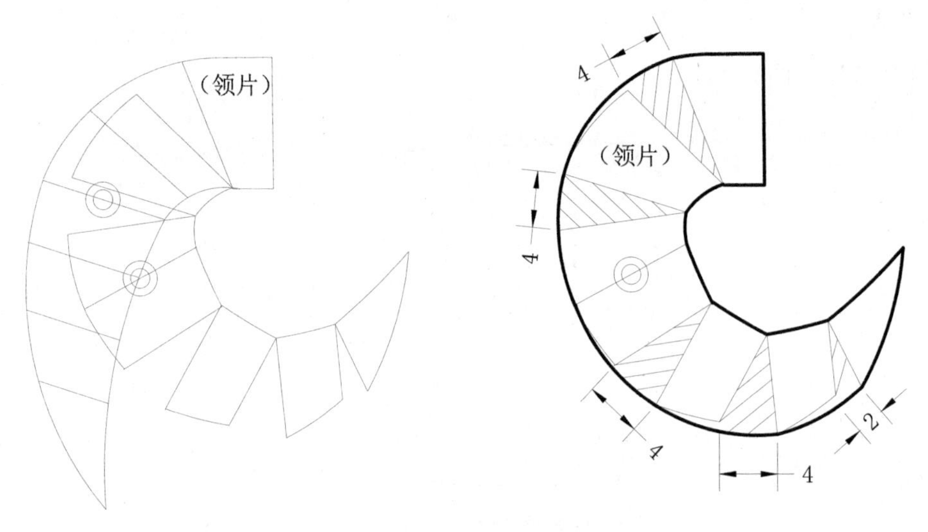

图 2-23 波浪型袒领结构分解图

第三章 立领

立领的造型是向上竖立的，穿着时耸立围绕在人体的颈部。立领根据领宽和领深的变化可分为正常型立领和变化型立领。正常型立领的领圈线与人体的颈根围线相吻合；变化型立领的领圈线则大于人体颈根围线。立领的构成特点是独立配领或依赖于前领圈弧线。根据立领的款式变化，调节上／下领口弧线的长度。

第一节 立领基型构成

一、立领基本线及部位名称

见图 3-1。

图 3-1 立领基本线及部位名称

二、常规型立领基本型的构成

（1）设定规格（表 3-1）。

表 3-1 部位规格表 （单位：cm）

号型	基本型领围	领座高
160/84A	36	4

（2）立领款式图（图 3-2）。

图 3-2 立领款式图

（3）常规型立领基本线构成（图 3-3 ～图 3-6）。

a. 基本线：首先作出基础直线（图 3-3 中①）。

b. 后领中线：作基本线的垂线（图 3-3 中②）。

c. 领上口线：取领座高 a，作基本线的平行线（图 3-3 中③）。

d. 前领直线：取前／后领圈弧长，作基本线的垂线（图 3-3 中④）。

e. 前领起翘线：取 1.5 ～ 2.5cm 的前领起翘（图 3-4 中⑤）。

f. 领底弧线：通过后领中点至前领长画顺领底线（图 3-5 中⑥）。

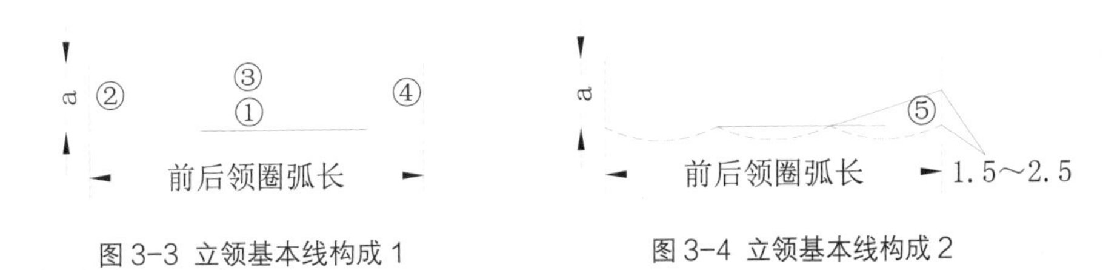

图 3-3 立领基本线构成 1

图 3-4 立领基本线构成 2

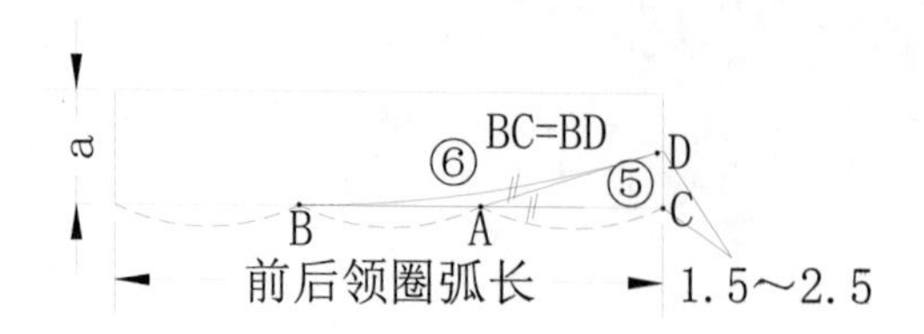

图 3-5 立领基本线构成 3

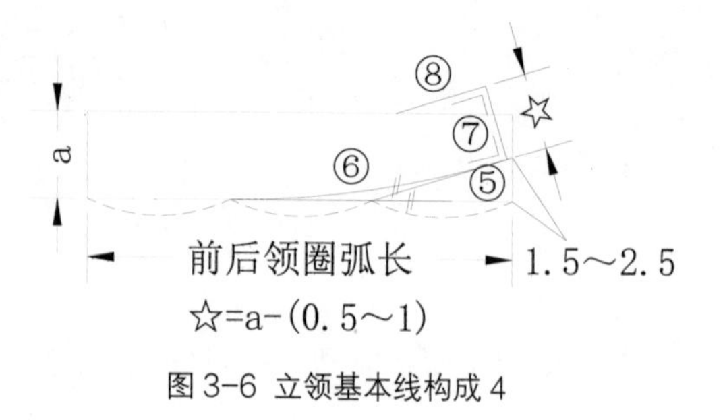

图 3-6 立领基本线构成 4

g. 前领线：在领底弧线上取前 / 后领圈弧长等长处，作前领起翘的垂线，并在垂线上取“a-(0.5～1)cm”（图 3-6 中⑦）。

h. 上领口弧线辅助线：作前领线的垂线（图 3-6⑧）。

（4）常规型立领结构线构成（图 3-7）。

a. 领底弧线：画顺领底弧线（图 3-7 中⑨）。

b. 后领中线：画顺后领中线（图 3-7 中⑩）。

c. 领上口弧线：画顺领上口线（图 3-7 中⑪）。

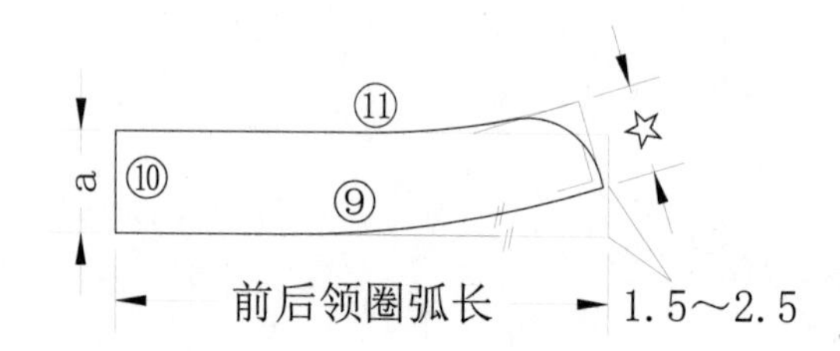

图 3-7 常规型立领结构线构成

三、正常型立领基型的构成

正常型立领基本型款式图与设定规格参见常规型立领（图 3-2）。

1. 正常型立领基本线构成

（1）调整领深，见图 3-8。

（2）领切线：作领圈弧线的切线（图 3-9 中①）。

（3）领肩同位点与后领中点：从领切点向上取前领圈弧长并在领切线上作等长点，确定领肩同位点；取后领弧长○，确定后领中点（图 3-9 中②）。

图 3-8 正常型立领前片领圈线调整

2. 正常型立领结构线构成

（1）领底弧线：画顺领底弧线（图 3-10 中③）。

（2）后领中线：画顺领底弧线（图 3-10 中④）。

（3）领上口线：画顺领上口线（图 3-10 中⑤）。

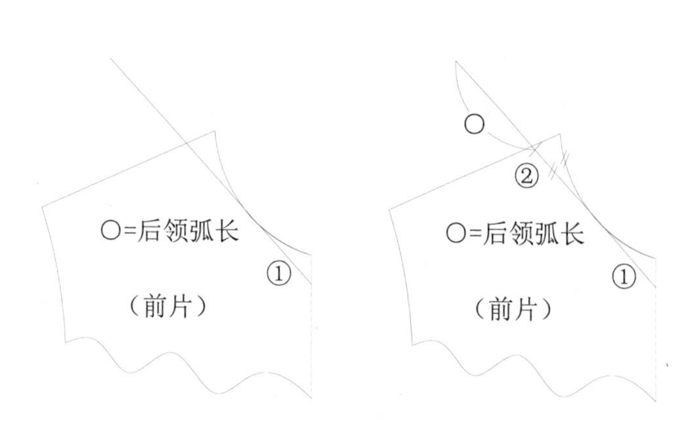

图 3-9 领切线、领肩同位点及后领中点

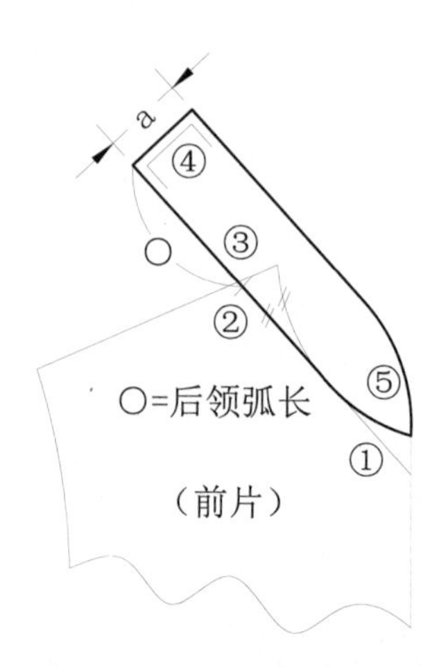

图 3-10 正常型立领结构线

四、变化型立领基型构成

变化型立领是指衣身上的领宽和领深中至少有一个在标准领圈基础上显著增大的立领。

1. 变化型立领的领宽和领深的变化

有以下三种表现形式：

（1）领宽不变，领深增大（图 3-11）。

（2）领深不变，领宽增大（图 3-12）。

（3）领宽、领深同时增大（图 3-13）。

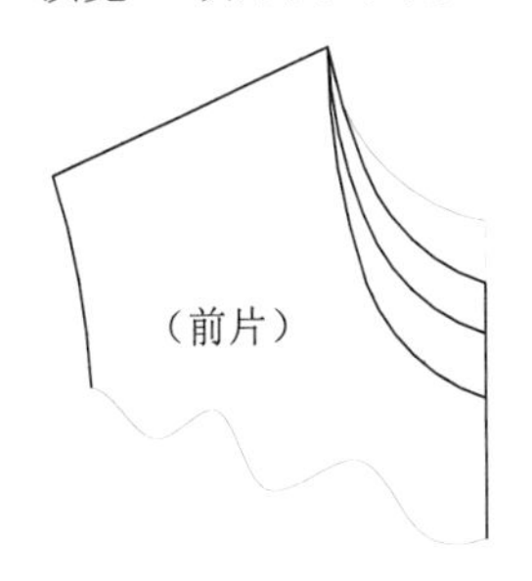

图 3-11 领宽与领深变化 1

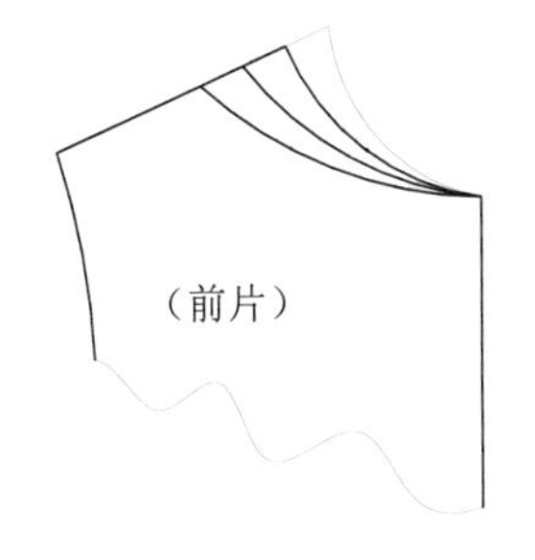

图 3-12 领宽与领深变化 2

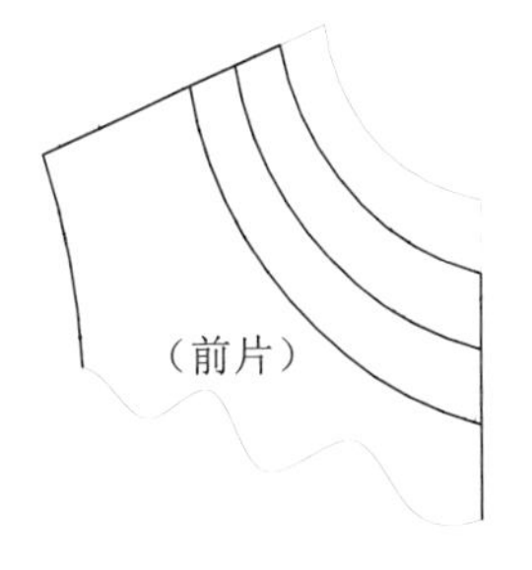

图 3-13 领宽与领深变化 3

2. 变化型立领领圈形态变化

有三种表现形式：

（1）全弧形态（图 3-14）。

（2）半弧形态（图 3-15）。

（3）方角形态（图 3-16）。

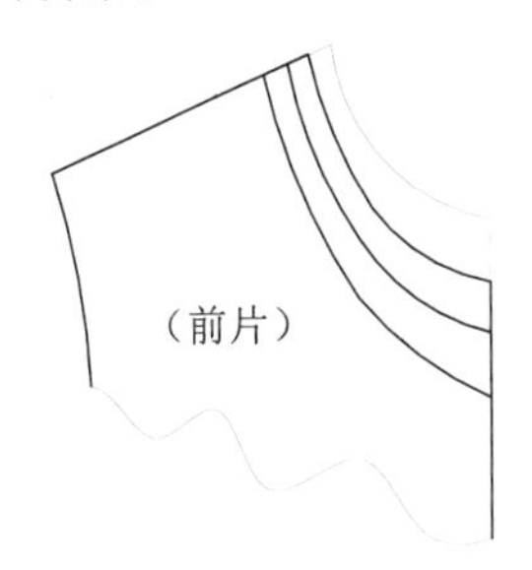

图 3-14 全弧形态

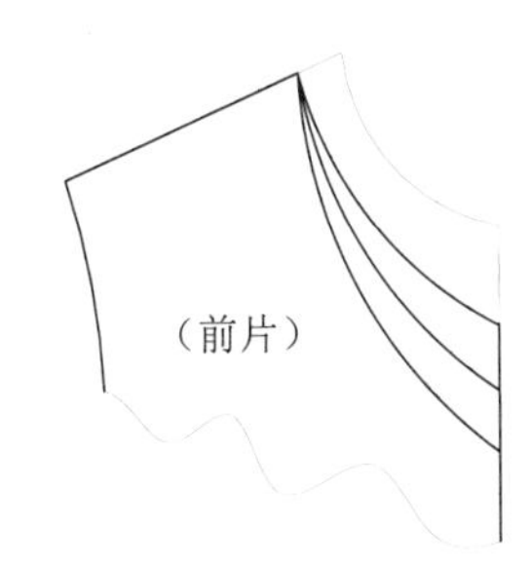

图 3-15 半弧形态

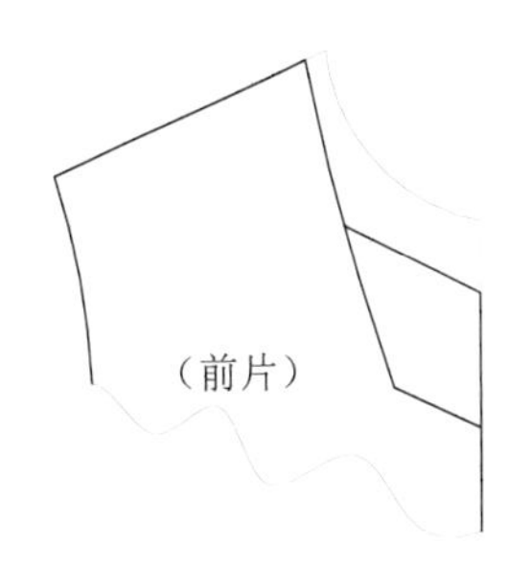

图 3-16 方角形态

3. 设定规格

表 3-2 部位规格表 （单位：cm）

号型	基本型领围	领座高	领深点
160/84A	36	4	胸围线上移 3

4. 变化型立领款式图

见图 3-17。

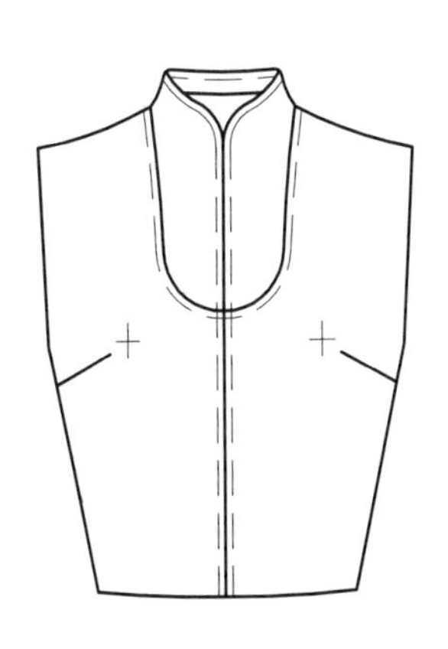

图 3-17 变化型立领款式图

5. 变化型立领基本线构成

首先调整衣身前领圈弧线（图 3-18）。其次在基本型前领圈弧线的基础上，按正常型立领基型构成方法，作出衣领的结构图（图 3-19）。

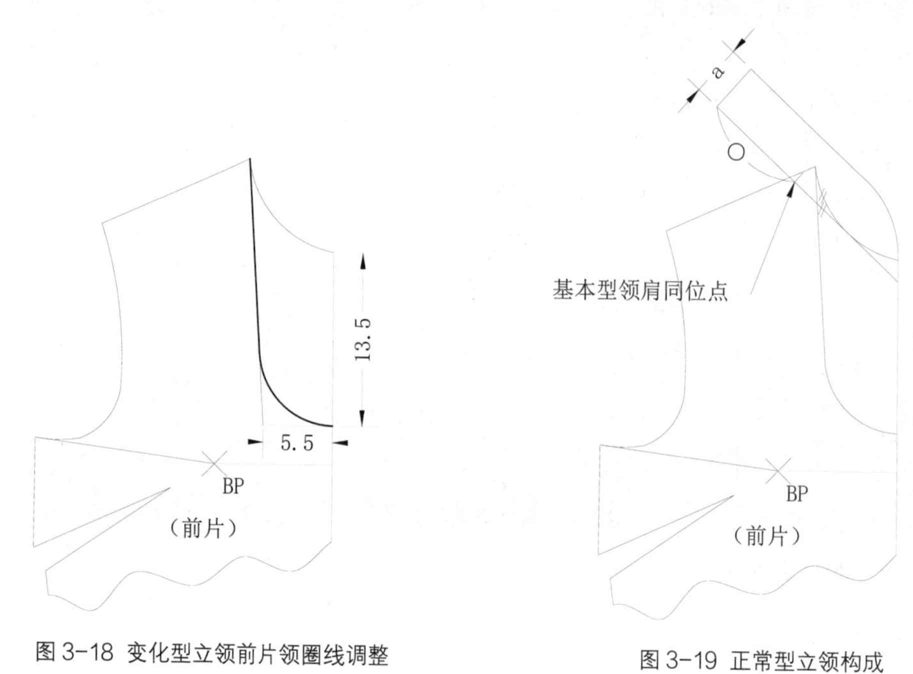

图 3-18 变化型立领前片领圈线调整

图 3-19 正常型立领构成

（1）领底线：画顺领底线（图 3-20 中①）。

（2）领肩同位点：取前领圈弧长在领底线上作等长点，确定领肩同位点（图 3-20 中②）。

（3）领底线长度调整：在正常型立领的领肩同位点如图取辅助线，并确定阴影部分为调整部位（图 3-21 中③）。

（4）阴影部分旋转：按领肩同位点间的距离，作阴影部分的旋转（图 3-22 中④）。

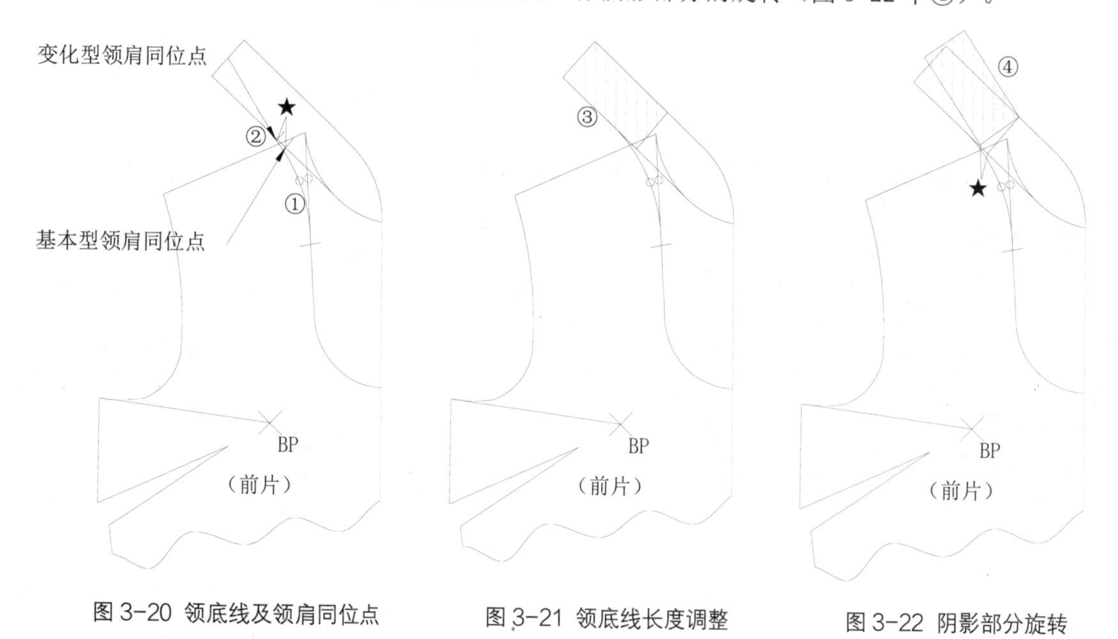

图 3-20 领底线及领肩同位点

图 3-21 领底线长度调整

图 3-22 阴影部分旋转

6. 变化型立领结构线构成

（1）领底弧线：画顺领底弧线（图 3-23 中⑤）。

（2）后领中线：画顺后领中线（图 3-23 中⑥）。

（3）领上口线：画顺领上口线（图 3-23 中⑦）。

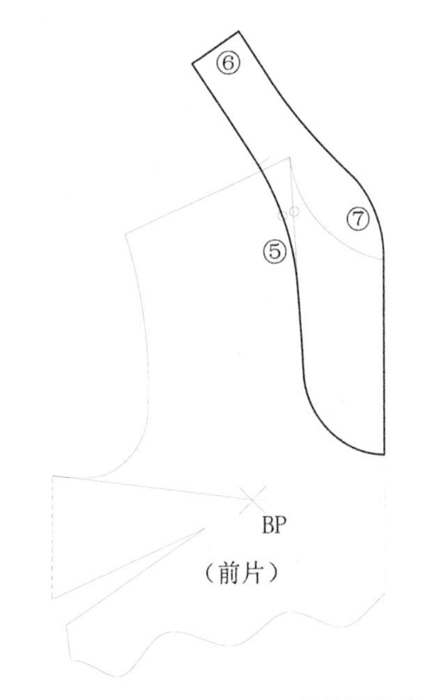

图 3-23 变化型立领结构线构成

五、连身立领的类型与结构方法

1. 连身立领分类（图 3-24）

（1）衣领与前衣身联合（图 3-24(a)）。

（2）衣领与前衣身部分联合（图 3-24(b)）。

（3）衣领与后衣身联合（图 3-24(c)）。

（4）衣领与后衣身分离（图 3-24(d)）。

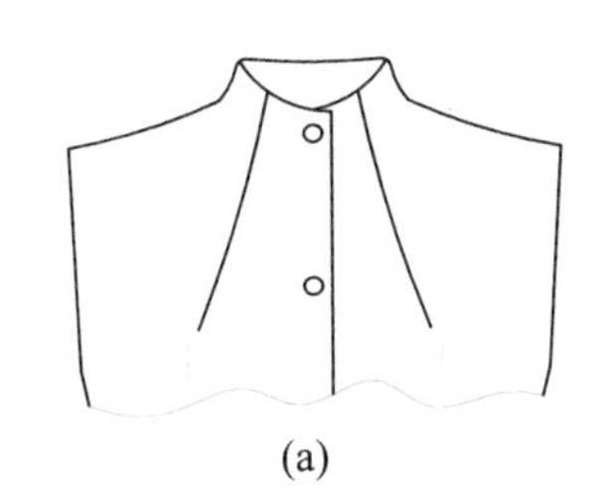
(a)
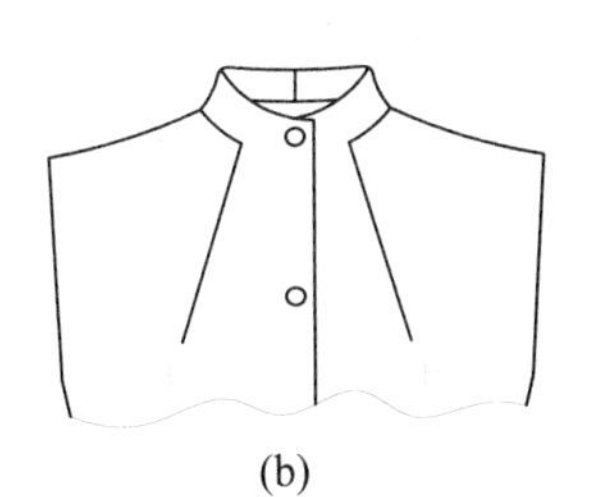
(b)
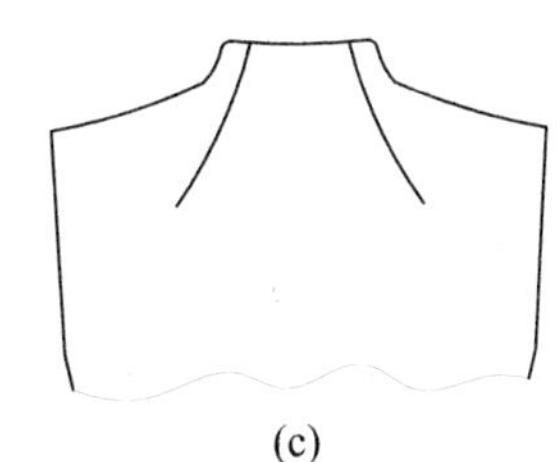
(c)
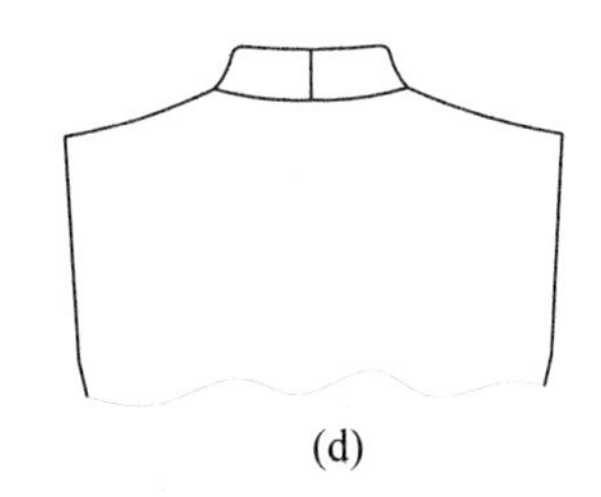
(d)

图 3-24 连身立领类型

2. 连身立领结构处理要点（图 3-25）

连身立领的结构方法与分离立领的结构处理方法基本相同，其区别点在于连身立领由于衣领与衣身相连，在工艺处理时衣领部分需要往上折起，因此在结构上的领宽应比分离立领的控制量大。

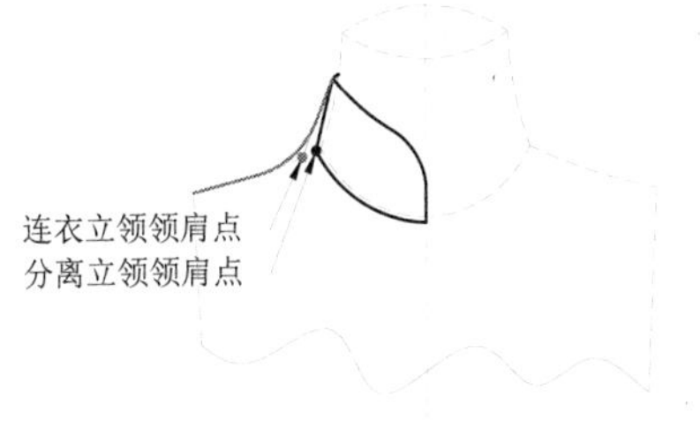

图 3-25 立领领肩点变化

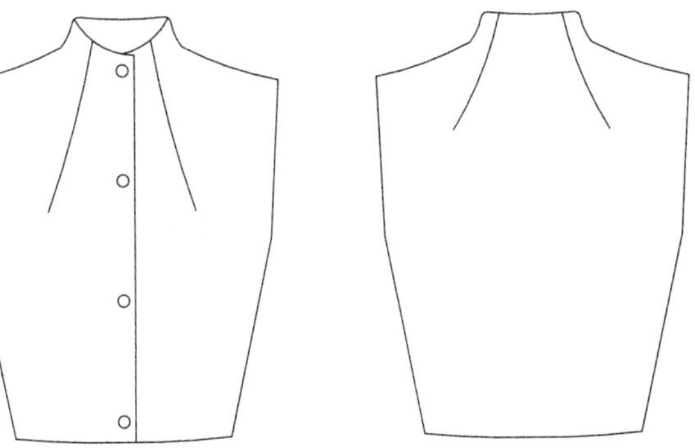
图 3-26 连身立领款式图

3. 连身立领结构构成方法

（1）连身立领款式图（图 3-26）。

（2）连身立领的操作步骤及结构图（图 3-27）。

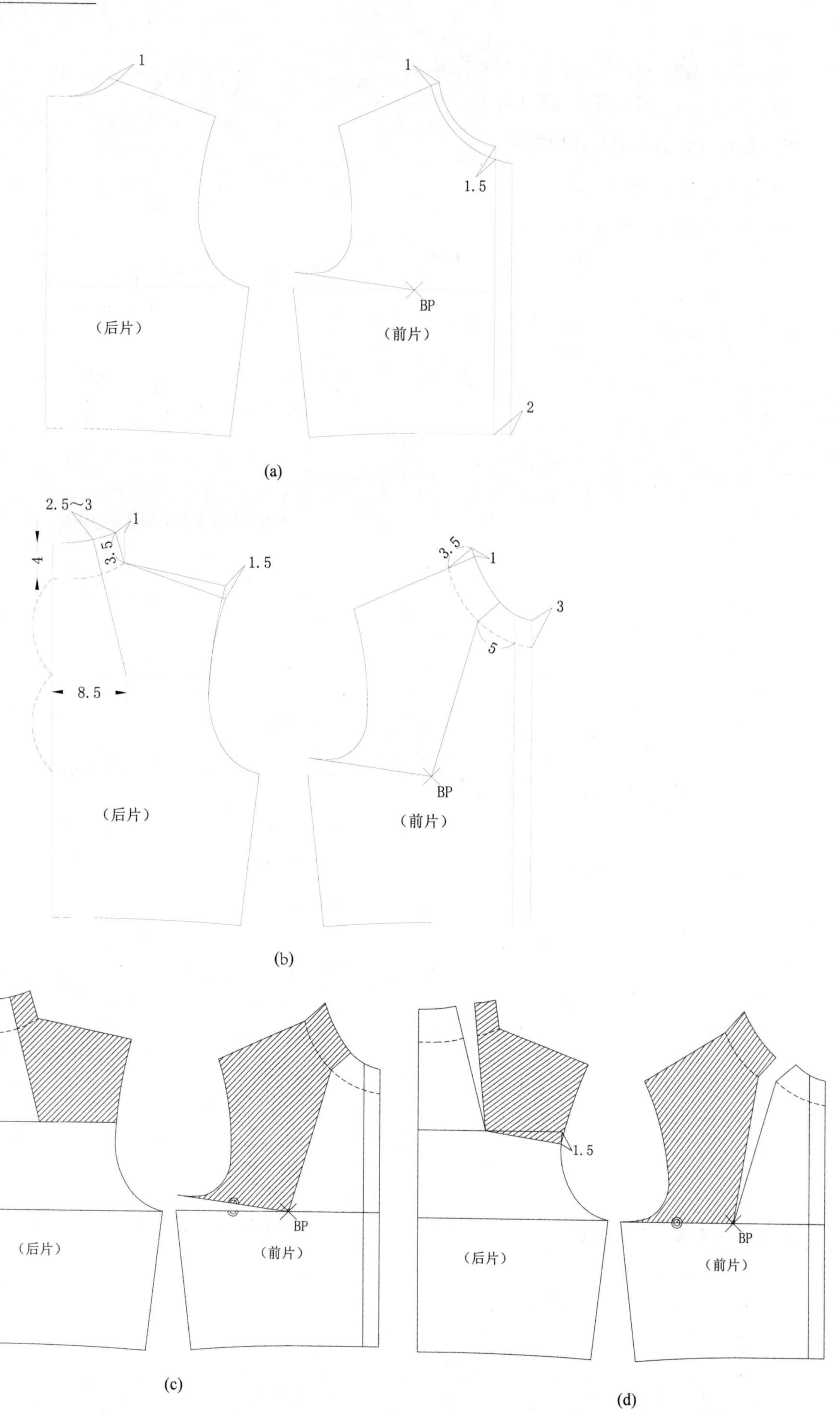
1
1
1.5
BP
（后片）
（前片）
2
(a)
2.5～3
1
4
3.5
1.5
8.5
3.5
1
3
5
BP
（后片）
（前片）
(b)
BP
（后片）
（前片）
(c)
1.5
BP
（后片）
（前片）
(d)

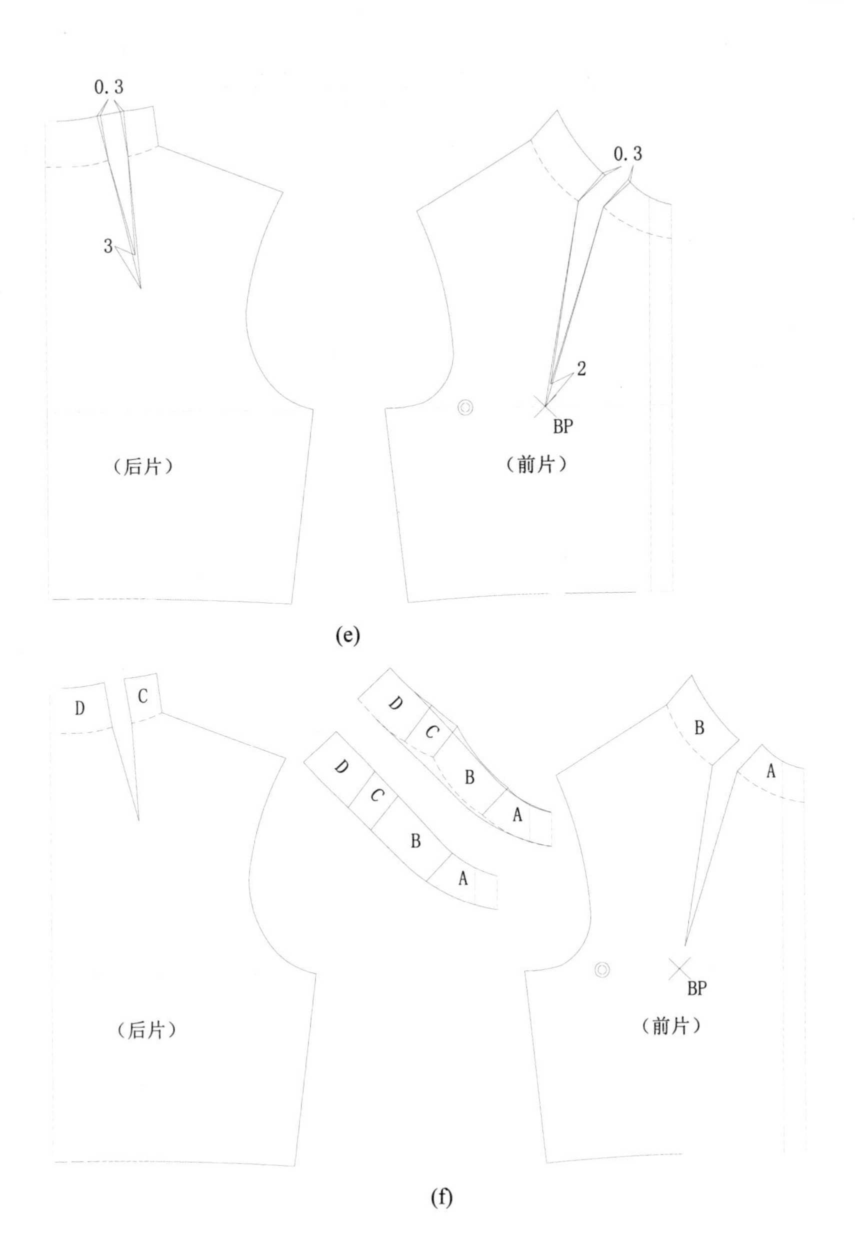

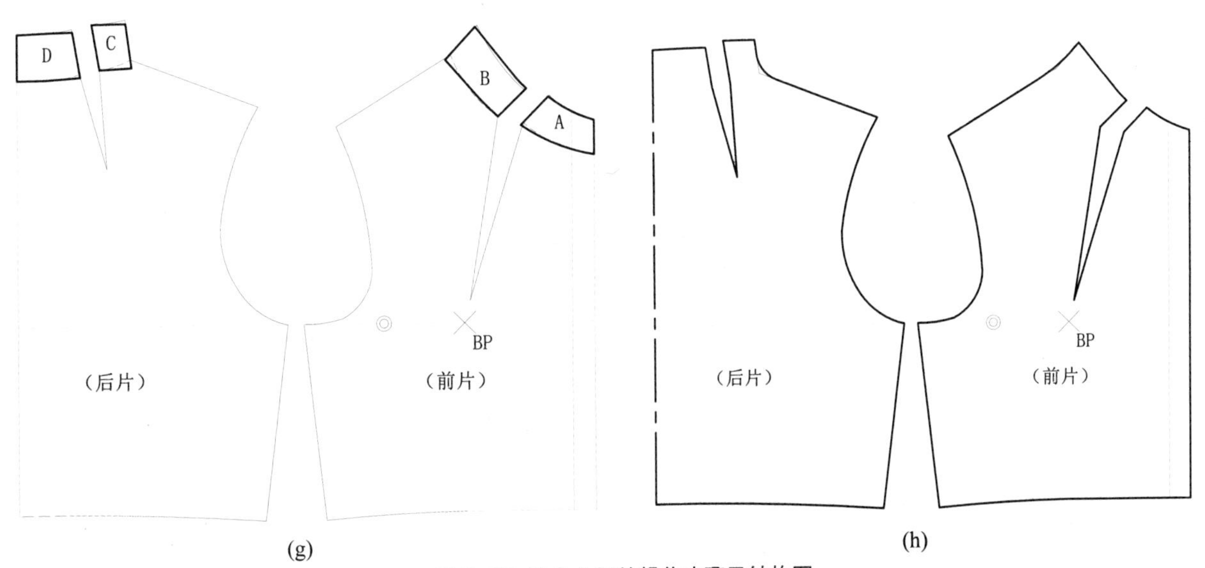

图 3-27 连身立领的操作步骤及结构图

第二节 立领结构应用实例

一、立翻领

（1）立翻领款式图（图 3-28）。

（2）立翻领的操作步骤及结构图（图 3-29）。

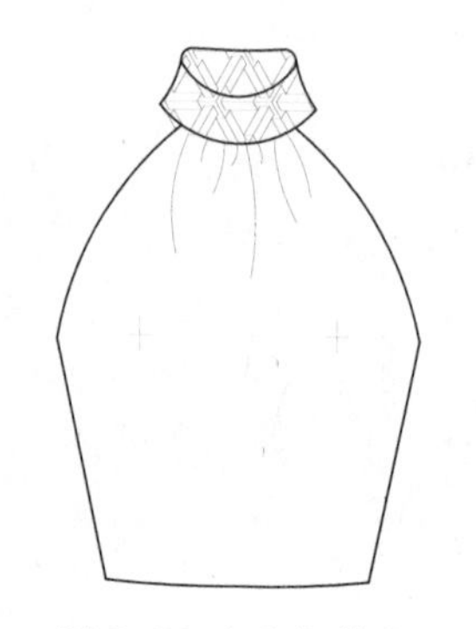

图 3-28 立翻领款式图

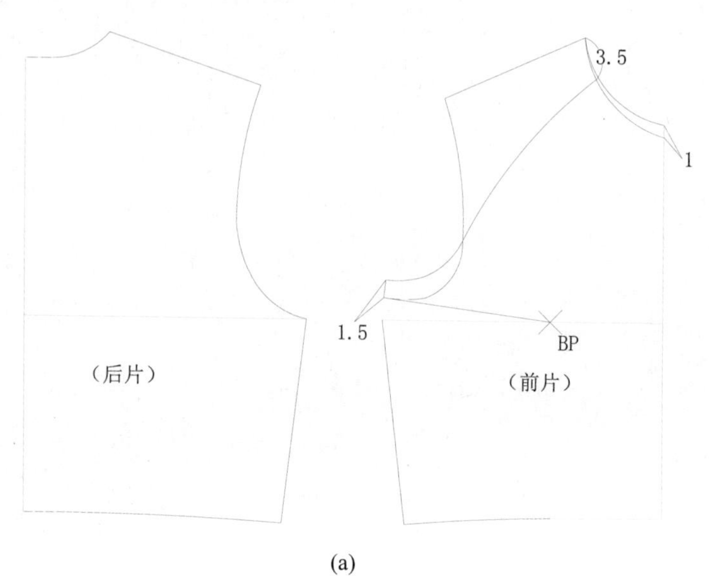

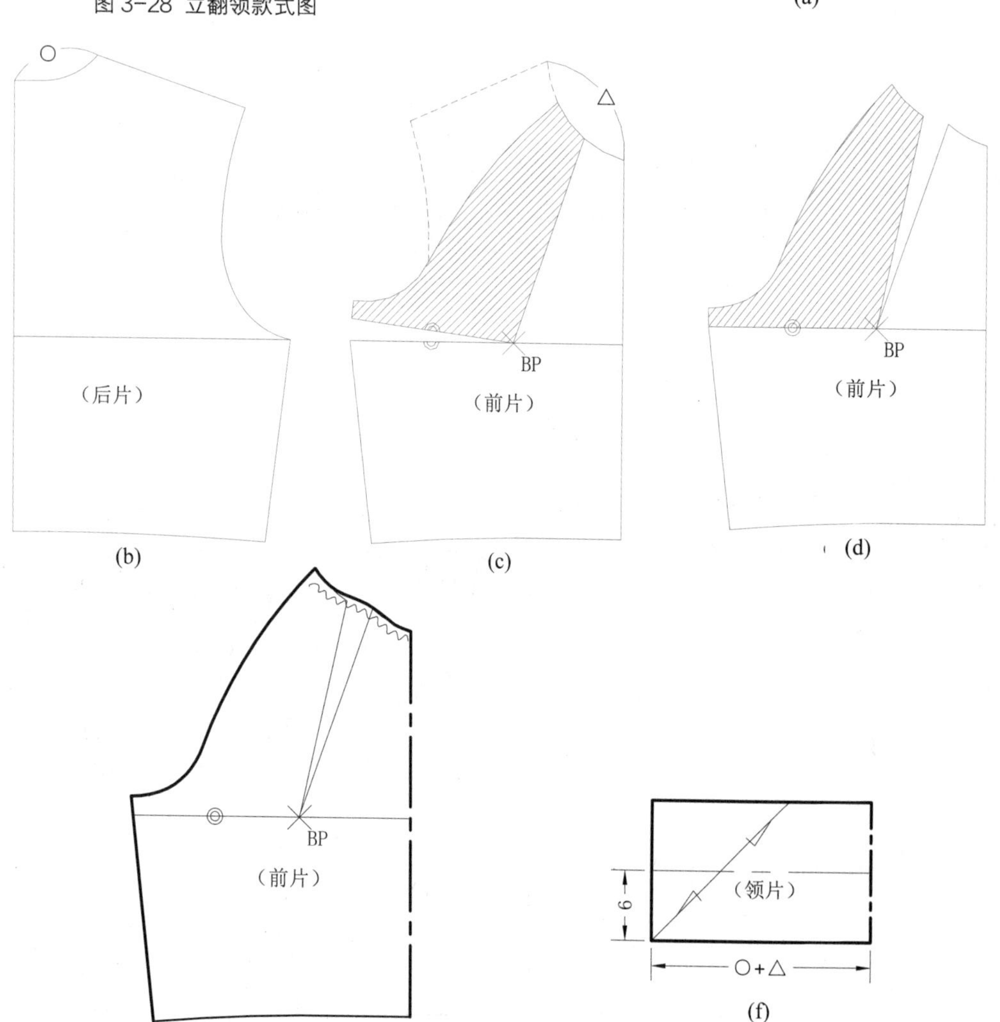

图 3-29 立翻领的操作步骤及结构图

二、窄立领

（1）窄立领款式图（图 3-30）。

（2）窄立领的操作步骤及结构图（图 3-31）。

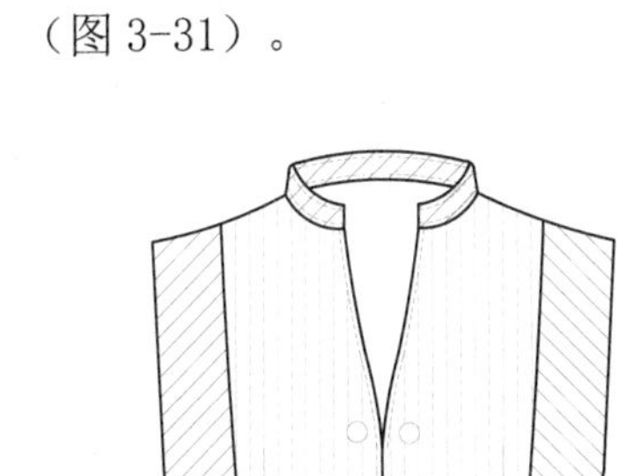

图 3-30 窄立领款式图

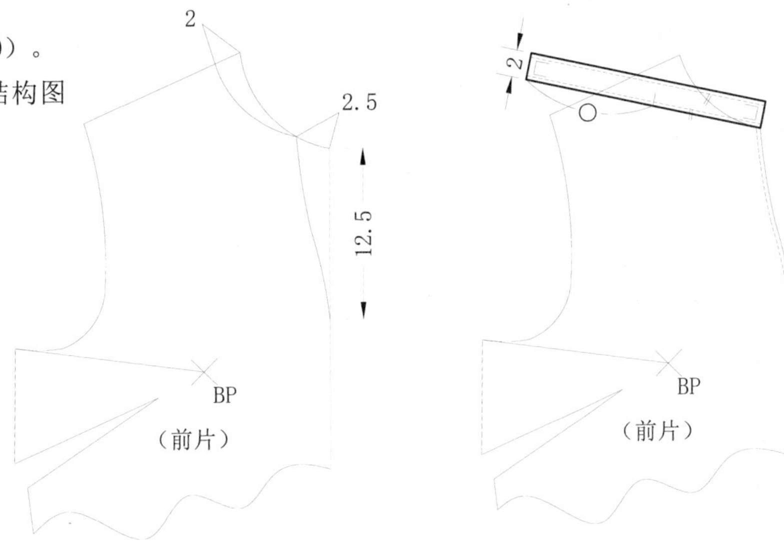

图 3-31 窄立领的操作步骤及结构图

三、立领—款式 1

（1）款式图（图 3-32）。

（2）立领—款式 1 的操作步骤及结构图（图 3-33）。

图 3-32 立领—款式 1

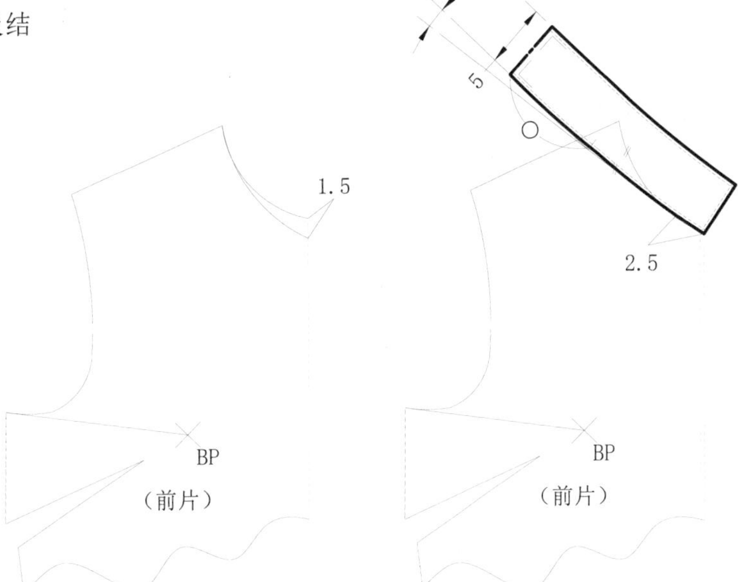

图 3-33 立领—款式 1 的操作步骤及结构图

四、立领—款式 2

（1）款式图（图 3-34）。

（2）立领—款式 2 的操作步骤及结构图（图 3-35）。

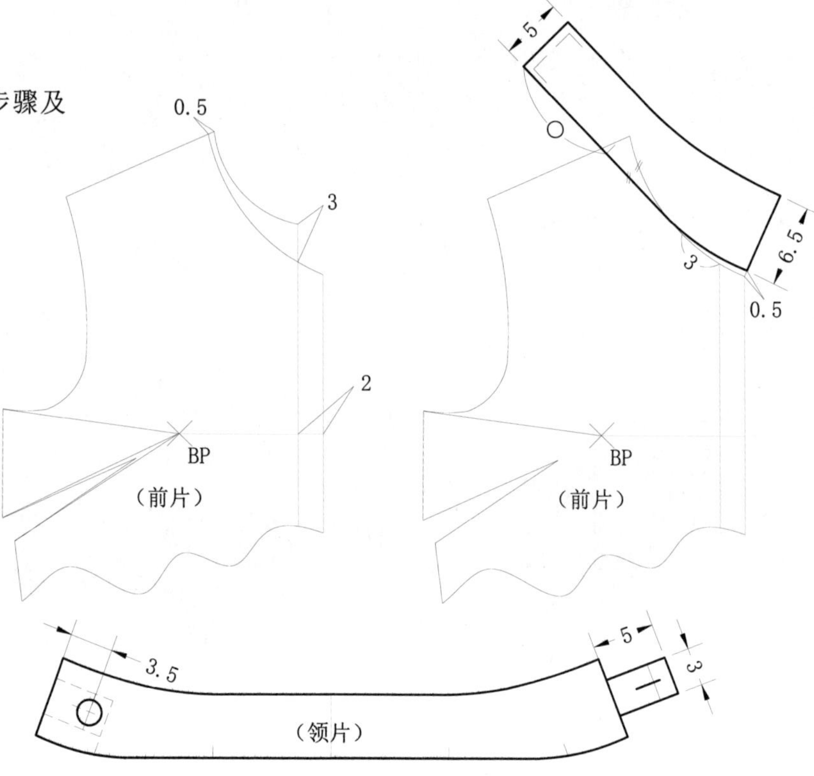

图 3-35 立领—款式 2 的操作步骤及结构图

图 3-34 立领—款式 2

五、衬衫领

（1）衬衫领款式图（图 3-36）。

（2）衬衫领的操作步骤及结构图（图 3-37）。

图 3-36 衬衫领款式图

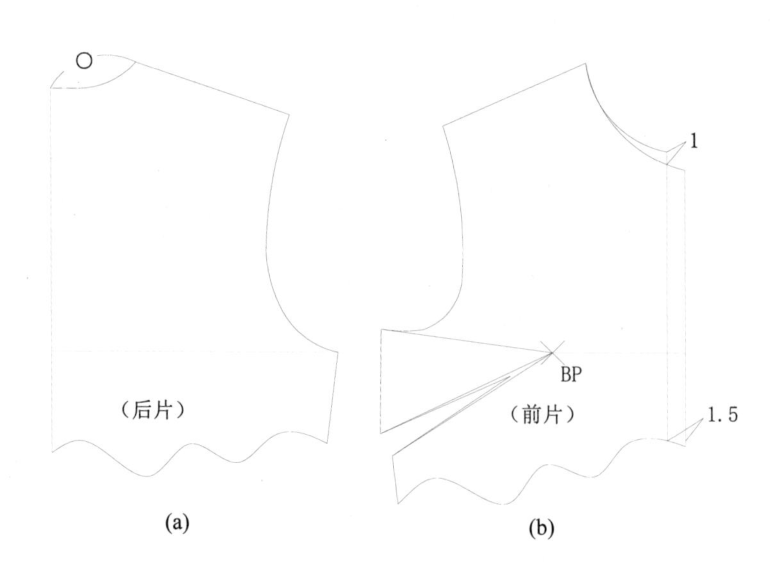

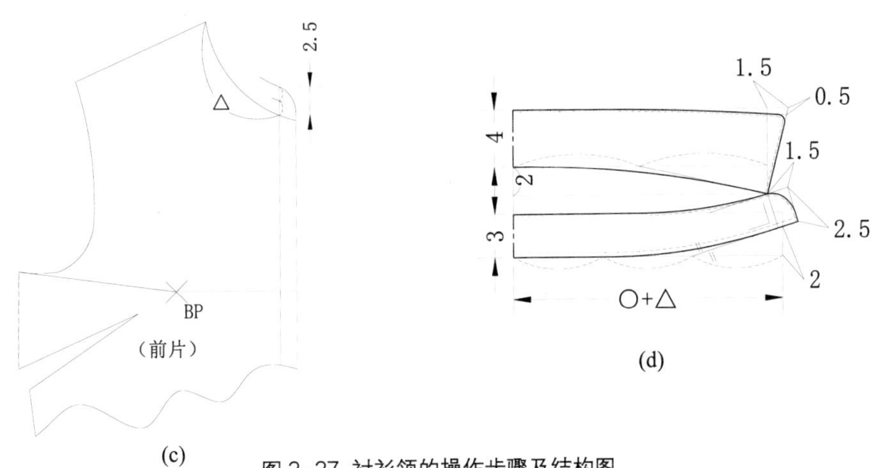

图 3-37 衬衫领的操作步骤及结构图

六、宽立领

（1）宽立领款式图（图 3-38）。

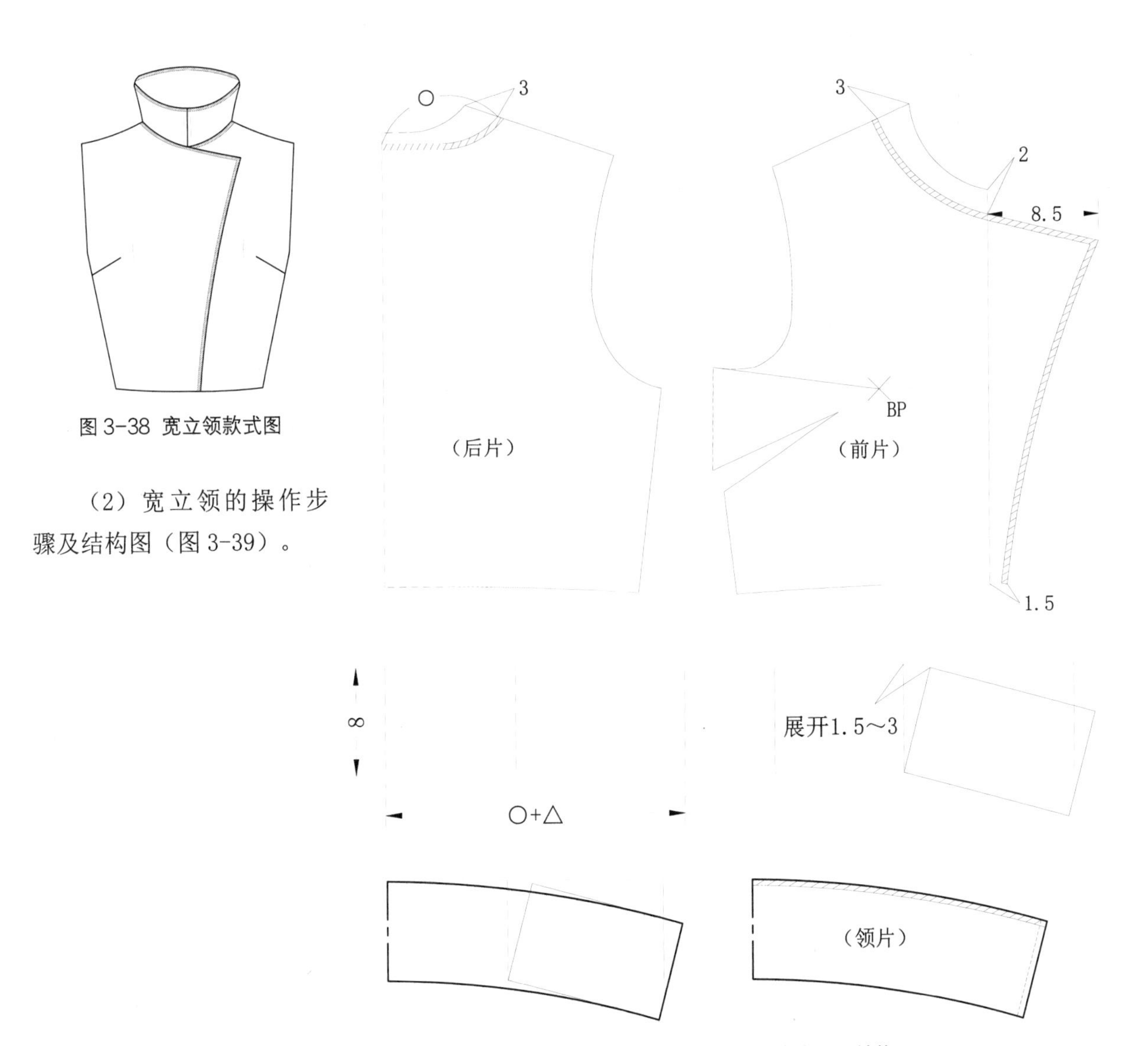

图 3-38 宽立领款式图

（2）宽立领的操作步骤及结构图（图 3-39）。

图 3-39 宽立领的操作步骤及结构图

七、低驳点立领

（1）低驳点立领款式图（图 3-40）。

（2）低驳点立领的操作步骤及结构图（图 3-41）。

图 3-40 低驳点立领款式图

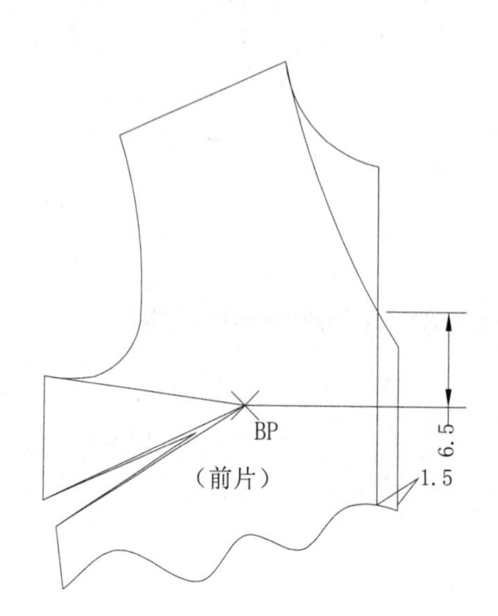

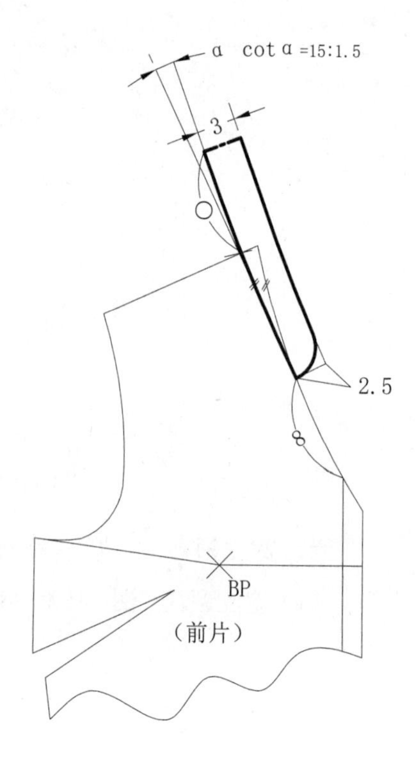

图 3-41 低驳点立领的操作步骤及结构图

八、立驳领

（1）立驳领款式图（图 3-42）。

（2）立驳领的操作步骤及结构图（图 3-43）。

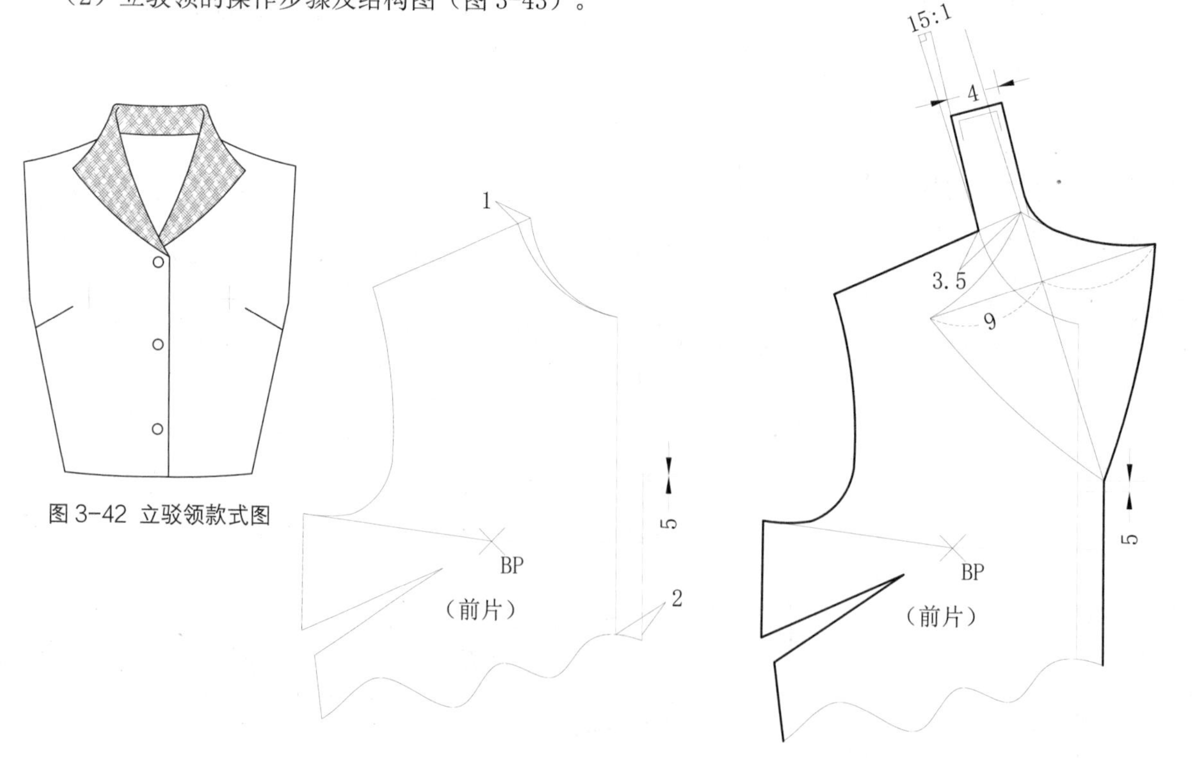

图 3-42 立驳领款式图

图 3-43 立驳领的操作步骤及结构图

九、扎结立领

（1）扎结立领款式图（图 3-44）。

（2）扎结立领的操作步骤及结构图（图 3-45）。

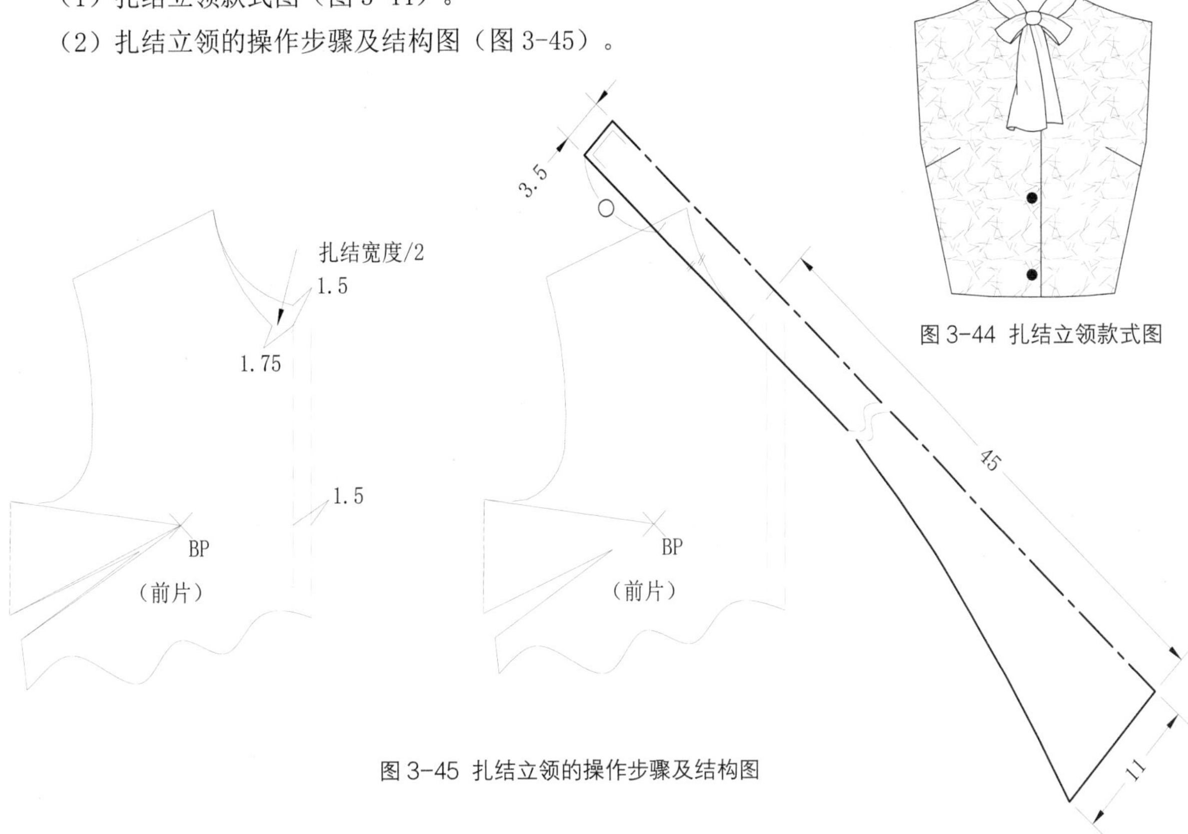

图 3-44 扎结立领款式图

图 3-45 扎结立领的操作步骤及结构图

十、折角型立领

（1）折角型立领款式图（图 3-46）。

（2）折角型立领的操作步骤及结构图（图 3-47）。

图 3-46 折角型立领款式图

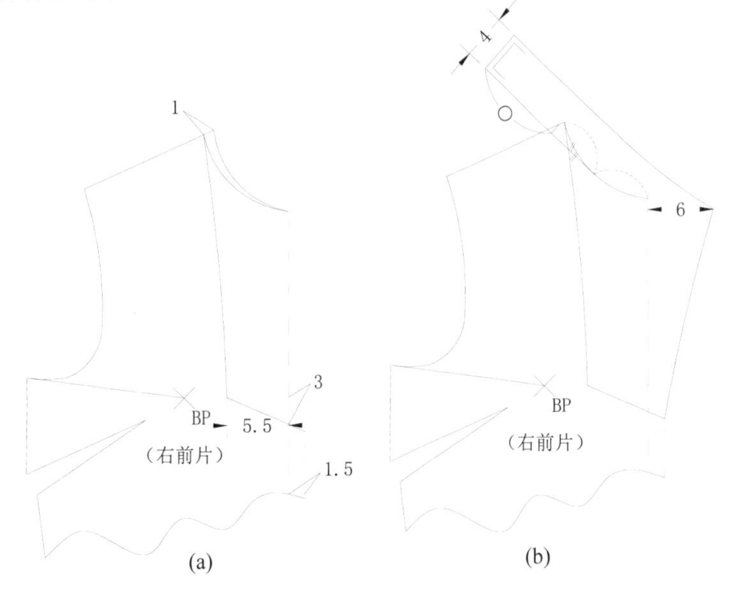

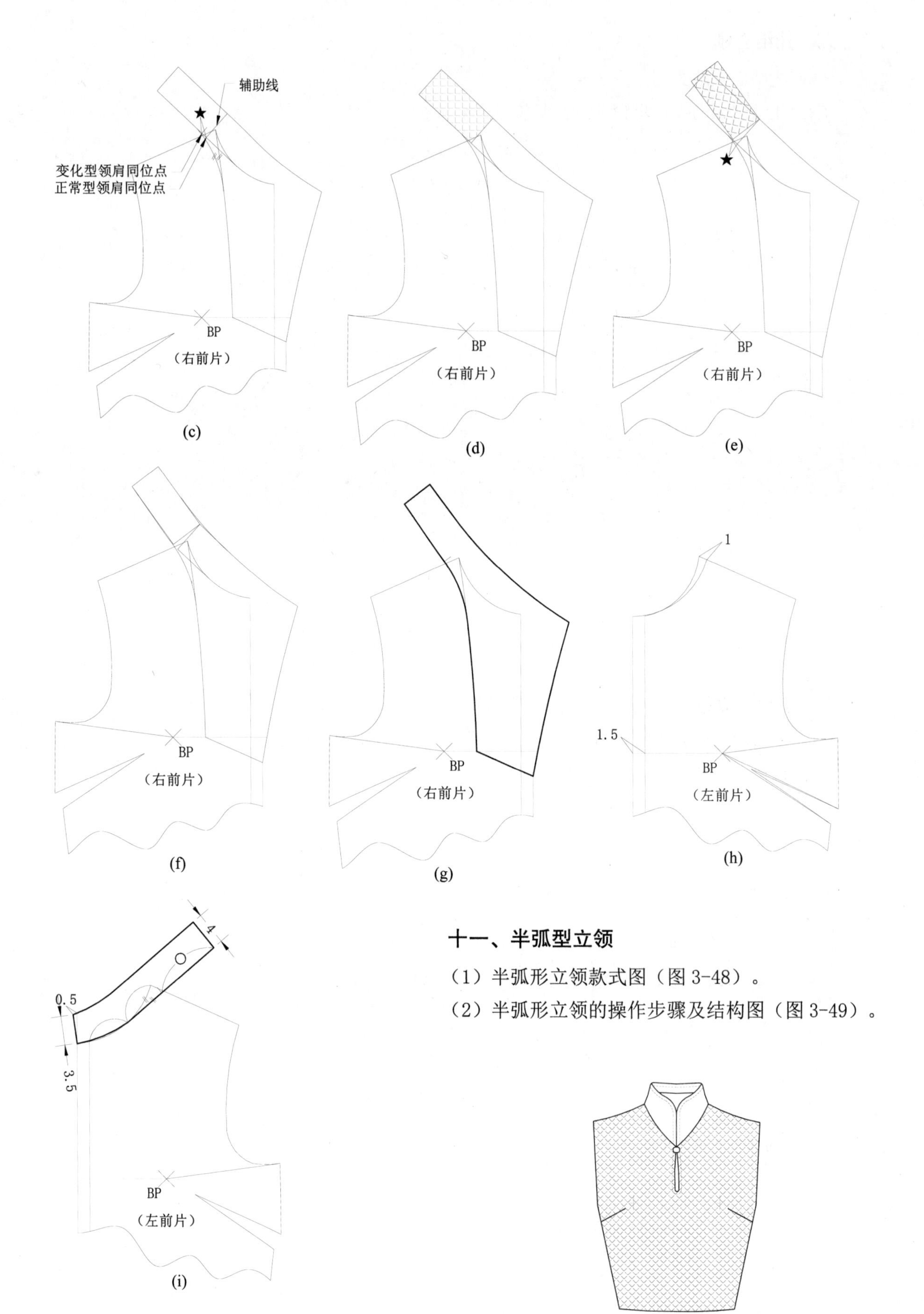

图 3-47 折角型立领的操作步骤及结构图

十一、半弧型立领

（1）半弧形立领款式图（图 3-48）。

（2）半弧形立领的操作步骤及结构图（图 3-49）。

图 3-48 半弧形立领款式图

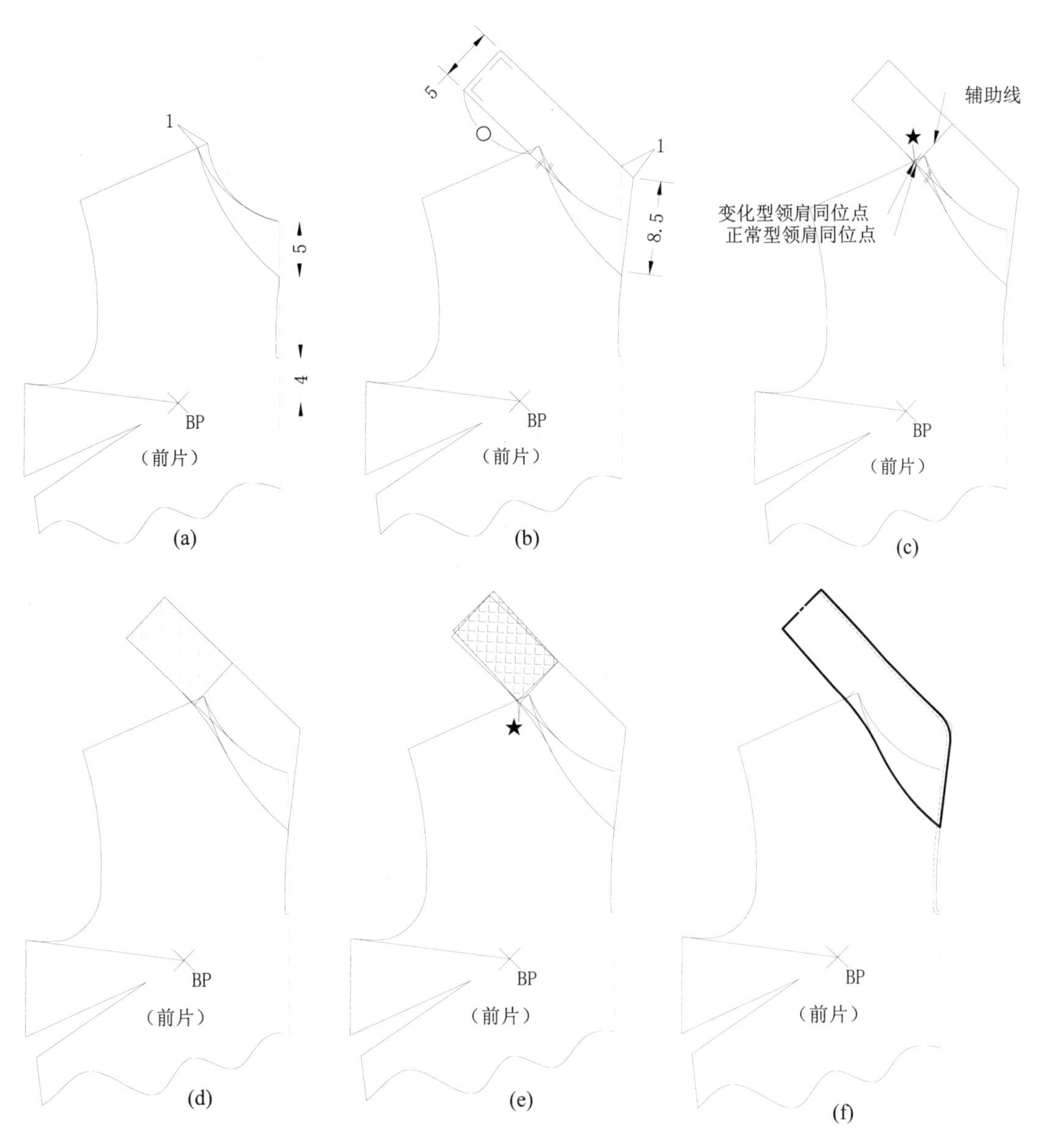

图 3-49 半弧型立领的操作步骤及结构图

十二、连身立领一款式 1

（1）款式图（图 3-50）。

（2）连身立领一款式 1 的操作步骤及结构图（图 3-51）。

图 3-50 连身立领一款式 1

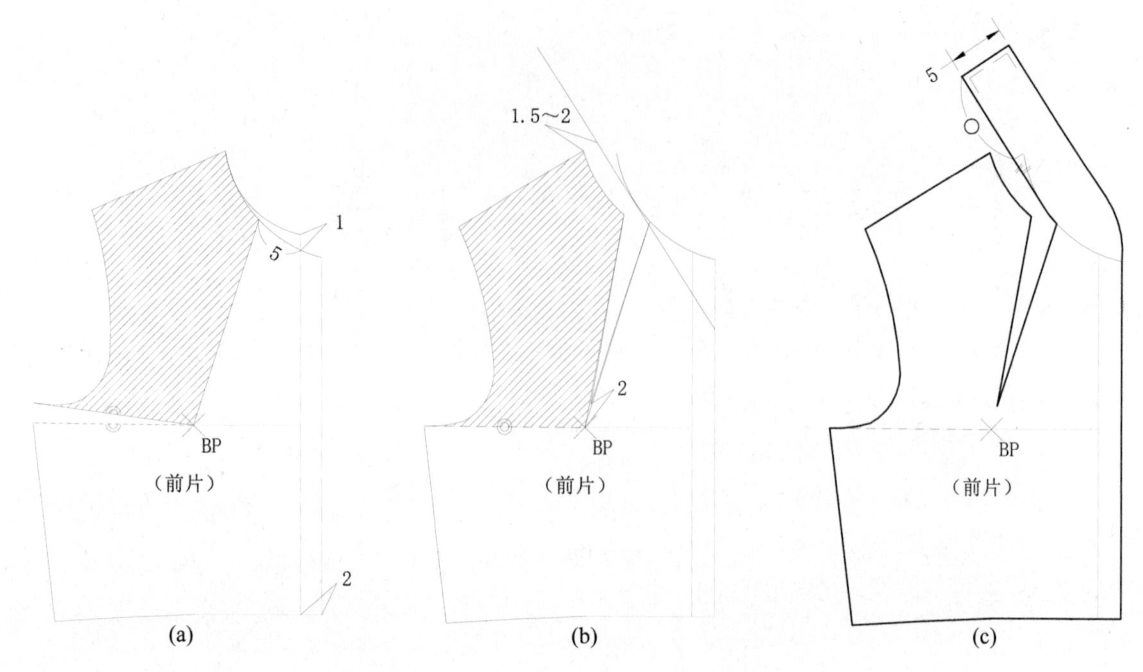

图 3-51 连身立领—款式 1 的操作步骤及结构图

十三、连身立领—款式 2

（1）款式图（图 3-52）。

（2）连身立领—款式 2 的操作步骤及结构图（图 3-53）。

图 3-52 连身立领—款式 2

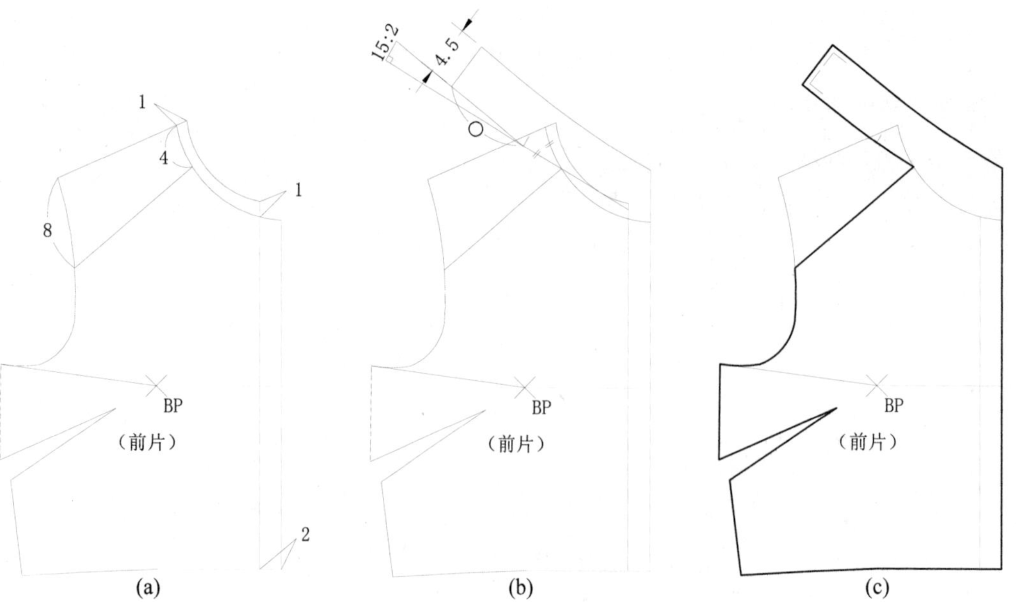

图 3-53 连身立领—款式 2 的操作步骤及结构图

十四、连身立领一款式 3

（1）款式图（图 3-54）。

（2）连身立领一款式 3 的操作步骤及结构图（图 3-55）。

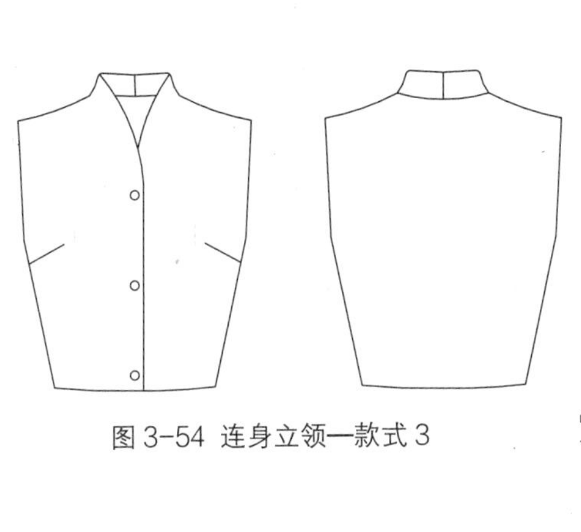

图 3-54 连身立领一款式 3

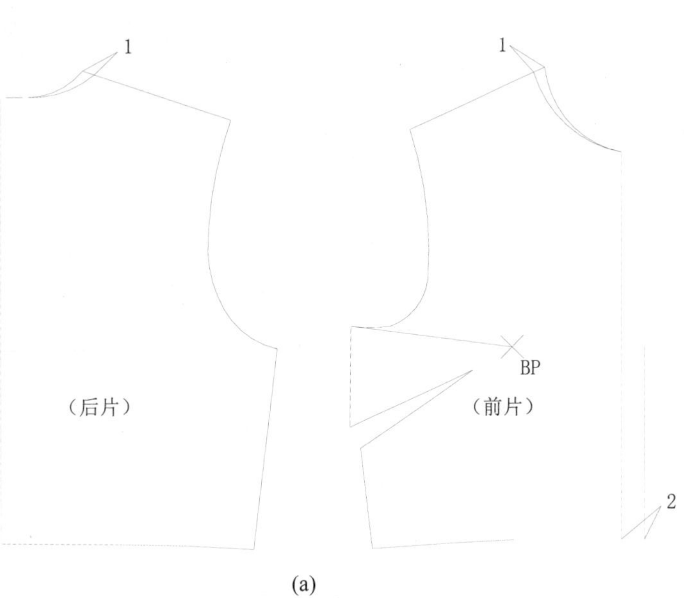

(a)

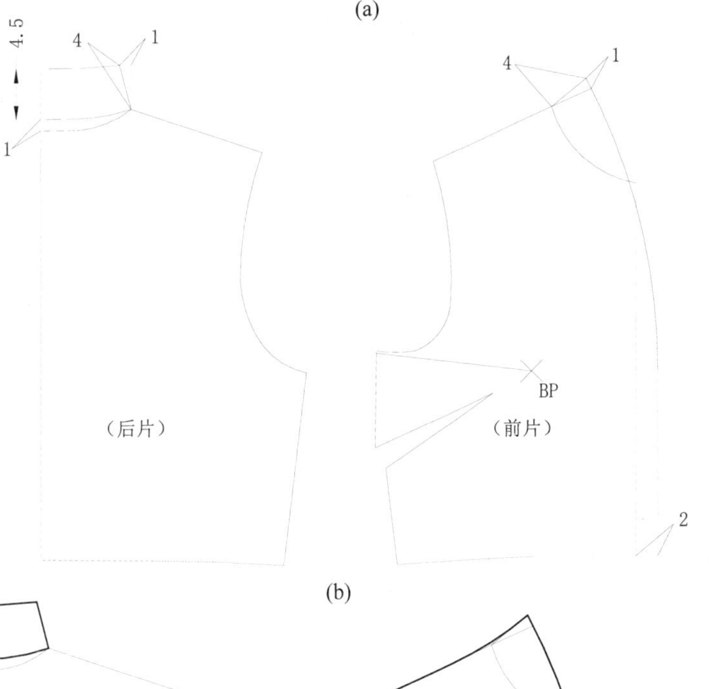

(b)

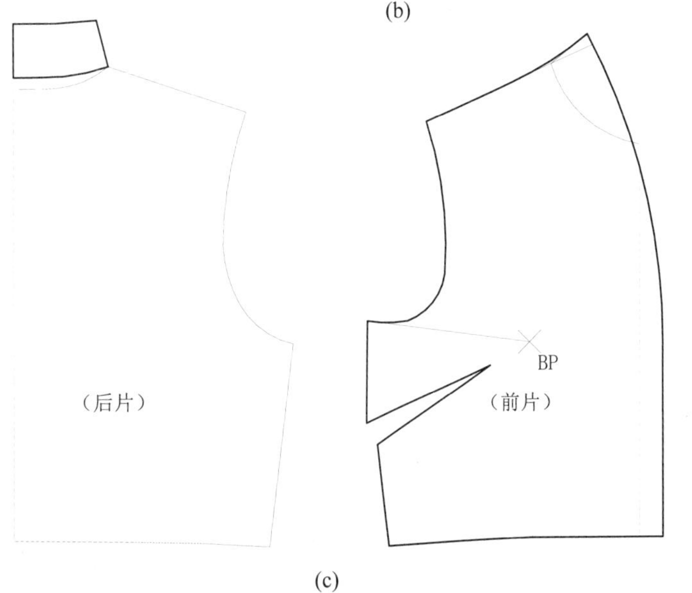

(c)

图 3-55 连身立领一款式 3 的操作步骤及结构图

第四章 翻驳领

翻驳领是应用很广泛的衣领款式。翻驳领造型由领座和翻领组成。穿着时翻驳领耸立围绕在人体的颈部。翻驳领的构成特点是依赖于衣身的前领圈线。翻领宽与领座高的差数决定了领外围线的长度，而领外围线的长度变化与衣领的款式造型密切相关。翻驳领根据领座高和翻领宽的变化来构成款式的基本变化。翻驳领的款式变化可从以下不同的角度进行分类：

（1）以衣领的前领造型分类，可有关门式翻驳领、开门式翻驳领。

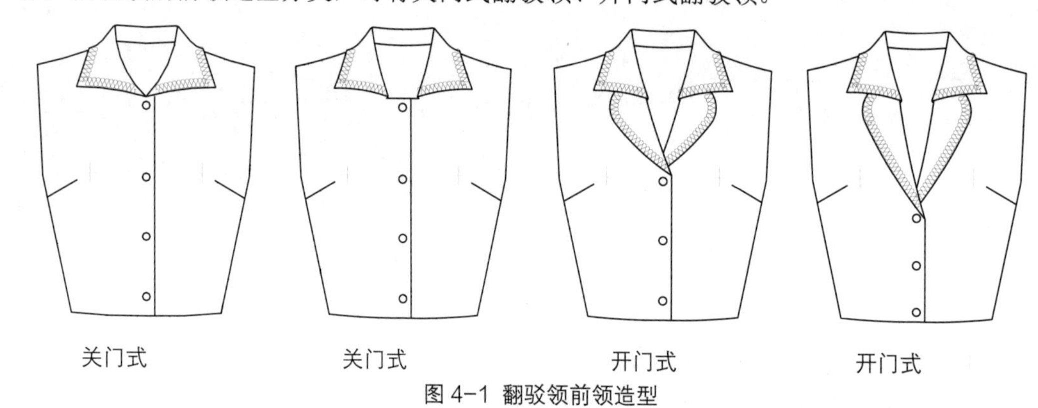

图 4-1 翻驳领前领造型

（2）以衣领的驳口线形态分类，可有直驳口、弯驳口、折驳口等。

图 4-2 翻驳领驳口形态

（3）以衣领的领座线剖断与否分类，可有连领座、装领座。

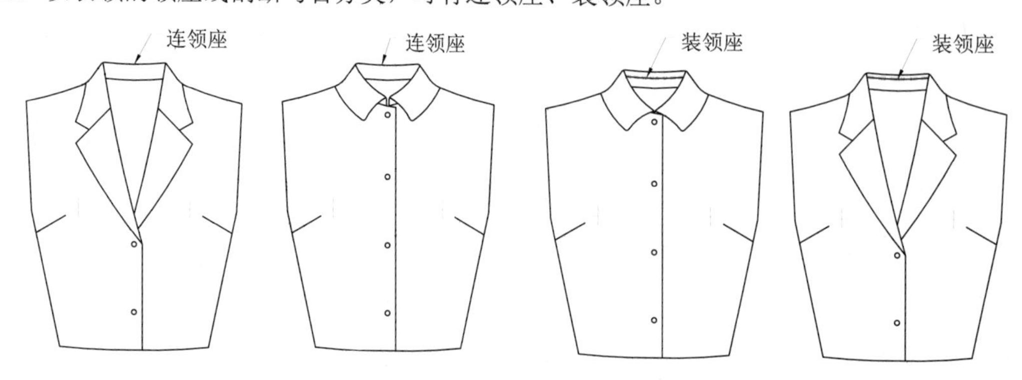

图 4-3 翻驳领领座形态

（4）以衣领的串口线设置与否及形态分类，可有设置串口线、无串口线。

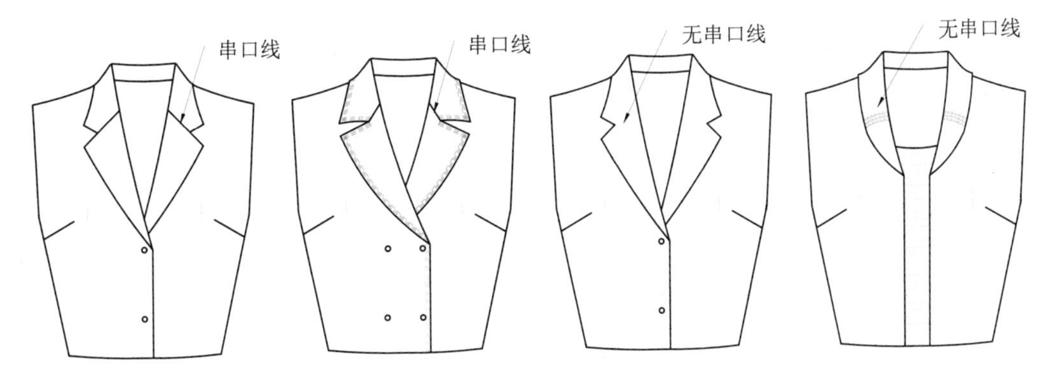

图 4-4 翻驳领串口线形态

（5）以衣领的前领座设置与否分类，可有无前领座、有前领座。

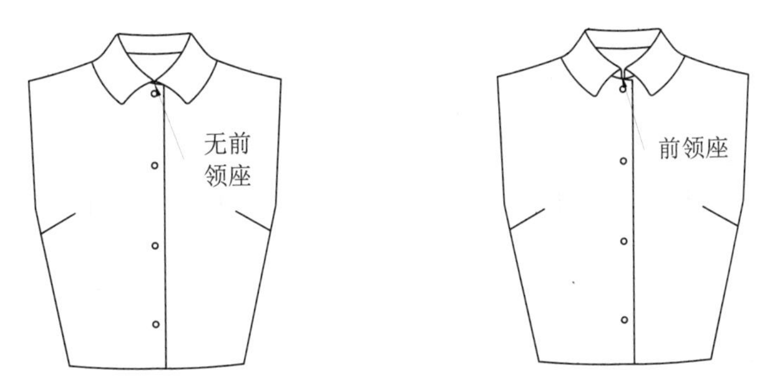

图 4-5 翻驳领前领座设置

（6）以衣领与颈部的距离分类，可有贴近颈部、离开颈部一定距离的衣领。

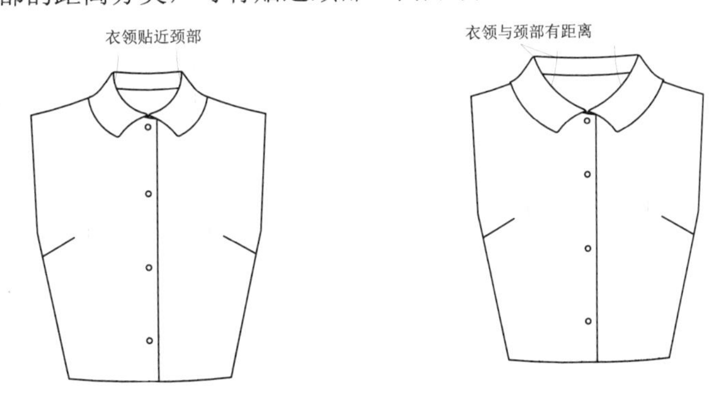

图 4-6 翻驳领与颈部距离设置

第一节 翻驳领基型构成方法

一、关门式翻驳领基型构成方法

1. 关门式翻驳领基本线及部位名称

关门式翻驳领（以方角形领为例）特征：直驳口、连领座、无前领座、贴近颈部（图 4-7）。关门式翻驳领的基本线名称见图 4-8，结构线名称见图 4-9，部位名称见图 4-10。

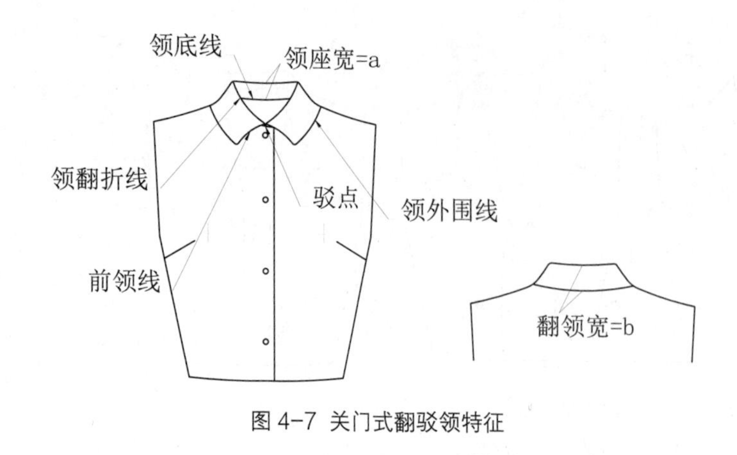

图 4-7 关门式翻驳领特征

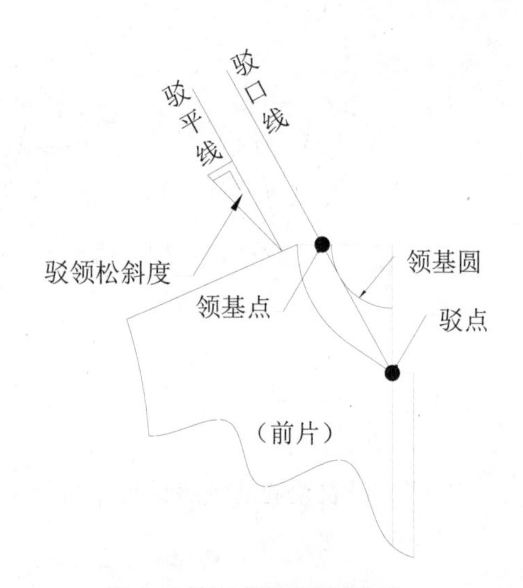

图 4-8 关门式翻驳领基本线

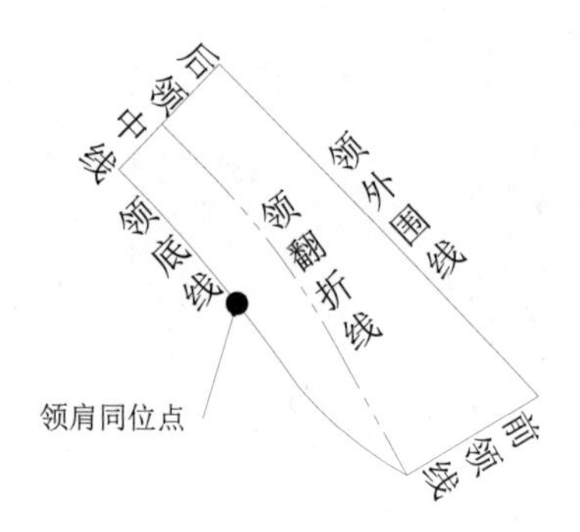

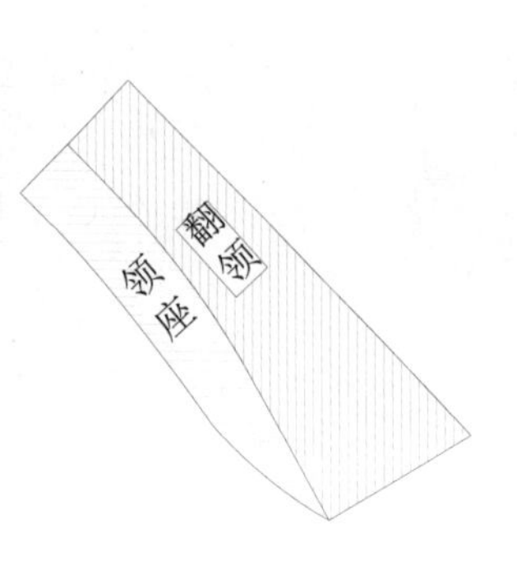

图 4-9 关门式翻驳领结构线

图 4-10 关门式翻驳领部位

图 4-11 关门式翻驳领款式图

2. 关门式翻驳领基型的构成

（1）设定规格（表 4-1）。

表 4-1 部位规格表 （单位：cm）

号型	基本型领围	领座高	翻领高
160/84A	36	3	4.5

（2）关门式翻驳领款式图（图 4-11）。

（3）关门式翻驳领基本线构成：前衣身领圈线调整见图 4-12。

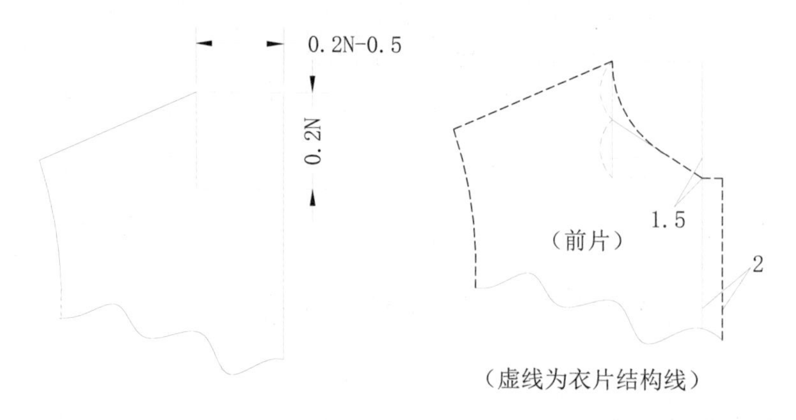

图 4-12 关门式翻驳领前衣身领圈线调整

领基圆：在上平线上距前领肩点取 0.8a 定点，以上平线与前中线的交点为圆心，以“前领宽－0.8a”为半径作领基圆（图 4-13 中①）。

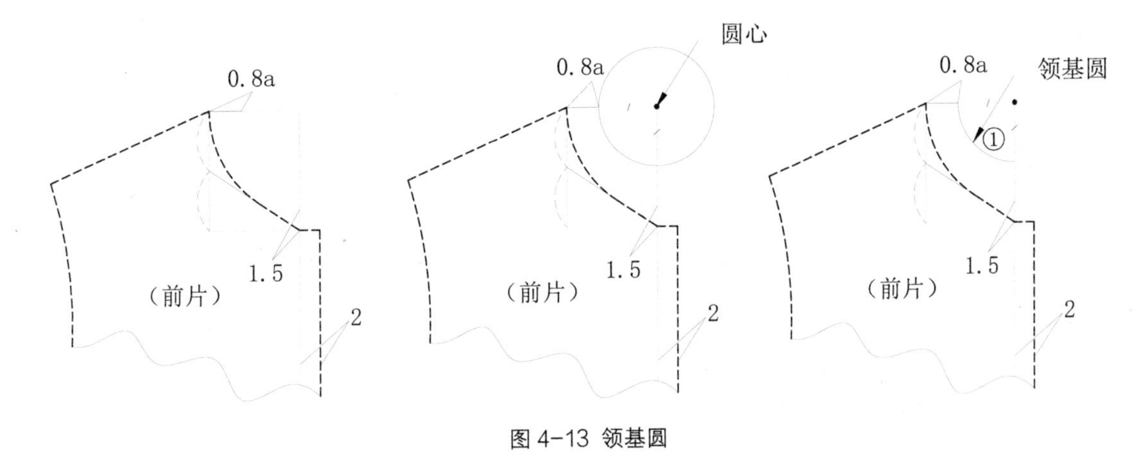

图 4-13 领基圆

驳口线：通过前领中点与领基圆作切线（图 4-14 中②）。

驳平线：距驳口线 0.9a 作平行线（图 4-15 中③）。

驳领松斜度：以驳平线为始边取松斜角，其余切为（a+b）：2(b-a)，作出驳领松斜度斜线（图 4-16 中④）。

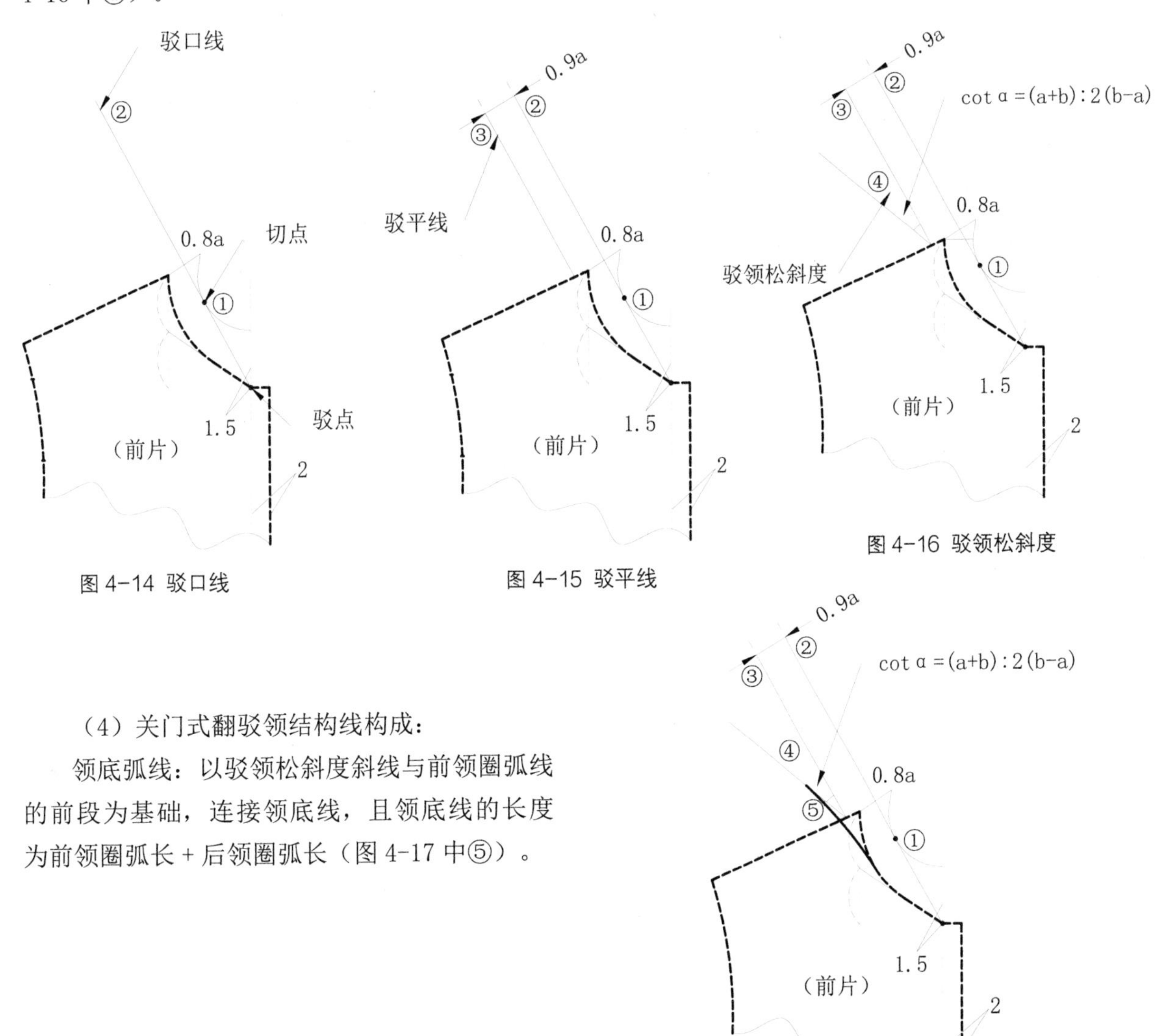

图 4-14 驳口线

图 4-15 驳平线

图 4-16 驳领松斜度

（4）关门式翻驳领结构线构成：

领底弧线：以驳领松斜度斜线与前领圈弧线的前段为基础，连接领底线，且领底线的长度为前领圈弧长 + 后领圈弧长（图 4-17 中⑤）。

图 4-17 领底弧线⑤

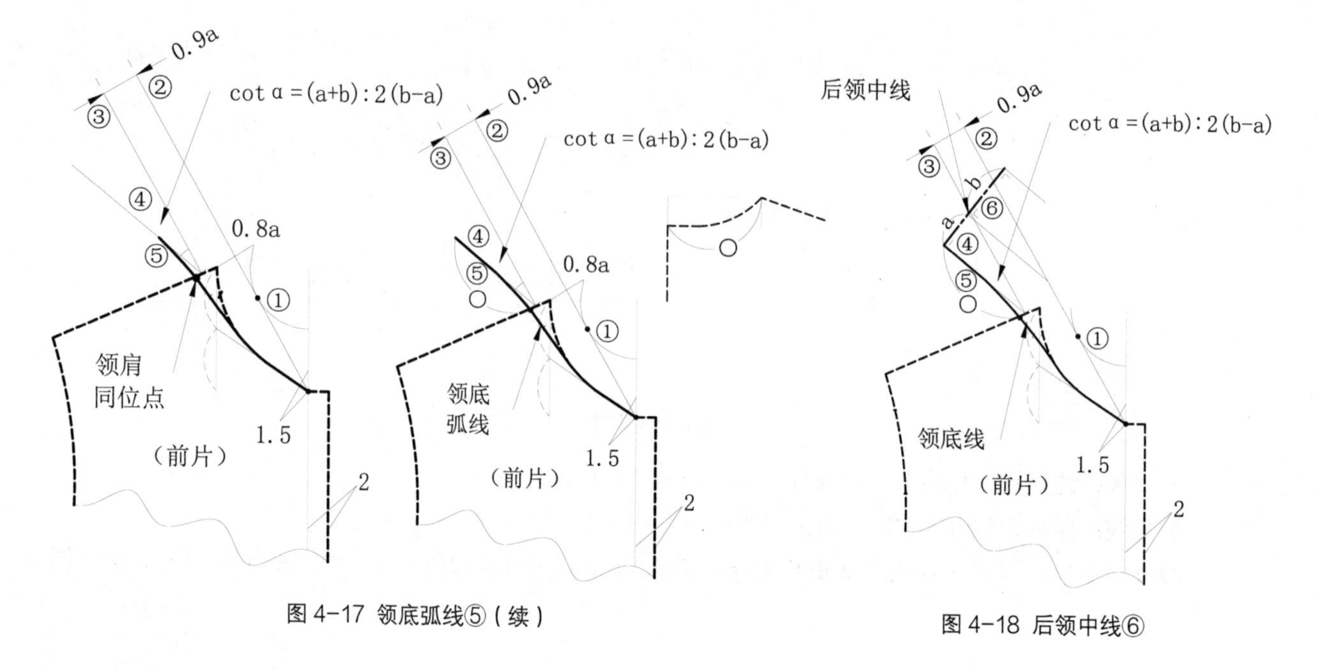

图 4-17 领底弧线⑤(续)

图 4-18 后领中线⑥

后领中线：通过后领中点取 a+b 作领底线的垂线（图 4-18 中⑥）。

前领线：通过前领中点作 7.5cm 的斜直线，直线斜度按款式图而定（图 4-19中⑦）。

领翻折线：画顺领翻折线（图 4-20 中⑧）。

领外围线：画顺领外围线（图 4-21 中⑨）。

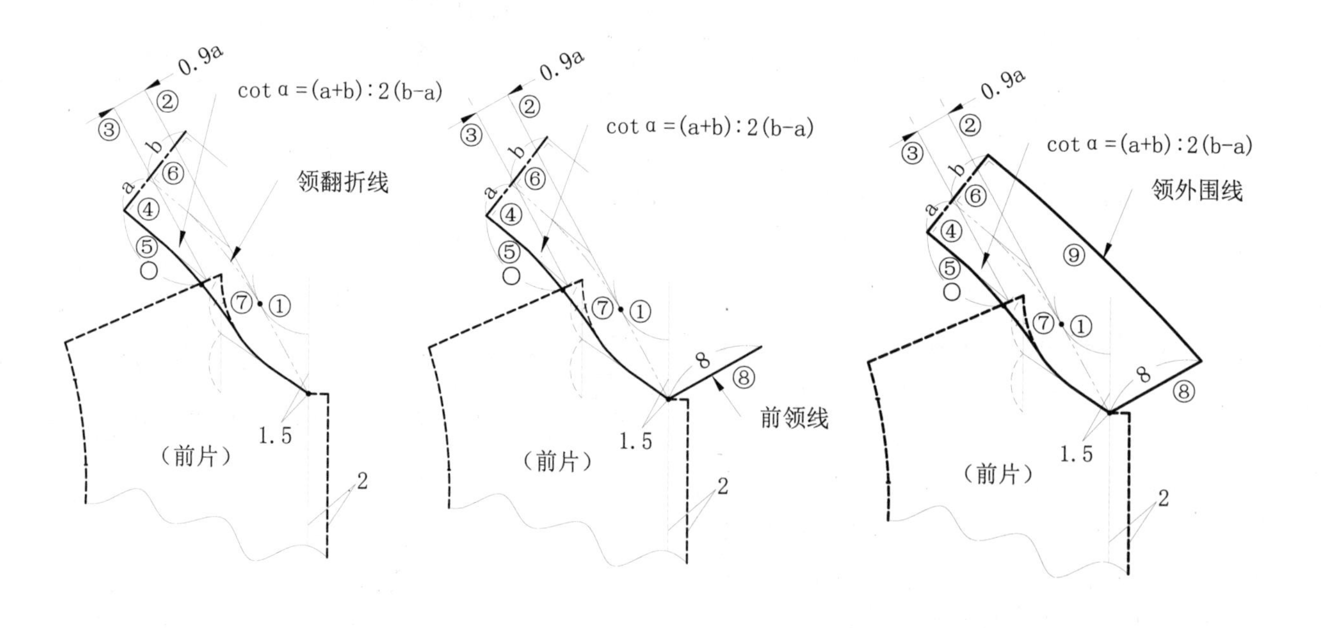

图 4-19 领翻折线⑦

图 4-20 前领线⑧

图 4-21 领外围线⑨

二、开门式翻驳领基型构成方法

1. 开门式翻驳领的基本线及部位名称

开门式翻驳领（以西装领为例）特征：开门式、直驳口、连领座、无前领座、贴近颈部（图4-22）。开门式翻驳领的基本线名称见图4-23，结构线名称见图4-24，部位名称见图4-25。

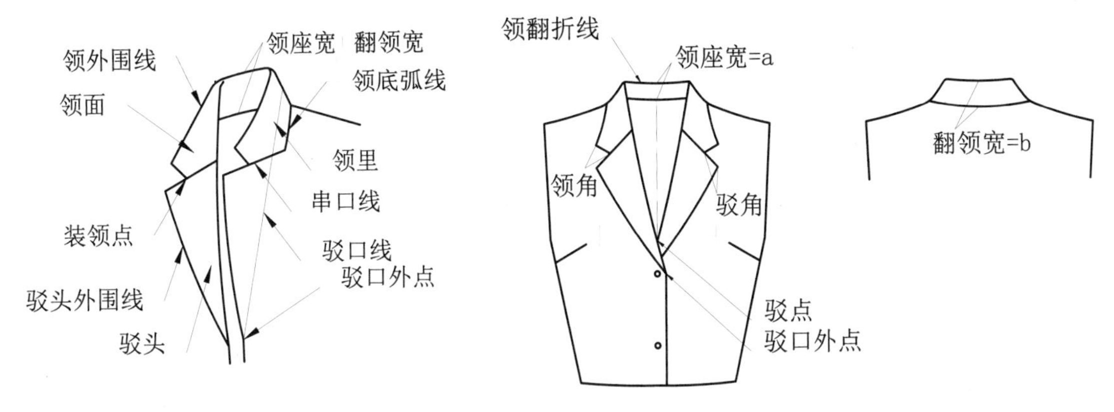

图4-22 开门式翻驳领特征

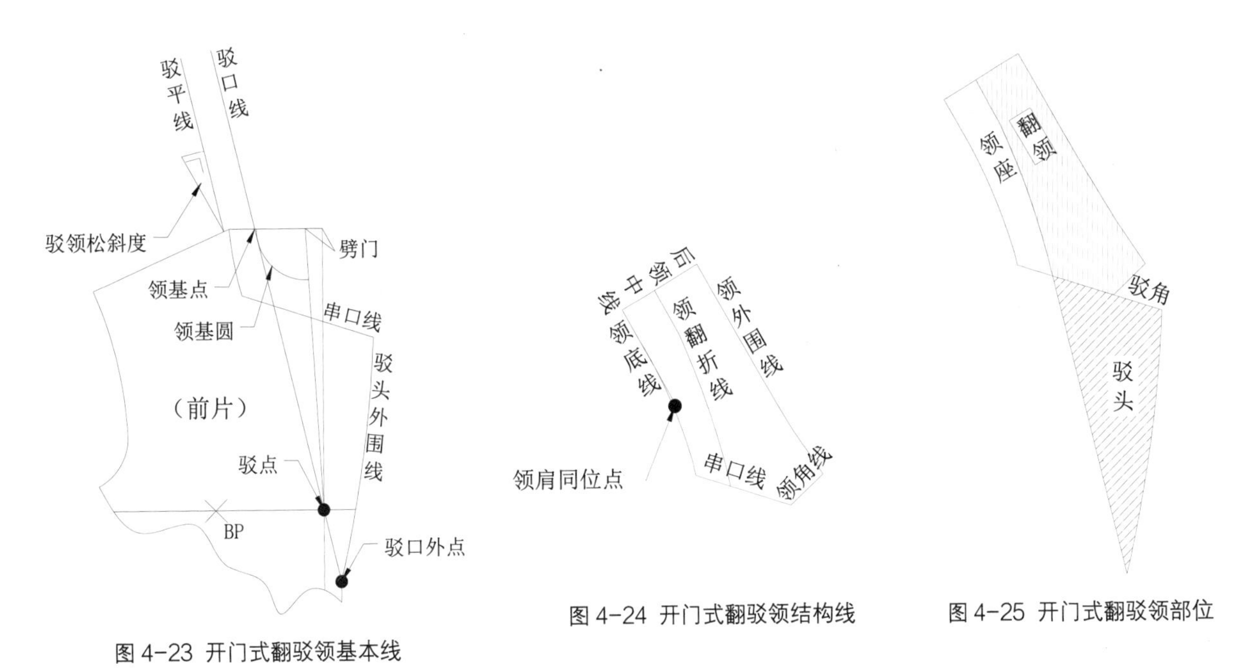

图4-23 开门式翻驳领基本线

图4-24 开门式翻驳领结构线

图4-25 开门式翻驳领部位

2. 开门式翻驳领基型的构成

（1）设定规格（表4-2）。

表4-2 部位规格表 （单位：cm）

号型	基本型领围	领座高	翻领高
160/84A	36	3	4.5

（2）开门式翻驳领款式图（图4-26）。

图4-26 开门式翻驳领款式图

（3）开门式翻驳领基本线构成。

前衣身片劈门线调整见图 4-27。

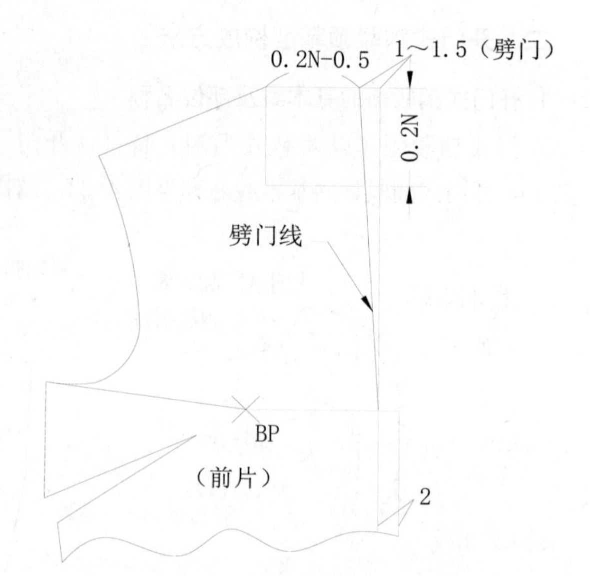

图 4-27 前衣身片劈门线调整

领基圆：在上平线上距前领肩点取 0.8a 定点，以上平线与劈门线的交点为圆心，以“前领宽 - 0.8a”为半径作领基圆（图 4-28 中①）。

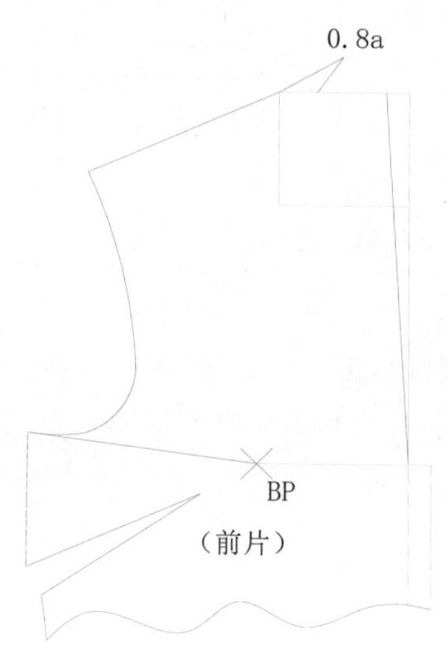

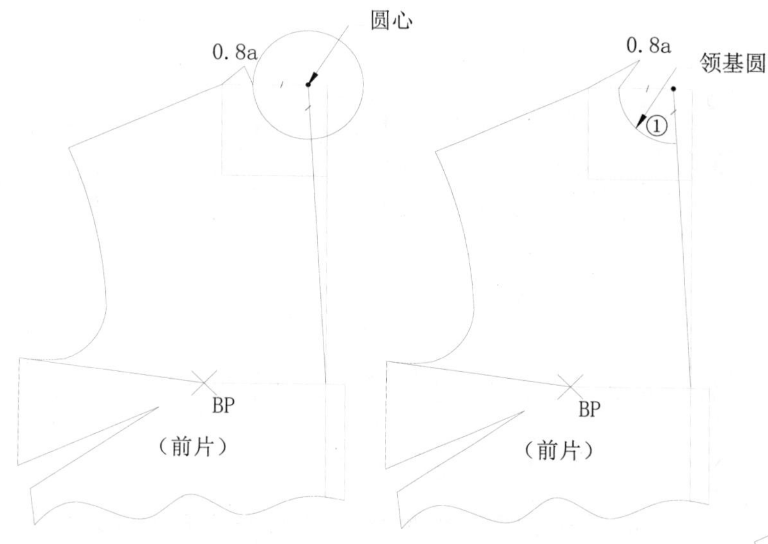

图 4-28 领基圆①

驳口线：通过前领中点与领基圆作切线（图 4-29 中②）。

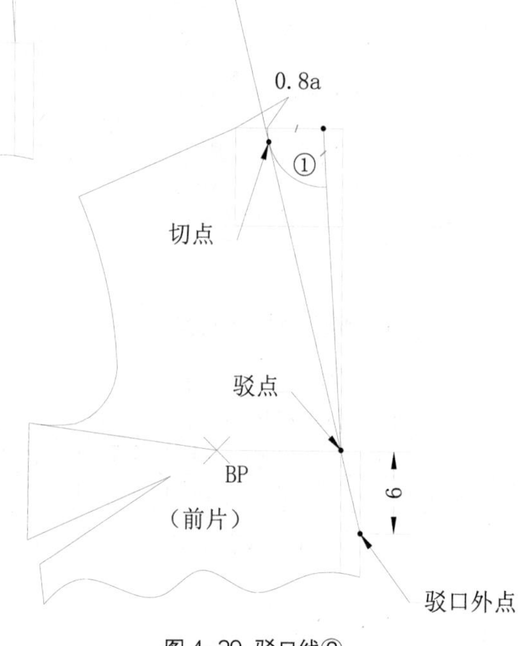

图 4-29 驳口线②

衣身片驳头造型：在驳口线左边画出驳头造型，再翻转至驳口线右边（图 4-30 中③）。驳头构成数据也可自行设计。

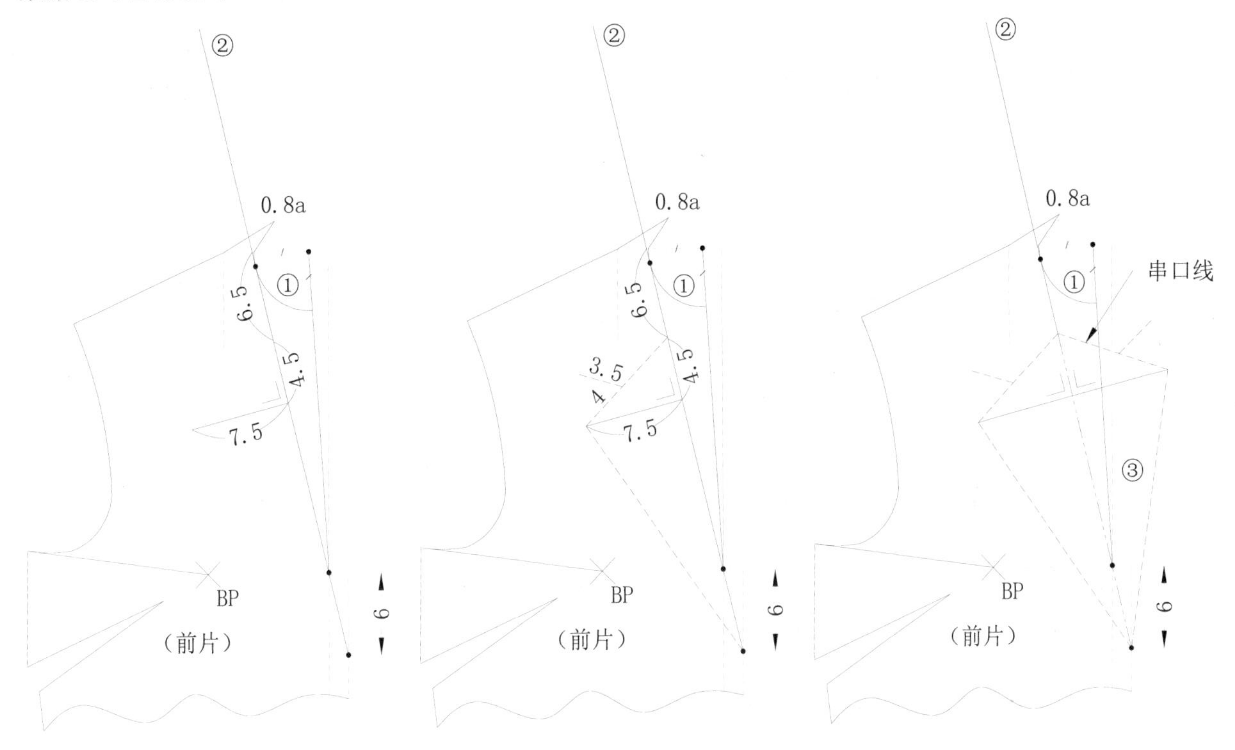

图 4-30 驳头造型③

串口线：在翻转的驳头串口线上沿驳口线延长，并以 a-0.5 距离如图定点（图 4-31 中④）。

前领圈弧线：连接前领肩点与串口线端点（图 3-32 中⑤）。

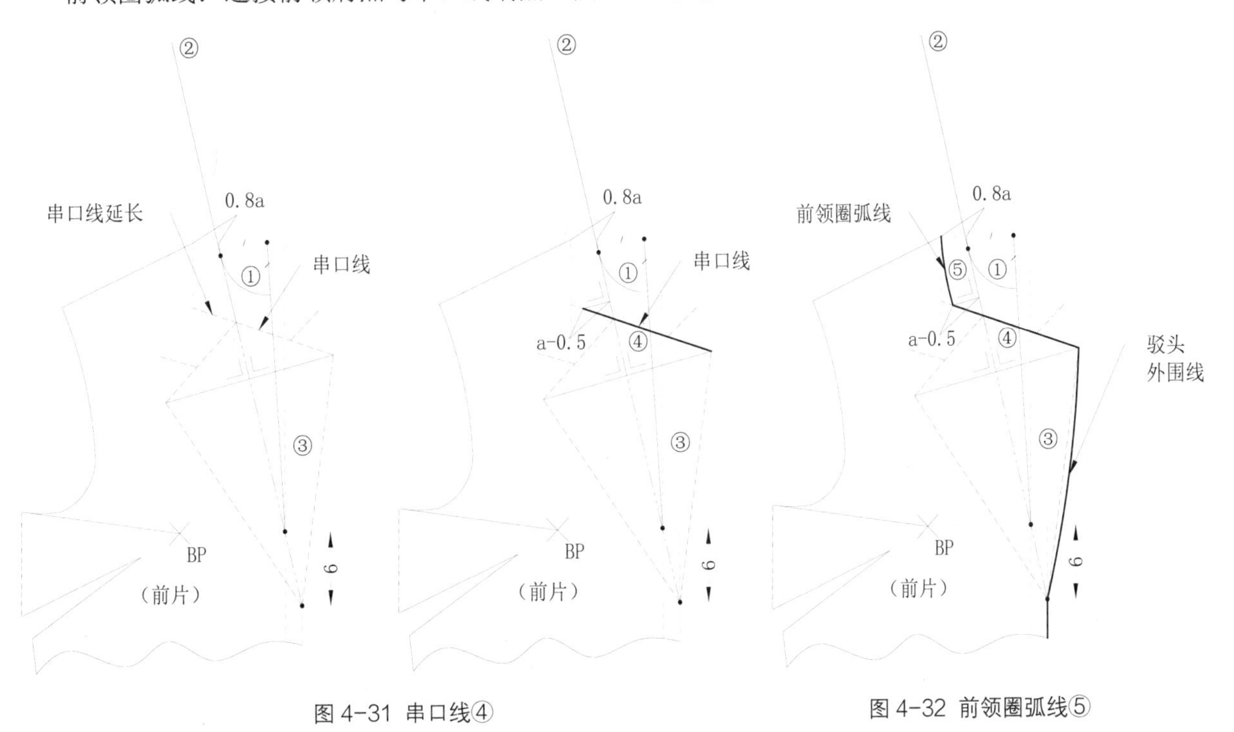

图 4-31 串口线④

图 4-32 前领圈弧线⑤

驳平线：距驳口线 0.9a 作驳口线的平行线（图 4-33 中⑥）。

驳领松斜度：在驳平线上取（a+b）定点并作垂线，然后在垂线上取 2（b－a）定点，作出驳领松斜度斜线（图 4-34 中⑦）。

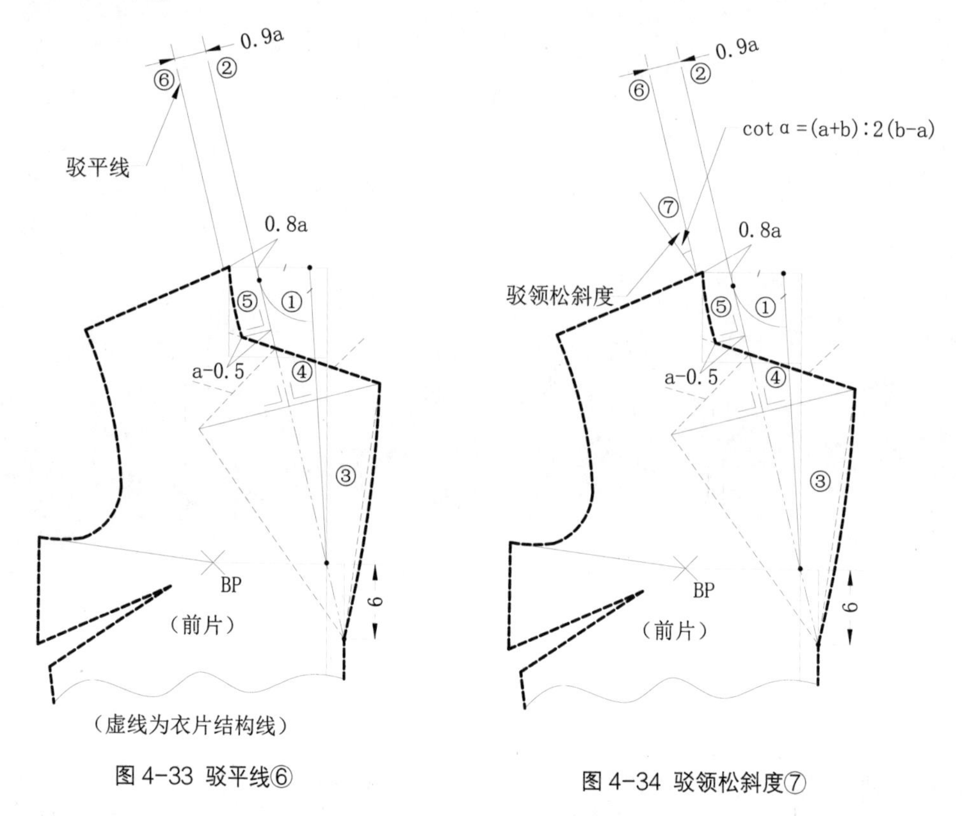

图 4-33 驳平线⑥

图 4-34 驳领松斜度⑦

（4）开门式翻驳领结构线构成：

领底弧线：以驳领松斜度斜线与前领圈弧线的前段为基础，连接领底线；领底线的长度为前领圈弧长＋后领圈弧长（图 4-35 中⑧）。

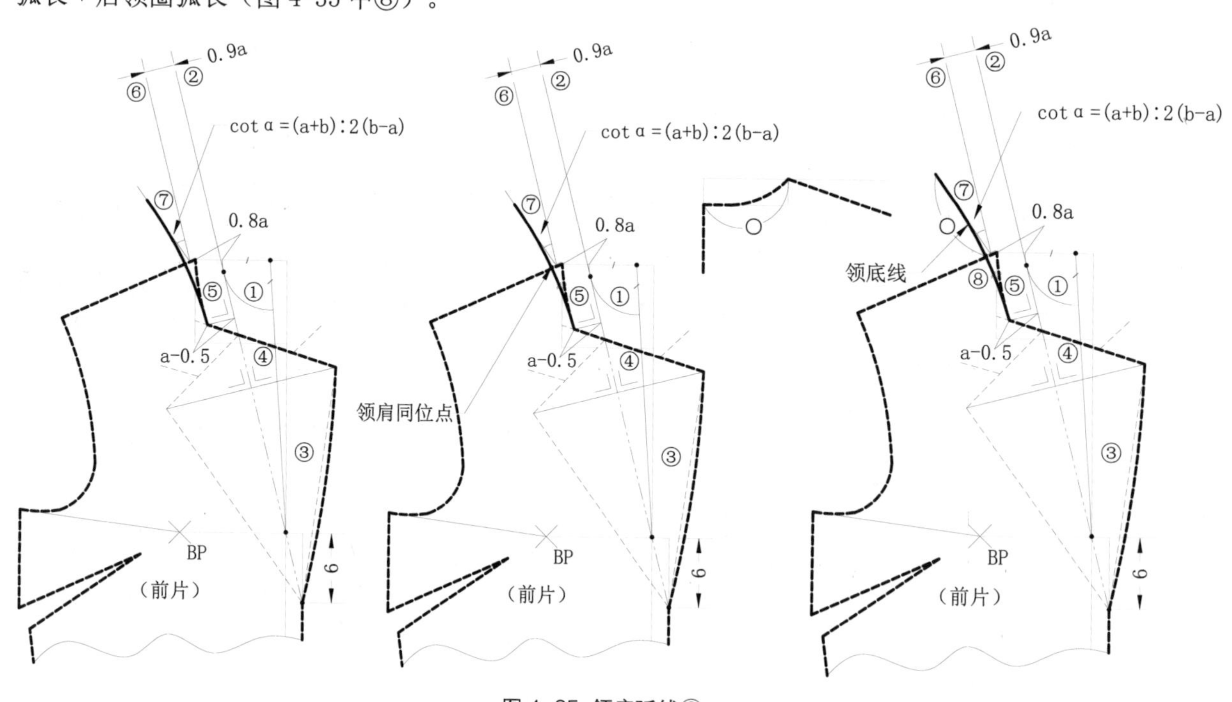

图 4-35 领底弧线⑧

后领中线：通过后领中点取（a+b），作领底线的垂线（图 4-36 中⑨）。

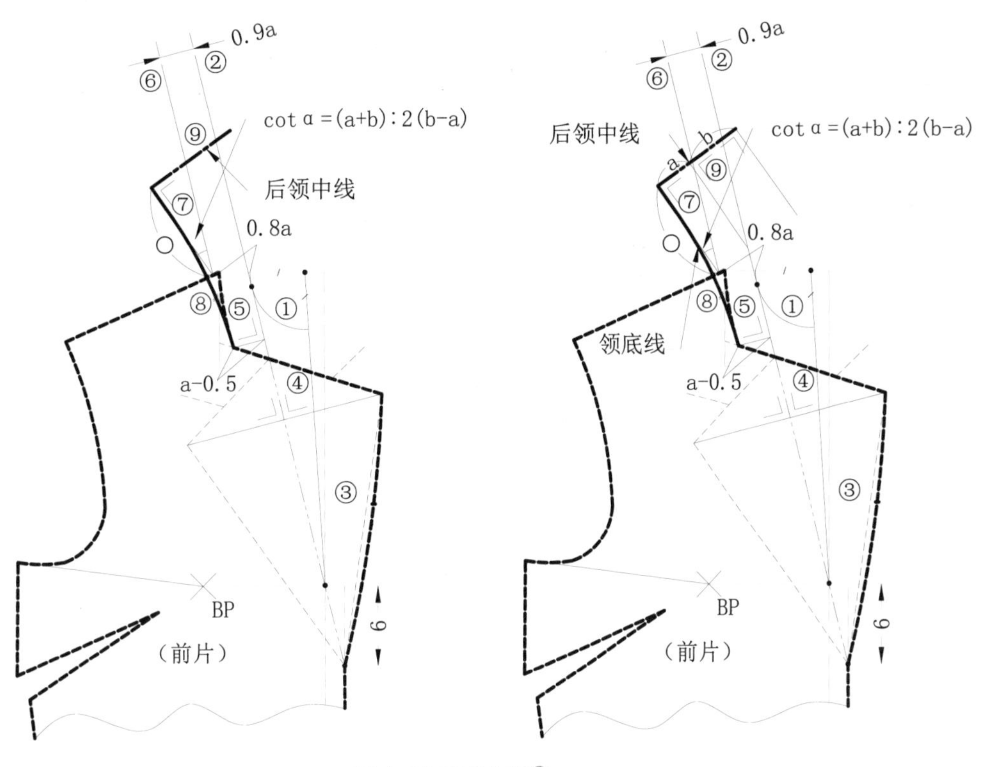

图 4-36 后领中线⑨

领翻折线：如图画顺领翻折线（图 4-37 中⑩）。

领角线：通过装领点作 3.5cm 的斜直线，领角线斜度按款式图而定（图 4-38 中⑪）。

领外围弧线：画顺领外围弧线（图 4-39 中⑫）。

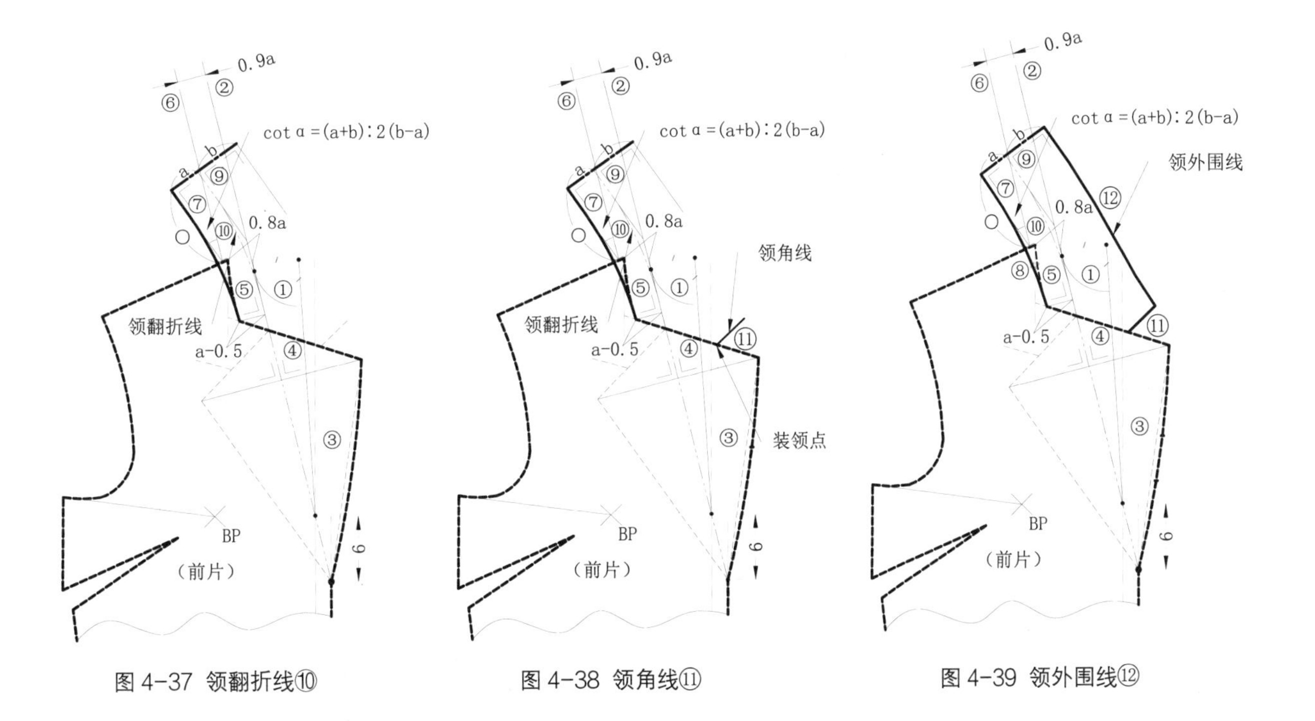

图 4-37 领翻折线⑩　图 4-38 领角线⑪　图 4-39 领外围线⑫

第二节 翻驳领款式变化

一、关门式翻驳领（设置前领座）结构构成方法

（1）关门式翻驳领（设置前领座）款式图（图 4-40）。

图 4-40 关门式翻驳领（设置前领座）款式图

（2）关门式翻驳领（设置前领座）操作步骤及结构图（图 4-41）。

变化要点：前领座高结构的构成方法是，将驳点在前中线上从前领中点向上移至前领角所需高度。一般情况下前领座高控制量为“后领座高 - 0.5 ～ 1cm”。

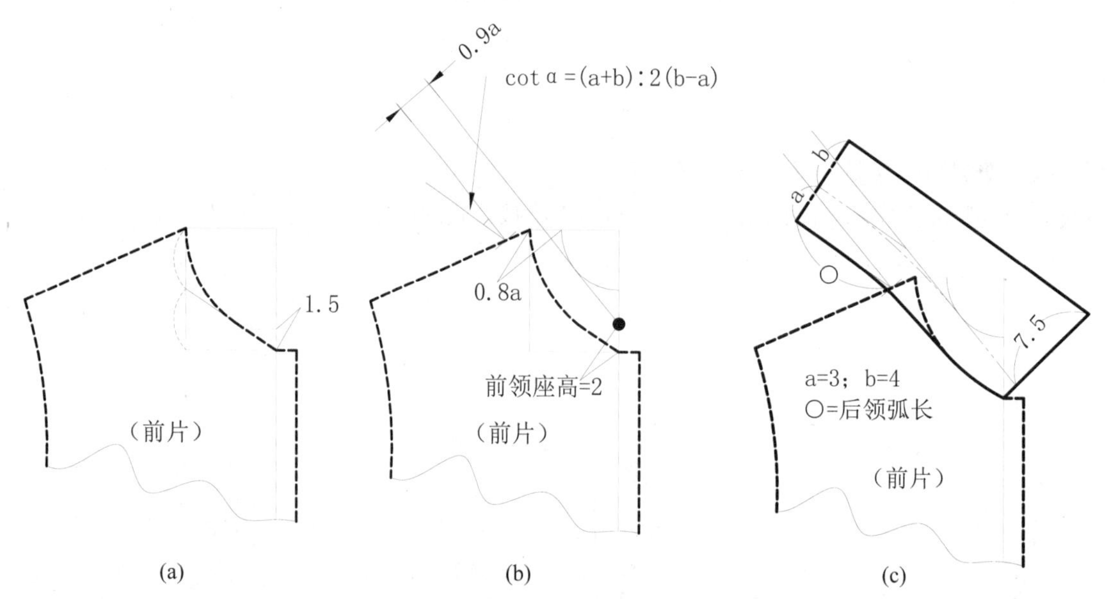

图 4-41 关门式翻驳领（设置前领座）操作步骤及结构图

二、关门式翻驳领（弯驳口）结构构成方法

（1）关门式翻驳领（弯驳口）款式图（图 4-42）。

（2）关门式翻驳领（弯驳口）的操作步骤及结构图（图 4-43）。

变化要点：弯驳口结构构成方法是将驳口线由直线变化为弧线，相应调整领底线、领外围线等。由于弯驳口驳口线的弧度较大，造成领翻折线的长度长于领底线，会造成外型上领翻折线不伏贴的状态，因此应将领底线适量地

图 4-42 关门式翻驳领（弯驳口）款式图

小于领圈弧线，工艺操作装领时，适量拉伸领底线以缓解翻折线不伏贴的状态。领底线小于领圈弧线的控制量一般为 0.5 ～ 2cm。应考虑领底线弧度与面料松紧等相关因素。

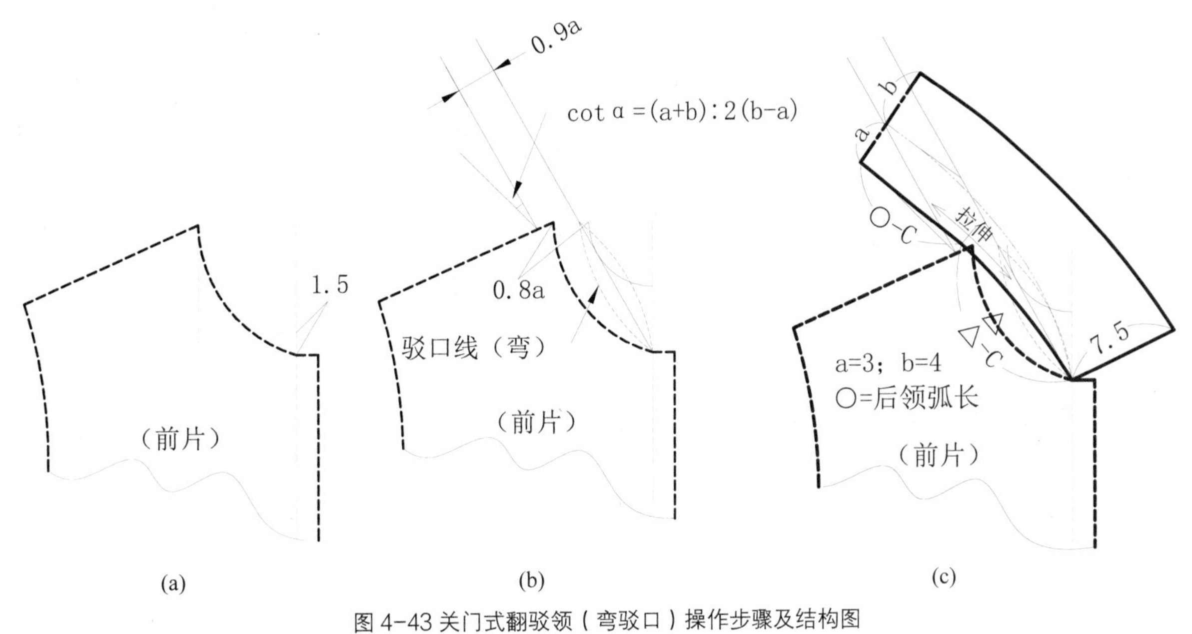

图 4-43 关门式翻驳领（弯驳口）操作步骤及结构图

三、开门式翻驳领（弯驳口）结构构成方法

（1）开门式翻驳领（弯驳口）款式图（图 4-44）。

（2）开门式翻驳领（弯驳口）的操作步骤及结构图（图 4-45）。

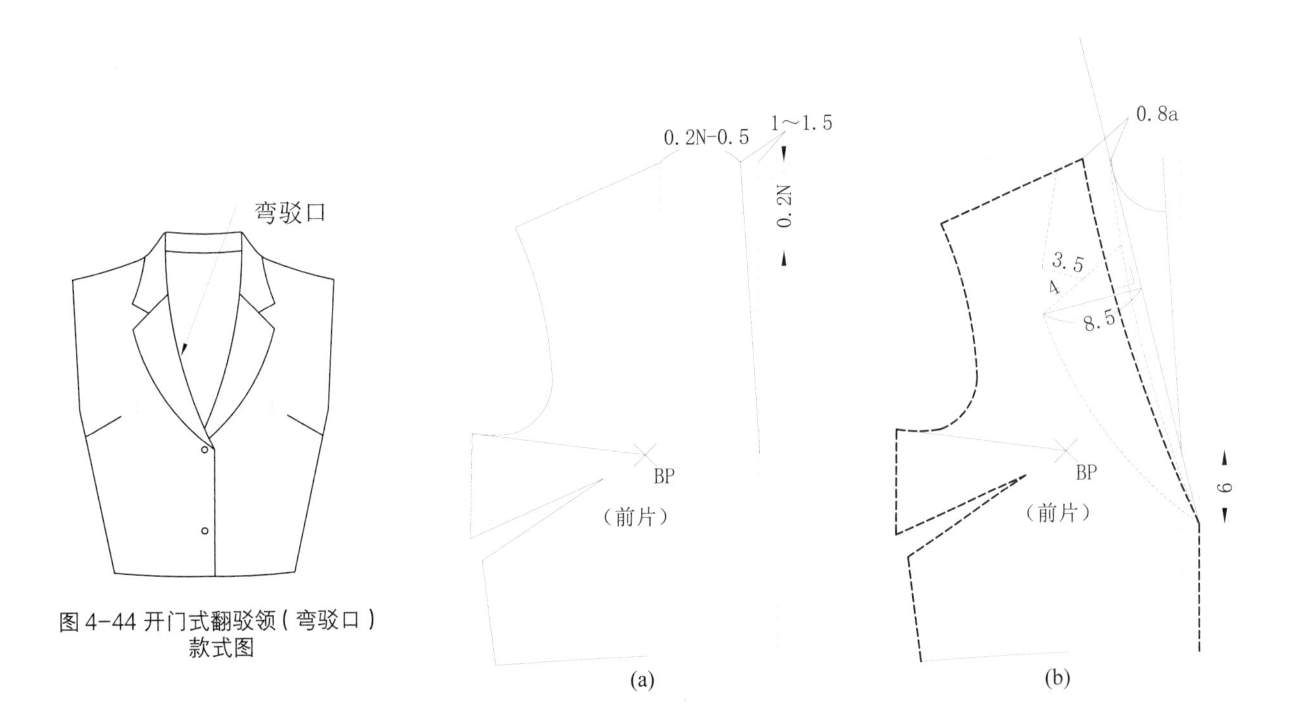

图 4-44 开门式翻驳领（弯驳口）款式图

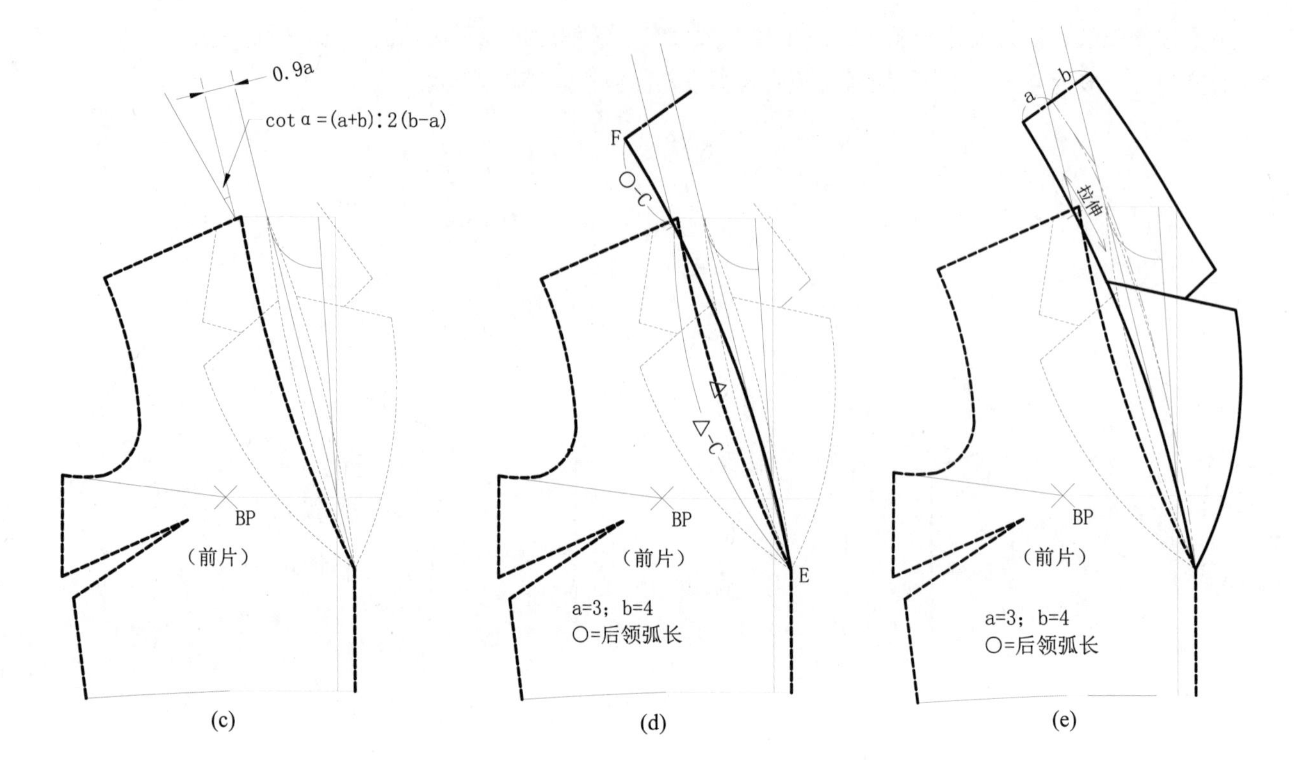

图 4-45 开门式翻驳领（弯驳口）操作步骤及结构图

四、开门式翻驳领（折驳口）结构构成方法

（1）开门式翻驳领（折驳口）款式图（图 4-46）。

（2）开门式翻驳领（折驳口）结构图（图 4-47）。

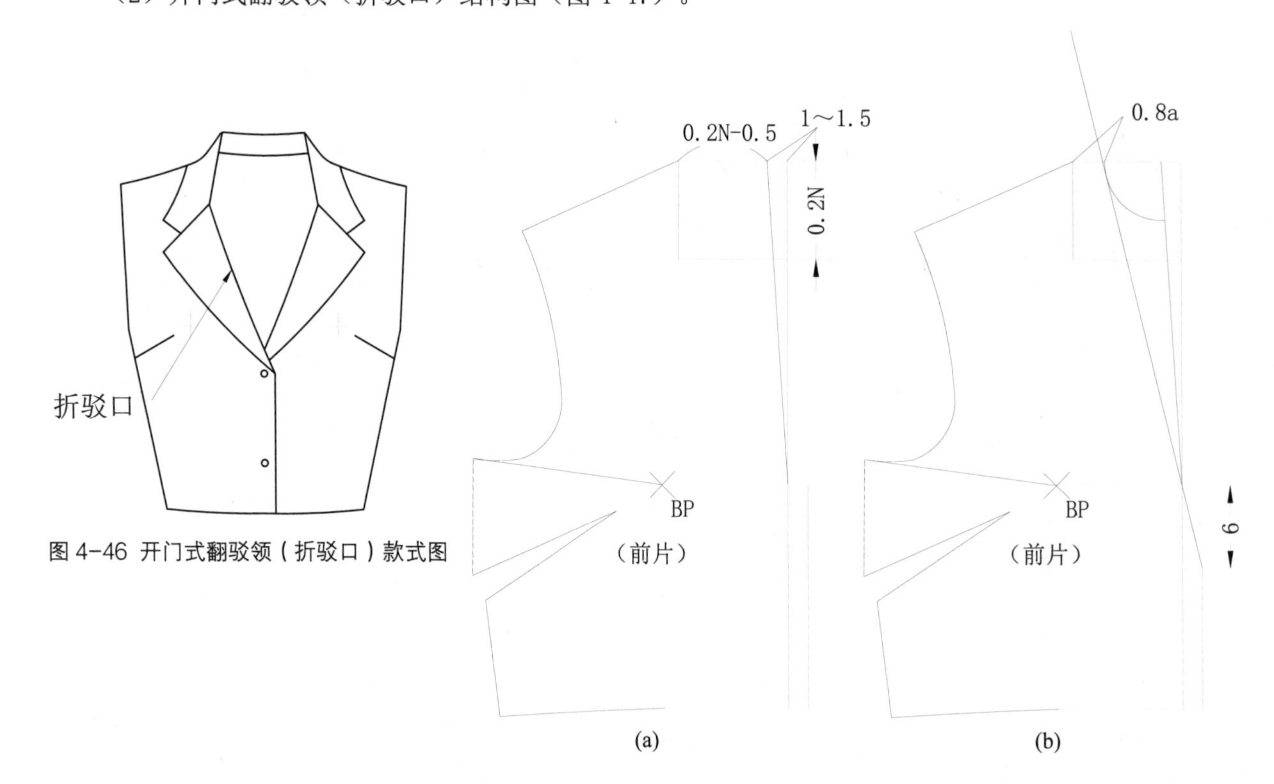

图 4-46 开门式翻驳领（折驳口）款式图

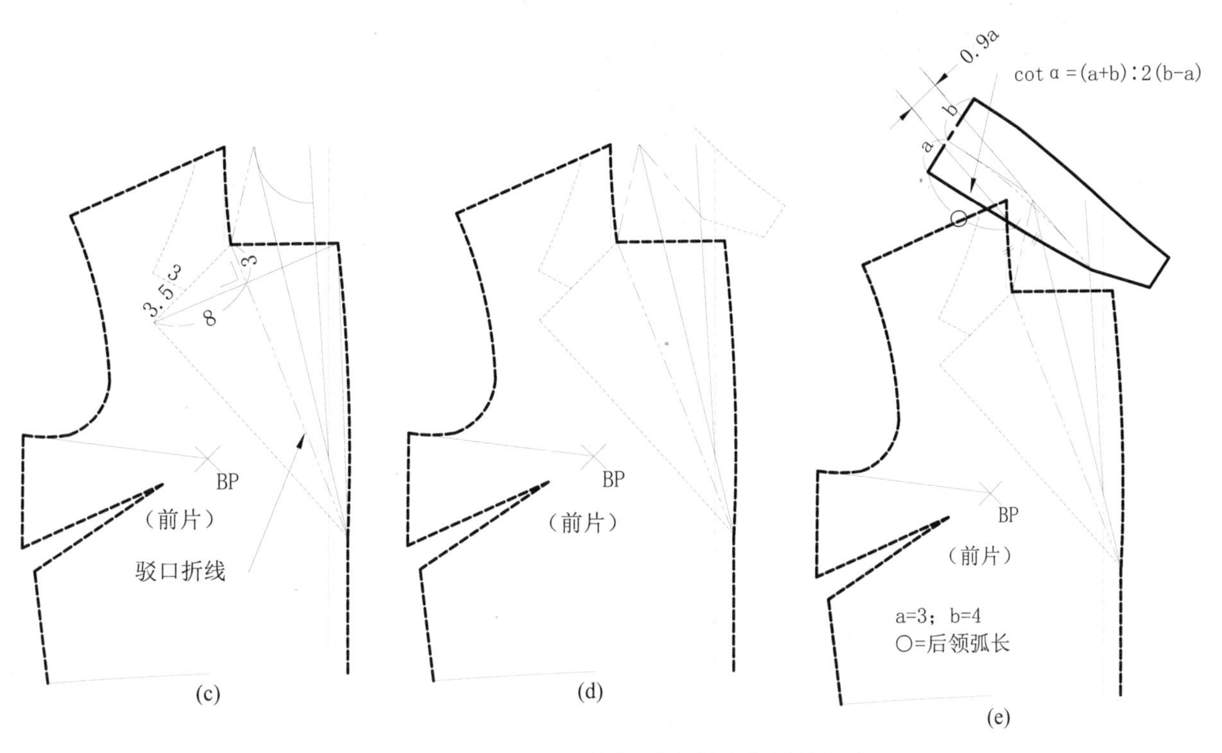

图 4-47 开门式翻驳领（折驳口）的操作步骤及结构图

五、开门式翻驳领（无串口线）结构构成方法

（1）开门式翻驳领（无串口线）款式图（图 4-48）。

（2）开门式翻驳领（无串口线）结构图（图 4-49）。

结构要点：衣领的配领方法同西装领即开门式翻驳领（有串口线）（图 4-28 ～图 4-39）。无串口线结构衣领的领面与挂面是相连的，应按图 4-49 配置挂面与后领贴边。

无串口线

图 4-48 开门式翻驳领（无串口线）款式图

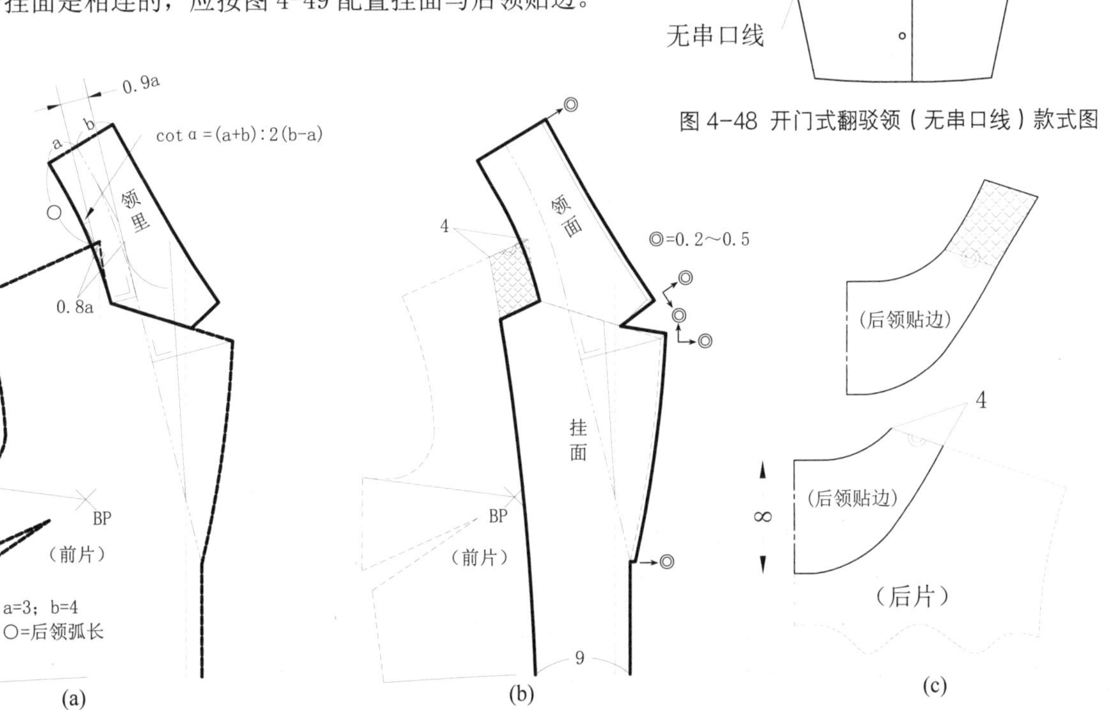

图 4-49 开门式翻驳领（无串口线）的操作步骤及结构图

六、开门式翻驳领（领座线全剖断）结构构成方法

（1）开门式翻驳领（领座线全剖断）款式图（图 4-50）。

（2）开门式翻驳领（领座线全剖断）结构图（图 4-51）。

结构要点：采用领座线剖断的结构方法，缩短领翻折线的长度，能满足人体后颈部贴体的要求。领座线剖断结构处理方法分为平面移位法、纸样折叠法。领座线剖断线路分全剖断、部分剖断两种。

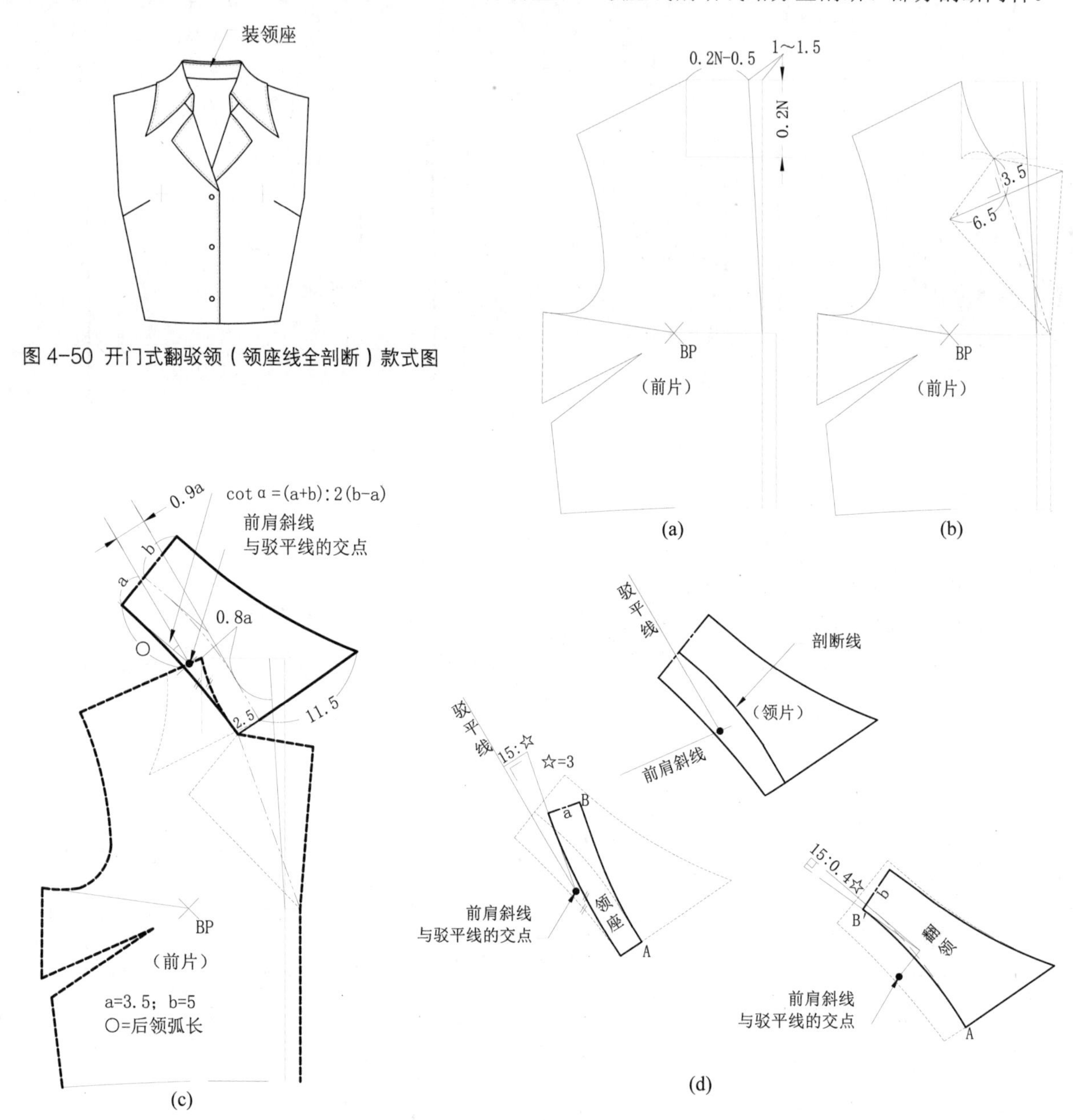

图 4-50 开门式翻驳领（领座线全剖断）款式图

图 4-51 开门式翻驳领（领座线全剖断）的操作步骤及结构图

七、关门式翻驳领（领座线部分剖断）结构构成方法

（1）关门式翻驳领（领座线部分剖断）款式图（图 4-52）。

（2）关门式翻驳领（领座线部分剖断）操作步骤及结构图（图 4-53）。

结构要点：衣领的配领方法同关门式翻驳领基型（图 4-13 ～图 4-21）。

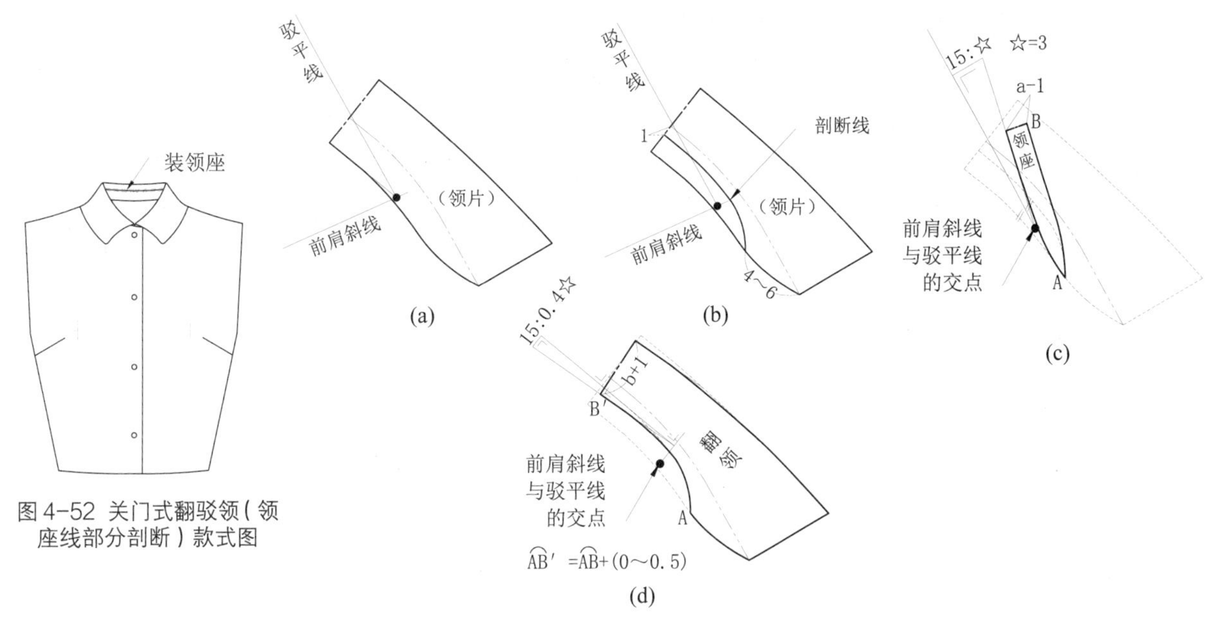

图 4-52 关门式翻驳领（领座线部分剖断）款式图

图 4-53 关门式翻驳领（领座线部分剖断）的操作步骤及结构图

八、开门式翻驳领（领座线部分剖断）结构构成方法

（1）开门式翻驳领（领座线部分剖断）款式图（图 4-54）。

（2）开门式翻驳领（领座线部分剖断）操作步骤及结构图（图 4-55）。

结构要点：衣领的配领方法同开门式翻驳领基型（图 4-28、图 4-39）。

图 4-54 开门式翻驳领（领座线部分剖断）款式图

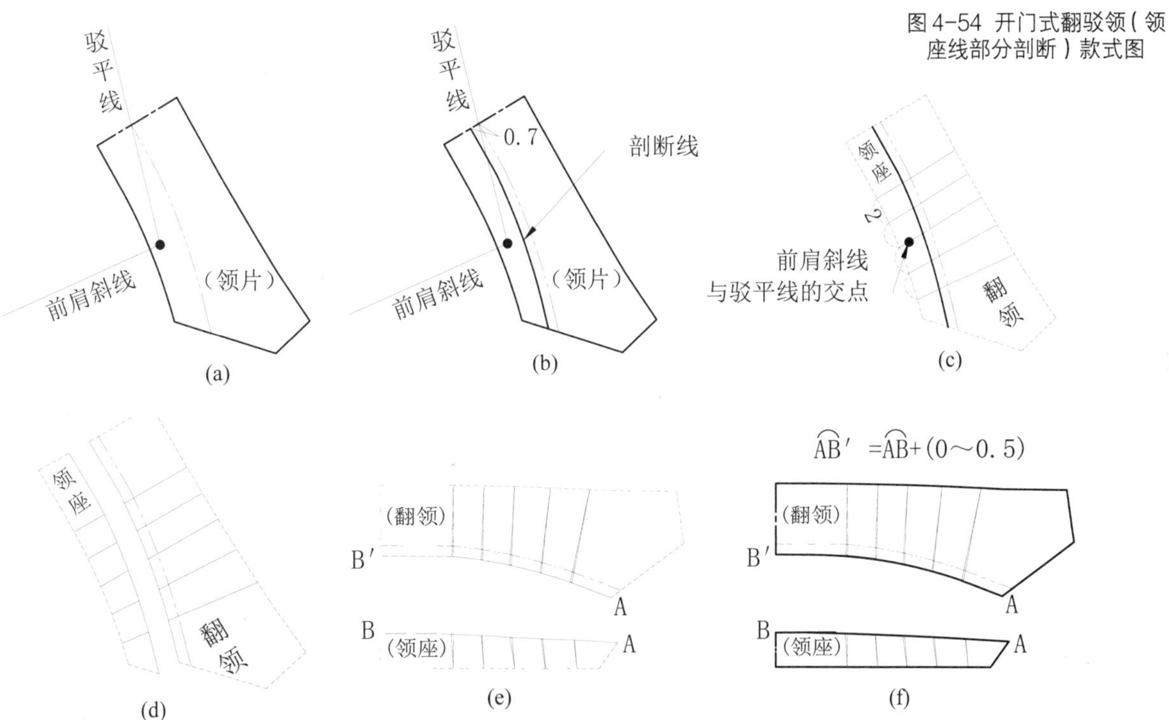

图 4-55 开门式翻驳领（领座线部分剖断）操作步骤及结构图

九、关门式翻驳领（领宽显著增大）结构构成方法

（1）关门式翻驳领（领宽显著增大）款式图（图 4-56）。

（2）关门式翻驳领（领宽显著增大）操作步骤及结构图（图 4-57）。

结构要点：领宽显著增大时，作椭圆形领基圆，并增大驳领松斜度。

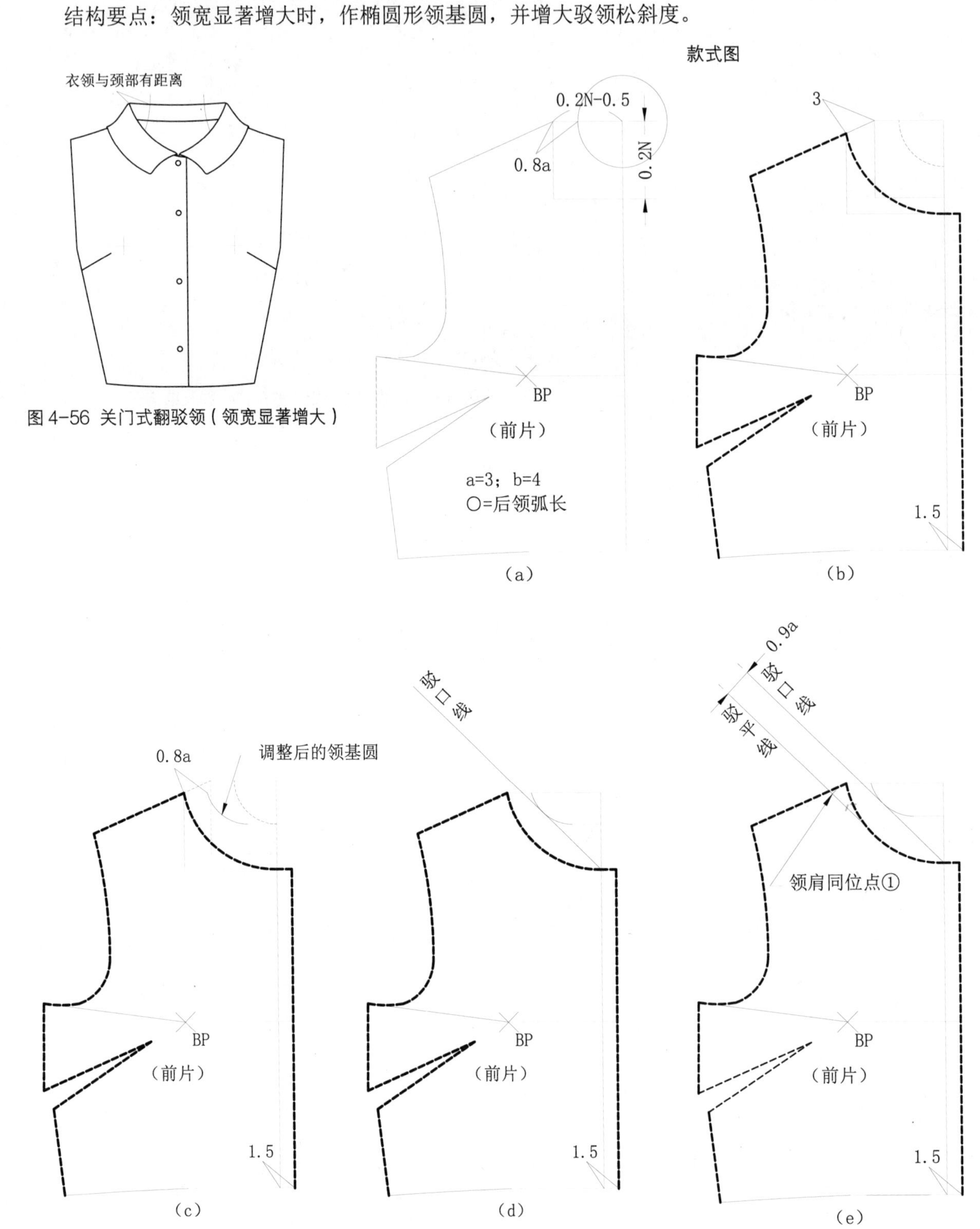

图 4-56 关门式翻驳领（领宽显著增大）

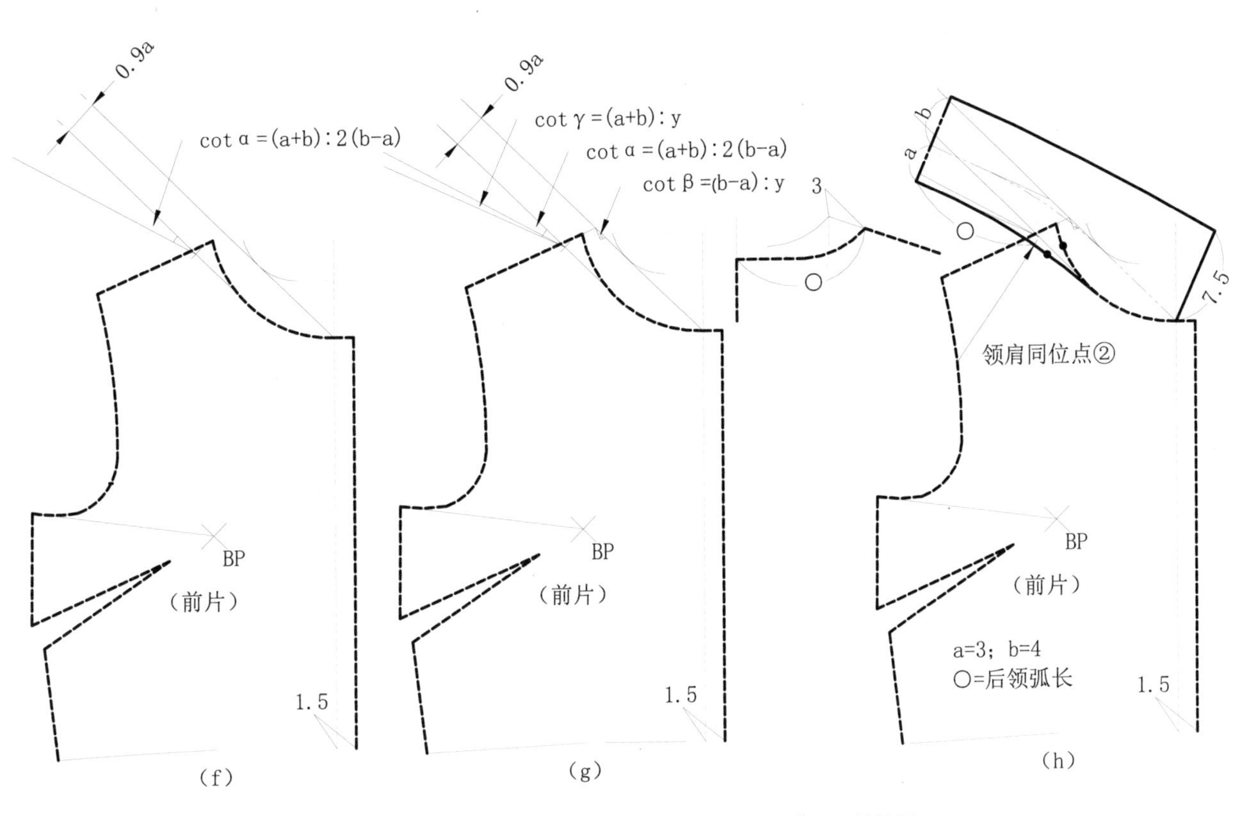

图 4-57 关门式翻驳领（领宽显著增大）操作步骤及结构图

（3）关门式翻驳领（领宽显著增大）的驳领松斜度调整。

驳基线：在前肩斜线与驳口线的交点上，作前肩斜线的垂线（图 4-58 中①）。

驳口线与驳基线夹角：夹角余切为 (b−a) ∶ y（图 4-58 中②）。

驳领松斜度：松斜度角余切为 (a+b) ∶ y，增大驳领松斜度（图 4-58 中③）。

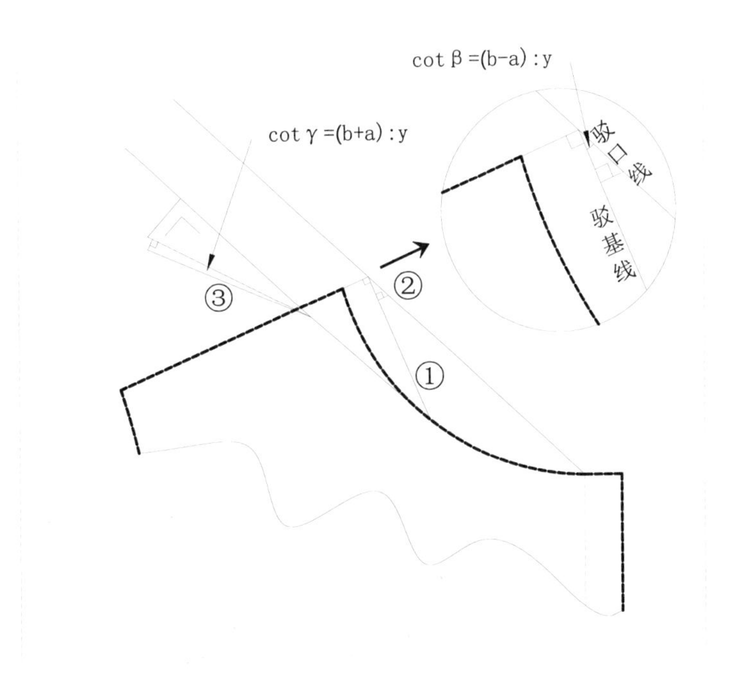

图 4-58 关门式翻驳领（领宽显著增大）的驳领松斜度调整结构图

第三节 翻驳领结构应用实例

一、燕子领

（1）燕子领款式图（图4-59）。

（2）燕子领的操作步骤及结构图（图4-60）。

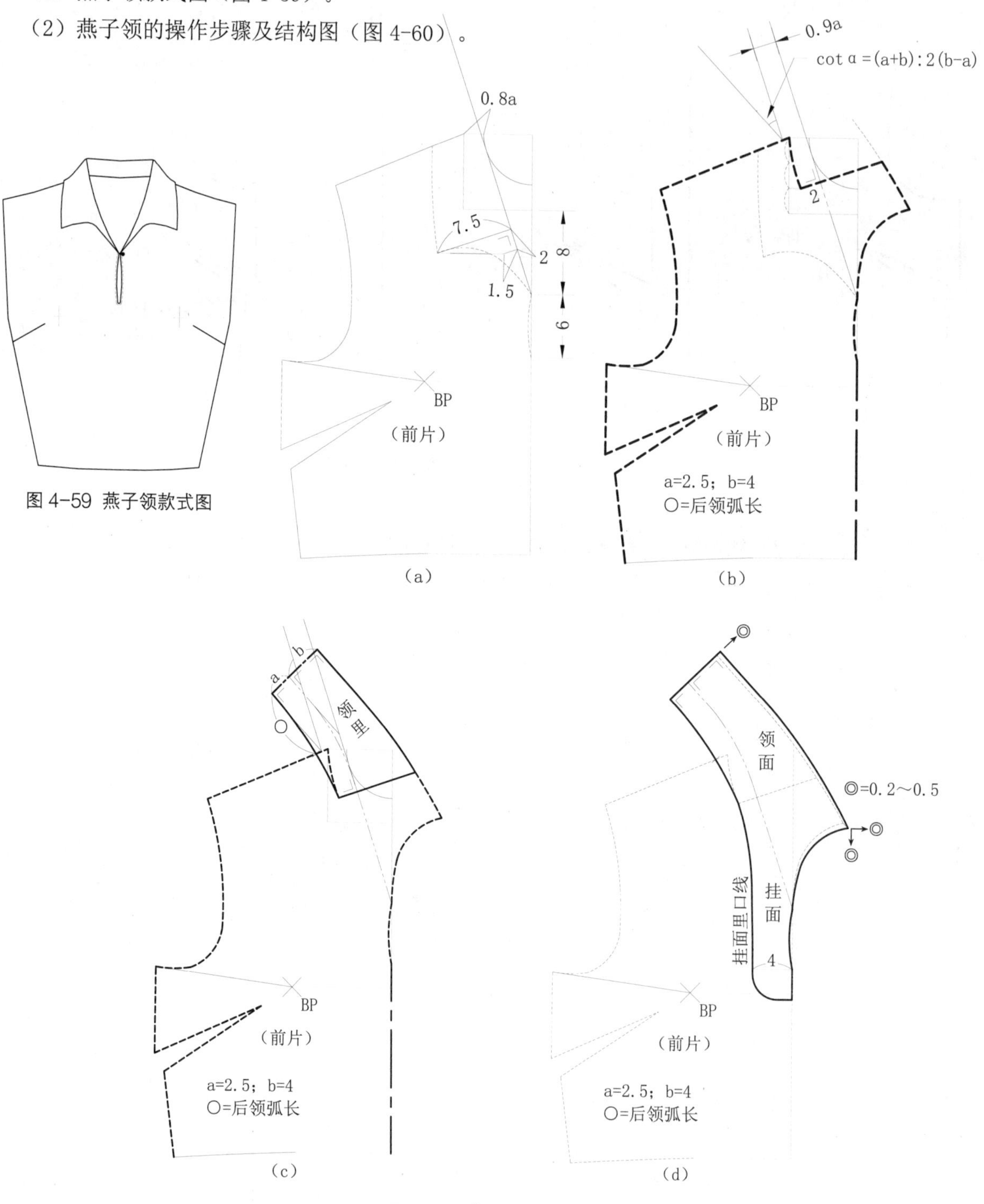

图4-59 燕子领款式图

图4-60 燕子领操作步骤及结构图

二、圆角衬衫领

（1）圆角衬衫领款式图（图4-61）。

（2）圆角衬衫领操作步骤及结构图（图4-62）。

图4-61 圆角衬衫领款式图

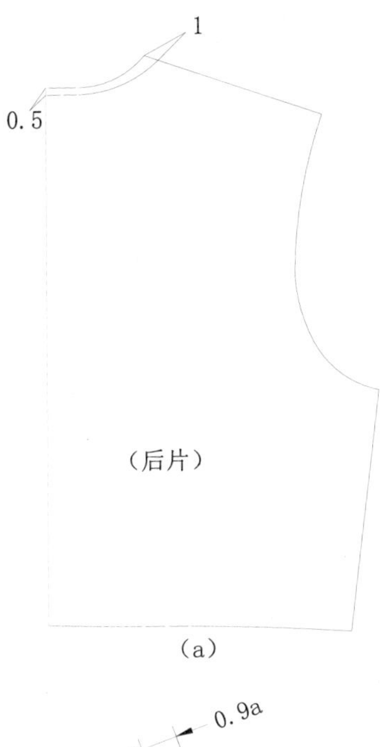

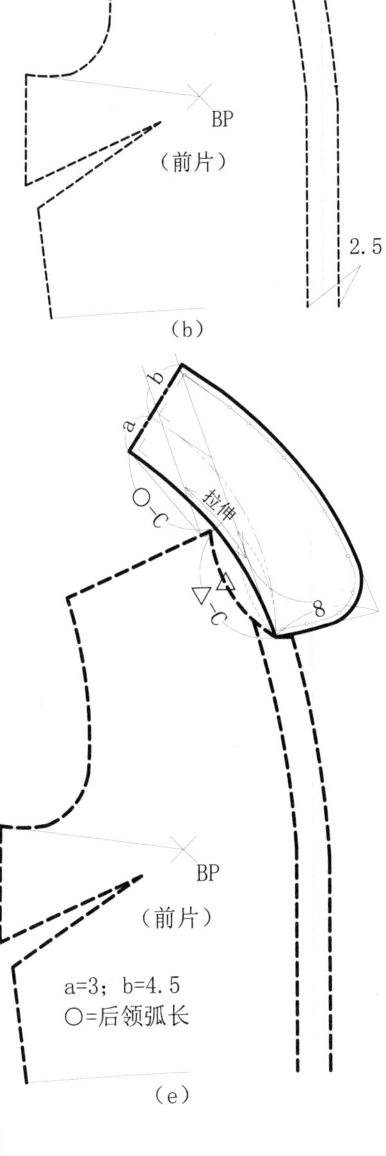

0.8a
BP
（前片）
a=3；b=4.5
○=后领弧长
（c）

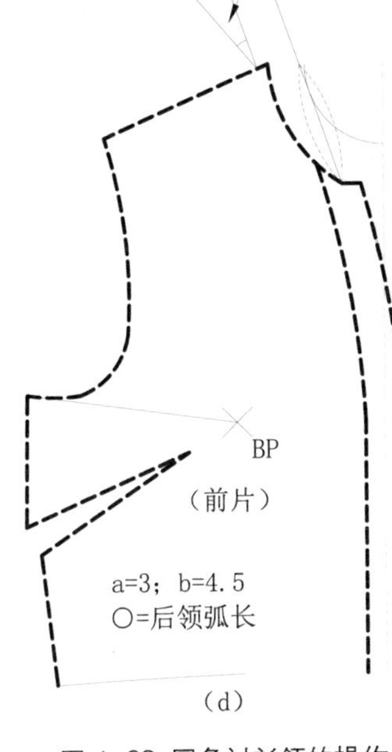

图4-62 圆角衬衫领的操作步骤及结构图

三、翼领

（1）翼领款式图（图4-63）。

（2）翼领操作步骤及结构图（图4-64）。

图4-63 翼衫领款式图

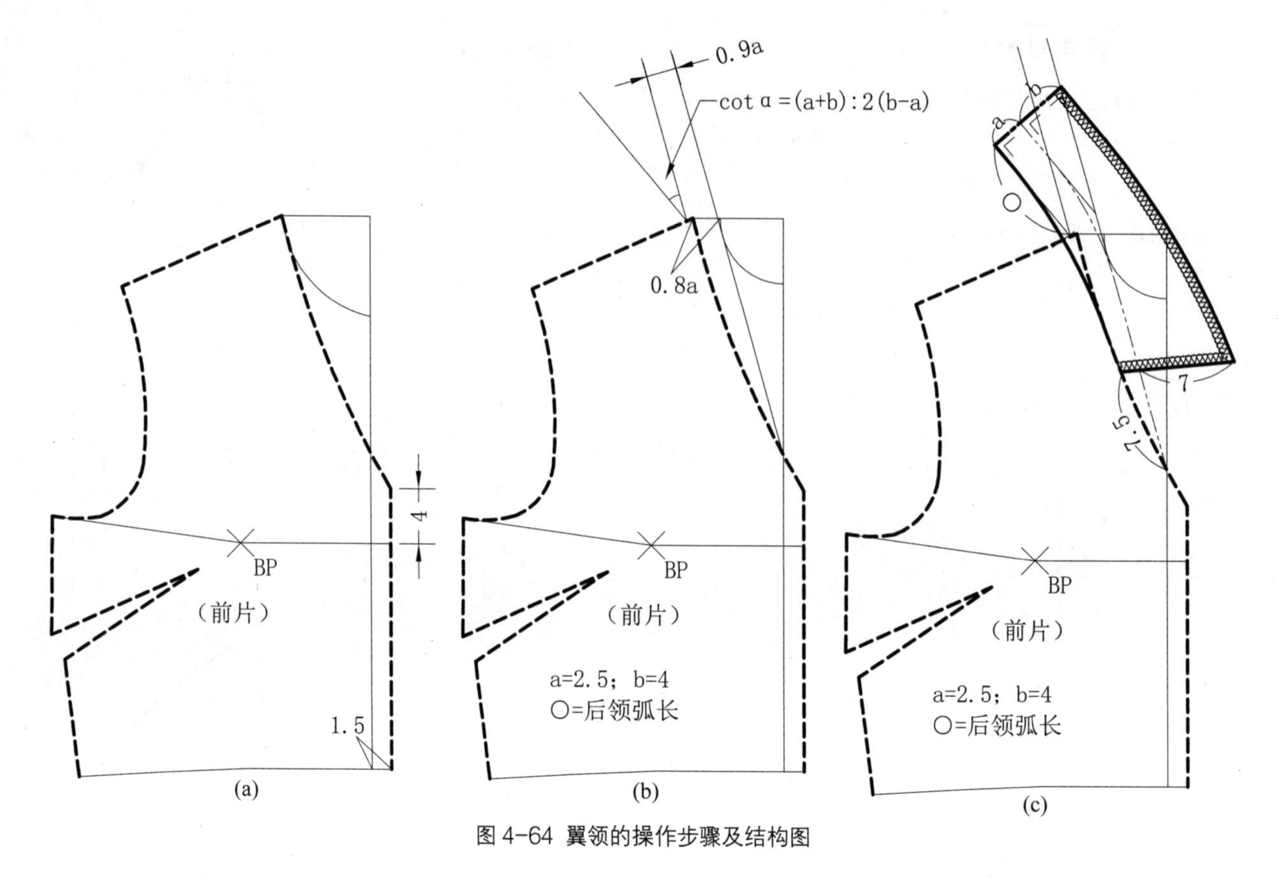

图 4-64 翼领的操作步骤及结构图

四、圆领

（1）圆领款式图（图 4-65）。

（2）圆领的操作步骤及结构图（图 4-66）。

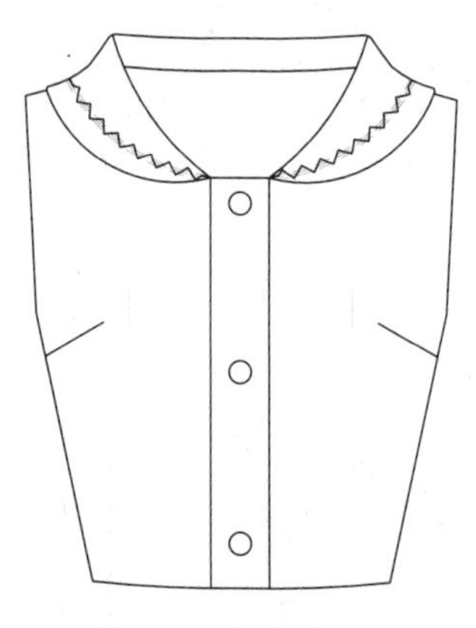
图 4-65 圆领款式图

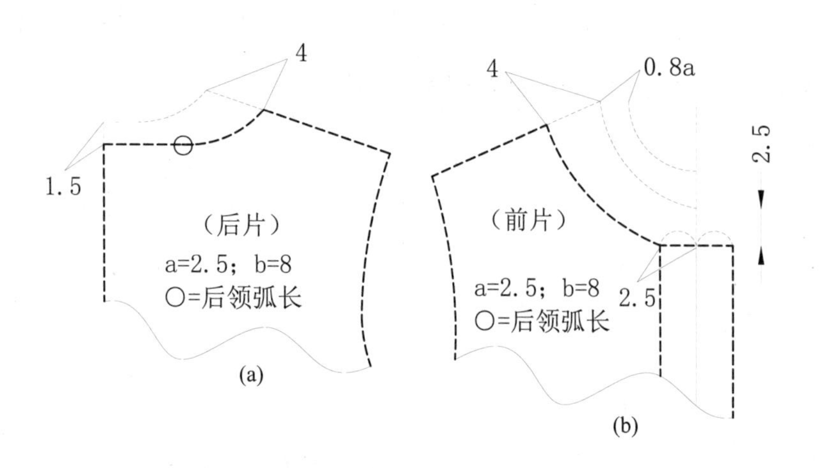

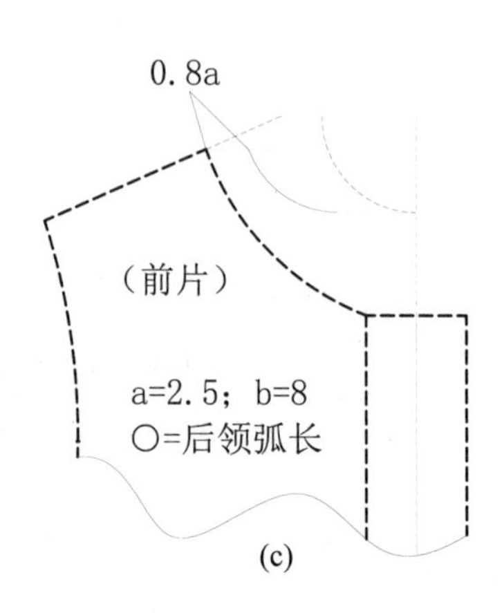

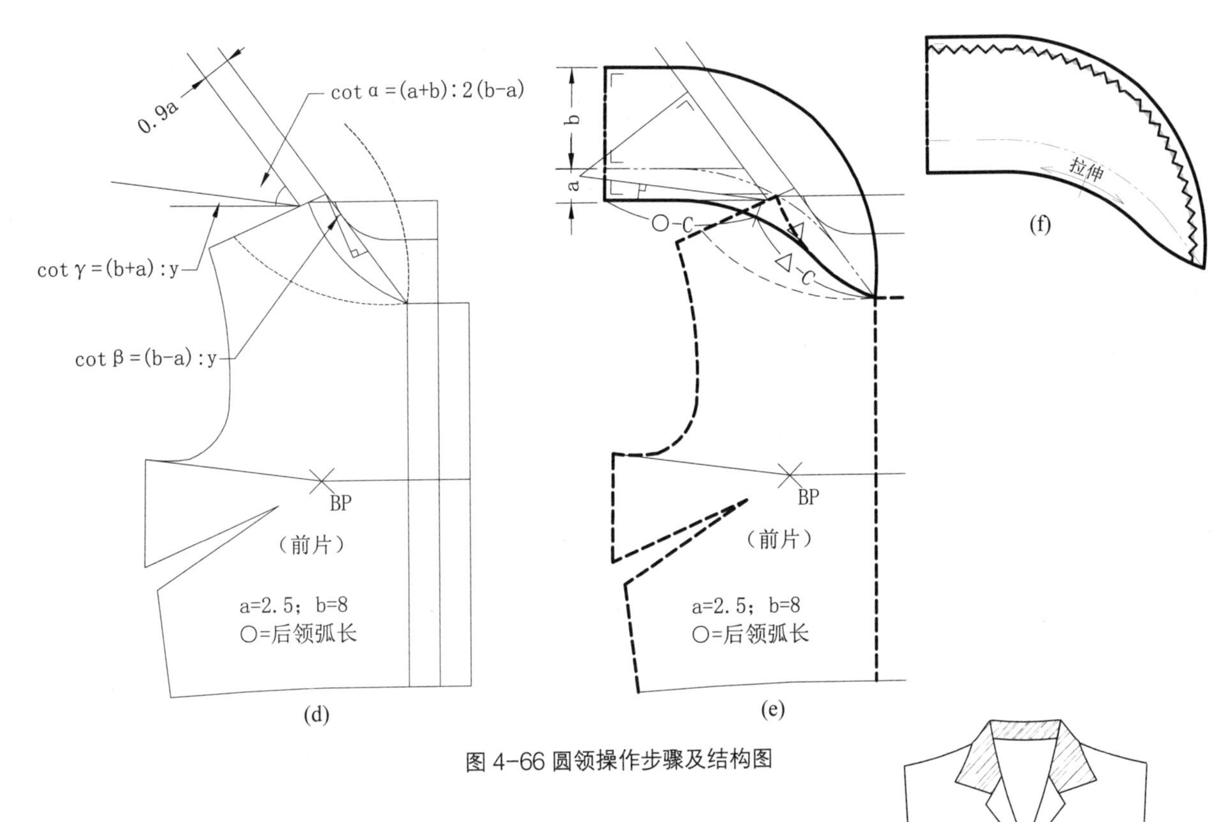

图 4-66 圆领操作步骤及结构图

五、便装领

（1）便装领款式图（图 4-67）。

（2）便装领的操作步骤及结构图（图 4-68）。

图 4-67 便装领款式图

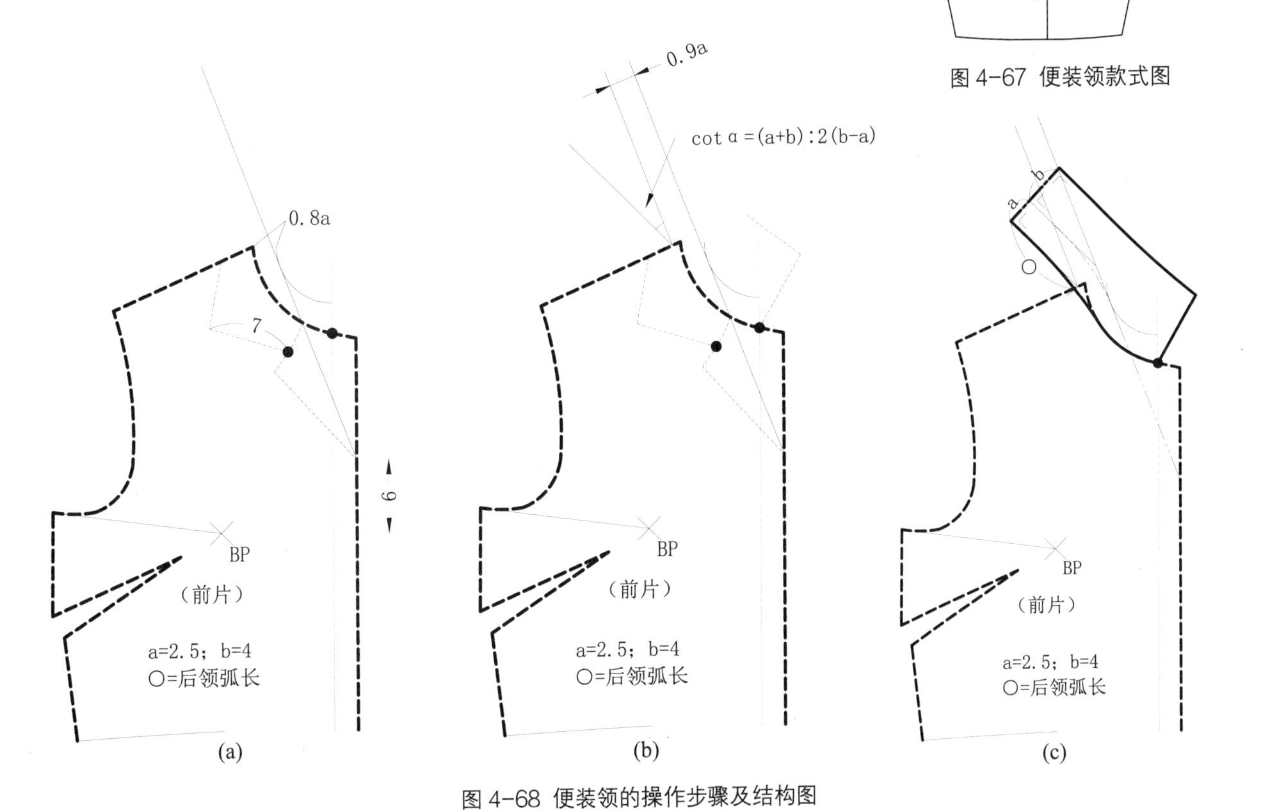

图 4-68 便装领的操作步骤及结构图

图 4-69 枪驳领款式图

六、枪驳领

（1）枪驳领款式图（图 4-69）。

（2）枪驳领操作步骤及结构图（图 4-70）。

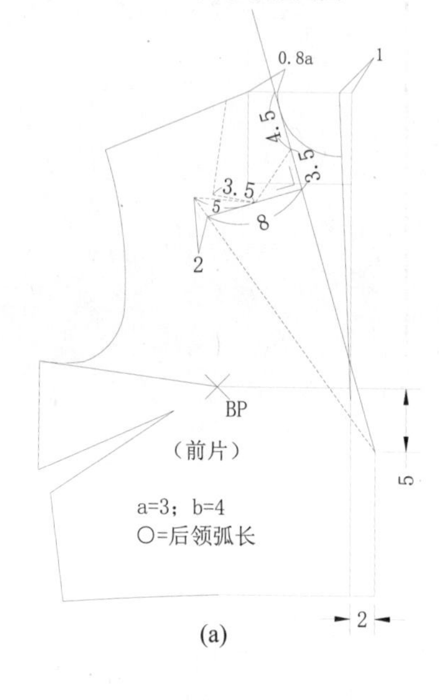

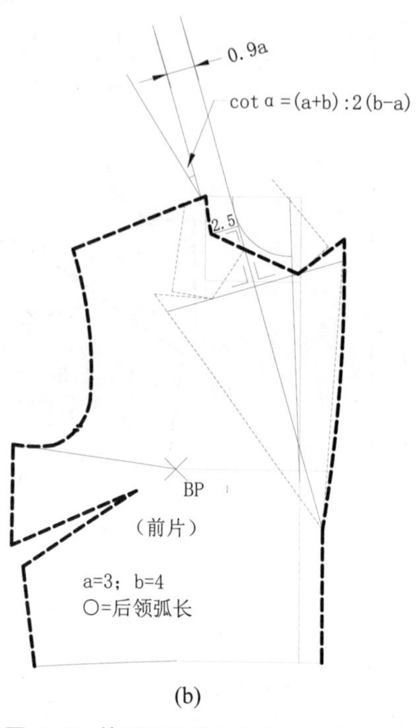

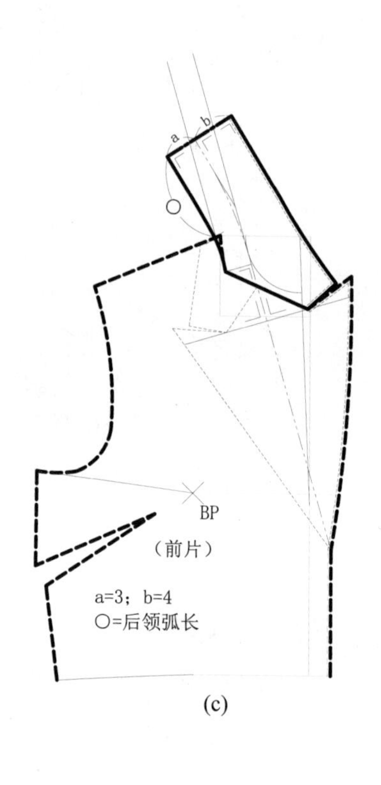

图 4-70 枪驳领的操作步骤及结构图

七、叠领

（1）叠领款式图（图 4-71）。

（2）叠领操作步骤及结构图（图 4-72）。

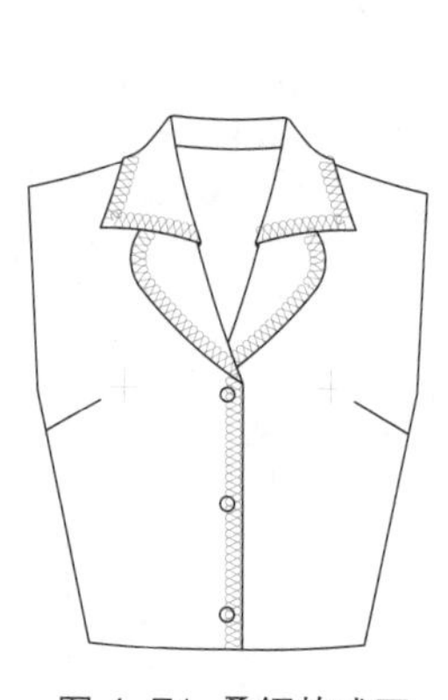

图 4-71 叠领款式图

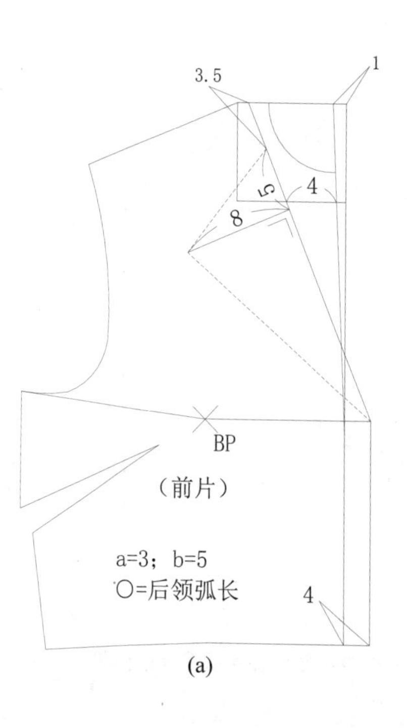

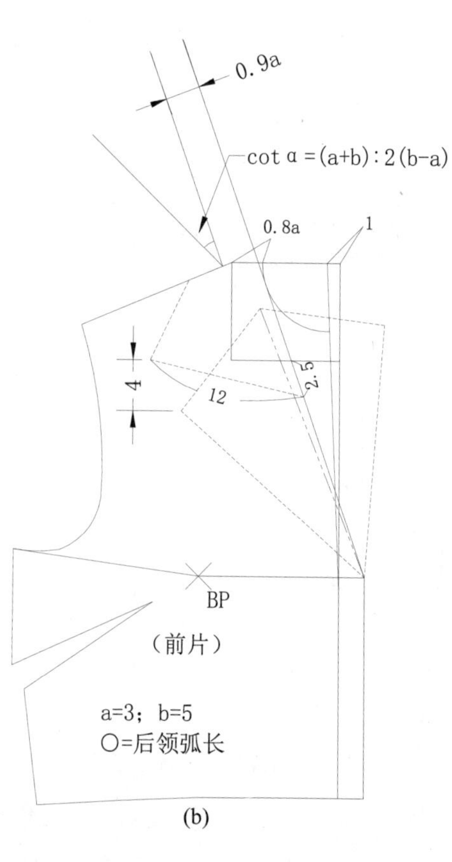

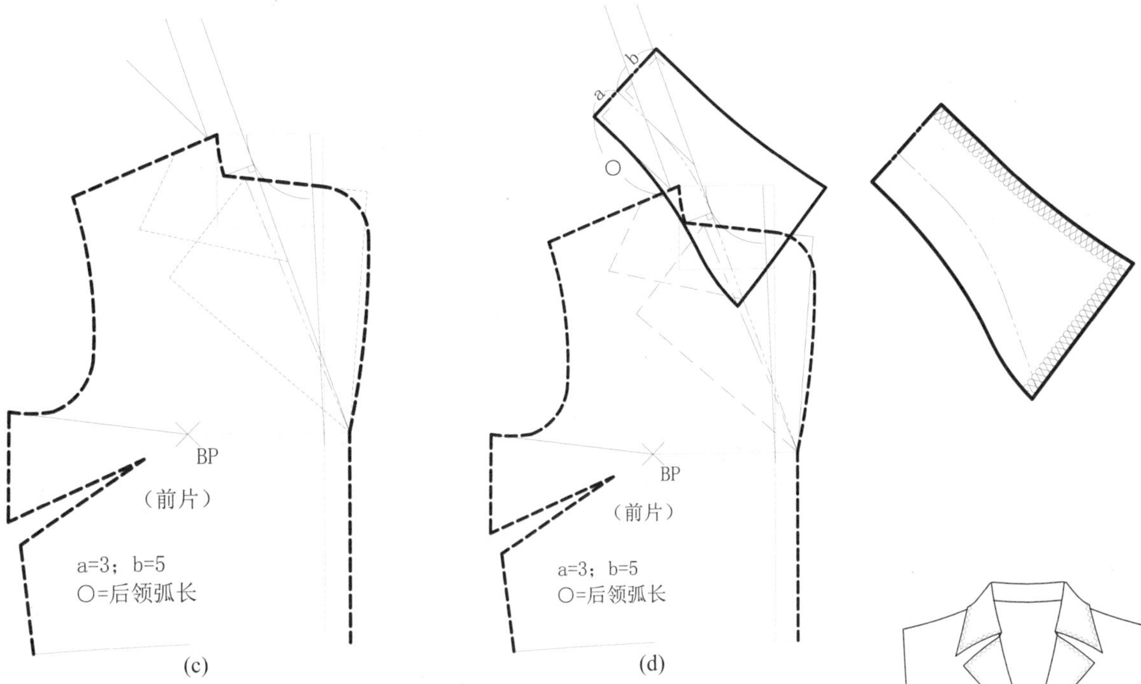

a
b
○
BP
（前片）
a=3；b=5
○=后领弧长
BP
（前片）
a=3；b=5
○=后领弧长
(c)
(d)

图 4-72 叠领的操作步骤及结构图

八、无叠门领

（1）无叠门领款式图（图 4-73）。

（2）无叠门领的操作步骤及结构图（图 4-74）。

图 4-73 无叠门领款式图

0.8a
1.5
4
4
1.5
5.5
4
BP
（前片）
a=3；b=4.5
○=后领弧长
0.9a
cot α =(a+b):2(b−a)
BP
（前片）
a=3；b=4.5
○=后领弧长
a
b
○
BP
（前片）
a=3；b=4.5
○=后领弧长
(a)
(b)
(c)

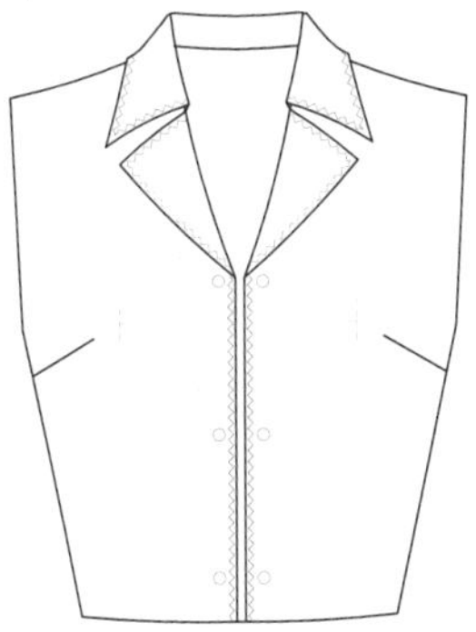

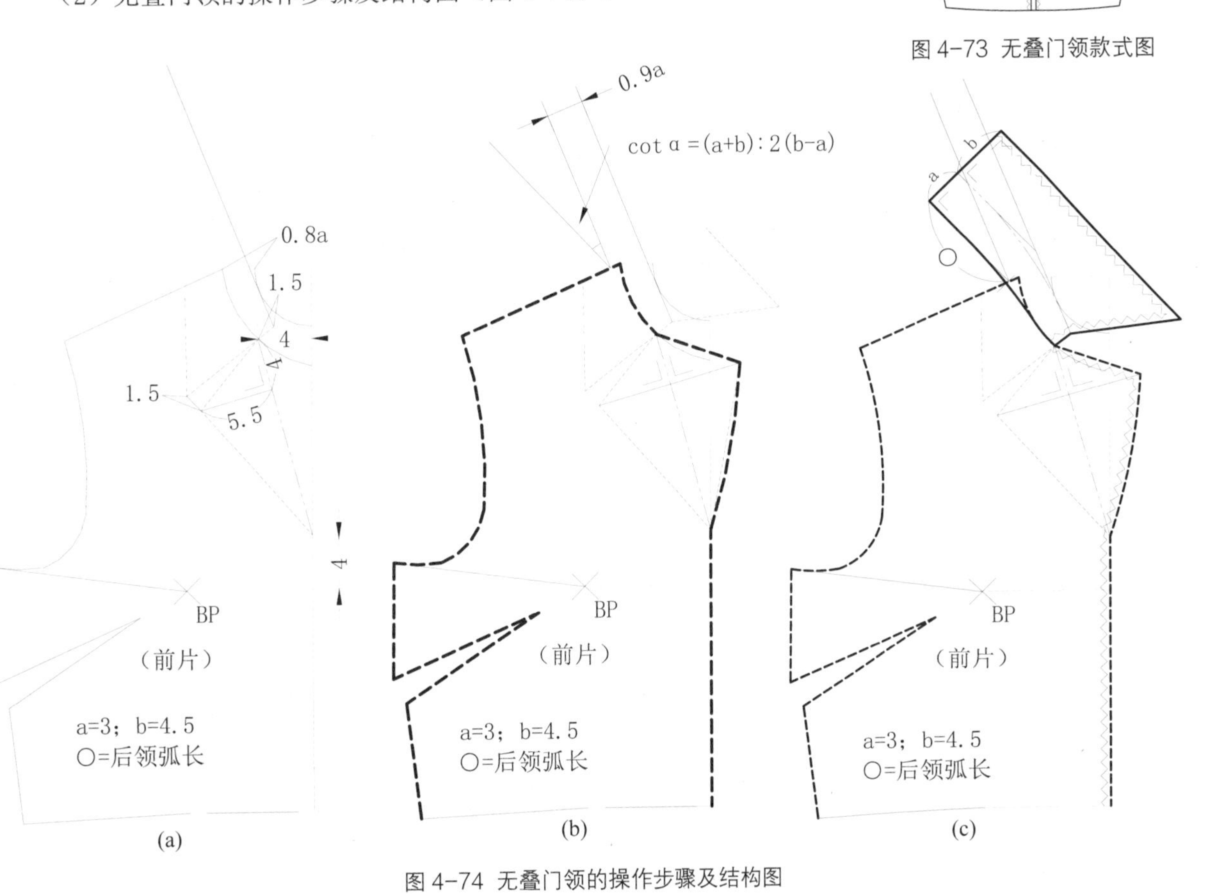

图 4-74 无叠门领的操作步骤及结构图

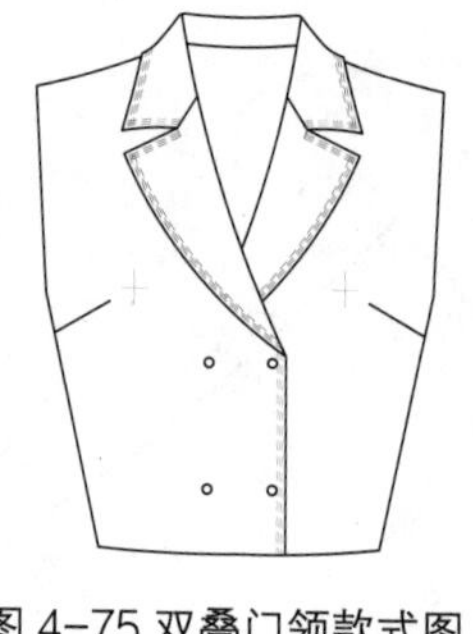

图 4-75 双叠门领款式图

九、双叠门领

（1）双叠门领款式图（图 4-75）。

（2）双叠门领操作步骤及结构图（图 4-76）。

0.8a
1
4
1.5
5
5
2.5
3.5
BP
（前片）
5.5
a=3；b=4.5
○=后领弧长
5
(a)

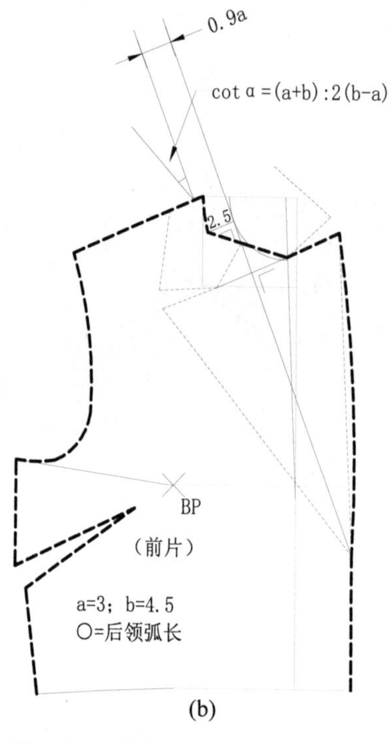

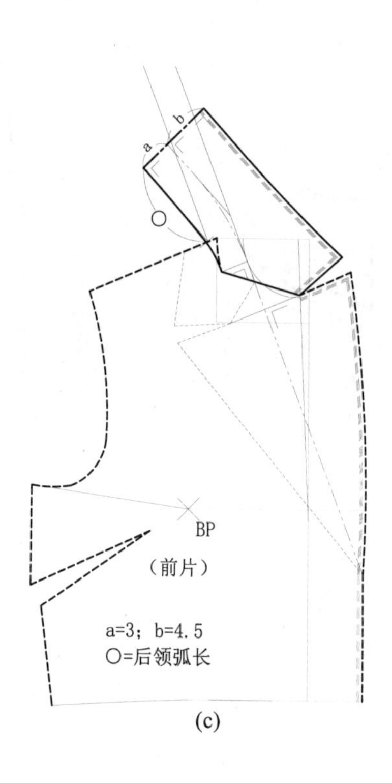

图 4-76 双叠门领操作步骤及结构图

十、燕式分割领

（1）燕式分割领款式图（图 4-77）。

（2）燕式分割领操作步骤及结构图（图 4-78）。

图 4-77 燕式分割领款式图

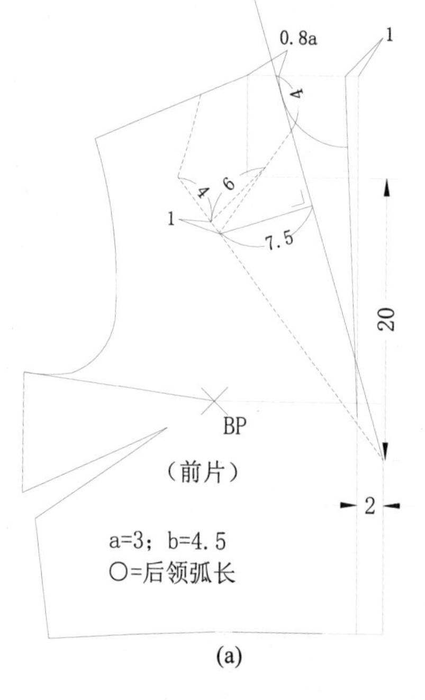

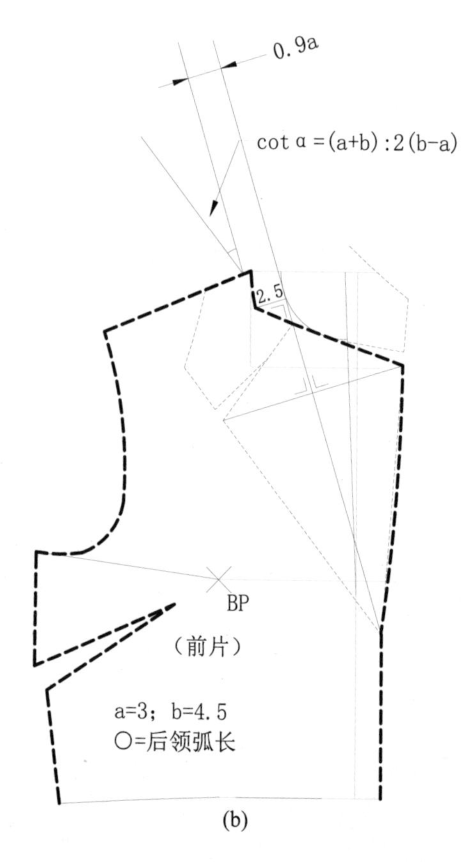

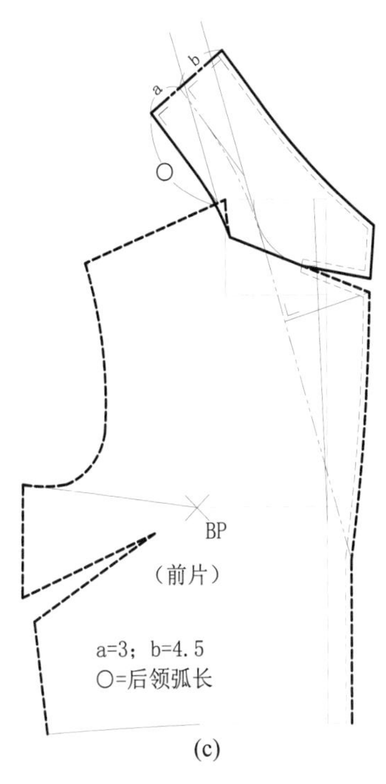

图 4-78 燕式分割领操作步骤及结构图

十一、青果领

（1）青果领款式图（图 4-79）。

（2）青果领操作步骤及结构图（图 4-80）。

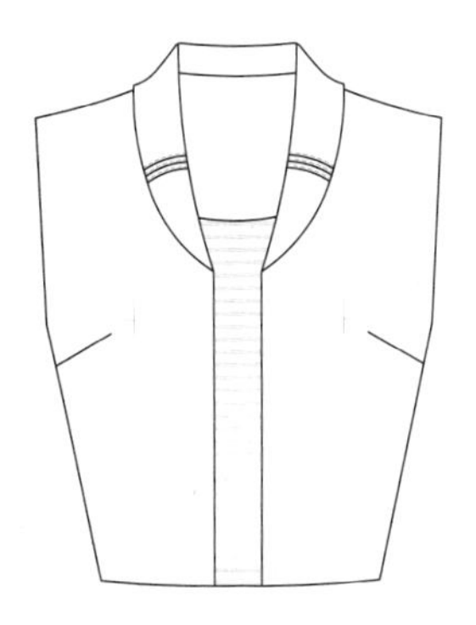

图 4-79 青果领款式图

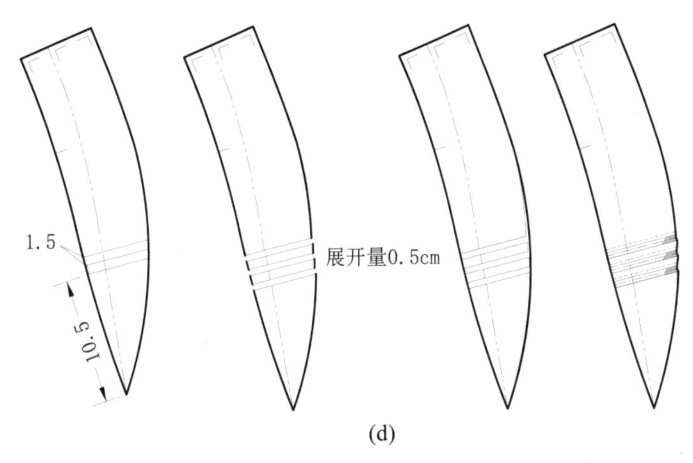

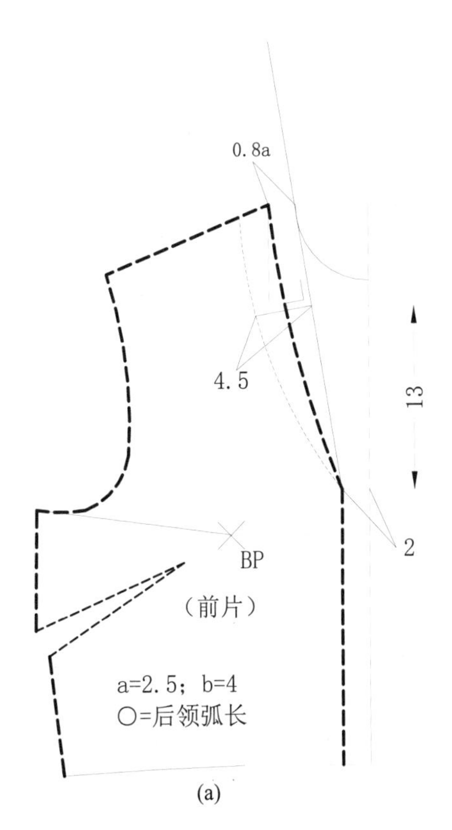

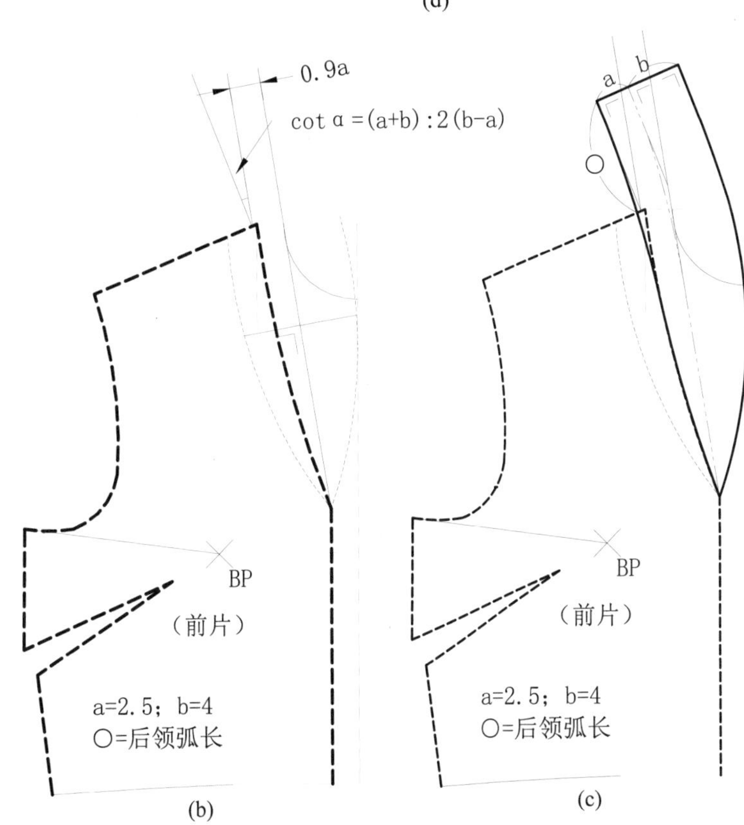

图 4-80 青果领操作步骤及结构图

第五章 其他领

除前述四类衣领之外的其他领款式，主要有连帽领、荡领、环领等。这些衣领的结构设计方法按款式要求有自身的特殊性，应针对其特点进行结构设计。

第一节 连帽领结构应用实例

一、连帽领款式与结构特点

1. 连帽领款式分类

（1）以连帽领的装配形式分，可有连领式、脱卸式等。

（2）以帽口的线条形式分，可有直线形、曲线形及连叠门形式等。

（3）以帽片的形式分，可有两片式、三片式及分割式等。

2. 连帽领结构特点

（1）连帽领的结构特点：依赖于前领圈弧线。

（2）测量头围及头长方法：测量后需加一定的放松量。

（3）测量帽片方法及相关部位规格（图 5-1）。

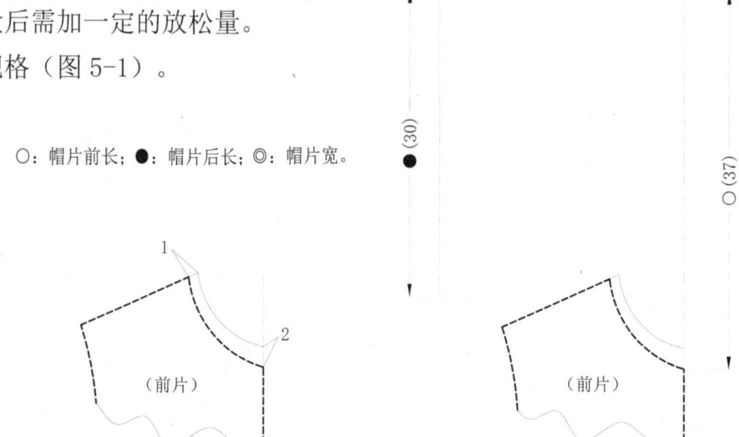

图 5-1 帽片测量方法示意图

二、连帽领结构应用实例

1. 两片式连帽领

（1）两片式连帽领款式图（图 5-2）。

（2）两片式连帽领操作步骤及结构图（图 5-3）。

图 5-2 两片式连帽领款式图

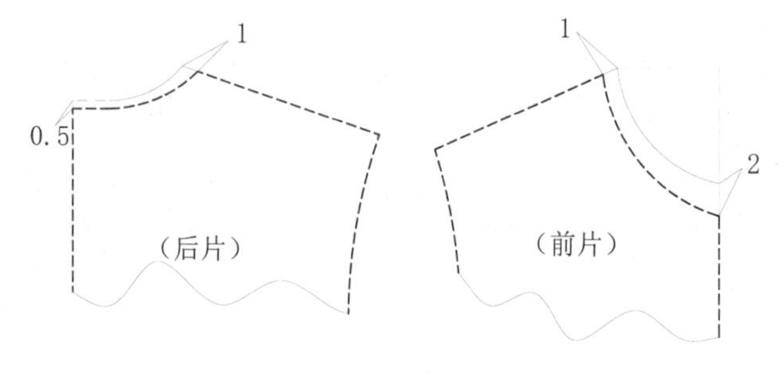

(a)

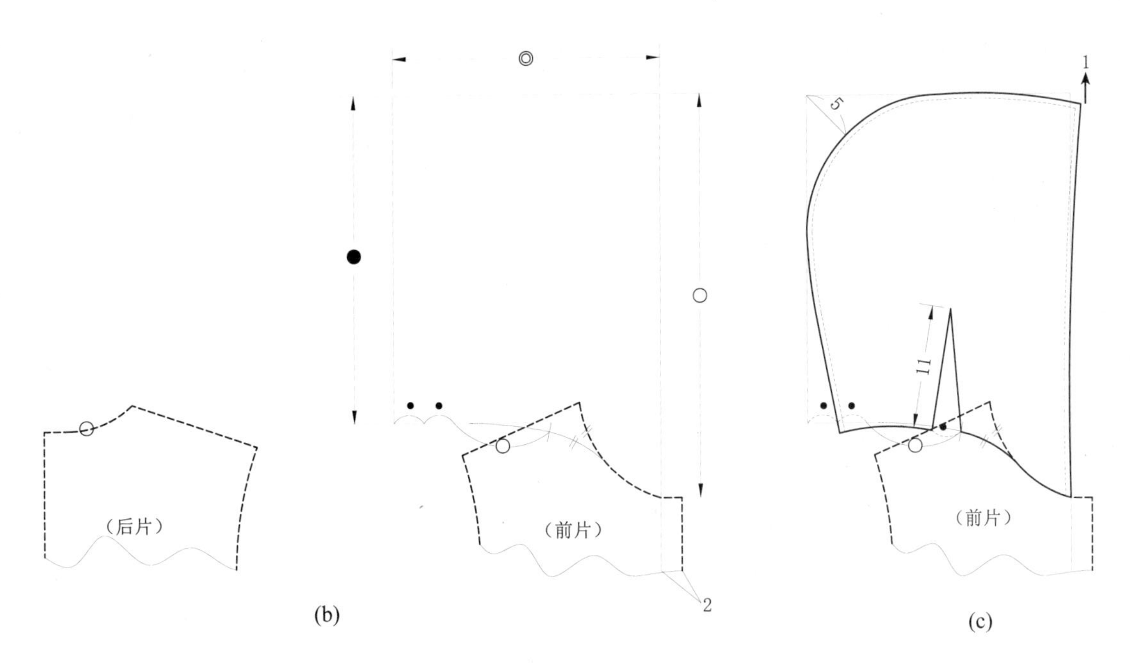

图 5-3 两片式连帽领操作步骤及结构图

2. 三片式连帽领

（1）三片式连帽领款式图（图 5-4）。

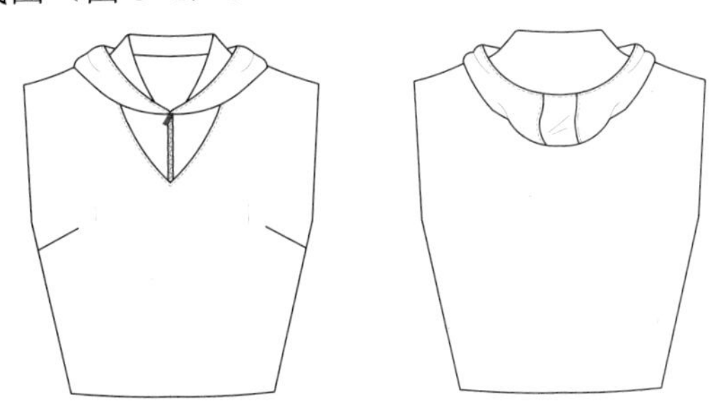

图 5-4 三片式连帽领款式图

（2）三片式连帽领操作步骤及结构图（图 5-5）。

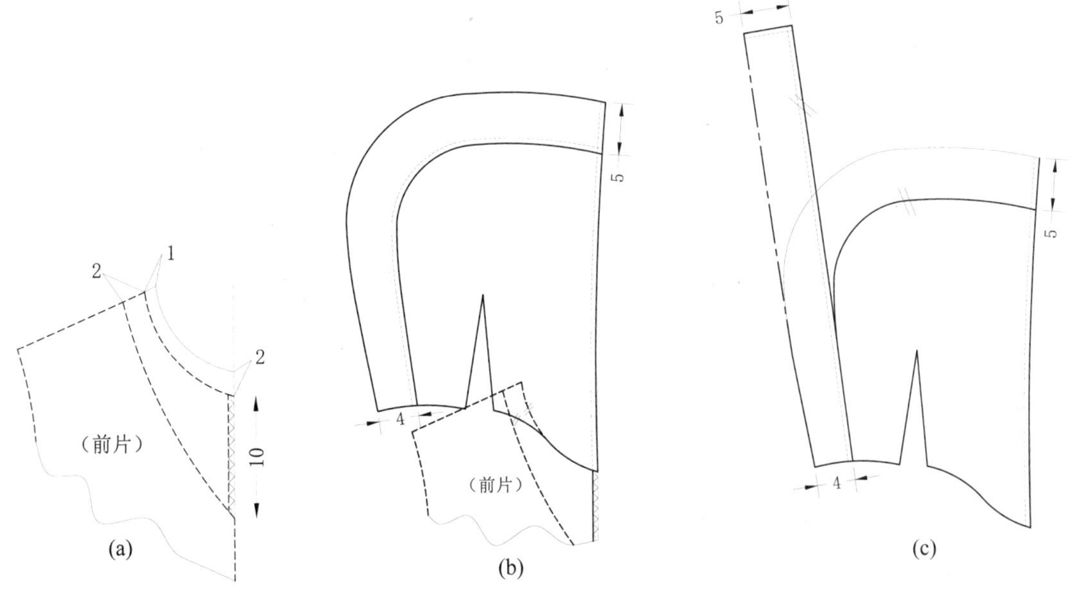

图 5-5 三片式连帽领操作步骤及结构图

3. 分割式连帽领

（1）分割式连帽领款式图（图 5-6）。

图 5-6 分割式连帽领款式图

（2）分割式连帽领操作步骤及结构图（图 5-7）。

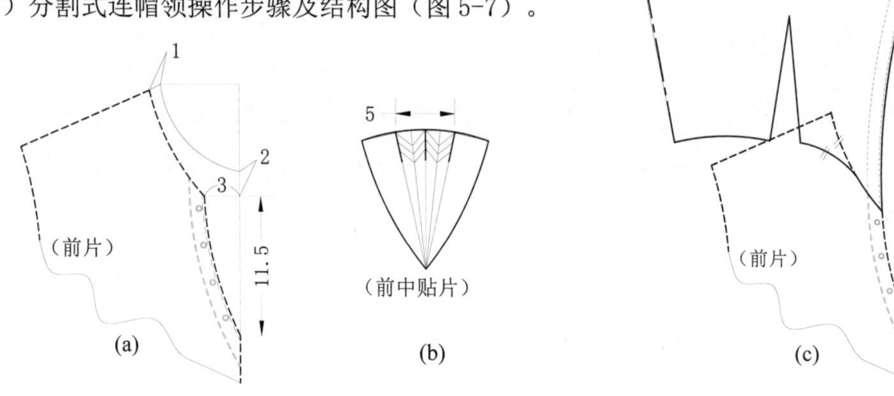

图 5-7 分割式连帽领操作步骤及结构图

第二节 荡领与环领结构应用实例

一、荡领与环领的款式和结构特点

1. 荡领与环领的款式特点

荡领与环领在结构上属同类型衣领。在款式上，荡领的环浪表现为不规则的垂褶造型。环领则表现为规则的环浪造型。

（1）以环浪的形态分类，可有对称环浪、单侧环浪、交叉环浪等。

（2）以环浪的排列形式分类，可有平行环浪、辐射环浪等。

（3）以环浪的顶部造型分类，可有平口形、非平口形。

2. 荡领与环领的结构特点

通过衣身领口部位的展开来构成环浪。环浪结构的处理也可采用立体结构构成方法。

3. 荡领与环领的结构构成条件

（1）衣料：具有良好的悬垂性。

（2）丝绺：衣身片丝绺必须为 45° 斜料。

（3）部位：环浪设置在领口。

4. 环浪的展开方法

（1）平移展开法。

（2）旋转展开法。

二、荡领与环领结构应用实例

1. 荡领

（1）荡领款式图（图 5-8）。

（2）荡领操作步骤及结构图（图 5-9）。

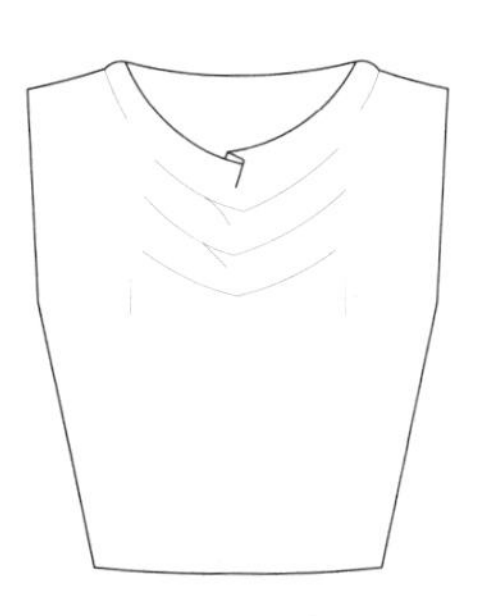

图 5-8 荡领款式图

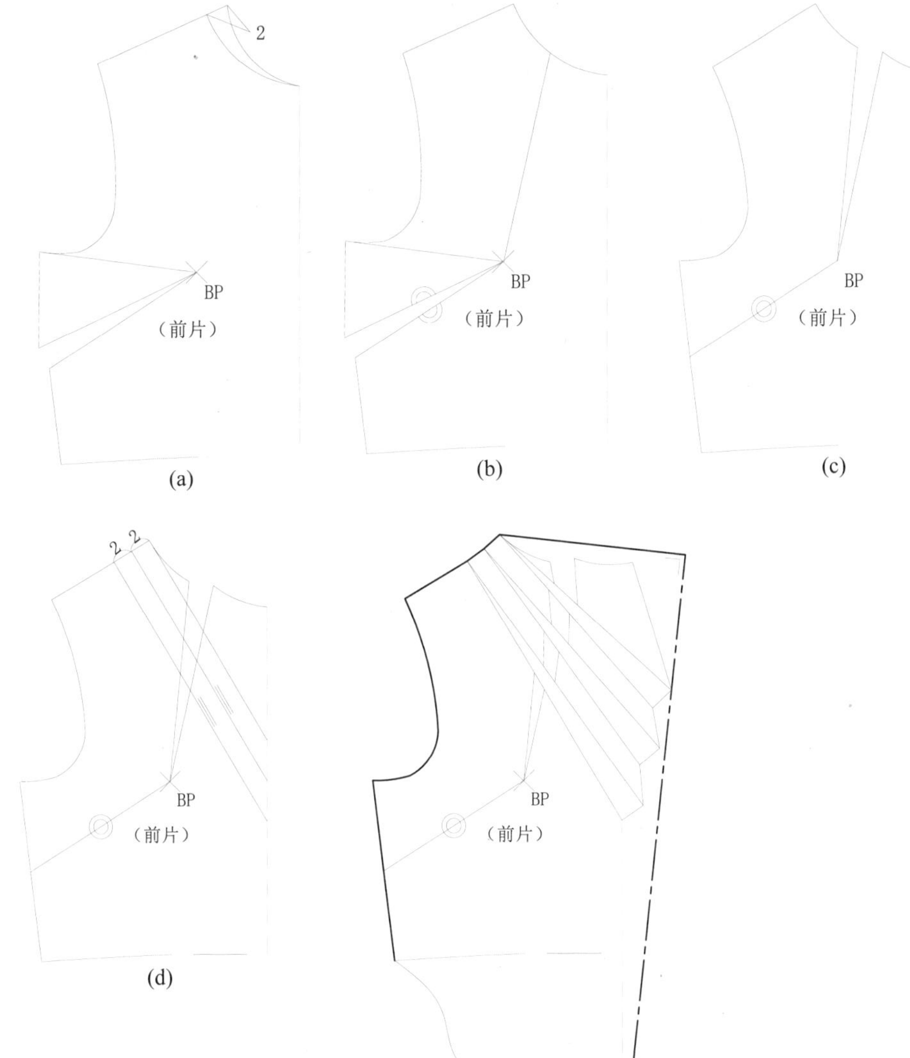

图 5-9 荡领操作步骤及结构图

2. 平行式环领

（1）平行式环领款式图（图 5-10）。

（2）平行式环领的操作步骤结构图（图 5-11）。

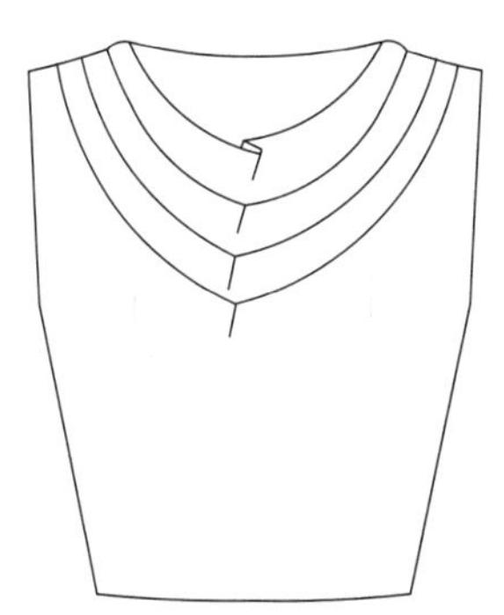

图 5-10 平形式环领款式图

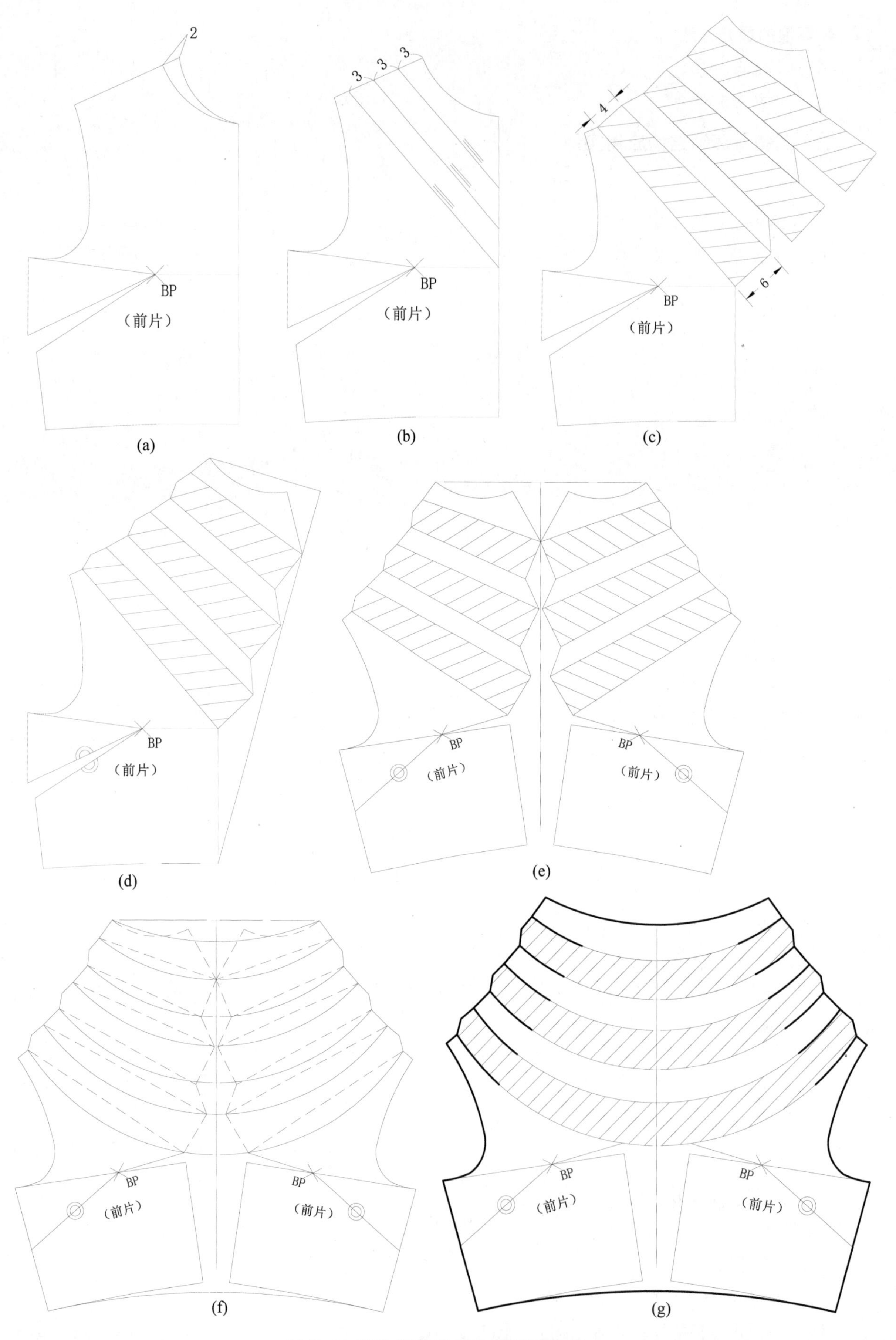

图 5-11 平形式环领的操作步骤及结构图

3. 交叉式环领

（1）交叉式环领款式图（图 5-12）。

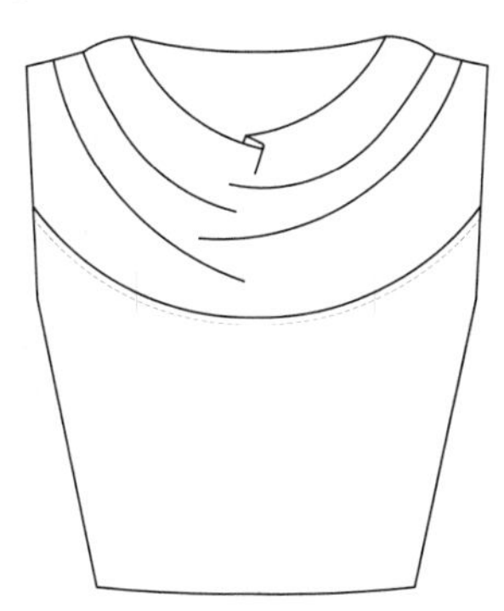

图 5-12 交叉式环领款式图

（2）交叉式环领的操作步骤及结构图（图 5-13）。

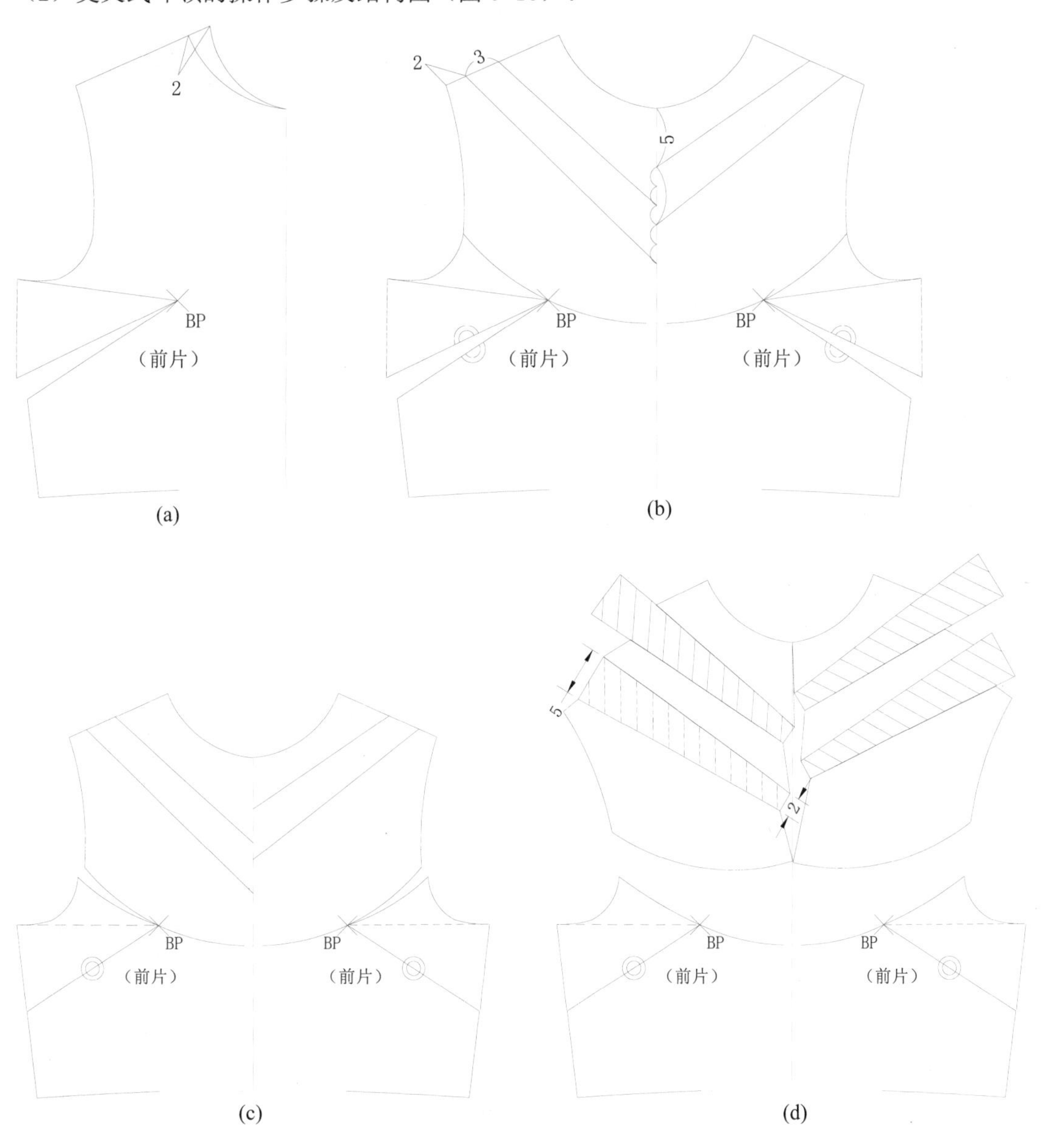

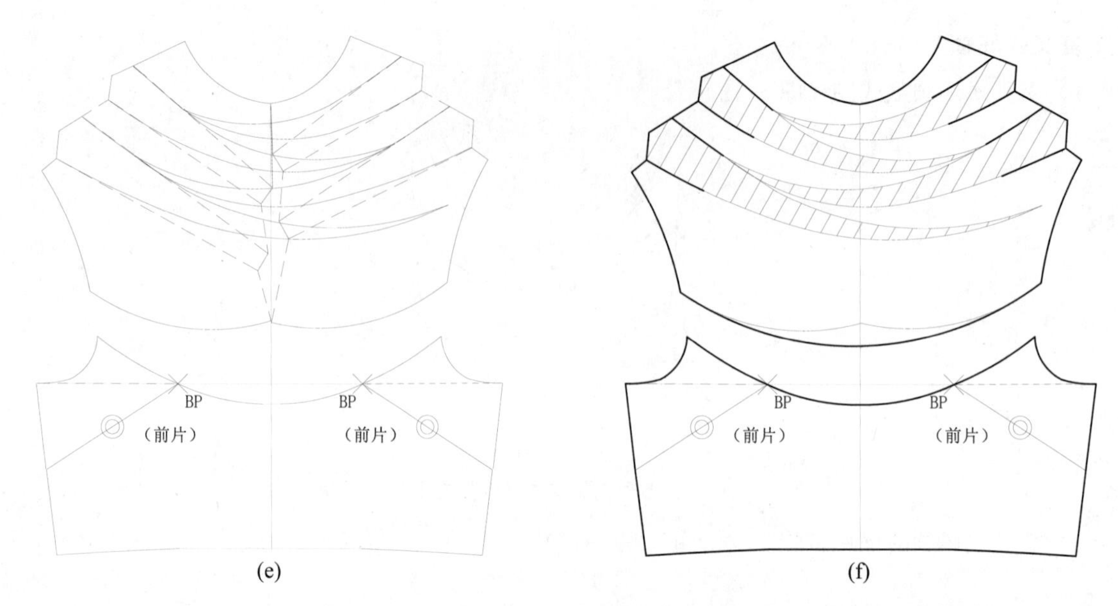

图 5-13 交叉式环领的操作步骤及结构图

思考题：

1. 简述衣领的类型及其特点。
2. 简述衣领的配置方法。
3. 为什么无领结构的前领宽小于后领宽？
4. 简述祖领结构的构成特点。
5. 祖领结构配置时前 / 后肩线在肩端点叠透量形成的原因。
6. 简述立领结构的构成特点。
7. 立领的前领切点的变化与立领形态的关系。
8. 立领的后领弯线的变化与立领形态的关系。
9. 连身型立领的领宽控制量大于分离式立领的原因。
10. 简述翻驳领的类型。
11. 简述翻驳领前领造型的特点。
12. 简述翻驳领的驳口线斜度与驳点高度的关系。
13. 简述翻驳领领座线剖断的原因及线路。

衣袖篇

衣袖是女装整体结构设计中重要的组成部分。女装衣袖的基本结构是以袖肥宽与袖山高为构成要素。根据女性人体的体型要求、合体程度与款式变化要求，在衣袖基型的基础上，进行衣袖的结构设计，是快速、精确地达到衣袖结构设计目标的途径。衣袖基型的正确与否，衣袖基型的全面理解，将直接关系到女装衣袖的成衣效果。

衣袖有多种分类方法。

（1）根据衣袖的长度分，有无袖、盖袖、短袖、中袖、长袖等（图 1）。

（2）根据衣袖的造型分，有泡泡袖、喇叭袖、花瓣袖、灯笼袖等（图 2）。

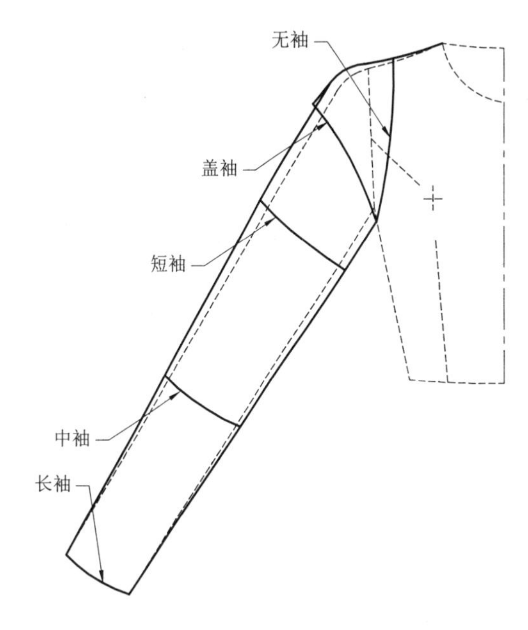

图 1 衣袖袖长分类

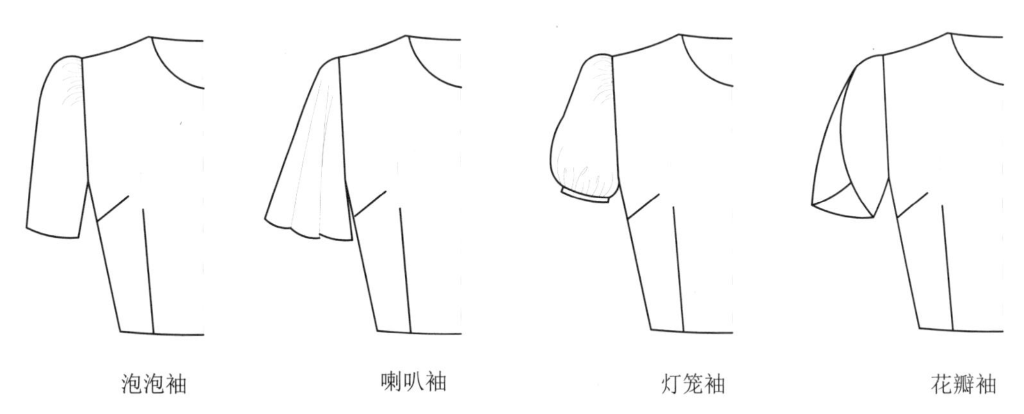

图 2 衣袖造型分类

（3）根据衣袖袖片的数量分，有一片袖、二片袖、三片袖等（图 3）。

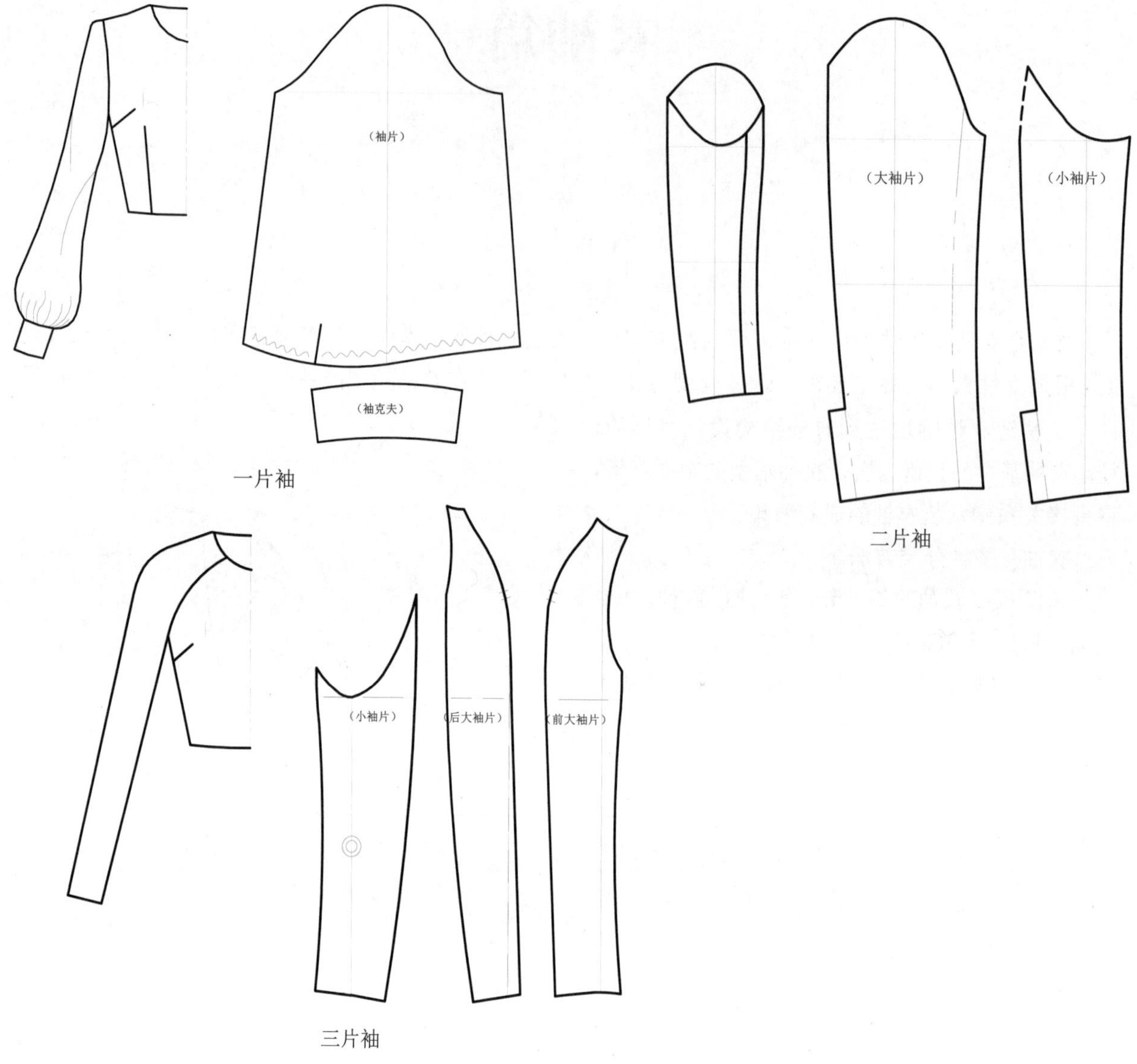

图 3 衣袖袖片数量分类

（4）根据衣袖的装配形式分，有无袖型、装袖型、连袖型等（图 4）。

（5）以衣袖的结构适体特点分，有宽松袖、适身袖、合体袖（图 5）。

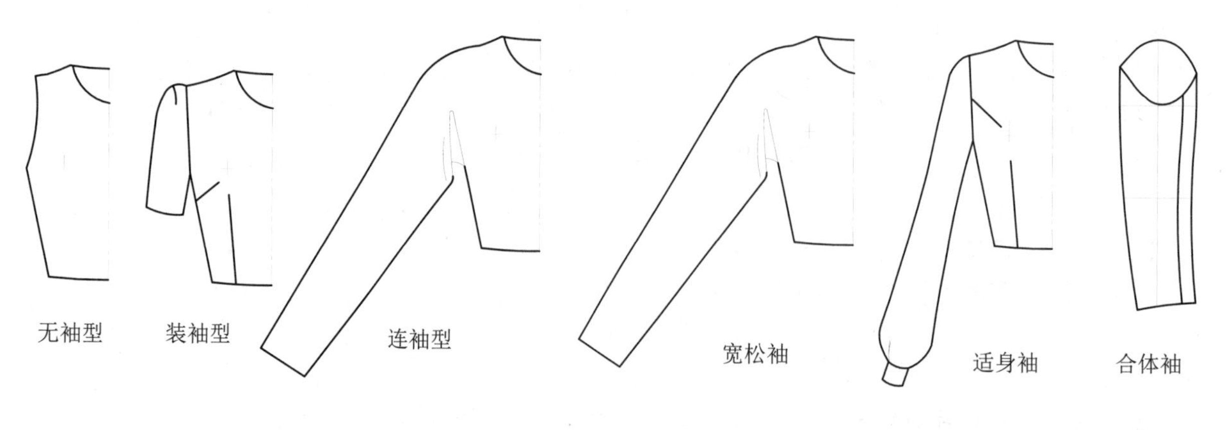

图 4 衣袖装配形式分类

图 5 衣袖结构适体特点分类

第一章 衣袖基型

衣袖的基本结构由袖长、袖口、袖山高、袖肥宽等构成。其中的袖山高与袖肥宽是衣袖的结构要素，衣袖基型包括了衣袖的共性部分，是袖片款式变化的基础。

第一节 衣袖基型线条及部位名称

一、衣袖基型线条名称

见图 1-1。

二、衣袖基型部位名称

见图 1-2。

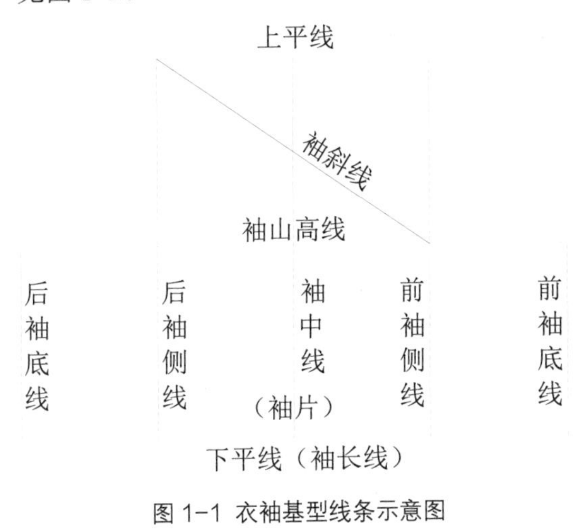

图 1-1 衣袖基型线条示意图

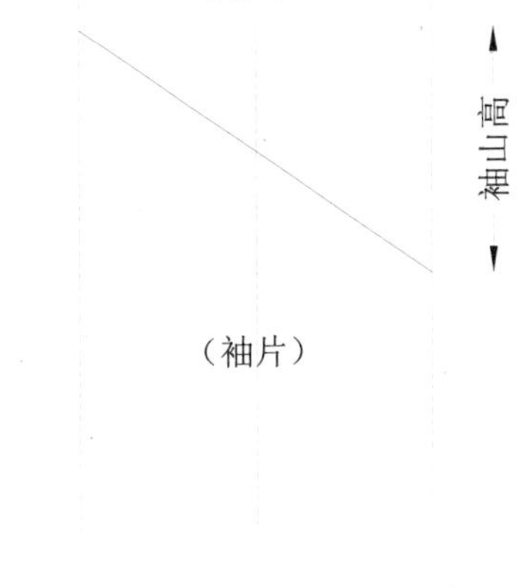

图 1-2 衣袖基型部位示意图

三、衣袖基型结构线名称

见图 1-3。

四、衣袖与人体上相对应的点和线

见图 1-4。

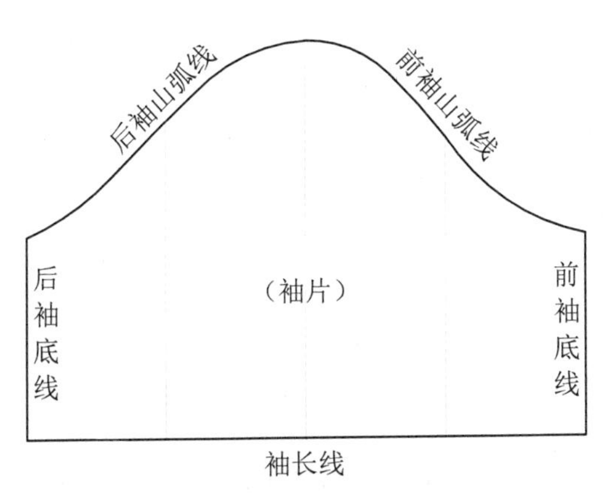

图 1-3 衣袖基型结构线示意图

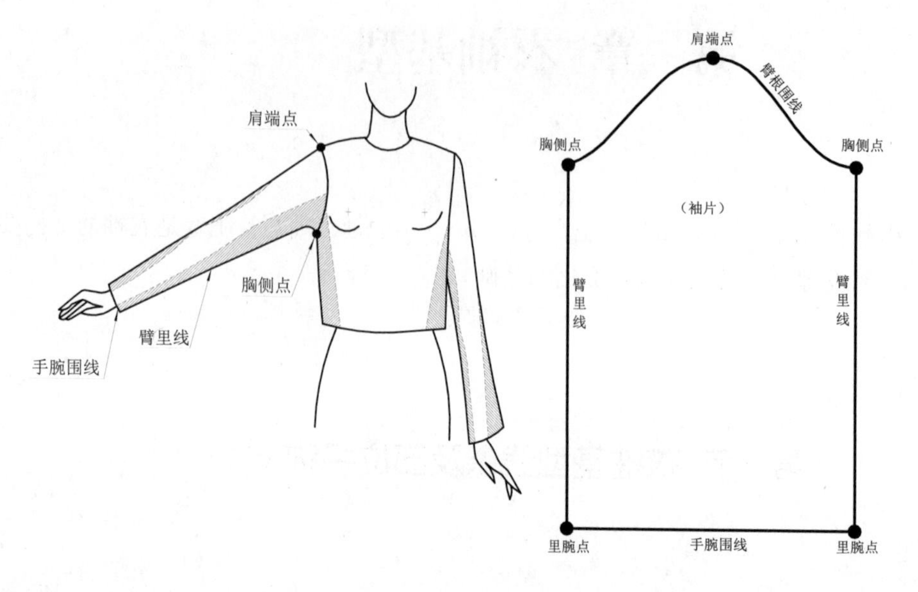

图 1-4 衣袖与人体相对应的点与线

第二节 衣袖基型构成

一、设定规格

见表 1-1。

表 1-1 衣袖部位规格表（单位：cm）

号型	胸围	袖长	袖斜线倾斜角余切
160/84A	96	25	15 ∶ 10

二、衣袖基本线构成

见图 1-5。

①基本线（上平线）：首先构成的基本线。

②后袖侧线：垂直相交于基本线。

③下平线（袖长线）：自上平线向下量取袖长并作上平线的平行线。

④袖斜线：以倾斜角余切为 15 ∶ 10 确定袖斜线，并在袖斜线上取 AH/2 以定点 A。

⑤前袖侧线：过 A 点作上平线的垂线。

⑥袖山高线：过 A 点作上平线的平行线。

⑦袖中线：过袖肥宽的中点作上平线的垂线。

⑧前袖底线：过袖肥宽的 1/2 处作袖山高线的垂线。

⑨后袖底线：过袖肥宽的 1/2 处作袖山高线的垂线。

图 1-5 衣袖基本线构成

三、衣袖结构线构成

（1）袖山弧线：如图 1-6 所示，分别量取袖肥宽的 1/4，得 B、D、E 点；取后袖底线偏进 2cm 得 C 点。

连接BC、DE、FG、FH。通过G、I、F、J、H点连接弧线。

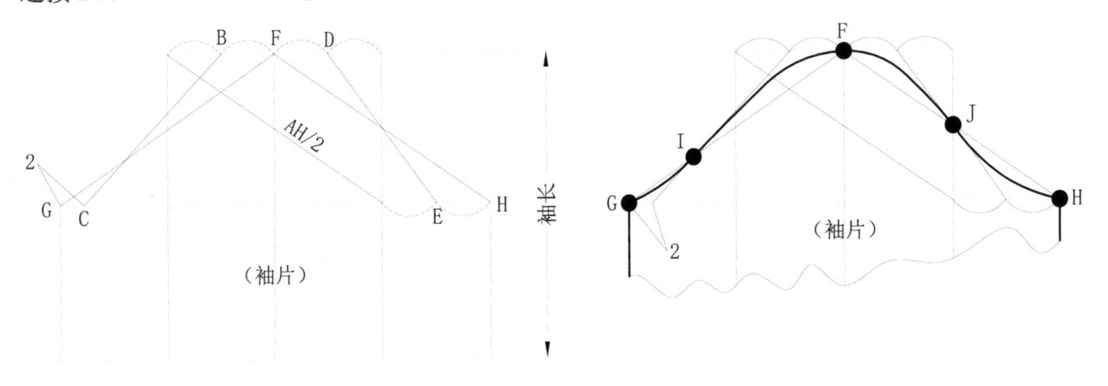

图1-6 袖山弧线构成

（2）前袖侧线、后袖侧线、袖长线（图1-7）。

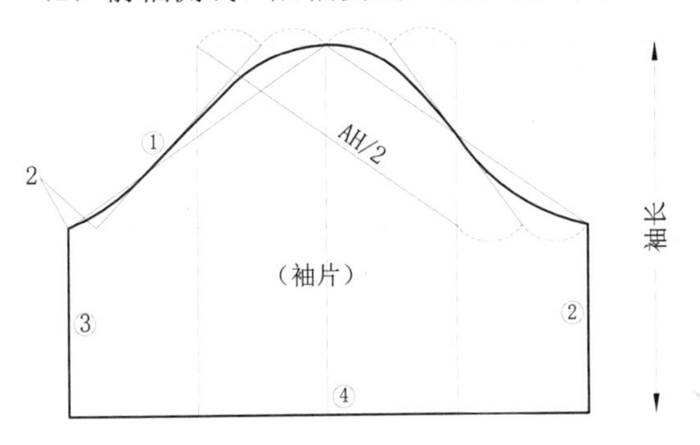

图1-7 衣袖结构线构成

第三节 衣袖基型应用方法

衣袖基型的构成要素是袖肥宽、袖山高。袖肥宽与袖山高构成长方形，袖斜线是长方形的对角线（图1-8）。

一、衣袖基型的构成方法

（1）优先确定袖肥宽得到袖山高（图1-9）。

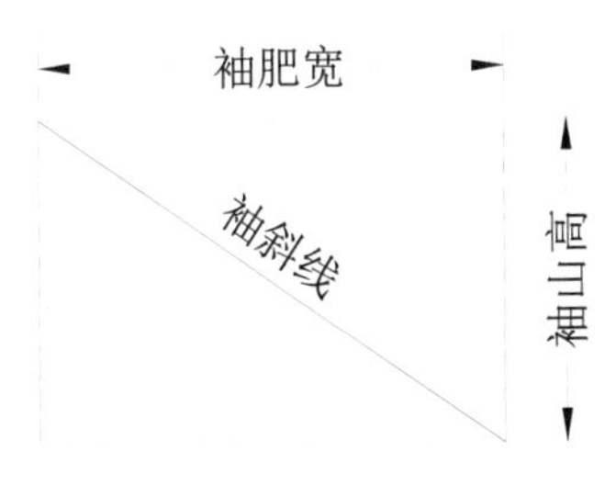

图1-8 衣袖构成要素

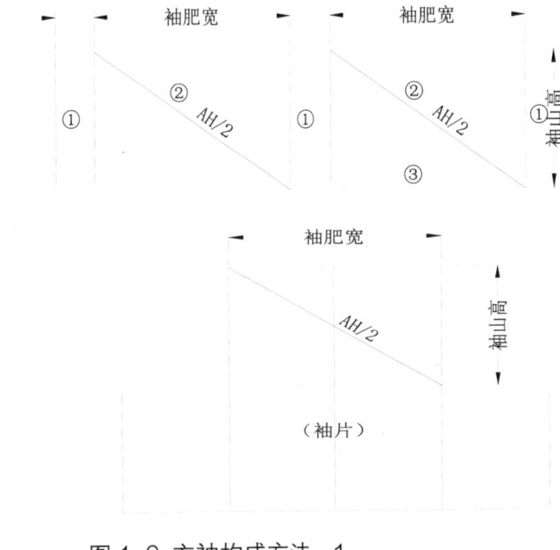

图1-9 衣袖构成方法-1

（2）优先确定袖山高得到袖肥宽（图 1-10）。

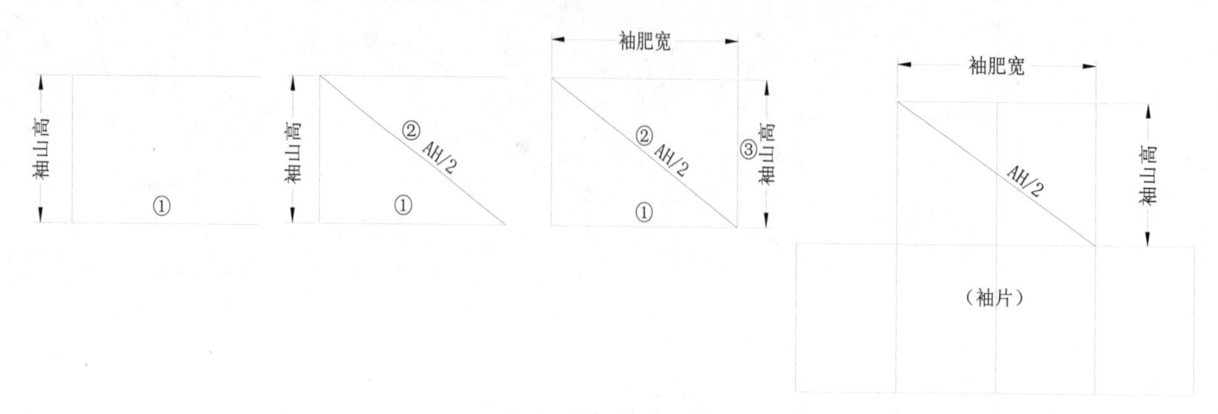

图 1-10 衣袖构成方法 -2

（3）优先确定袖斜线的斜率得到袖肥宽与袖山高（图 1-11）。

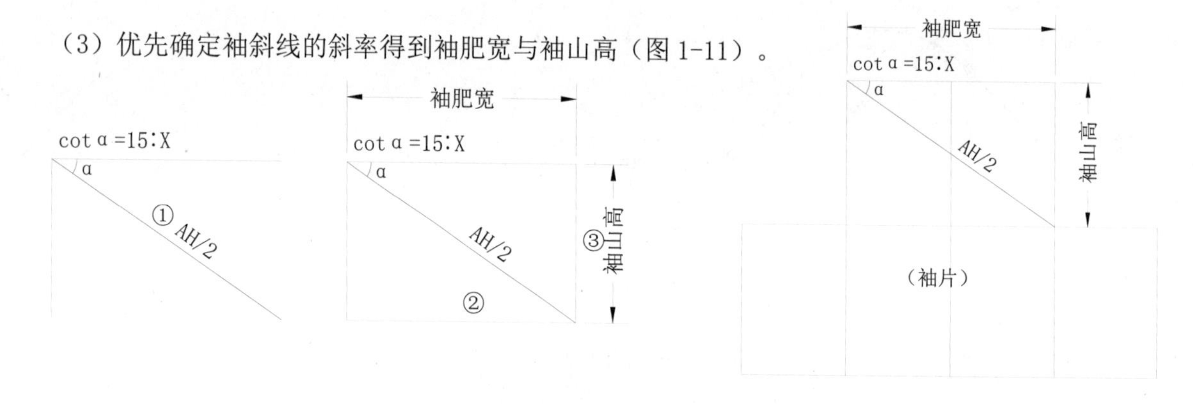

图 1-11 衣袖基型构成方法 -3

二、衣袖基型结构变化方法

1. 衣袖袖山收缩量确定的相关因素

衣袖袖山收缩量也可称为袖山吃势。袖山收缩量的确定与下列因素有关：

（1）袖窿周长：袖窿弧线越长，袖山弧线也越长。按比例推算，袖山收缩量也就越大。因此，在相同条件下，袖山收缩量与袖窿周长成正比。

（2）袖山高度：袖山高度越高，所需要的袖山收缩量也越大。因袖山高度越高，其弧线的弧曲度也越大，为了满足袖山弧线由平面转化为立体的弧曲度，袖山收缩量与袖山高度成正比。

（3）面料特性：面料的松紧程度直接影响袖山收缩量的大小。面料为松结构、状态时，袖山收缩量大；面料为紧结构状态时，袖山收缩量小。

（4）装配形式：衣袖在装配时因缝份的倒向不同，袖山收缩量也不同。缝份的倒向决定面料的里外匀所需的量的大小。当缝份倒向衣袖时，袖山弧线处于袖窿弧线的外圈，袖山收缩所需的量大；当缝份倒向衣身时，袖山弧线处于袖窿弧线的内圈，袖山收缩所需的量小；当缝份为分开缝时，袖山弧线与袖窿弧线处于平衡状态，袖山收缩量介于前述二者之间。

2. 衣袖基型各部位控制量的确定

（1）袖肥宽的控制量：0.15B+5±C。

（2）袖山高的控制量：AH/3 或 AH/4；（0.3 ～ 0.85）× 袖窿深。

（3）袖斜线的控制量：AH/2±C。见图 1-12。

（4）袖斜线倾斜角控制量：如图 1-12 所示。以倾斜角余切为 15 ：X 来确定袖斜线，其中 X 值为 0 ～ 14cm。X 值越大，袖型越趋向于合体；X 值越小，则袖型越趋向于宽松。

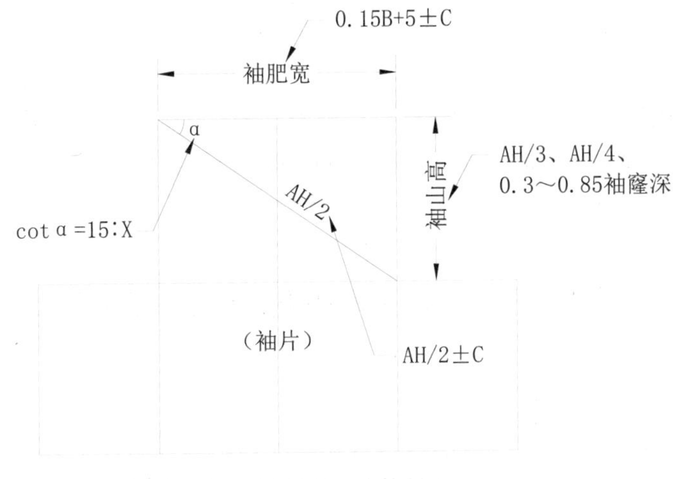

图 1-12 衣袖基型各部位控制量

（5）前袖山弧线辅助线斜度的定位：

前袖山弧线的弧度与衣袖的合体程度有密切的关系。衣袖合体程度高时，前袖山弧线弧度大；衣袖合体程度低时，前袖山弧线弧度小。据此，前袖山弧线辅助线斜度定位就应相应地满足衣袖的款式要求。衣袖合体程度高时，前袖山弧线偏直；衣袖合体程度较低时，前袖山弧线偏斜。具体定位见图 1-13。

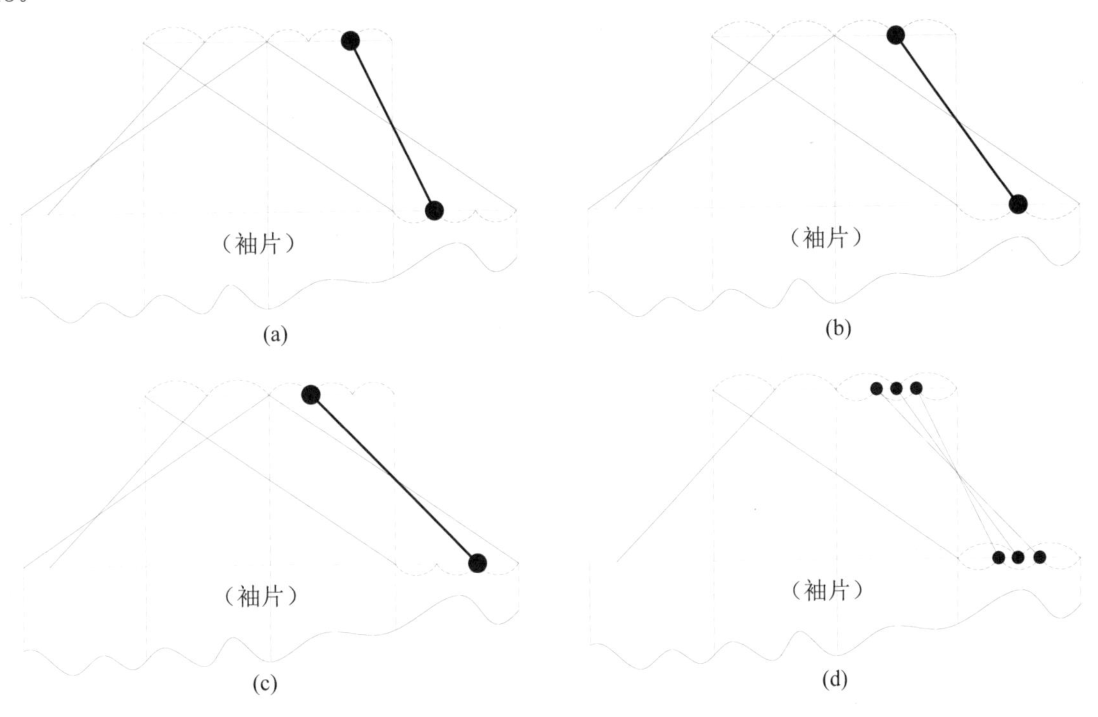

图 1-13 前袖山弧线辅助线斜度定位

第二章 衣袖各部位结构变化

衣袖的部位结构变化包括衣袖侧线斜度、袖山、袖肥、袖口及袖窿弧线等变化。衣袖各部位结构变化以衣袖基型为基础，根据款式及衣袖合体程度来展开各自特点的形态变化。

第一节 衣袖袖侧线结构变化

从袖侧线同步变化的角度看，衣袖袖侧线的形态变化可分为直线形、内斜形、外斜形。从前／后袖侧线不同步变化的角度看，在前袖侧线直线形的前提下，后袖侧线的变化可分为内斜形与内折形。以下例图规格中：袖长 =58cm，AH=44cm。

一 、前／后袖侧线直线形结构构成方法

见图 2-1。

二、前／后袖侧线同步内斜形结构构成方法

见图 2-2。

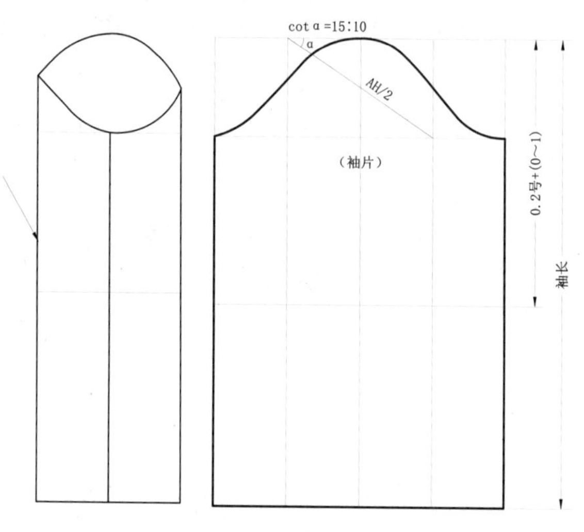

图 2-1 前／后袖侧线直线形结构构成方法

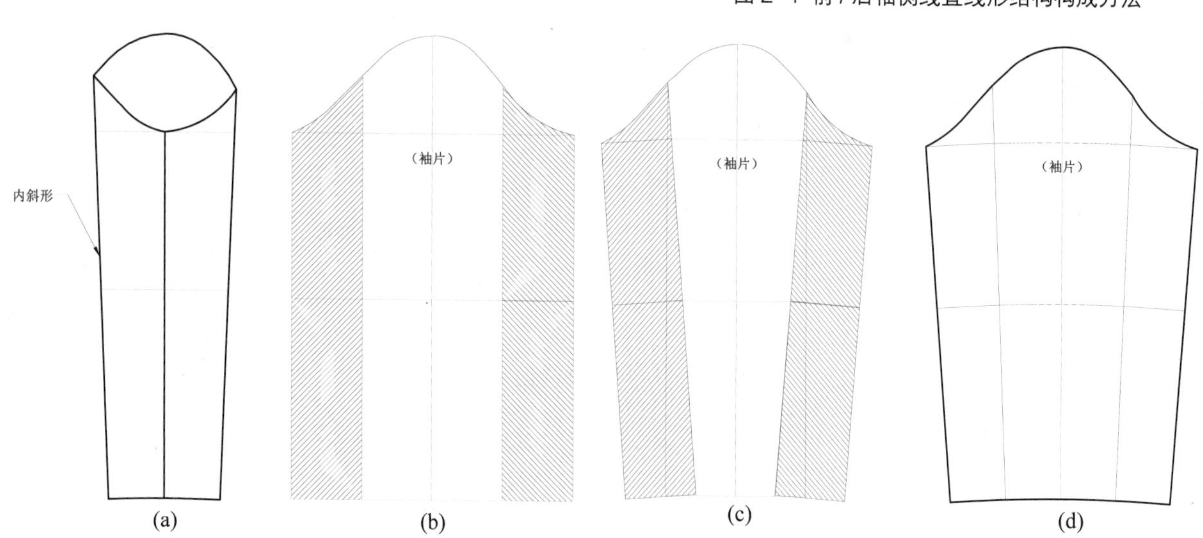

图 2-2 前／后袖侧线内斜形结构构成方法

三、前/后袖侧线同步时的外斜形结构构成方法

见图 2-3。

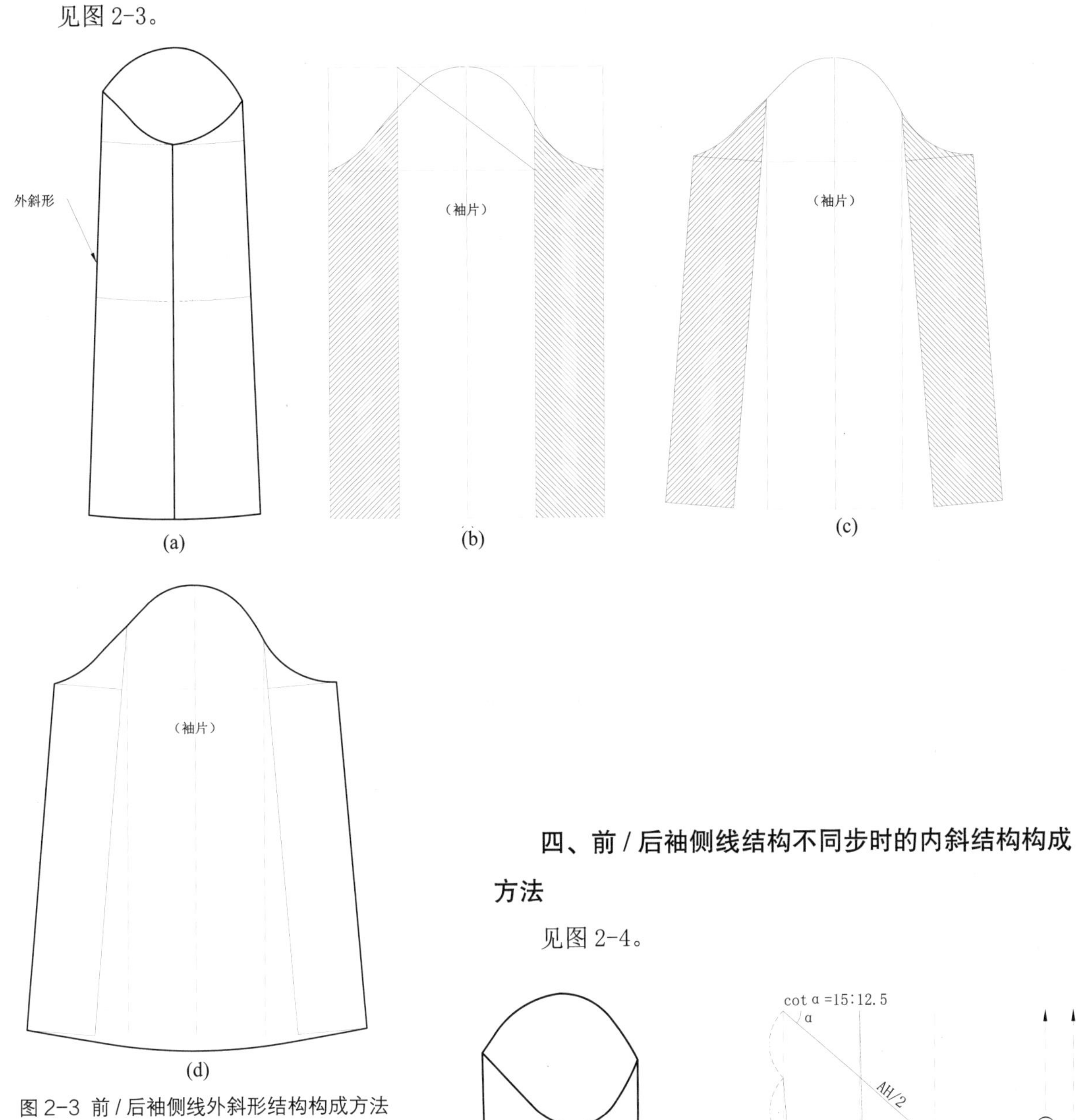

图 2-3 前/后袖侧线外斜形结构构成方法

四、前/后袖侧线结构不同步时的内斜结构构成方法

见图 2-4。

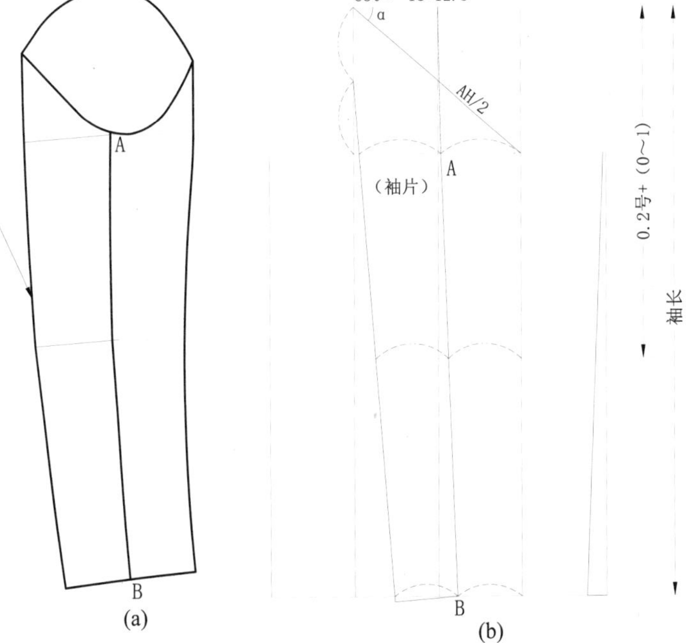

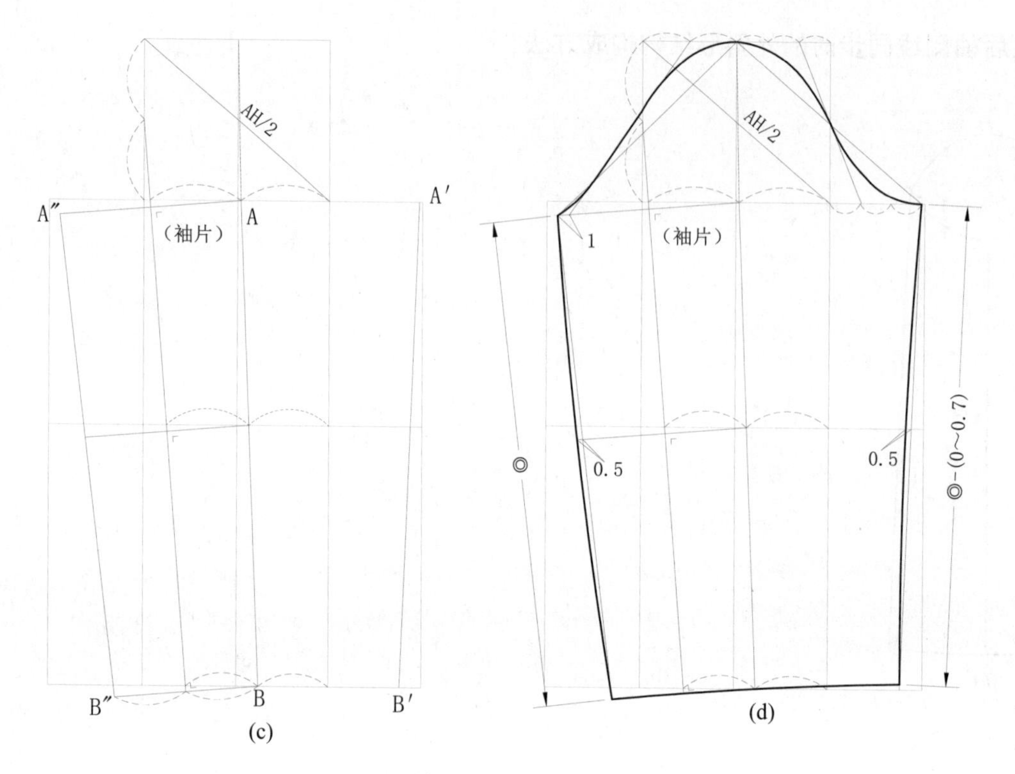

图 2-4 前 / 后袖侧线不同步时内斜结构构成方法

五、前 / 后袖侧线不同步时变化内折结构构成方法

见图 2-5。

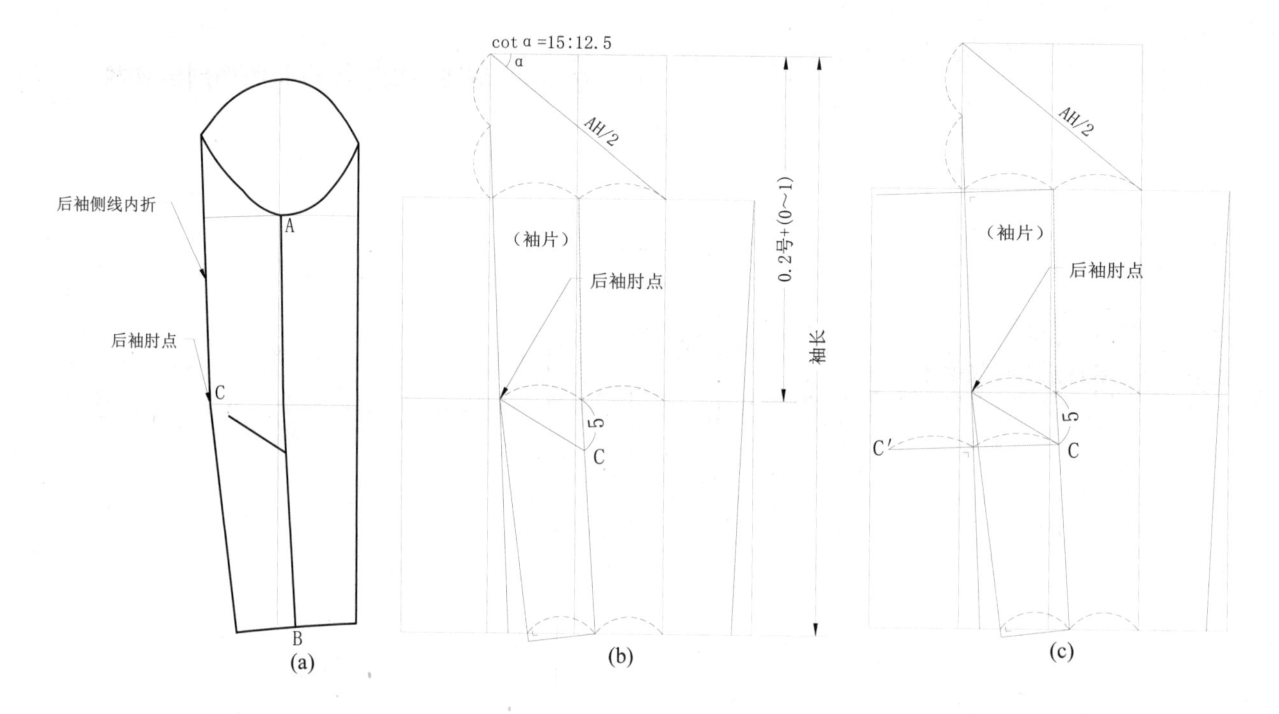

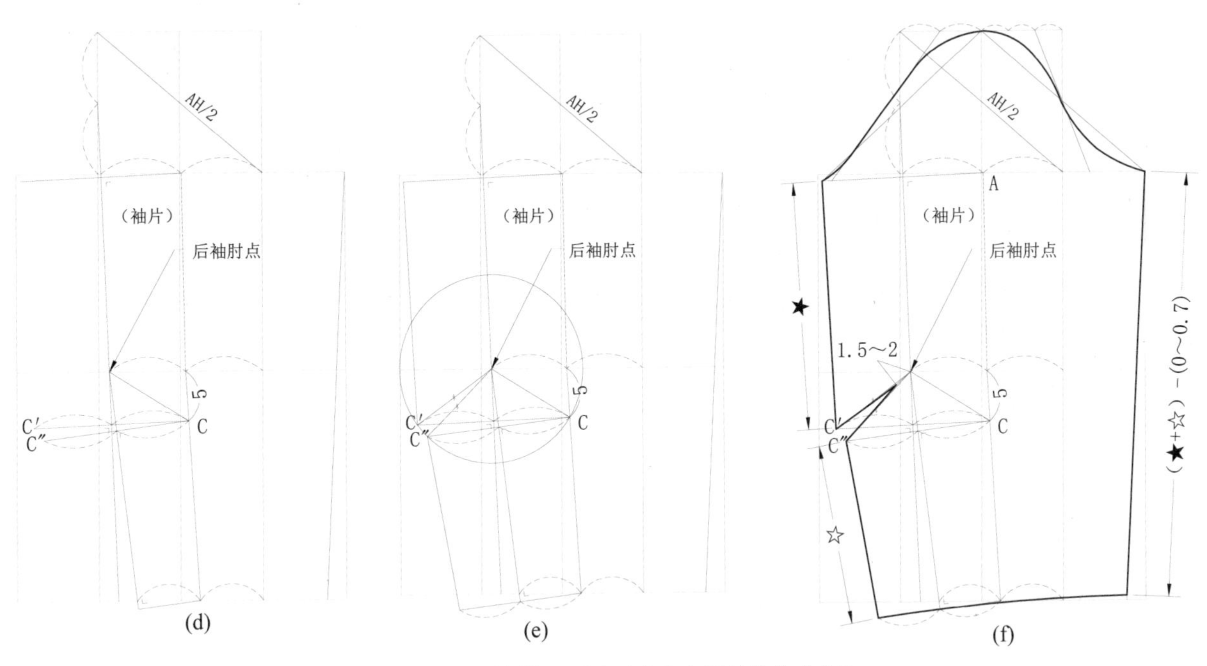

(d) (e) (f)

图 2-5 前 / 后袖侧线不同步时变化内折结构构成方法

六、前 / 后袖侧线不同步时变化两片袖结构构成方法

见图 2-6。

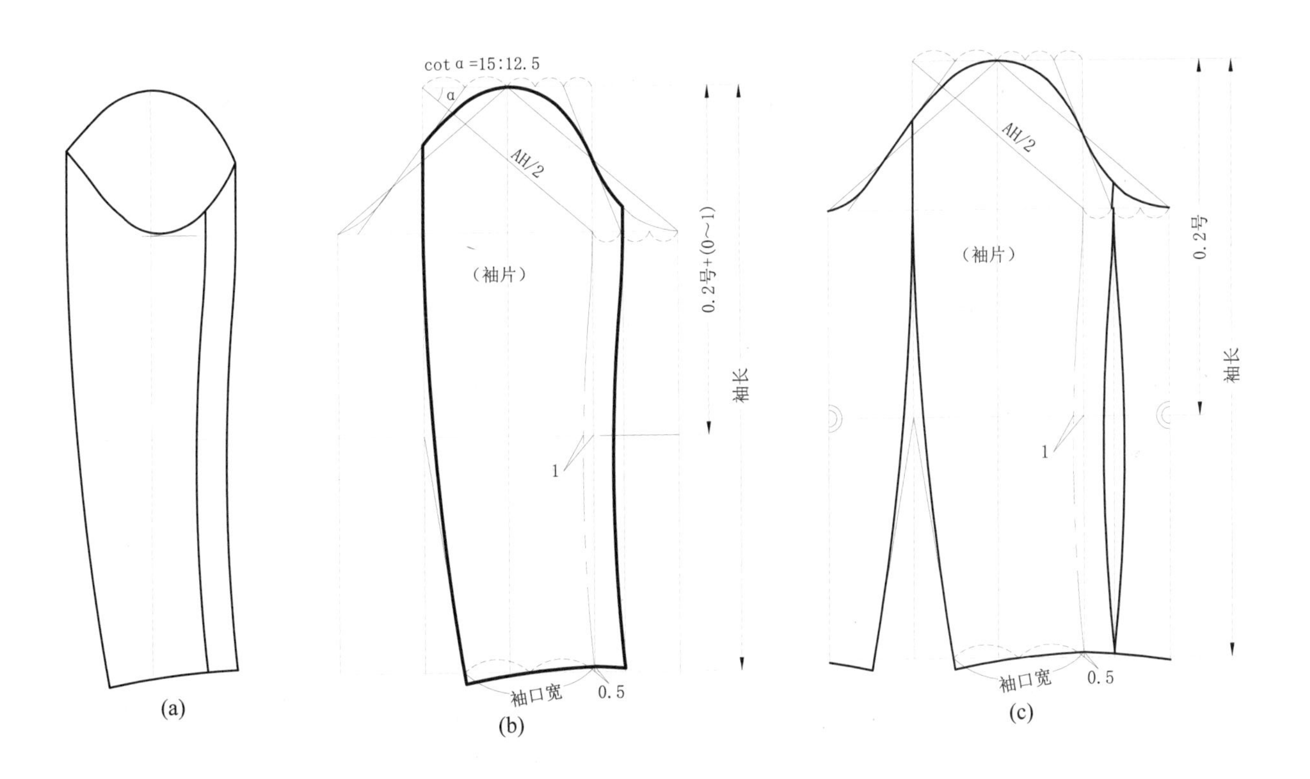

(a) (b) (c)

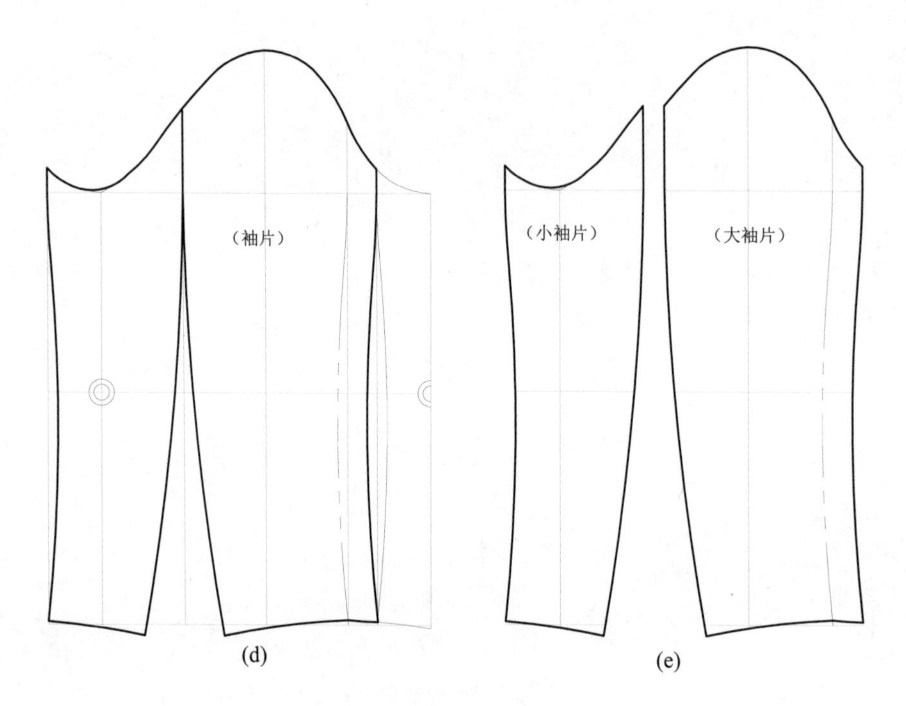

图 2-6 前 / 后袖侧线不同步时变化两片袖结构构成方法

第二节 衣袖袖山、袖肥结构变化

一、袖山结构变化方法

袖山结构变化是以增加袖山高度来达到增长袖山弧线，以完成衣袖的款式变化。其基本变化方法是确定基点，旋转相关部位。基点的位置可从 A 和 A′ 点至 B 和 B′ 点之间的任意点（图 2-7）。

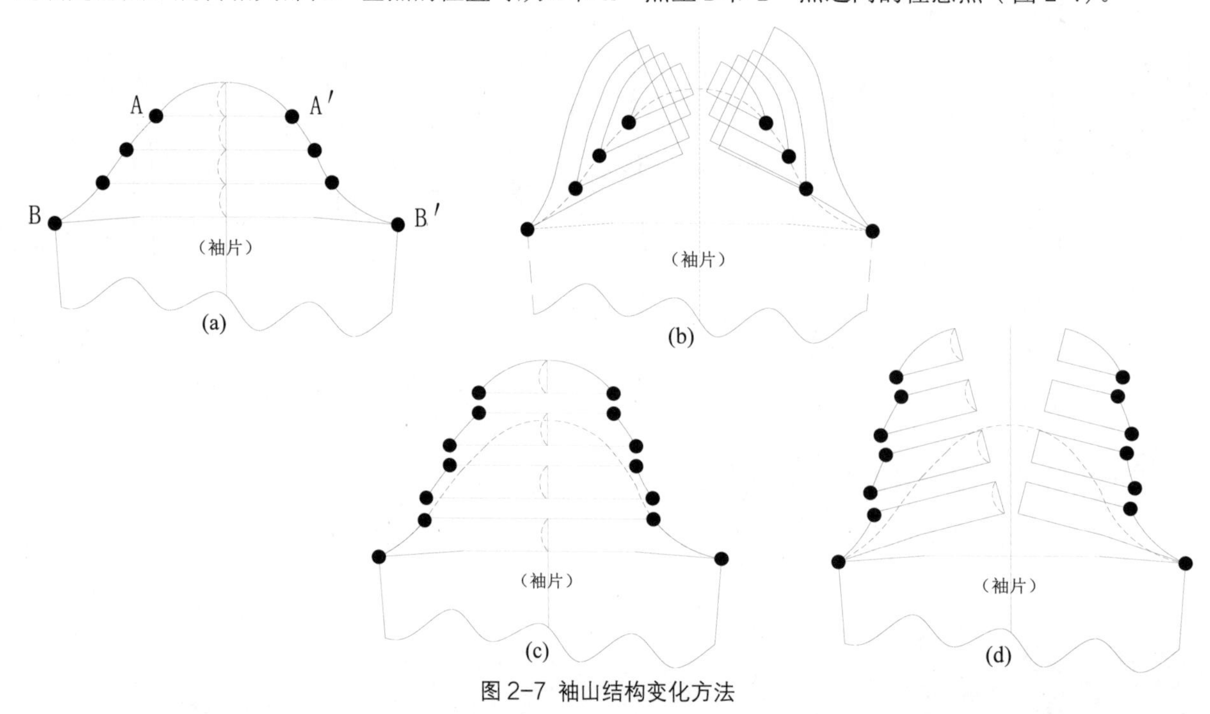

图 2-7 袖山结构变化方法

二、袖山结构变化要点

1. 肩宽减窄

泡袖及叠袖结构的肩宽应在原基型的基础上减窄 1.5 ~ 2cm（图 2-8）。泡袖及叠袖结构的肩宽减窄能有效地防止衣袖的泡高部位下垂，并能在视觉上起到减窄肩宽宽度的作用。

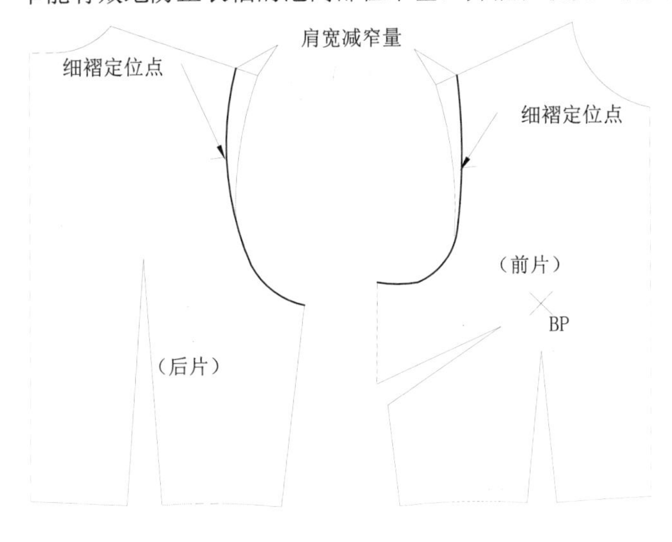

图 2-8 肩宽减窄操作方法

2. 衣袖基础型

衣袖基础型规格：短袖袖长 =23cm；长袖袖长 =58cm；袖斜线倾斜角余切 =15 ：（12 ~ 13）。以下结构变化衣袖均以此规格制作衣袖基础型规格（图 2-9）。

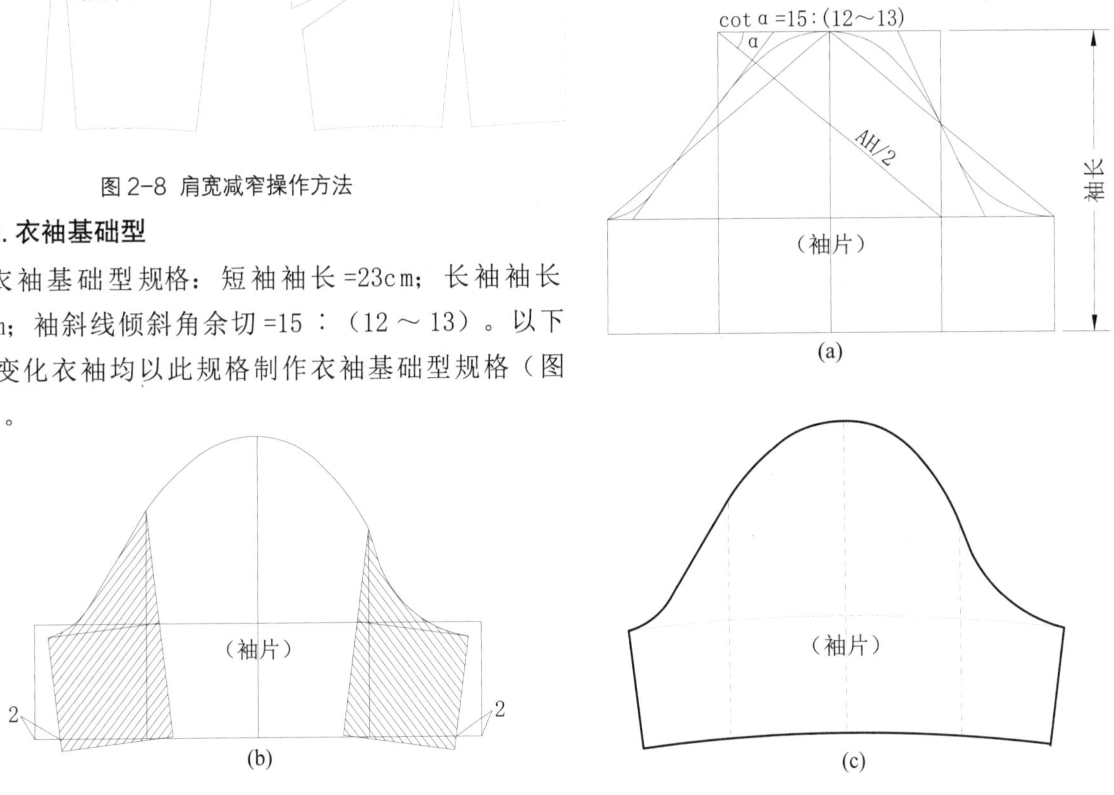

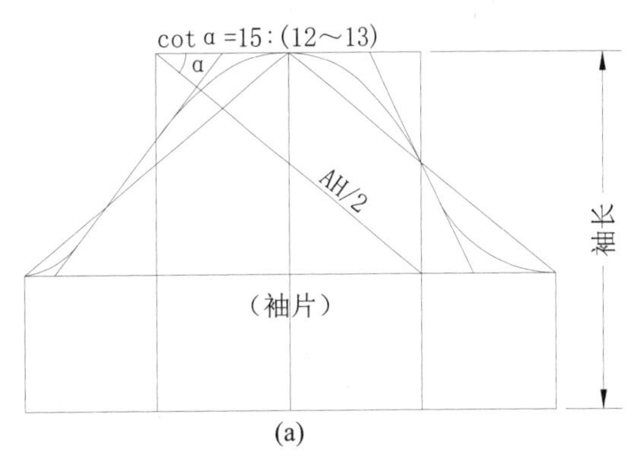

(a)

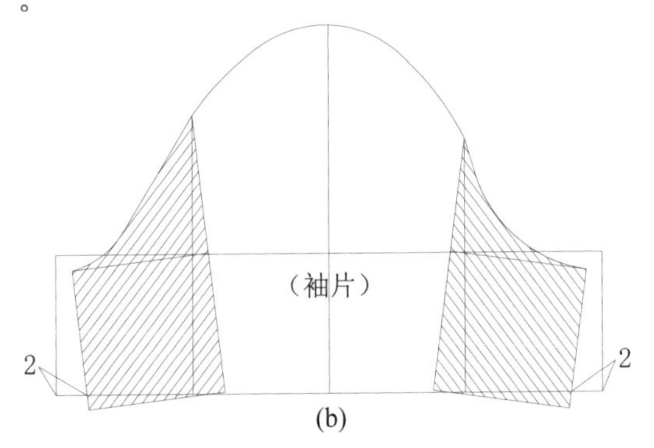

(b)

(c)

图 2-9 衣袖的操作方法

三、袖山结构变化应用实例

1. 泡袖

（1）泡袖款式图（图 2-10）。

（2）泡袖的操作步骤及结构图（图 2-11）。

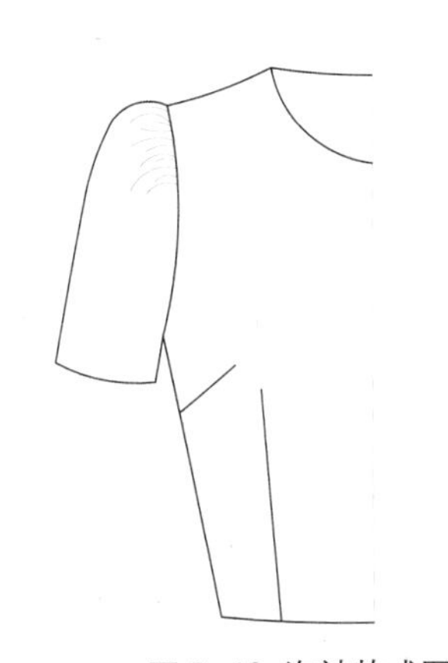

图 2-10 泡袖款式图

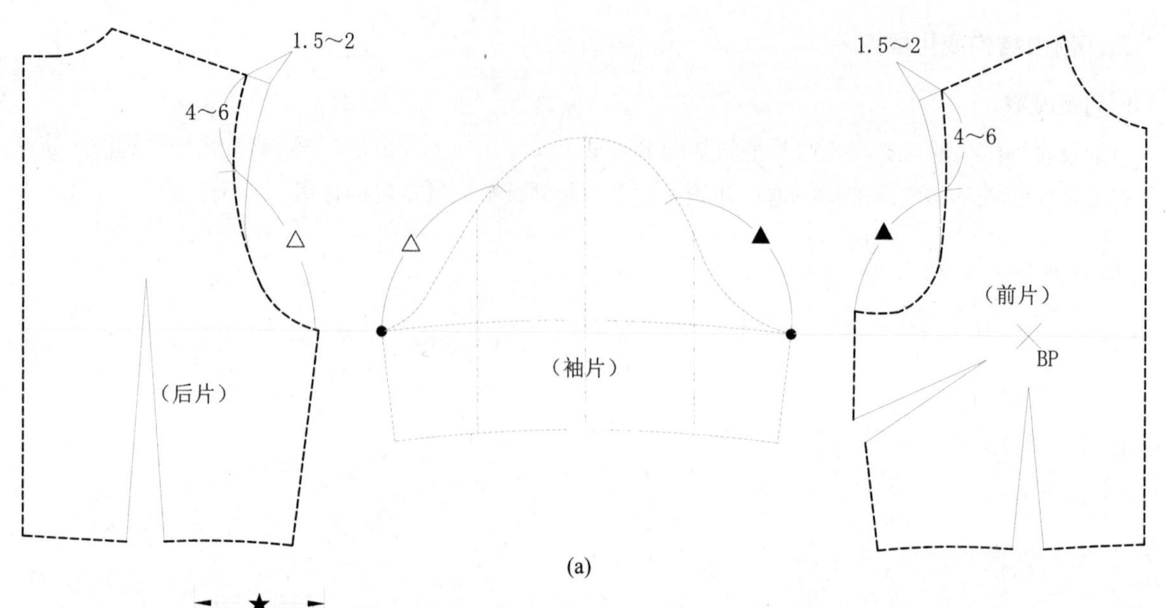

(a)

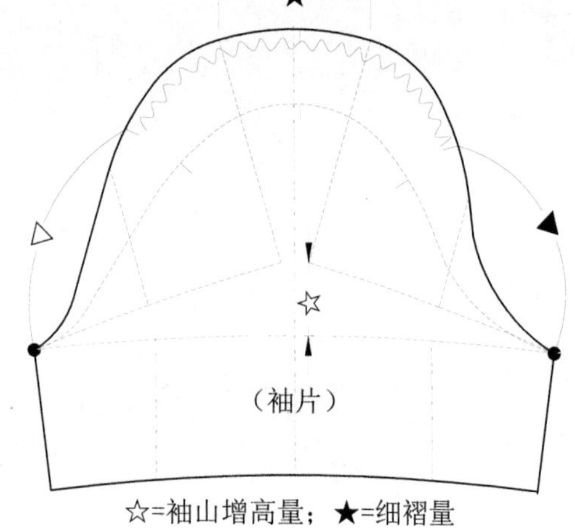

☆=袖山增高量；★=细褶量

(b)

图 2-11 泡袖操作步骤及结构图

2. 叠裥袖

（1）叠裥袖款式图（图 2-12）。

（2）叠裥袖的操作步骤及结构图（图 2-13）。

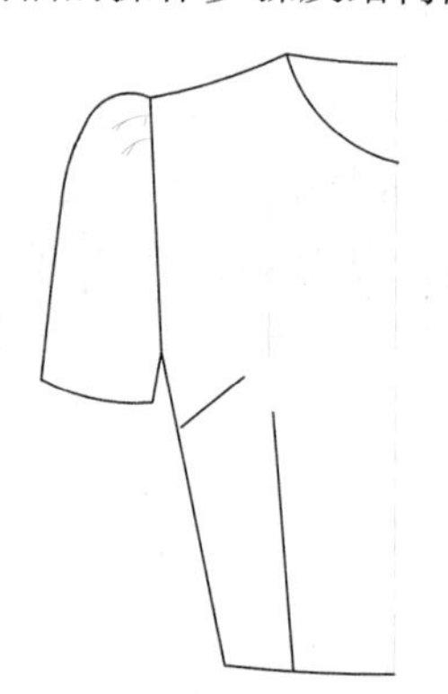

图 2-12 叠裥袖款式图

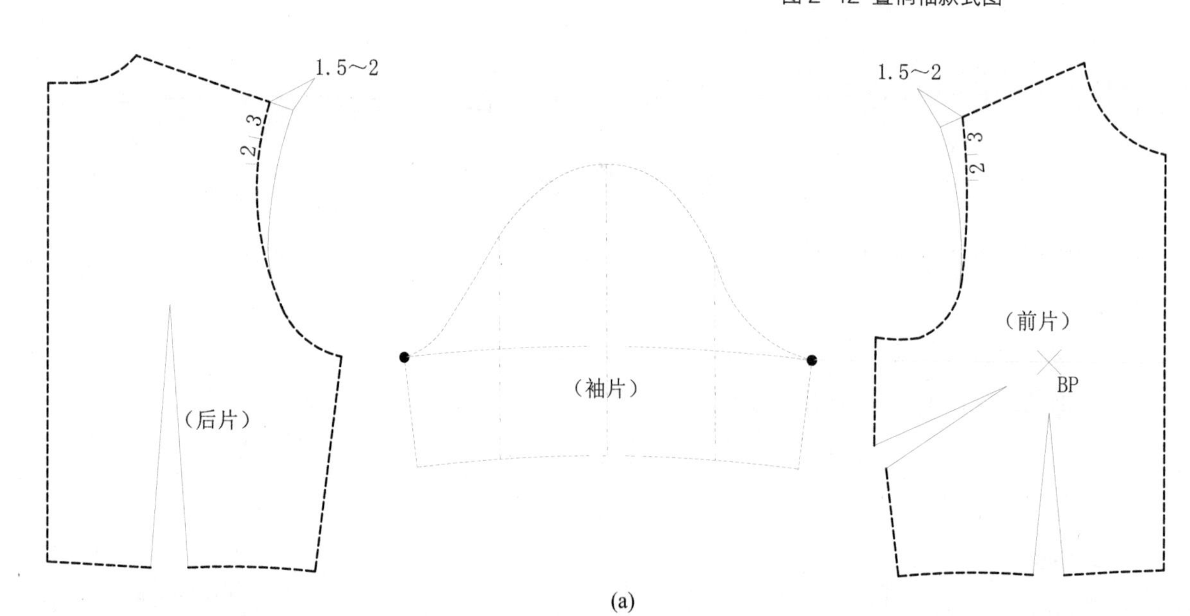

(a)

折裥量

2 3 3 2

（袖片）

折裥量 =4cm×2=8cm

(b)

图 2-13 叠裥袖的操作步骤及结构图

3. 山形袖（以叠裥袖为基础进行款式变化）

（1）山形袖款式图（图 2-14）。

（2）山形袖的操作步骤及结构图（图 2-15）。

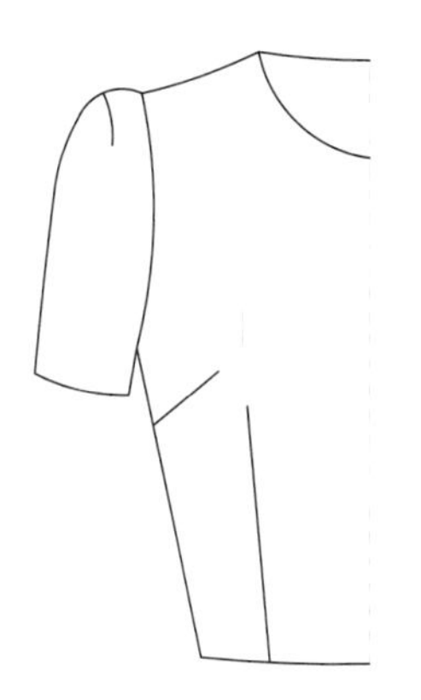

图 2-14 山形袖款式图

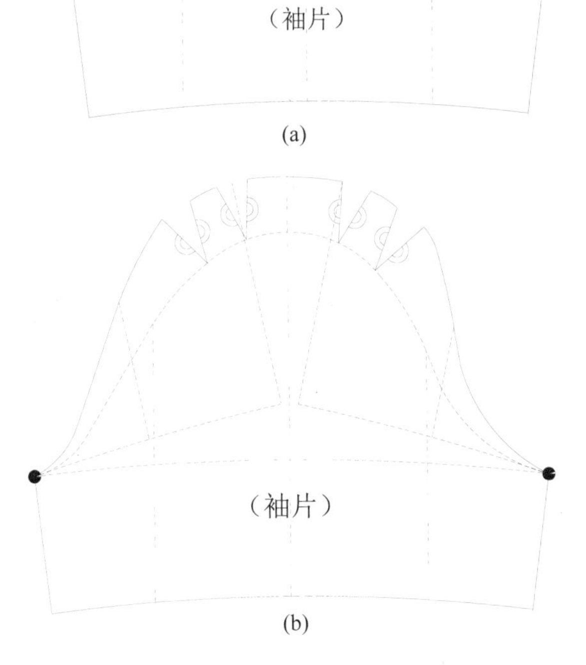

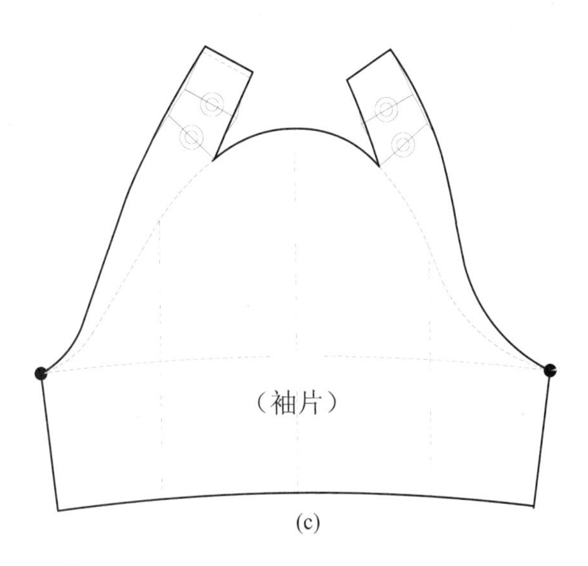

图 2-15 山形袖的操作步骤及结构图

四、袖肥结构变化方法

袖肥结构变化是以增加袖肥宽的方法来达到增长袖山弧线的目的，以完成衣袖的款式变化。其基本变化方法是确定基点，旋转相关部位。基点的位置可从 A 和 A′ 点至 B 和 B′ 点之间的任意点（图 2-16）。

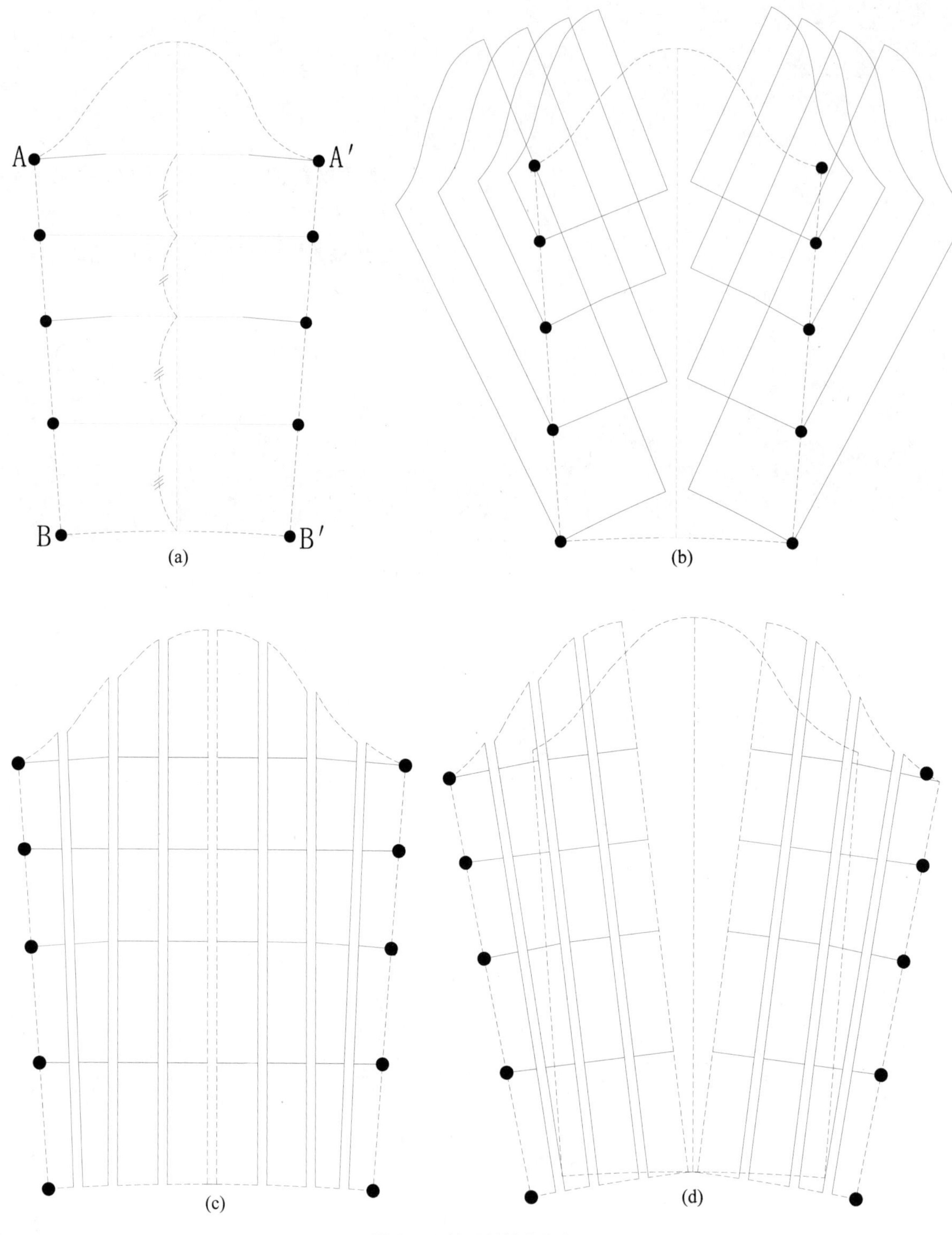

图 2-16 袖肥结构变化方法

五、袖肥结构应用实例

1. 灯笼袖

（1）灯笼袖款式图（图 2-17）。

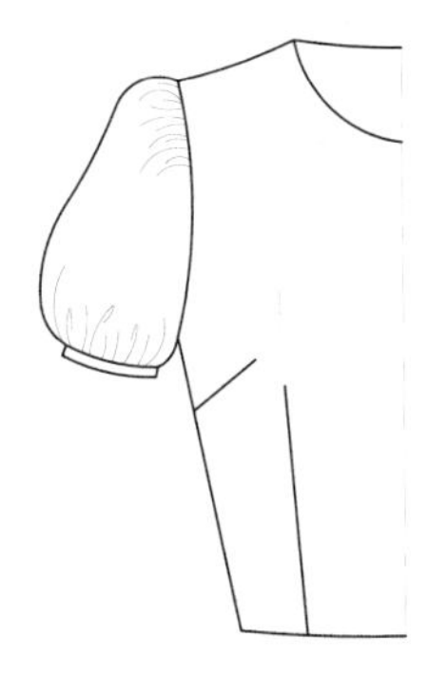

图 2-17 灯笼袖款式图

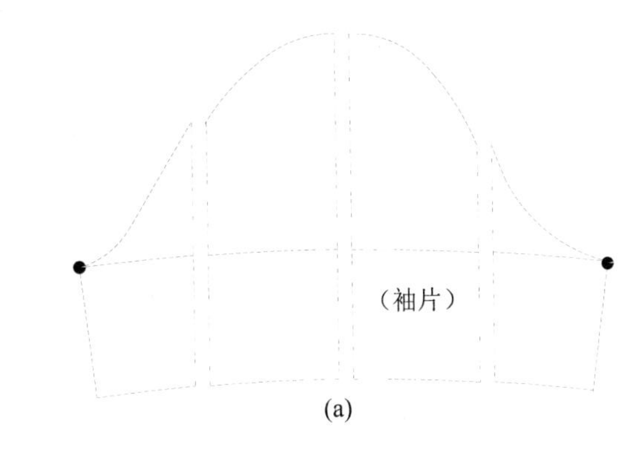

（2）灯笼袖的操作步骤及结构图（图 2-18）。

灯笼袖肩宽减窄的处理方法见前面章节中的图 2-8。

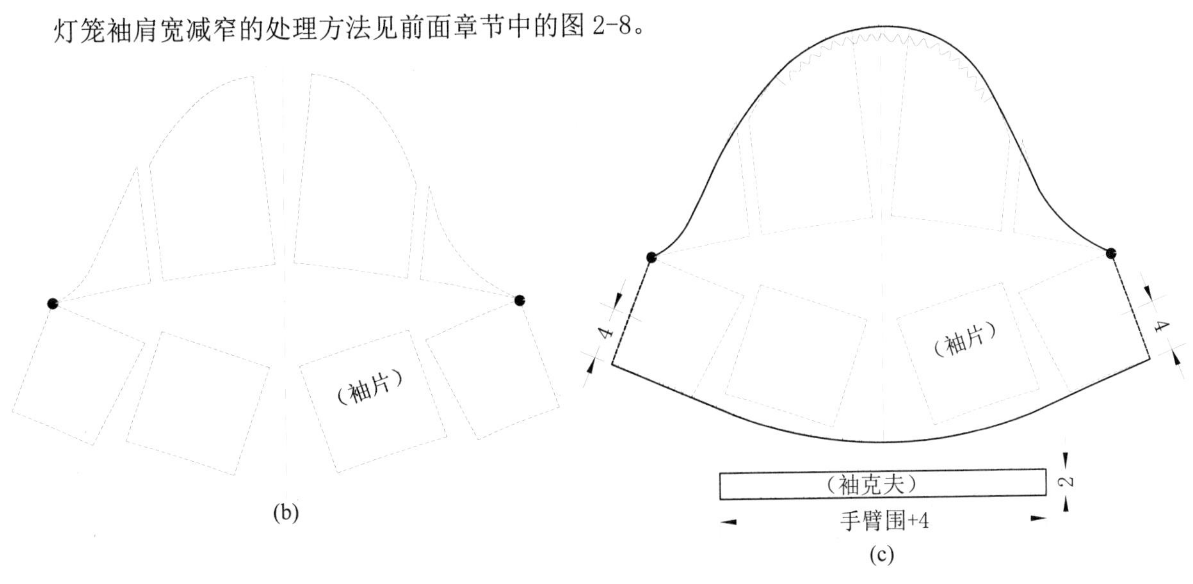

图 2-18 灯笼袖的操作步骤及结构图

2. 羊腿袖

（1）羊腿袖款式图（图 2-19）。

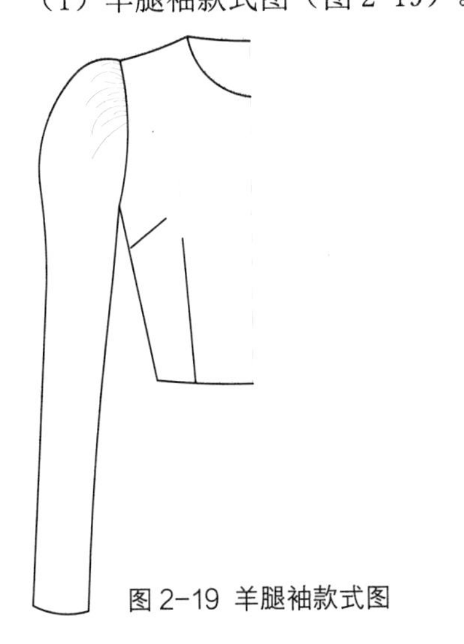

图 2-19 羊腿袖款式图

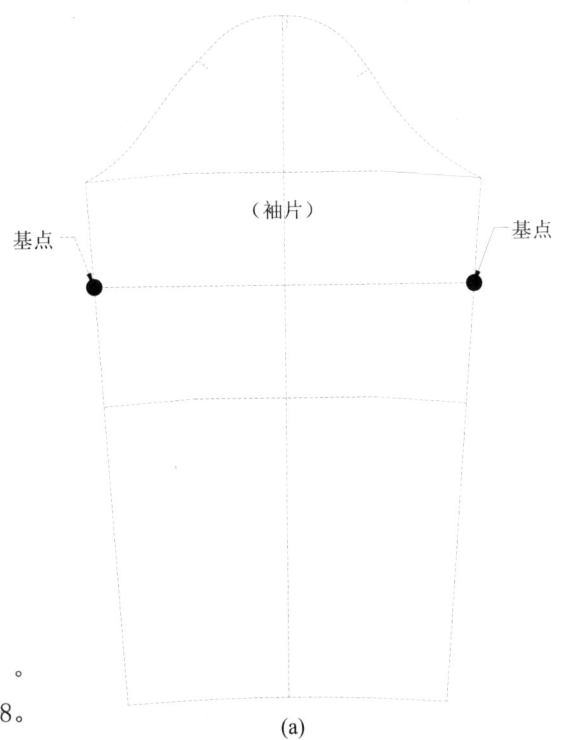

（2）羊腿袖灯笼袖操作步骤及结构图（图 2-20）。

羊腿袖肩宽减窄的处理方法见前面章节中的图 2-8。

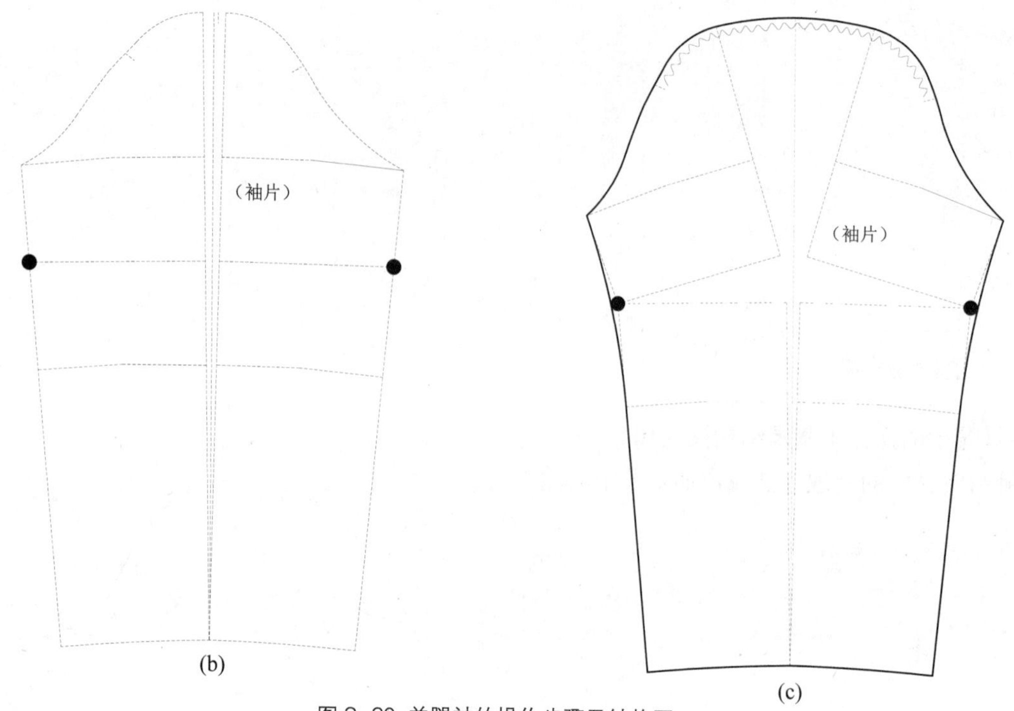

图 2-20 羊腿袖的操作步骤及结构图

第三节 衣袖袖口结构变化

一、袖口结构变化方法

袖口结构变化是以增长袖口长度来达到增长袖口线的目的，以完成衣袖的款式变化。其基本变化方法是确定基点，旋转相关部位。基点的位置可从点 A 和 A′ 至 B 和 B′ 之间的任意点（图 2-21）。袖口变化还可产生于袖口线的造型变化，如袖口线的弧度变化、袖口线的曲折变化等。

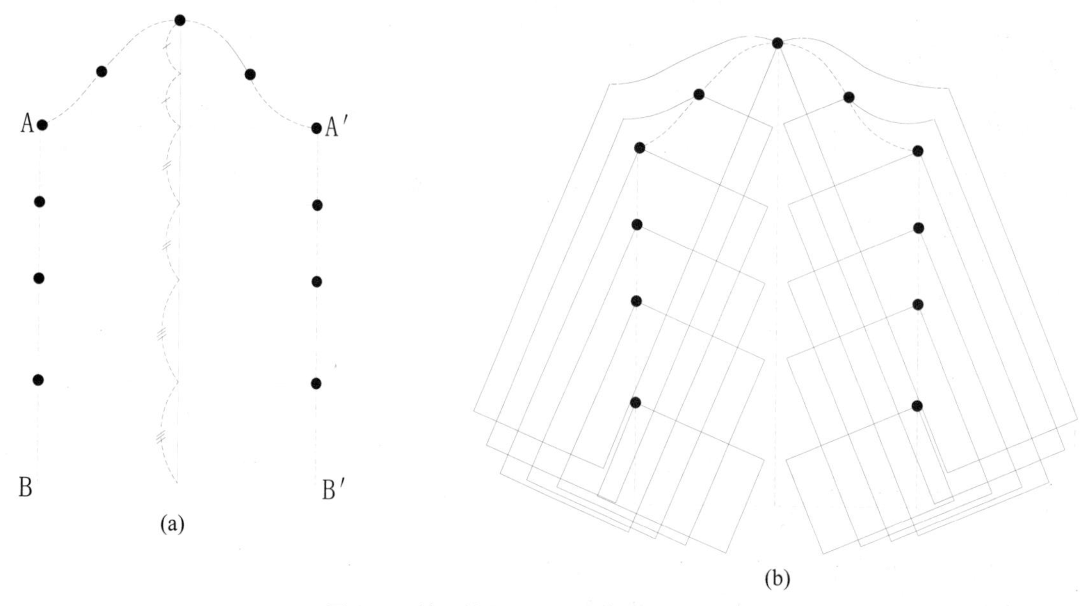

图 2-21 袖口基本变化方法示意图二

二、袖口结构应用实例

1. 喇叭袖

（1）喇叭袖款式图（图 2-22）。

图 2-22 喇叭袖款式图

基点
基点
基点
（袖片）

(a)

（2）喇叭袖的操作步骤及结构图（图 2-23）。

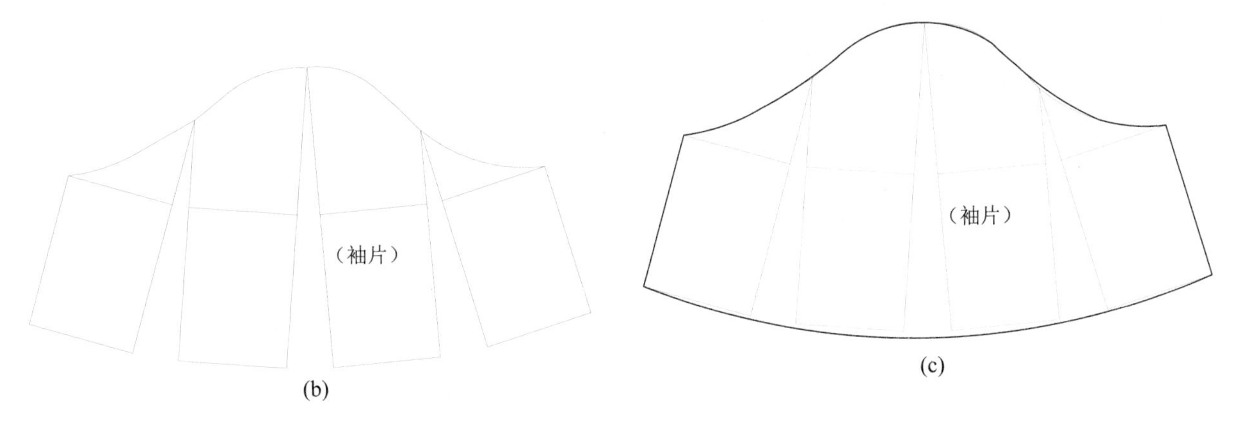

(b)

(c)

图 2-23 喇叭袖的操作步骤及结构图

2. 细褶型袖口—款式 1

（1）款式图（图 2-24）。

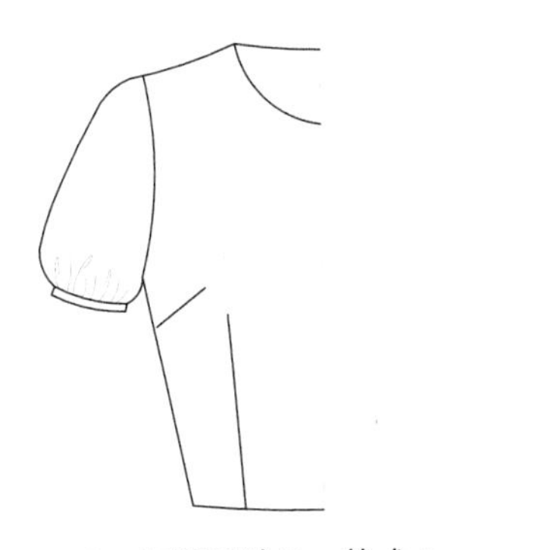

图 2-24 细褶型袖口—款式 1

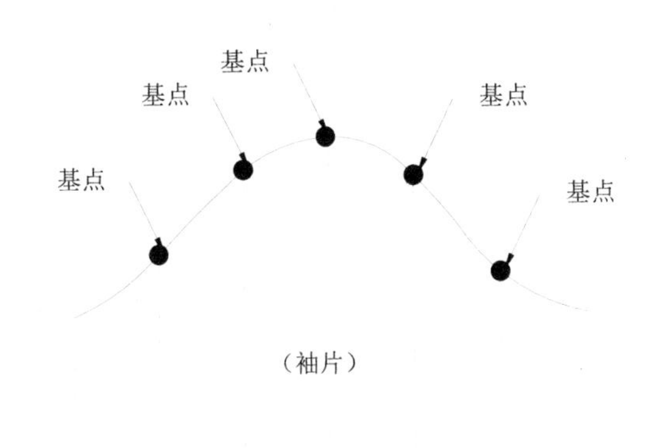

(a)

（2）细褶型袖口—款式 1 的操作步骤及结构图（图 2-25）。

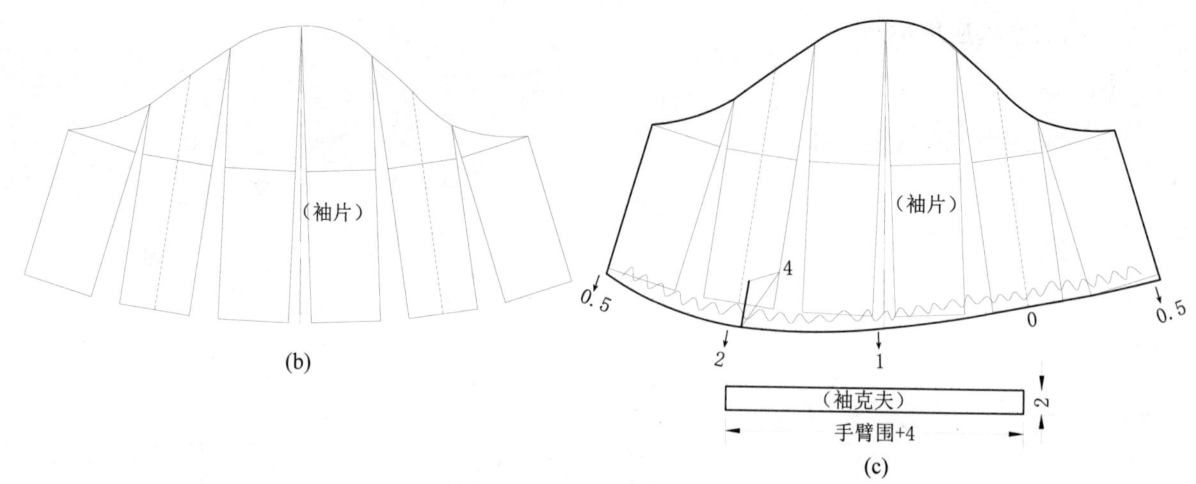

(b) (c)

图 2-25 细褶型袖口—款式 1 操作步骤及结构图

3. 细褶型袖口—款式 2

（1）细褶型袖口—款式 2（图 2-26）。

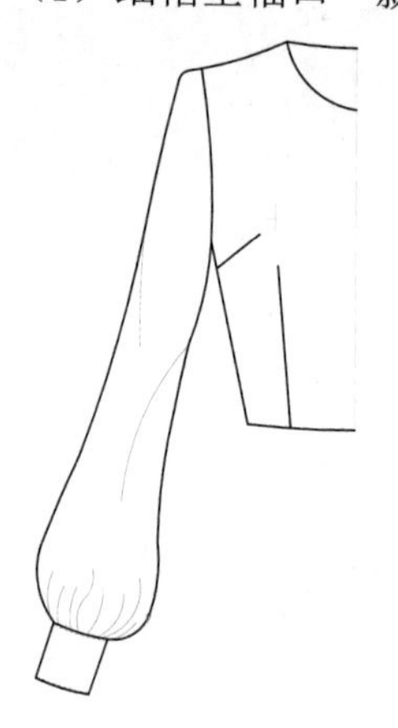

图 2-26 细褶型袖口—款式 2

基点

基点

（袖片）

袖长+○-克夫宽

○=细褶收缩引起袖长缩短所需增加的量

(a)

（2）细褶型袖口—款式 2 的操作步骤及结构图（图 2-27）。

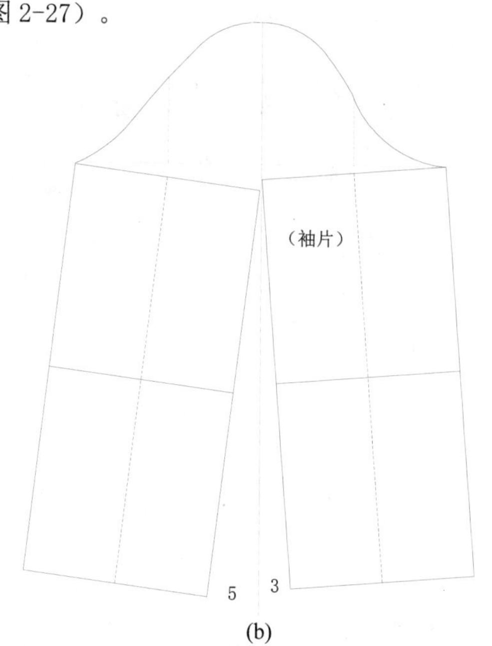

(b)

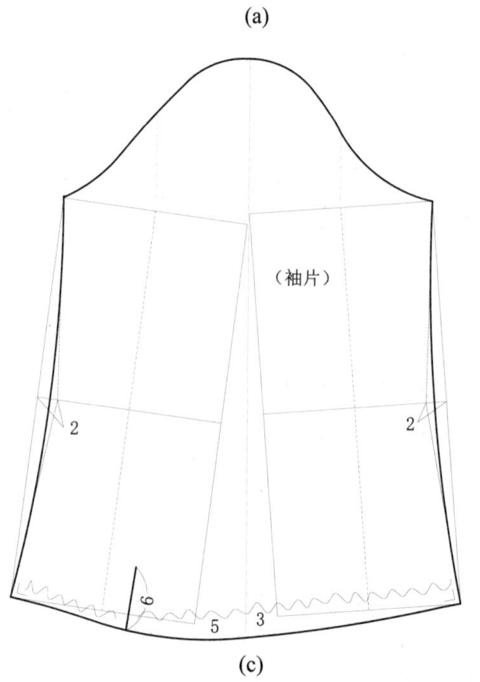

(c)

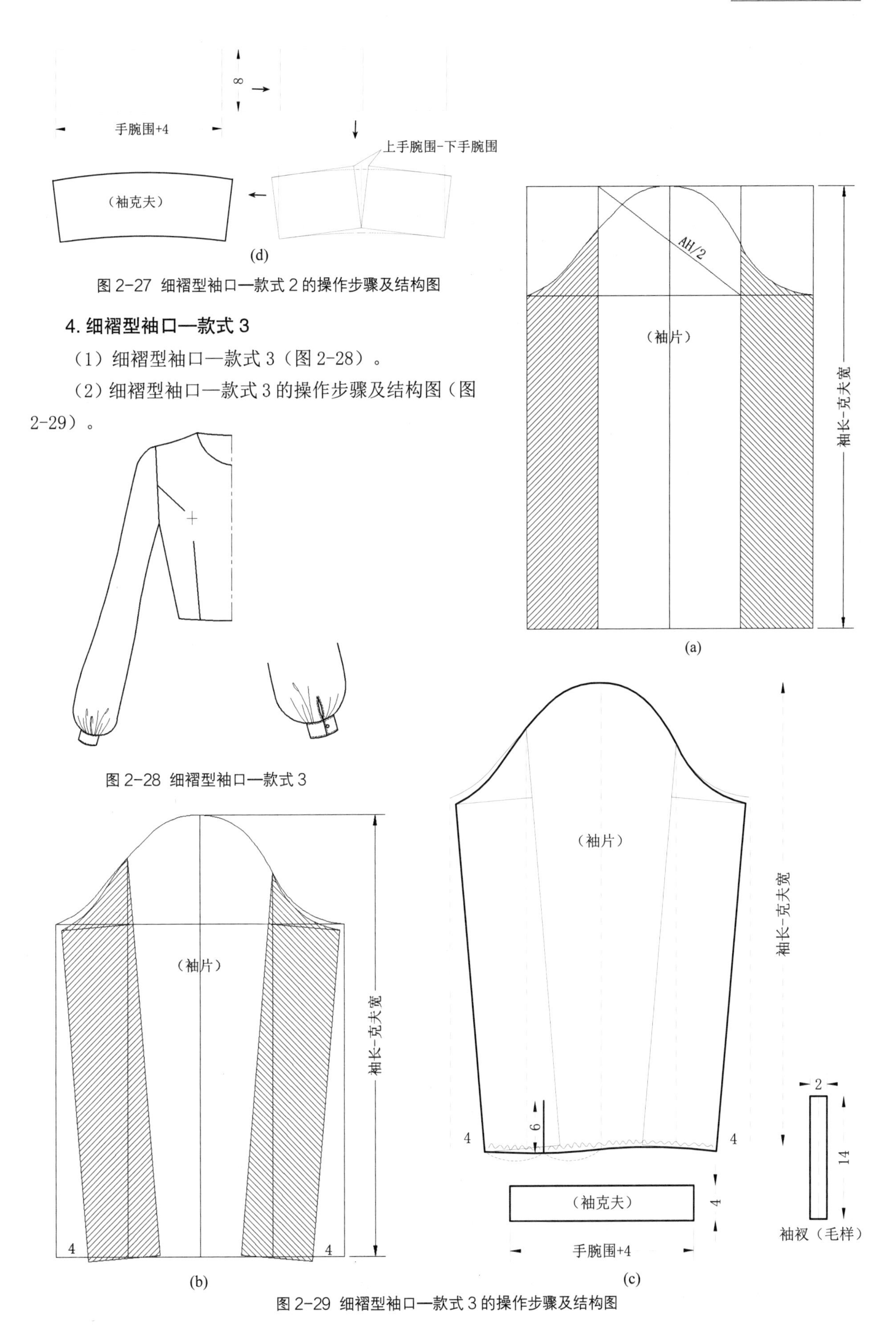

图 2-27 细褶型袖口—款式 2 的操作步骤及结构图

4. 细褶型袖口—款式 3

（1）细褶型袖口—款式 3（图 2-28）。

（2）细褶型袖口—款式 3 的操作步骤及结构图（图 2-29）。

图 2-28 细褶型袖口—款式 3

图 2-29 细褶型袖口—款式 3 的操作步骤及结构图

5. 折裥型袖口

（1）折裥型袖口款式图（图 2-30）。

（2）折裥型袖口的操作步骤及结构图（图 2=31）

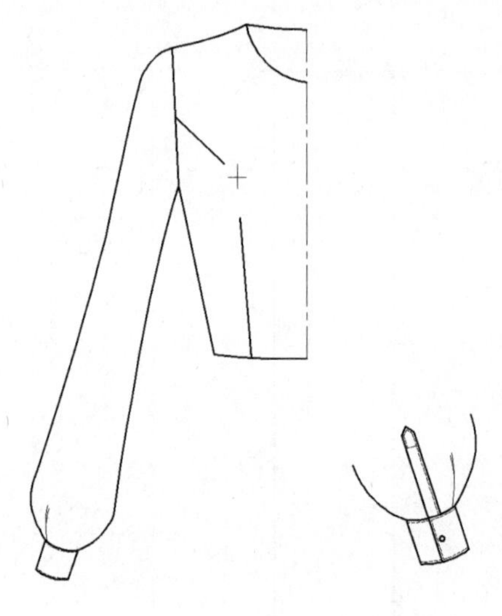

图 2-30 折裥型袖口款式图

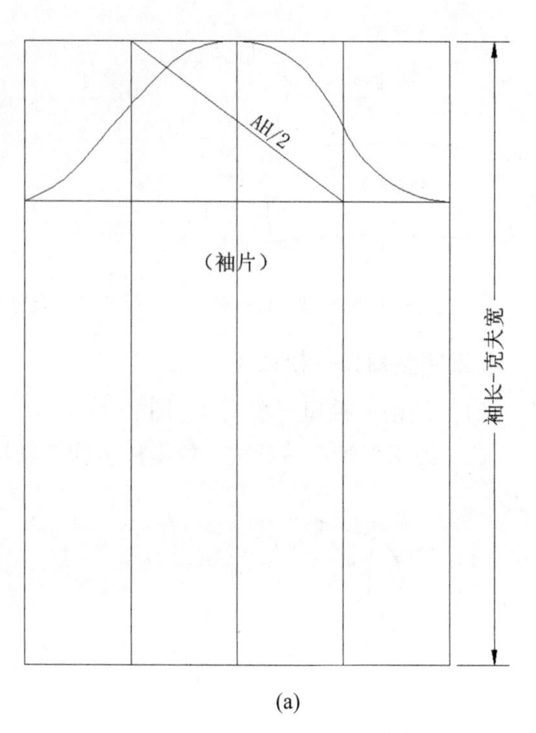

(a)

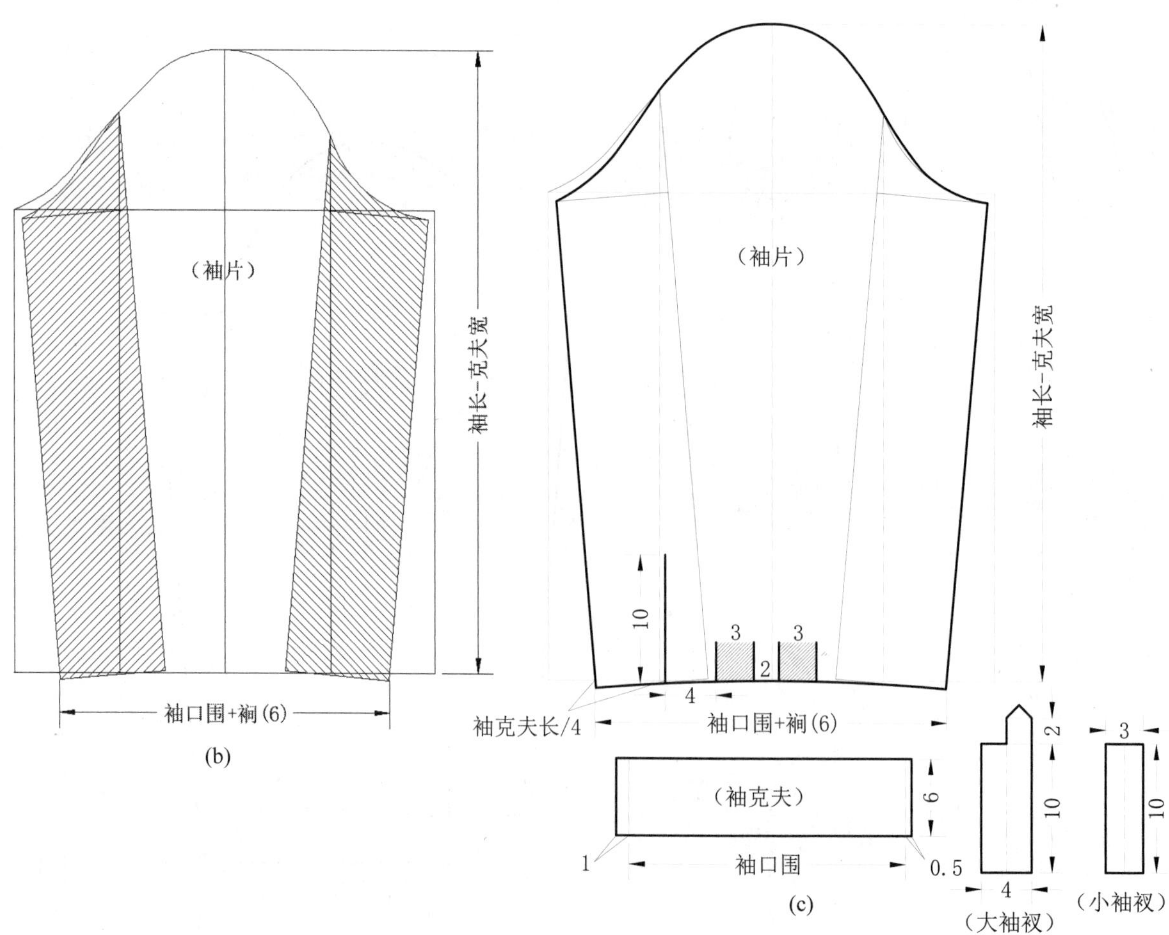

图 2-31 折裥型袖口的操作步骤及结构图

6. 喇叭型袖口

(1)喇叭型袖口款式图（图 2-32）。

(2)喇叭型袖口的操作步骤及结构图（图 2-33）。

图 2-32 喇叭型袖口款式图

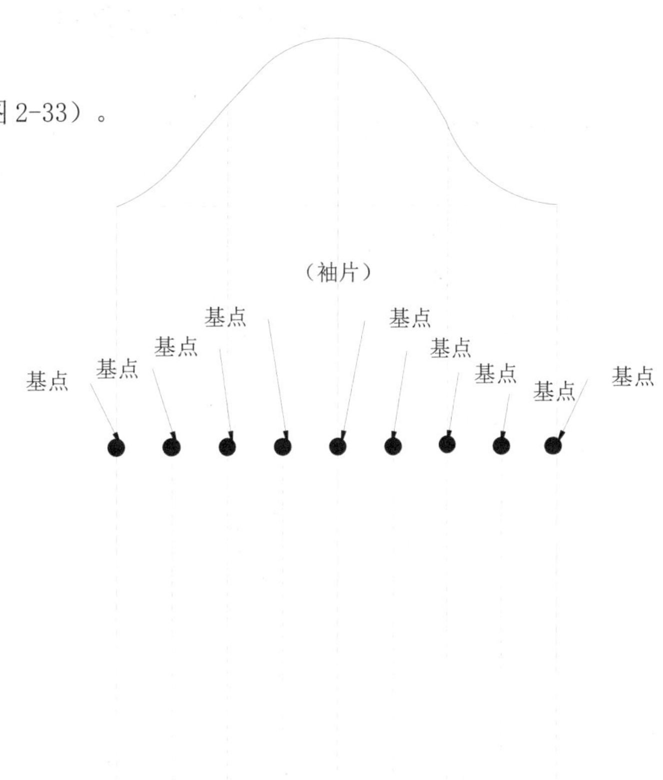

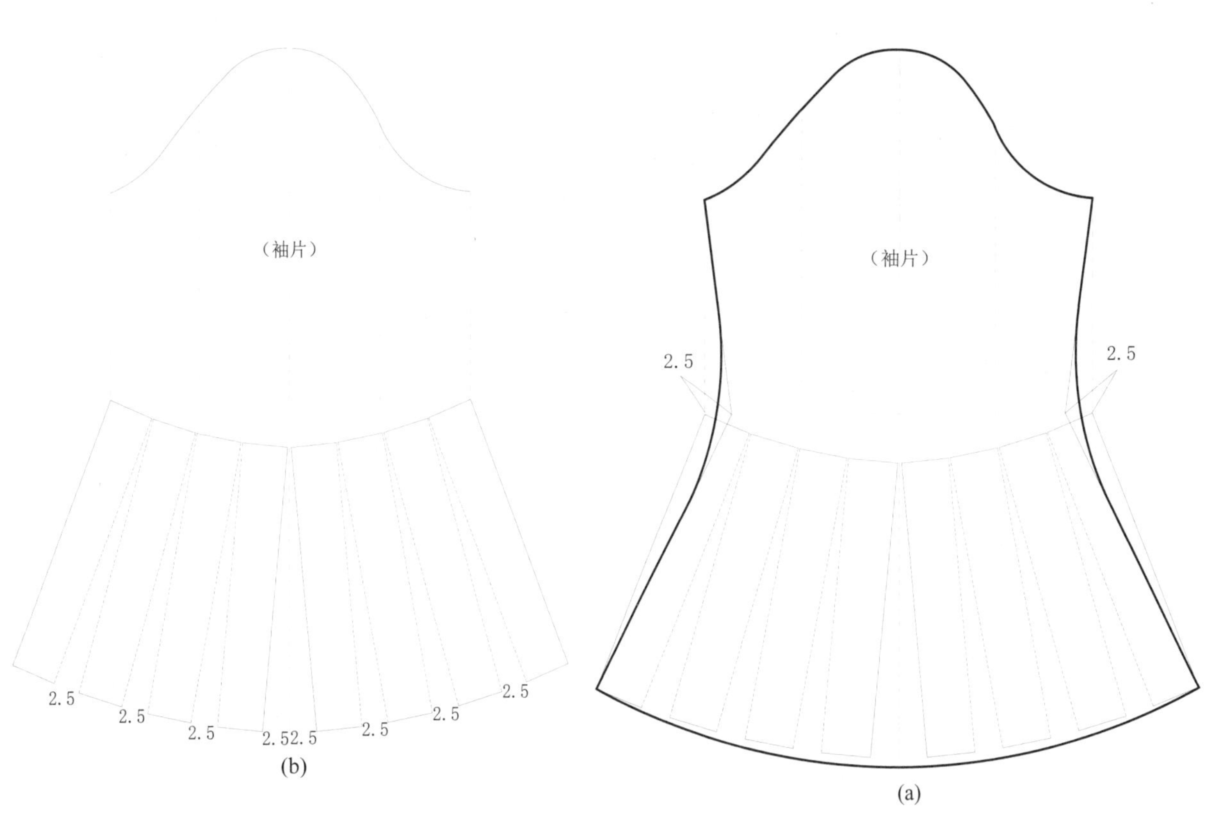

图 2-33 喇叭型袖口的操作步骤及结构图

第四节 衣袖各部位结构综合变化

衣袖的袖山高、袖肥宽及袖口的变化，可以同时体现在同一款式中，丰富了衣袖款式变化。下面例举几款。

一、花瓣袖

（1）花瓣袖款式图（图 2-34）。

（2）花瓣袖的操作步骤及结构图（图 2-35）。

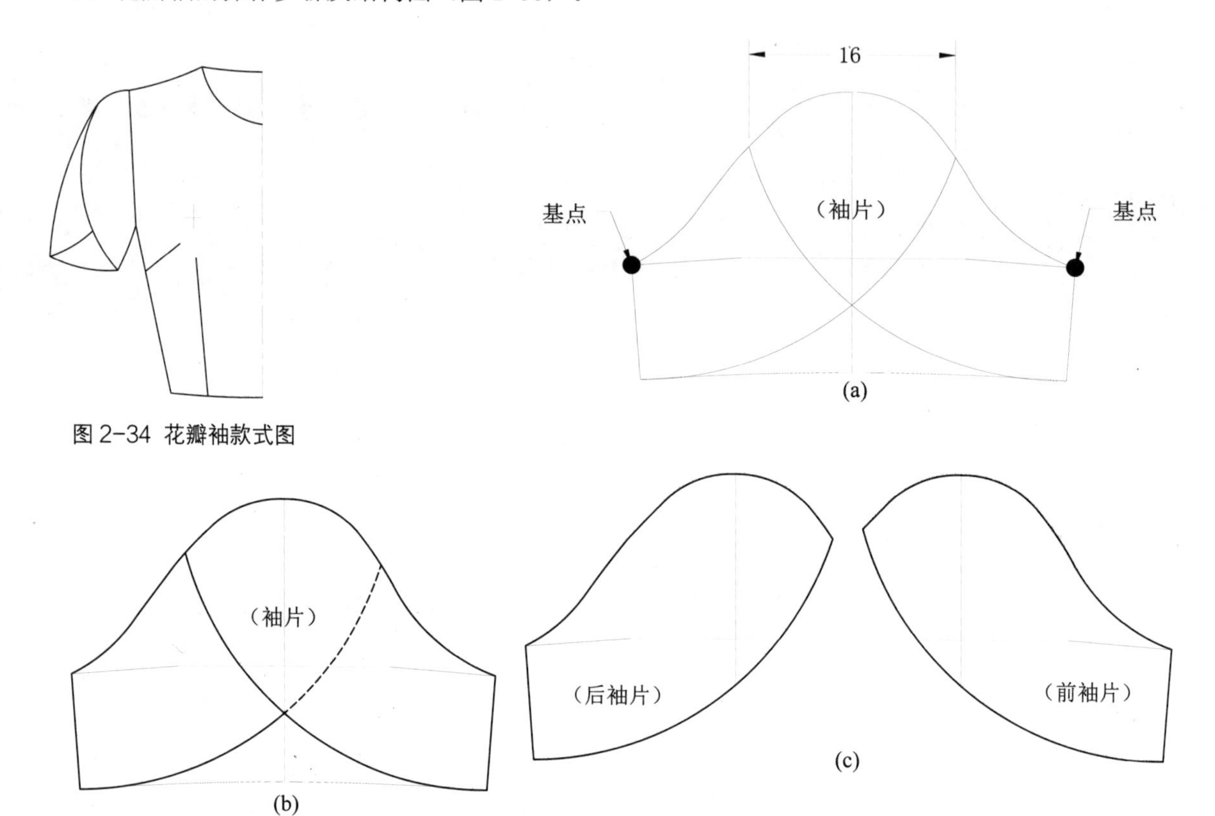

图 2-34 花瓣袖款式图

图 2-35 花瓣袖的操作步骤及结构图

二、分割型灯笼袖

（1）分割型灯笼袖款式图（图 2-36）。

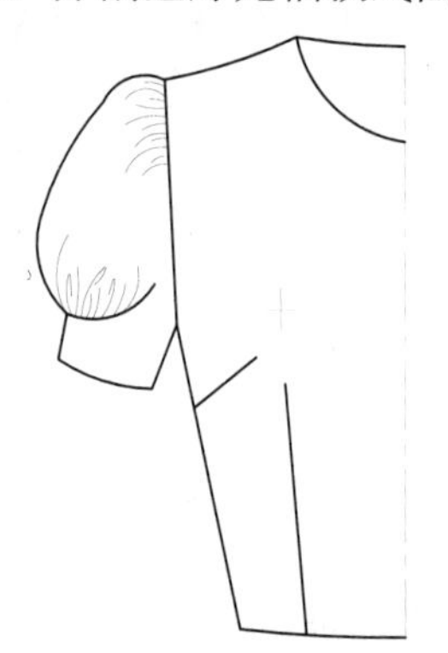

图 2-36 分割型灯笼袖款式图

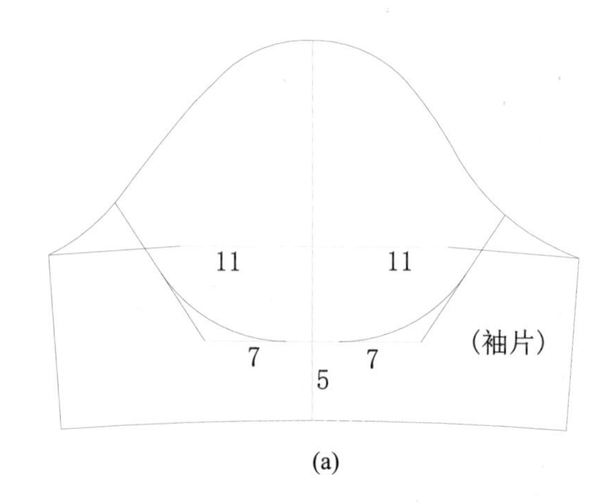

（2）分割型灯笼袖的操作步骤及结构图（图 2-37）。

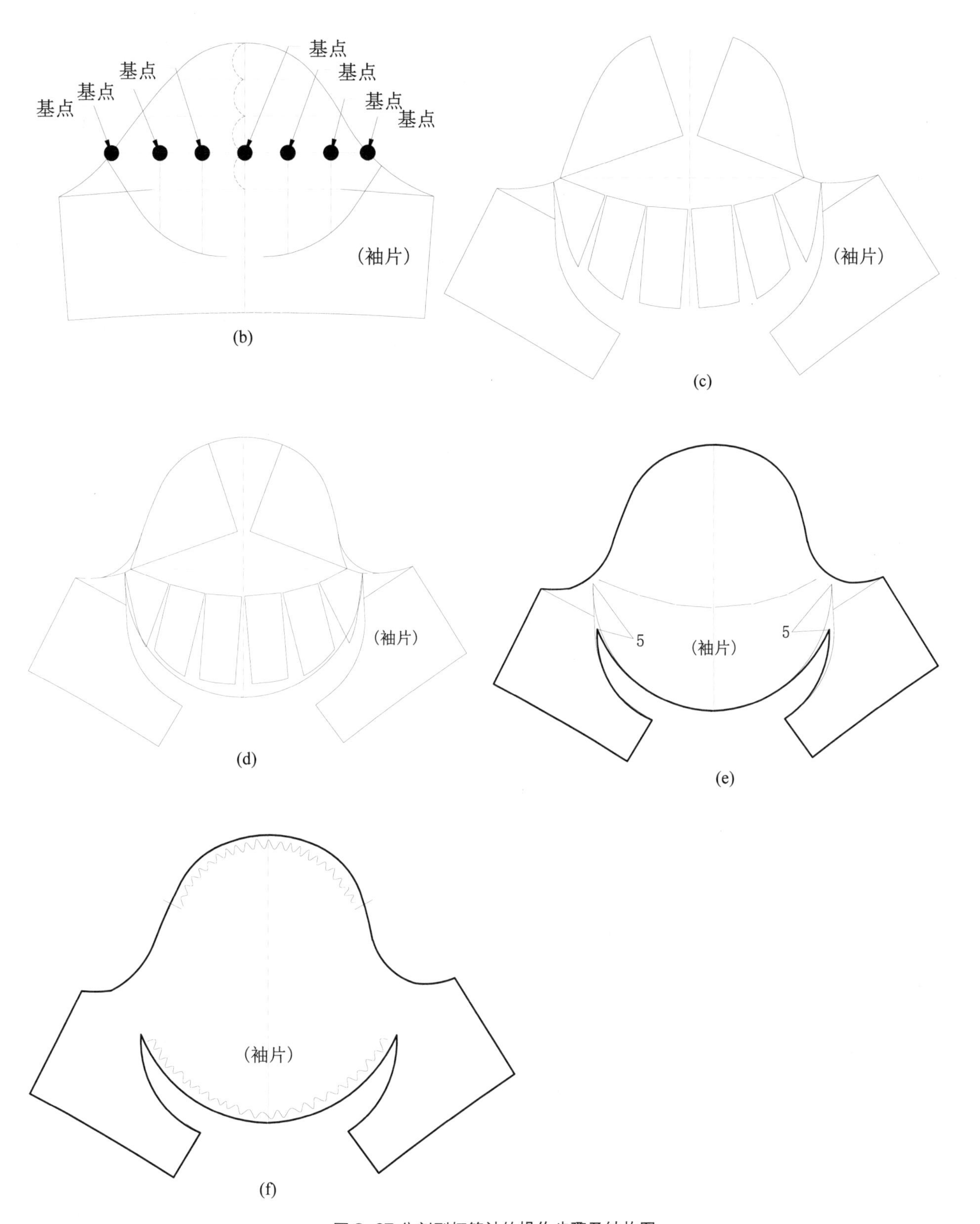

图 2-37 分割型灯笼袖的操作步骤及结构图

第三章 装袖型结构应用实例

装袖型衣袖是衣袖结构设计中的常见类型。装袖型结构衣袖是指衣袖的袖山弧线与衣身的袖窿弧线完全分割或不完全分割的衣袖。装袖型衣袖的结构处理方法可有分离法与重合法。重合法是指袖片依赖于衣身袖窿的结构处理方法。重合法适用于所有的装袖型结构。分离法一般用于圆装袖袖型结构。圆装袖袖型结构是指衣袖的袖山弧线与衣身的袖窿弧线完全分割的衣袖。装袖型结构从袖片数量看，可分为一片袖、两片袖、三片袖等；从结构特点看，可分为合体型、适体型、宽松型。装袖袖型结构应考虑袖山弧线与袖窿弧线在不同状态下的匹配。

第一节 分离法装袖型结构应用实例

一、后袖侧缝收省型一片袖

（1）后袖侧缝收省型一片袖款式图（图 3-1）。

（2）设定规格（表 3-1）。

表 3-1 衣袖部位规格表（单位：cm）

号型	袖长	AH	袖斜线倾斜角余切	袖口宽
160/84A	57	44	15 ∶ X（X=13）	11 ～ 13

注：本章以下衣袖规格均参照此表。

（3）后袖侧缝收省型一片袖的操作步骤及结构图（图 3-2）。

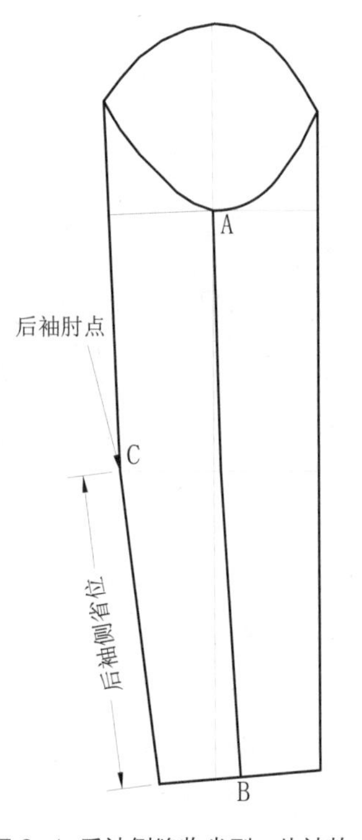

图 3-1 后袖侧缝收省型一片袖款式图

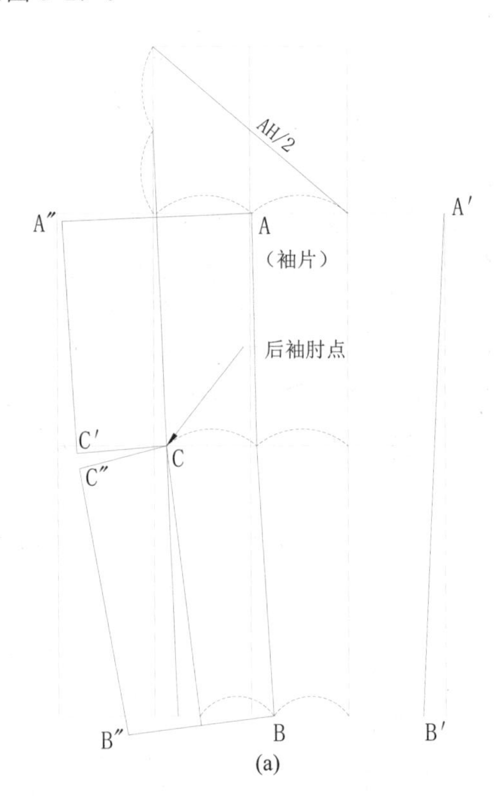

(a)

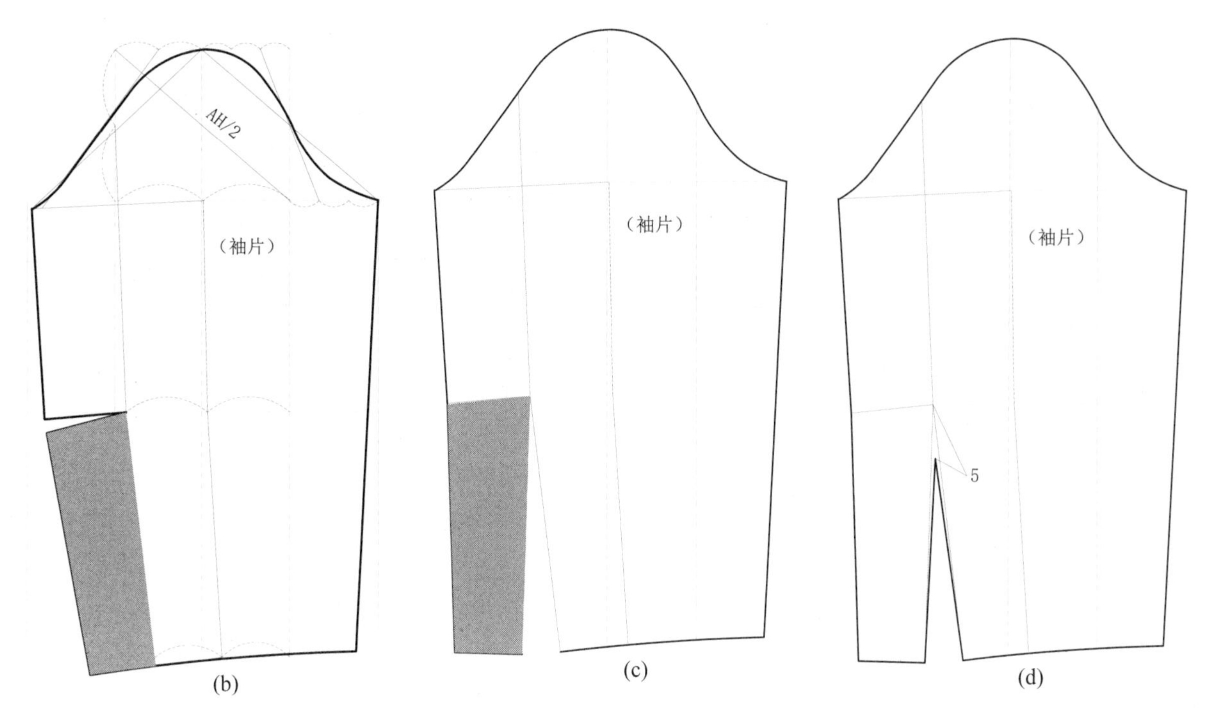

图 3-2 后袖侧线收省型一片袖操作步骤及结构图

二、两片袖

两片袖与一片袖的区别在于袖片的纵向分割线：两片袖的纵向分割线处于手臂的前 / 后侧面，一片袖的纵向分割线在袖底线上。由此可以看出，两片袖的纵向分割线符合人体手臂的造型要求。两片袖结构的细节变化表现为前 / 后偏袖的变化、后袖衩的变化、后袖侧线的弯度变化等。

1. 两片袖（前偏袖）

（1）两片袖（前偏袖）款式图（图 3-3）。

（2）两片袖（前偏袖）的操作步骤及结构图（图 3-4）。

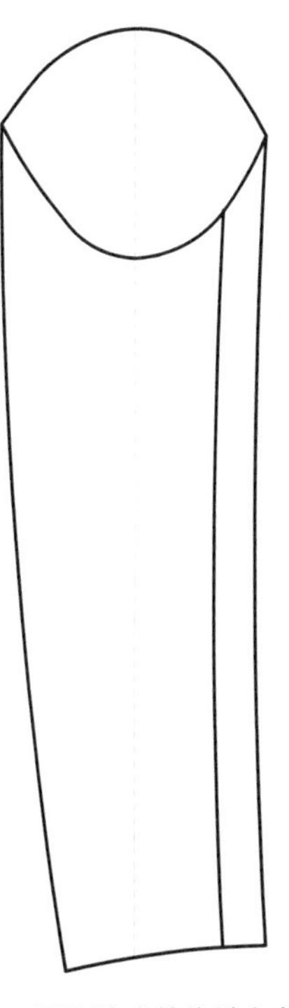

图 3-3 两片袖（前偏袖）款式图

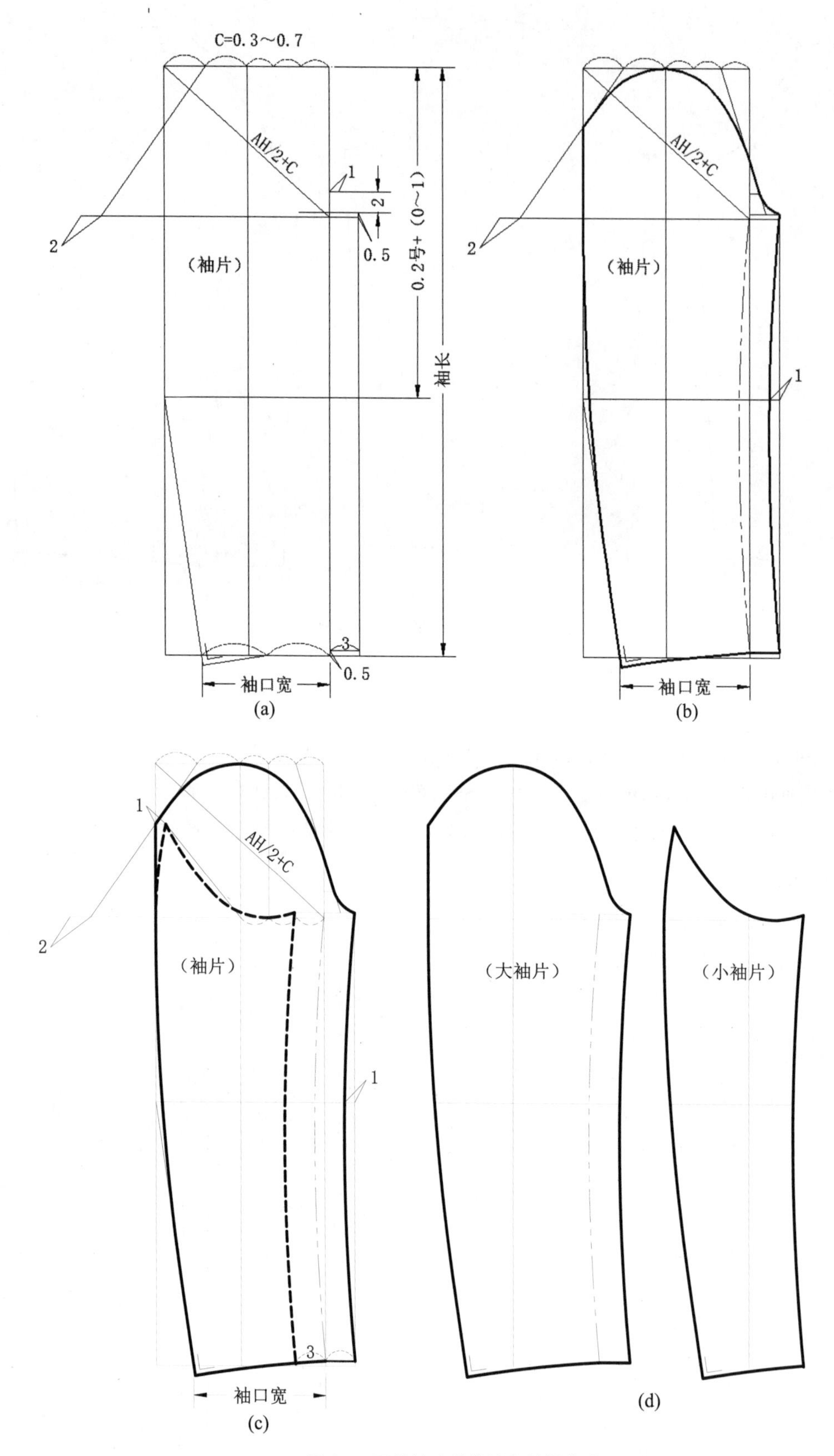

图 3-4 两片袖（前偏袖）的操作步骤及结构图

（3）两片袖袖标点定位方法（图 3-5）。

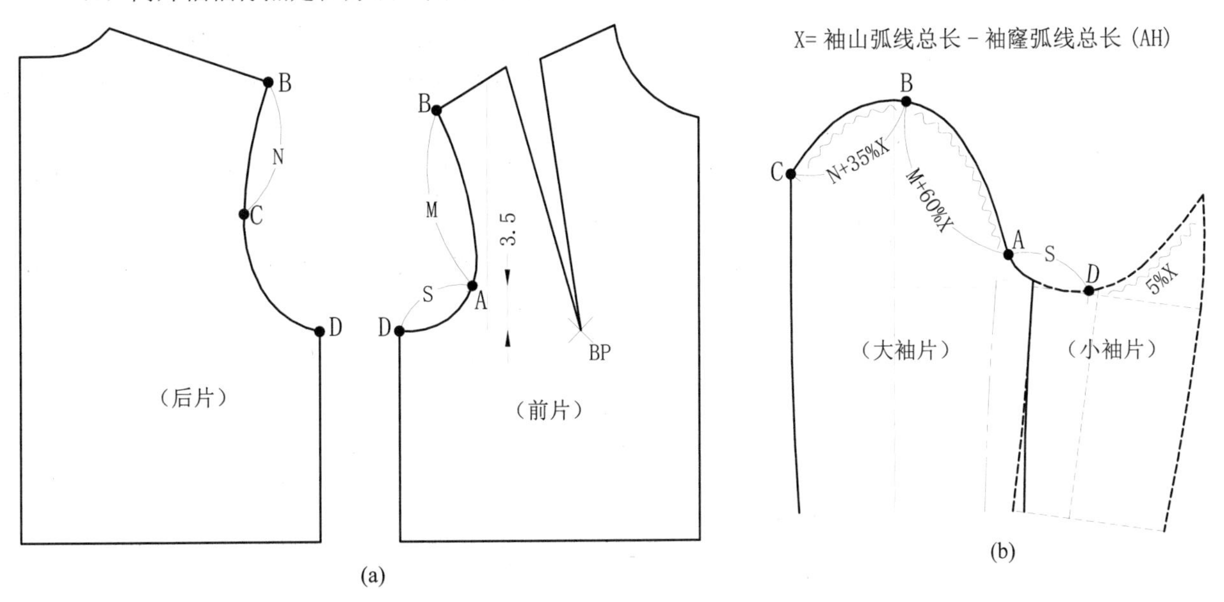

图 3-5 两片袖袖标点定位方法

2. 两片袖（前偏袖 + 后偏袖）

两片袖设置前偏袖是使前袖侧线隐蔽，不暴露，所以两片袖必须设置前偏袖，前偏袖的控制量为 2 ～ 3cm。后偏袖的设置是使后袖侧线隐蔽，不暴露，但由于后袖侧线所处的位置不如前袖侧线对视觉的影响大，同时设置后偏袖在工艺操作上的难度增大，因此后偏袖的设置可以随意。后偏袖的控制量为 1 ～ 2cm，一般小于前偏袖。

（1）两片袖（前偏袖 + 后偏袖）款式图（图 3-6）。

（2）两片袖（前偏袖 + 后偏袖）操作步骤及结构图（图 3-7）。

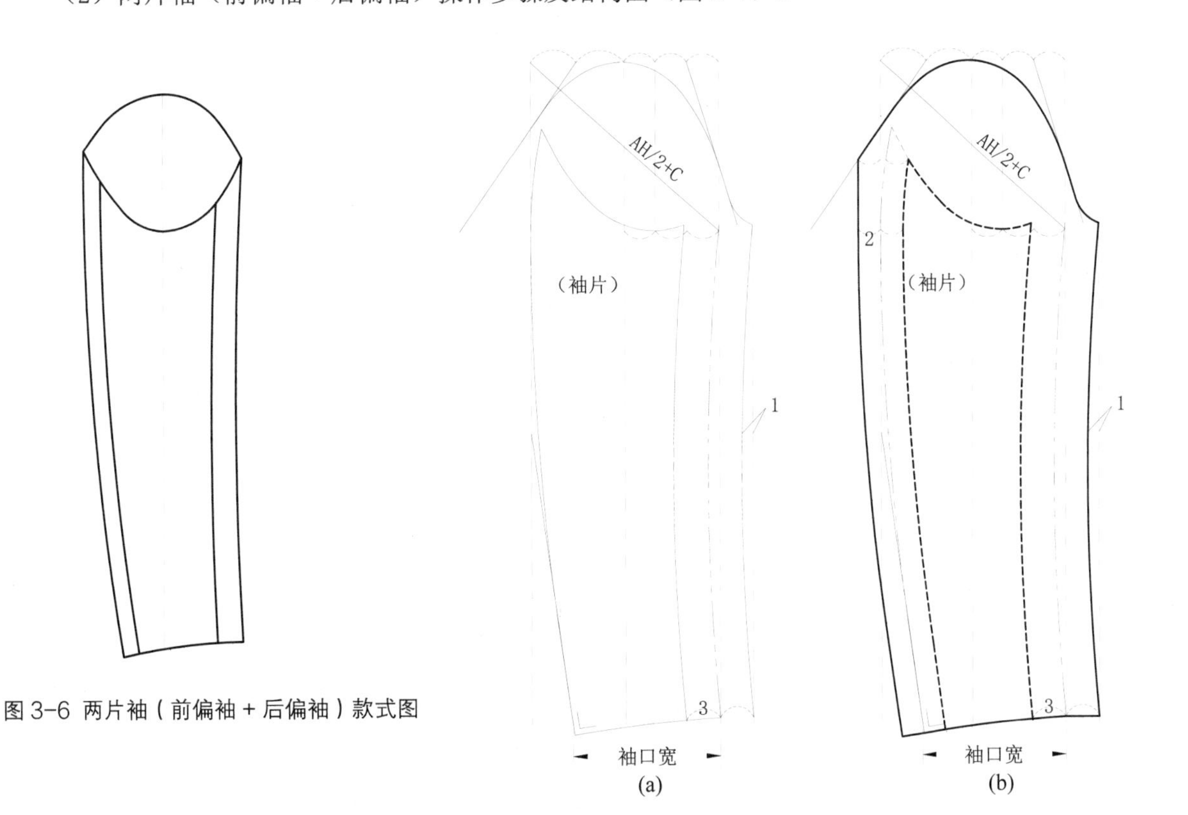

图 3-6 两片袖（前偏袖 + 后偏袖）款式图

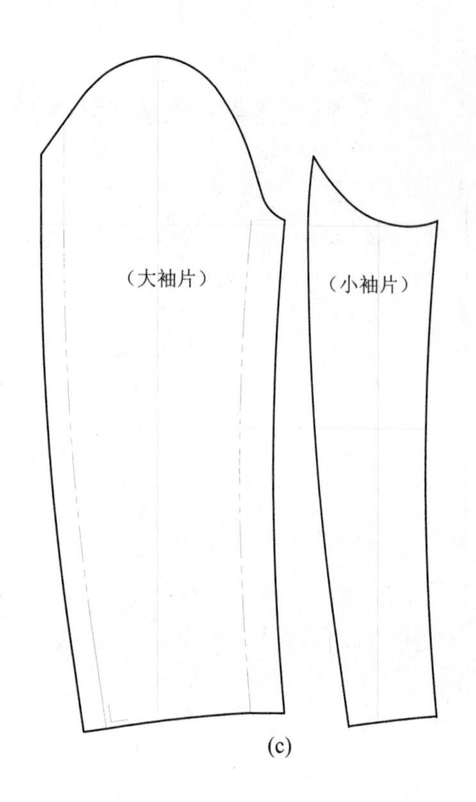

图 3-7 两片袖（前偏袖 + 后偏袖）的操作步骤及结构图

3. 两片袖（前偏袖 + 后袖衩）

两片袖（前偏袖 + 后袖衩）的设置是衣袖的常见形式。后袖衩可分真袖衩、假袖衩及真假袖衩。后袖衩的大小控制量为长 10 ～ 11cm、宽 2 ～ 3cm。

(1) 两片袖（前偏袖 + 后袖衩）款式图（图 3-8）。

(2) 两片袖（前偏袖 + 后袖衩）的操作步骤及结构图（图 3-9）。

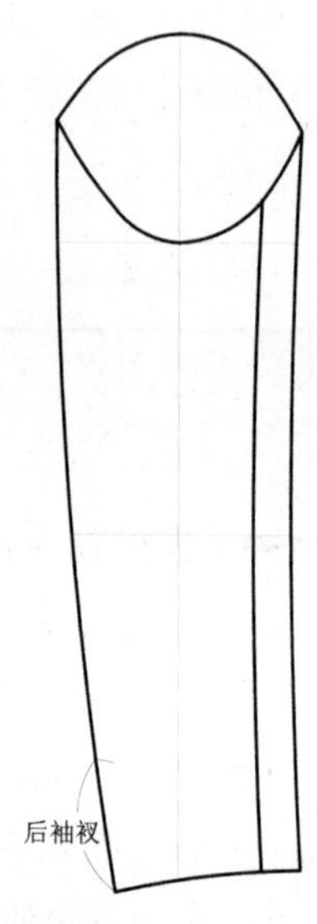

图 3-8 两片袖（前偏袖 + 后袖衩）款式图

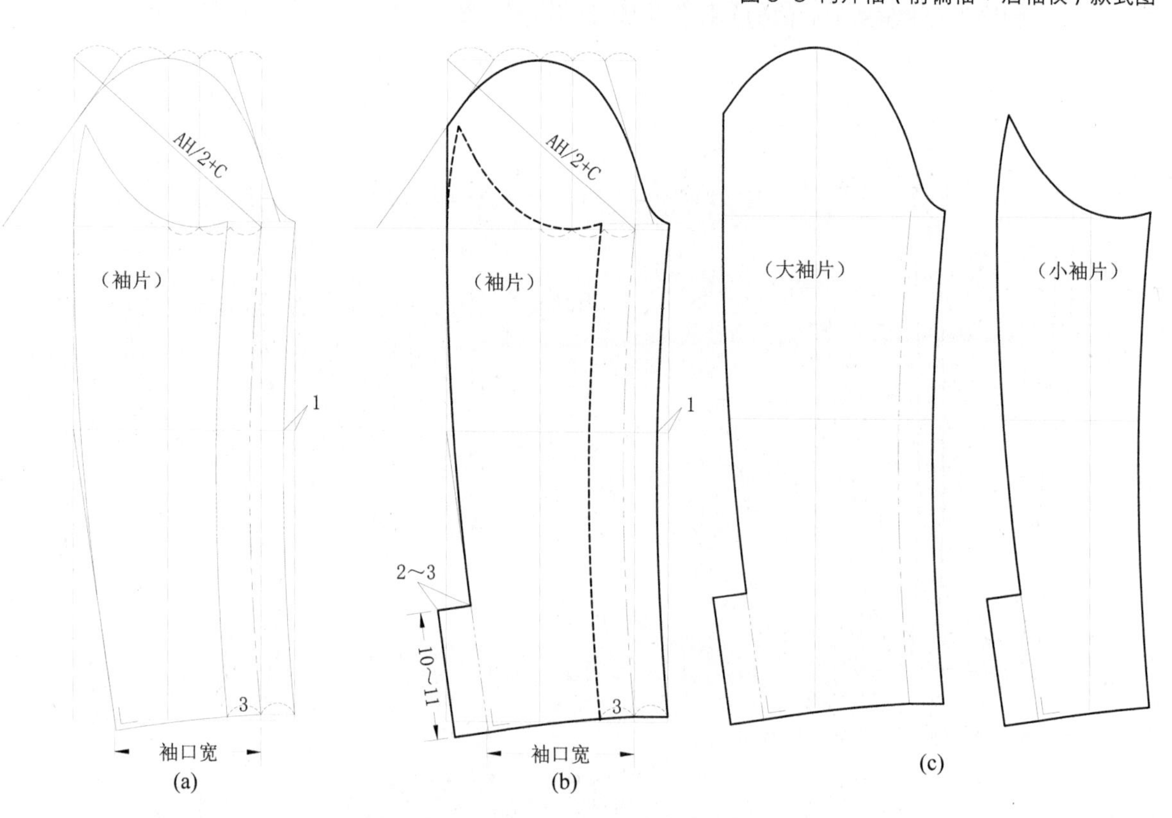

图 3-9 两片袖（前偏袖 + 后袖衩）的操作步骤及结构图

4. 两片袖（前偏袖 + 后偏袖 + 后袖衩）

两片袖（前偏袖 + 后偏袖 + 后袖衩）的设置，是前述两种形式的叠加。因后袖衩只能设置在后袖侧线上，因此后偏袖至后袖衩高点消失。

(1) 两片袖（前偏袖 + 后偏袖 + 后袖衩）款式图（图 3-10）。

(2) 两片袖（前偏袖 + 后偏袖 + 后袖衩）操作步骤及结构图（图 3-11）。

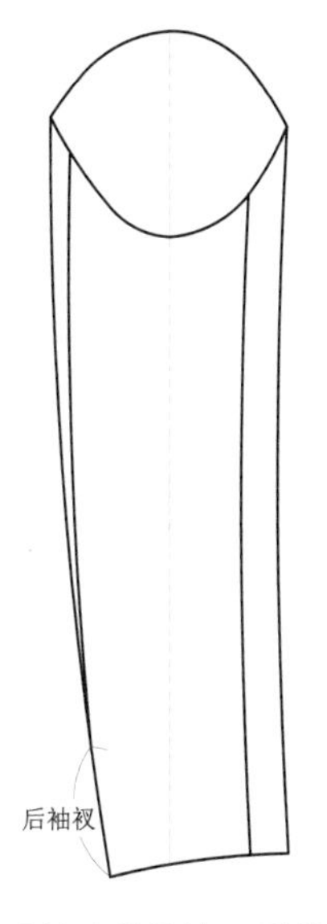

图 3-10 两片袖（前偏袖 + 后偏袖 + 后袖衩）款式图

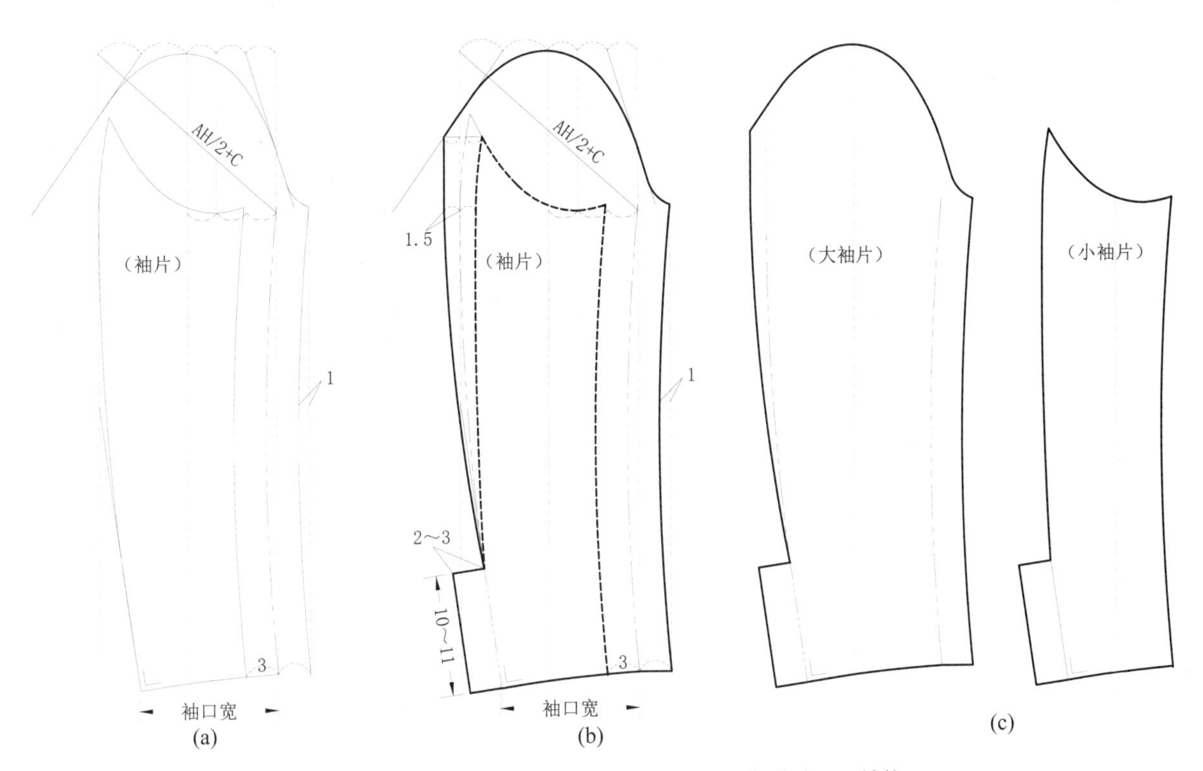

图 3-11 两片袖（前偏袖 + 后偏袖 + 后袖衩）的操作步骤及结构图

5. 两片袖的前 / 后袖侧线弯度变化

后袖侧线在两片袖基本型中有一定的弯度，主要体现在袖肘线与前袖侧线的交点的偏进量上，如款式要求前 / 后袖侧线进一步内弯，就需要进行调整。具体调整方法为在袖肘线与后袖侧线的交点上，向下展开，展开量为 0.5 ～ 2cm。见图 3-12、图 3-13。

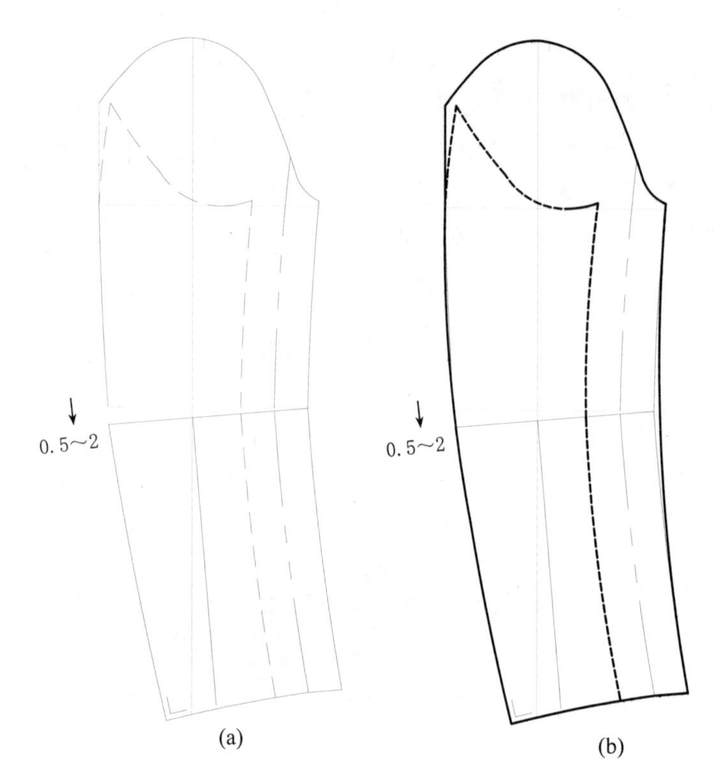

图 3-12 两片袖后袖侧线内弯调整方法一

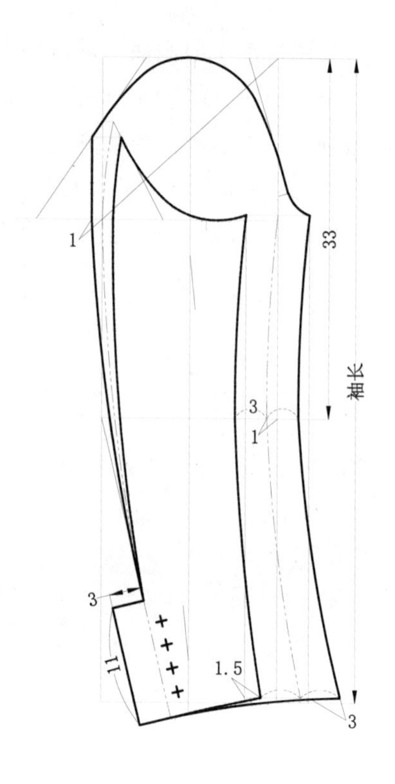

图 3-13 两片袖后袖侧线内弯调整方法二

第二节 重合法装袖型结构应用实例

一、重合法装袖型基型构成（以插肩袖为例）

（1）插肩袖款式图（图 3-14）。

（2）设定规格（表 3-2）。

表 3-2 衣袖部位规格表（单位：cm）

号型	胸围	袖长	袖中线倾斜角余切	袖口宽
160/84A	96	58	15 ：X（X=10）	11 ～ 13

（3）衣身调整（图 3-15）。

①前 / 后肩斜度：肩端点垂直向上移 0.7 ～ 1cm。

②袖窿深：衣身基本型袖窿深向下加大 1.5cm。袖窿深向下的控制量可视袖片的合体程度作调整。一般情况下，合体程度高时向下的调整较小，合体程度低时向下的调整较大。

③转折点：取胸背宽线高度的中点下移 2cm。

④袖窿弧线：作出插肩袖分割线。

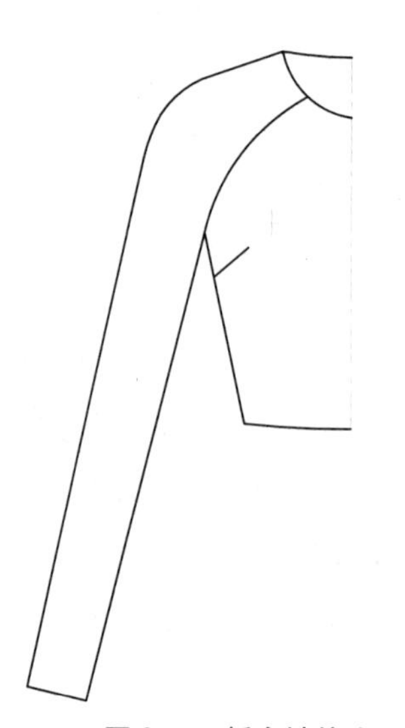

图 3-14 插肩袖款式图

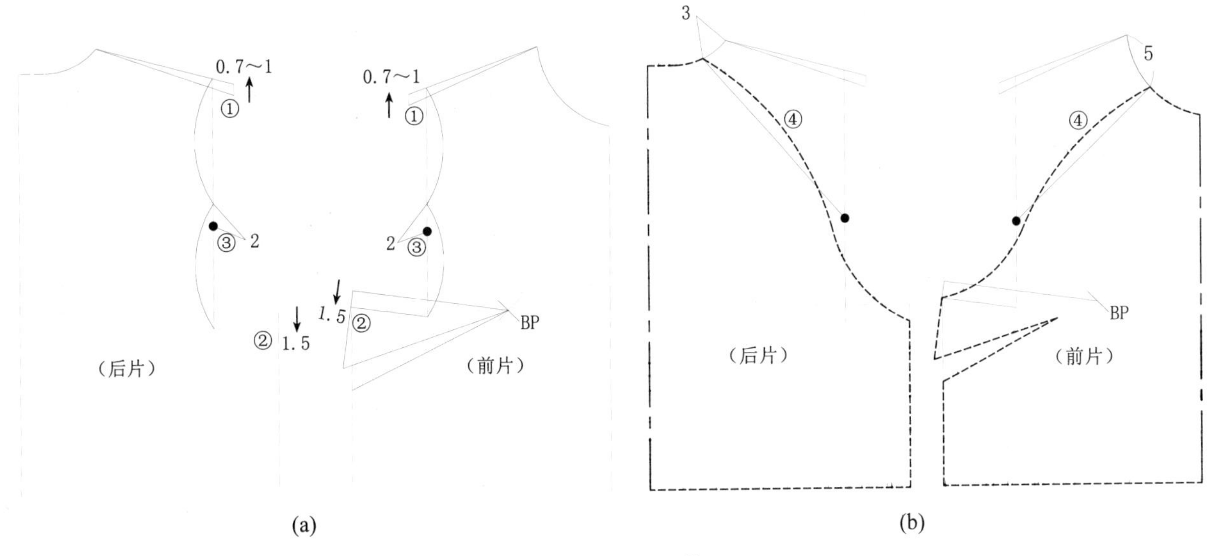

图 3-15 衣身调整

（4）衣袖前片基本线构成（图 3-16）。

①肩斜线延伸：以肩端点延伸肩斜线。

②袖中线端点：取 0.1X。

③袖中线斜度：袖中线倾斜角的余切为 15 ∶ X。

④袖斜线：连接袖中线端点 A 与转折点并延长。

⑤袖口线：取袖长作袖中线的垂线，在垂线上取“袖口宽 -0.5cm”。

⑥袖底点：CD 弧长等于 CB 弧长。

⑦袖底线：连接 BE 点。

⑧袖山高：通过 B 点作袖中线的垂线。

⑨袖口线垂线：通过前袖口的中点作袖底线的垂线。

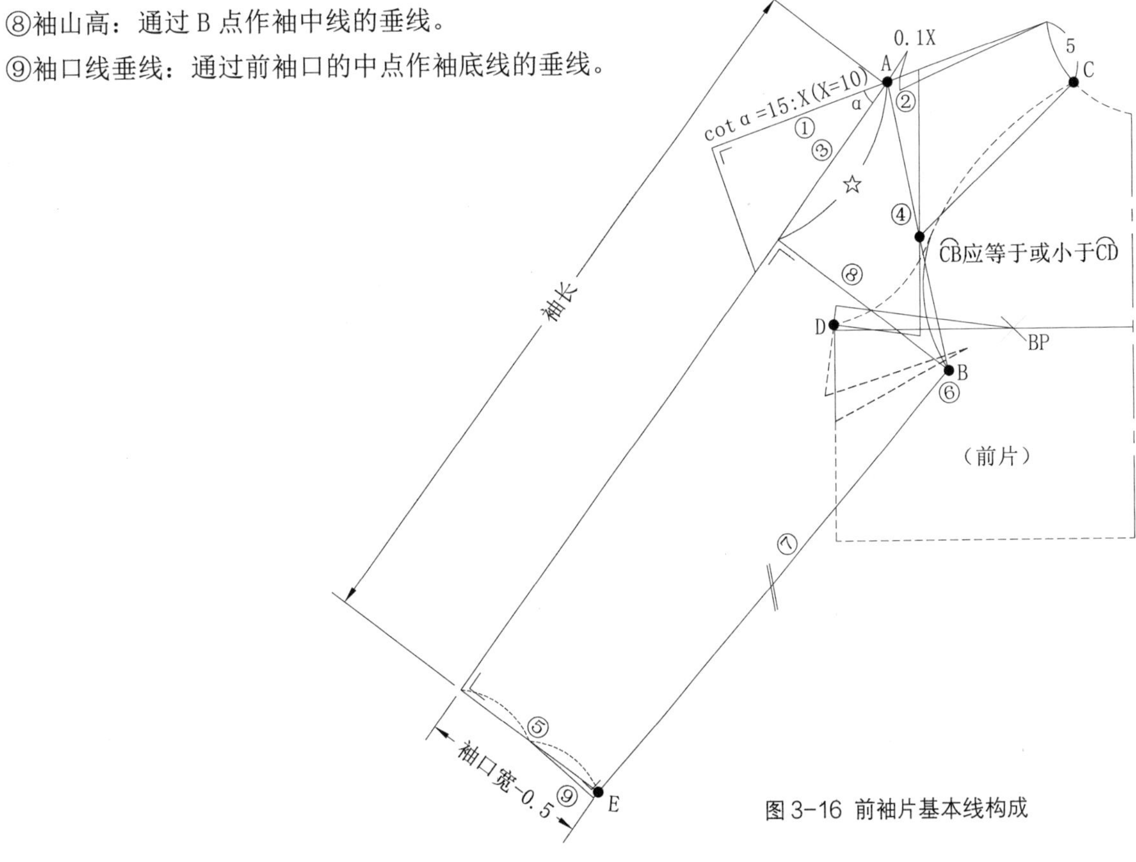

图 3-16 前袖片基本线构成

（5）后袖片基本线构成（图 3-17）。

①肩斜线延伸：以肩端点延伸肩斜线。

②袖中线端点：取 0.1X。

③袖中线斜度：袖中线倾斜角余切为 15 ∶ 0.8X。

④袖山高：取前袖片袖山高☆。

⑤袖口线：距袖中线端点取袖长，作袖中线的垂线，在垂线上取袖口宽 + 0.5cm。

⑥袖底点：弧长 C′D′= 弧长 C′B′。

⑦袖底线：连接 B′、E′点，且点 B′相交于袖山高线上。

⑧袖口垂线：通过后袖口的中点作袖底线的垂线。

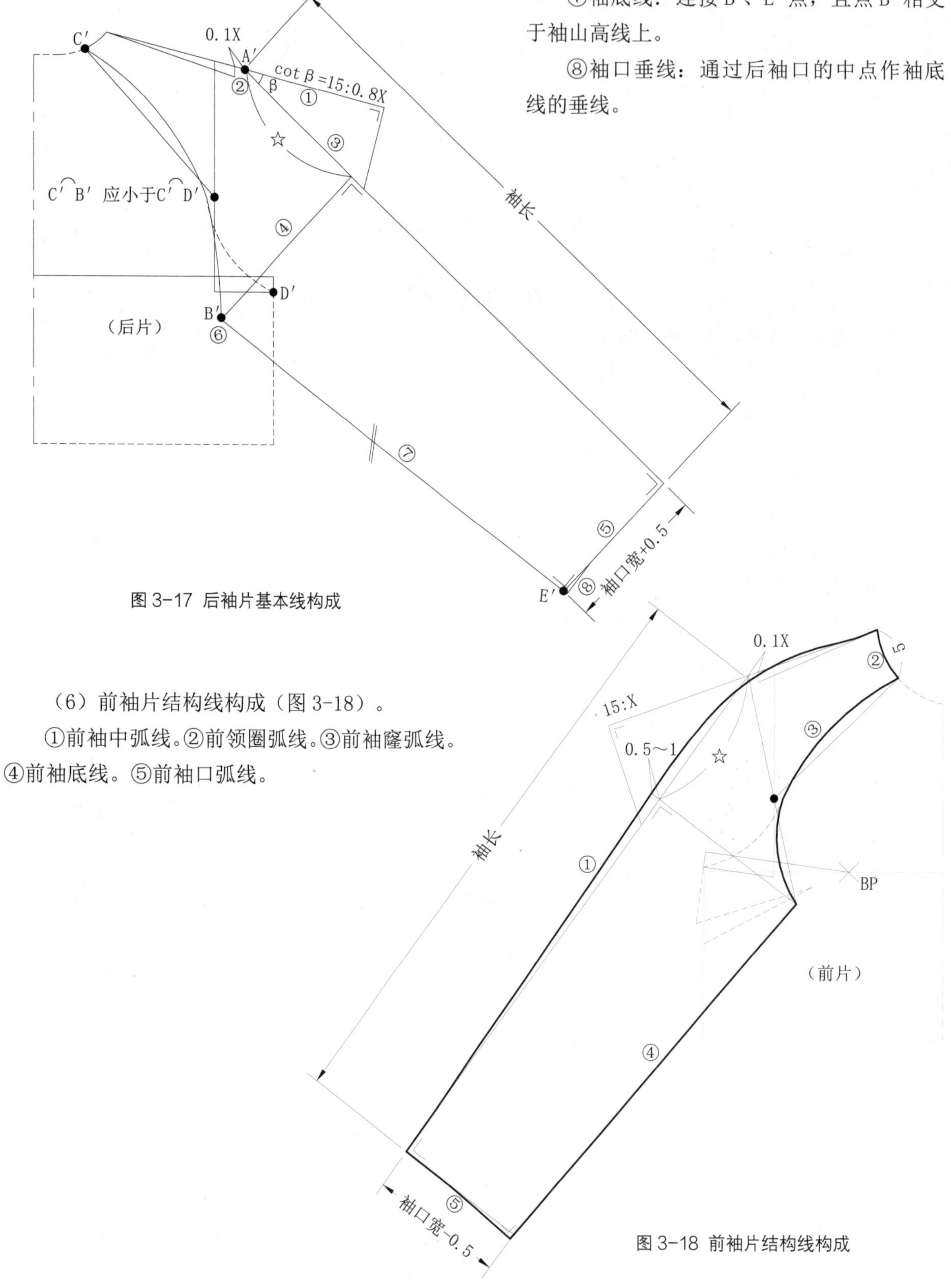

图 3-17 后袖片基本线构成

（6）前袖片结构线构成（图 3-18）。

①前袖中弧线。②前领圈弧线。③前袖窿弧线。④前袖底线。⑤前袖口弧线。

图 3-18 前袖片结构线构成

（7）后袖片结构线构成（图 3-19）。

①后袖中弧线。②后领圈弧线。③后袖窿弧线。④后袖底线。⑤后袖口弧线。

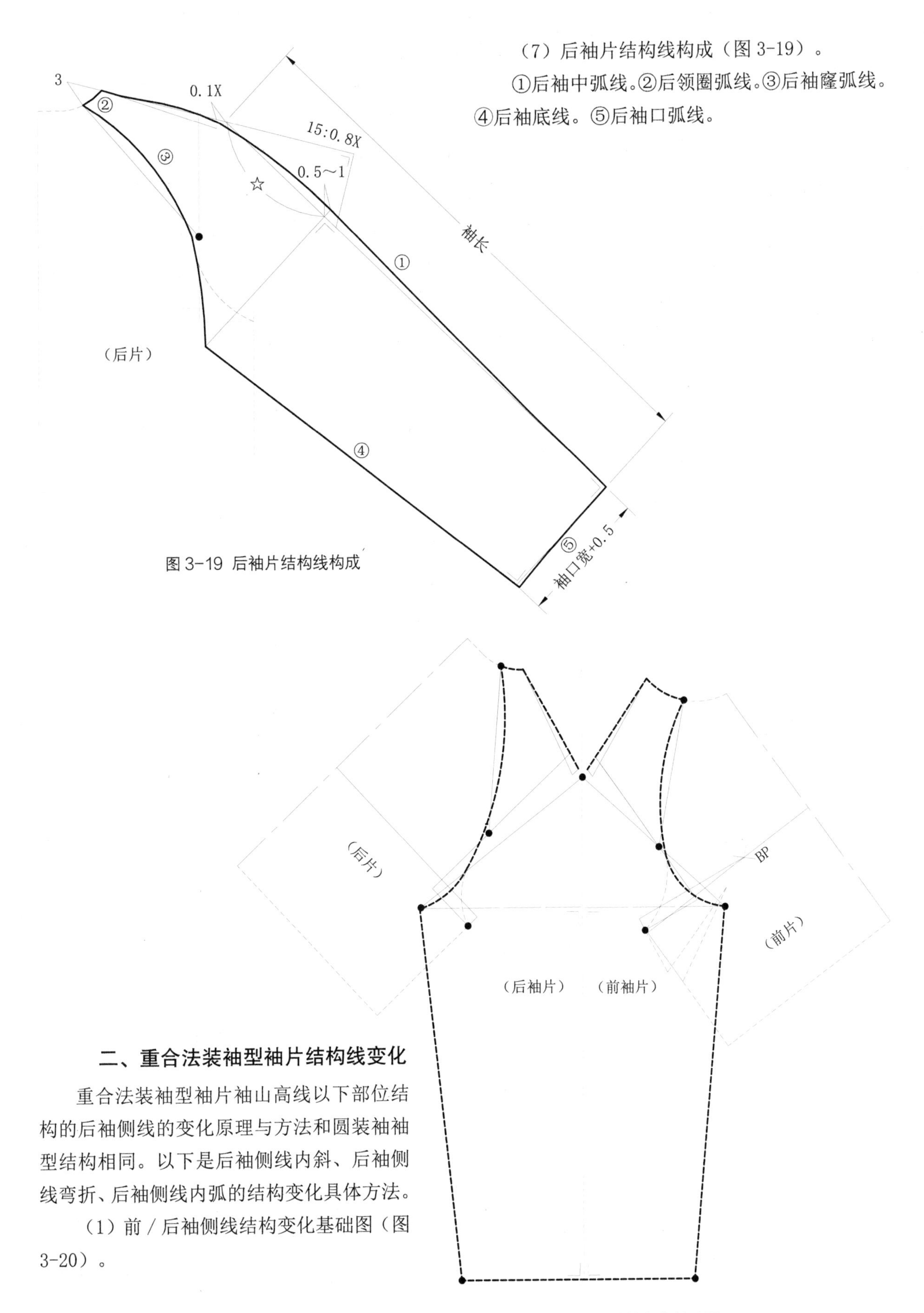

图 3-19 后袖片结构线构成

图 3-20 前 / 后袖侧线结构变化基础图

二、重合法装袖型袖片结构线变化

重合法装袖型袖片袖山高线以下部位结构的后袖侧线的变化原理与方法和圆装袖袖型结构相同。以下是后袖侧线内斜、后袖侧线弯折、后袖侧线内弧的结构变化具体方法。

（1）前 / 后袖侧线结构变化基础图（图 3-20）。

（2）后袖侧线内斜（图 3-21）。

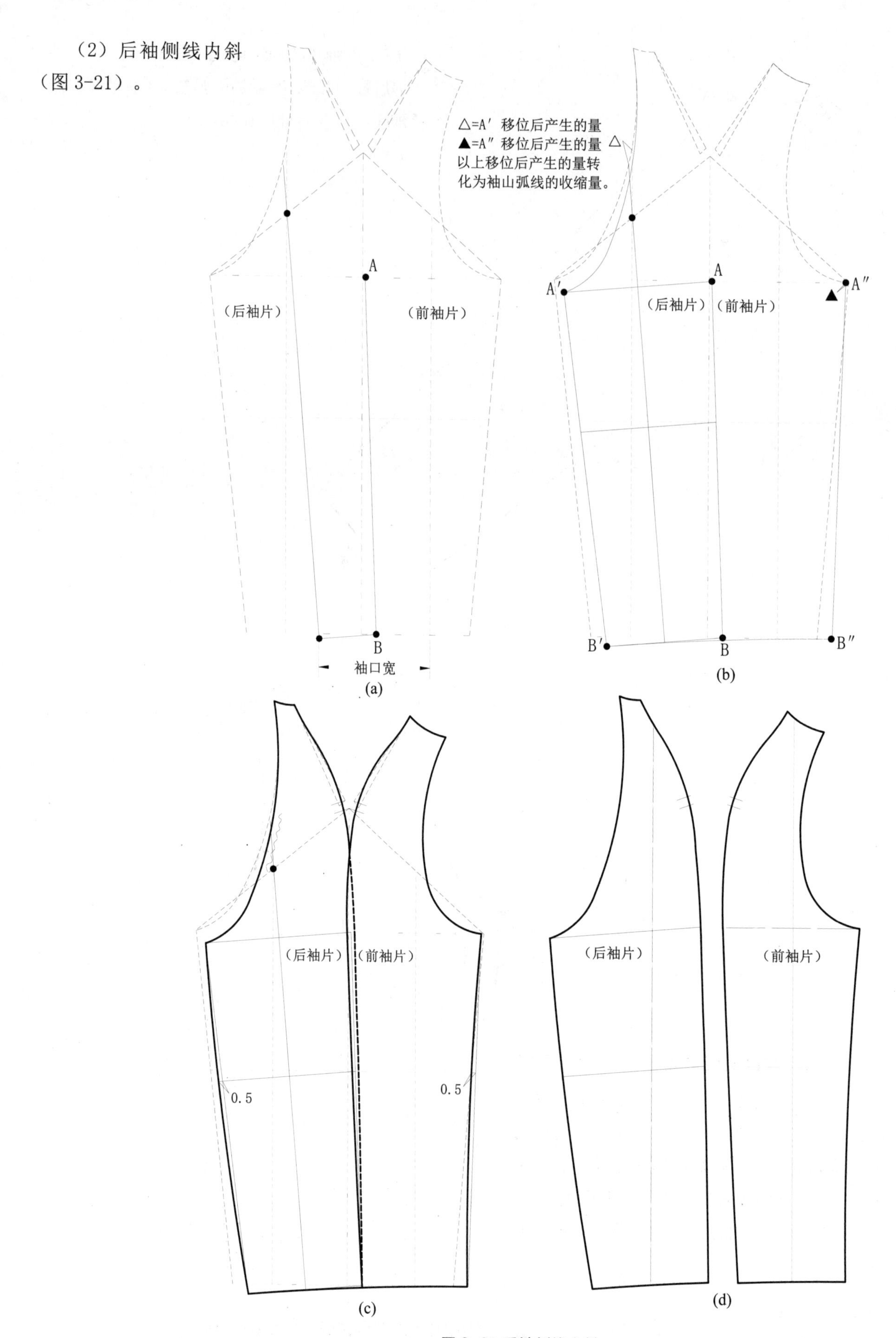

图 3-21 后袖侧线内斜

（3）后袖侧线内折（图3-22）。

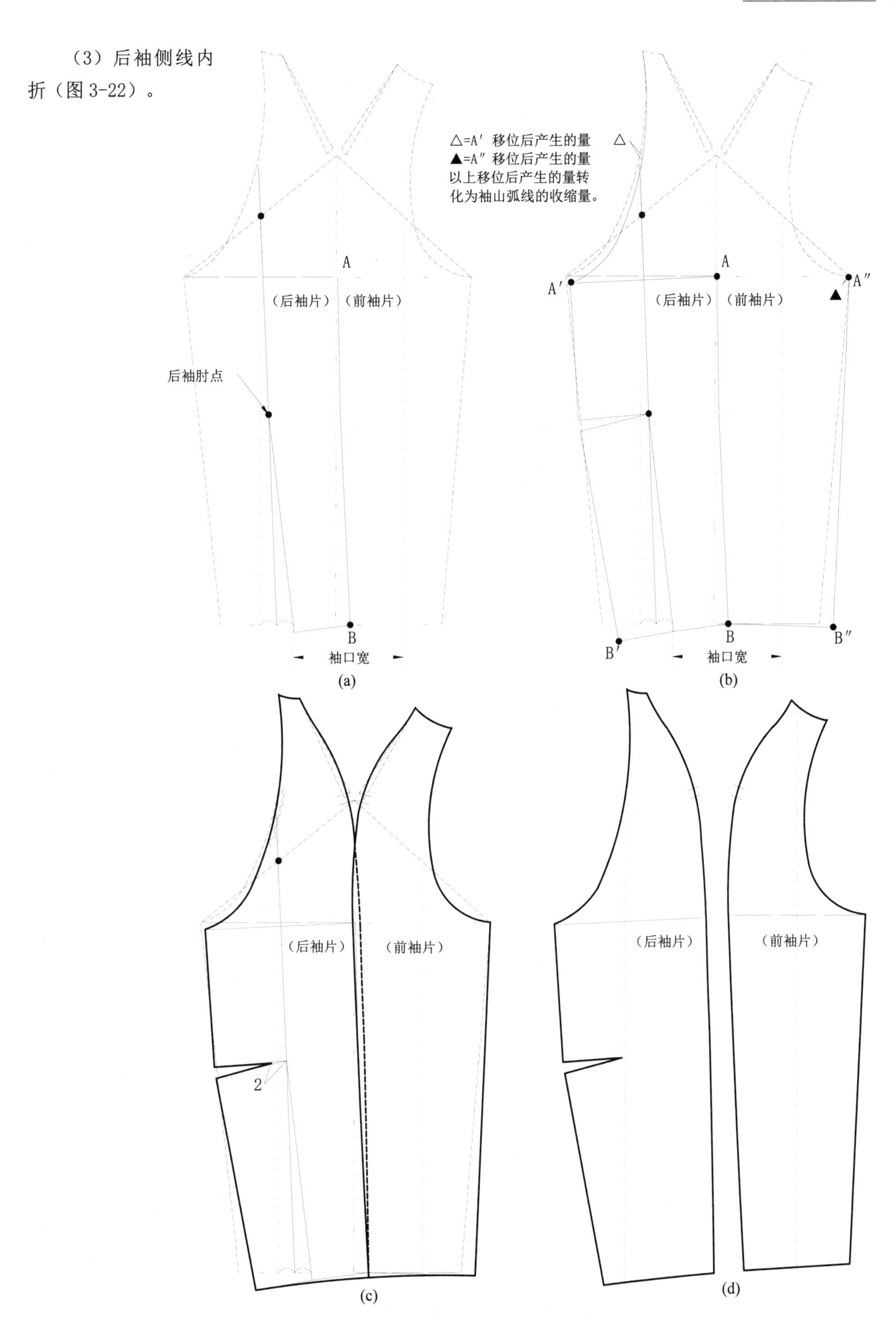

图3-22 后袖侧线内折

（4）后袖侧线内弧并分割（3-23）。

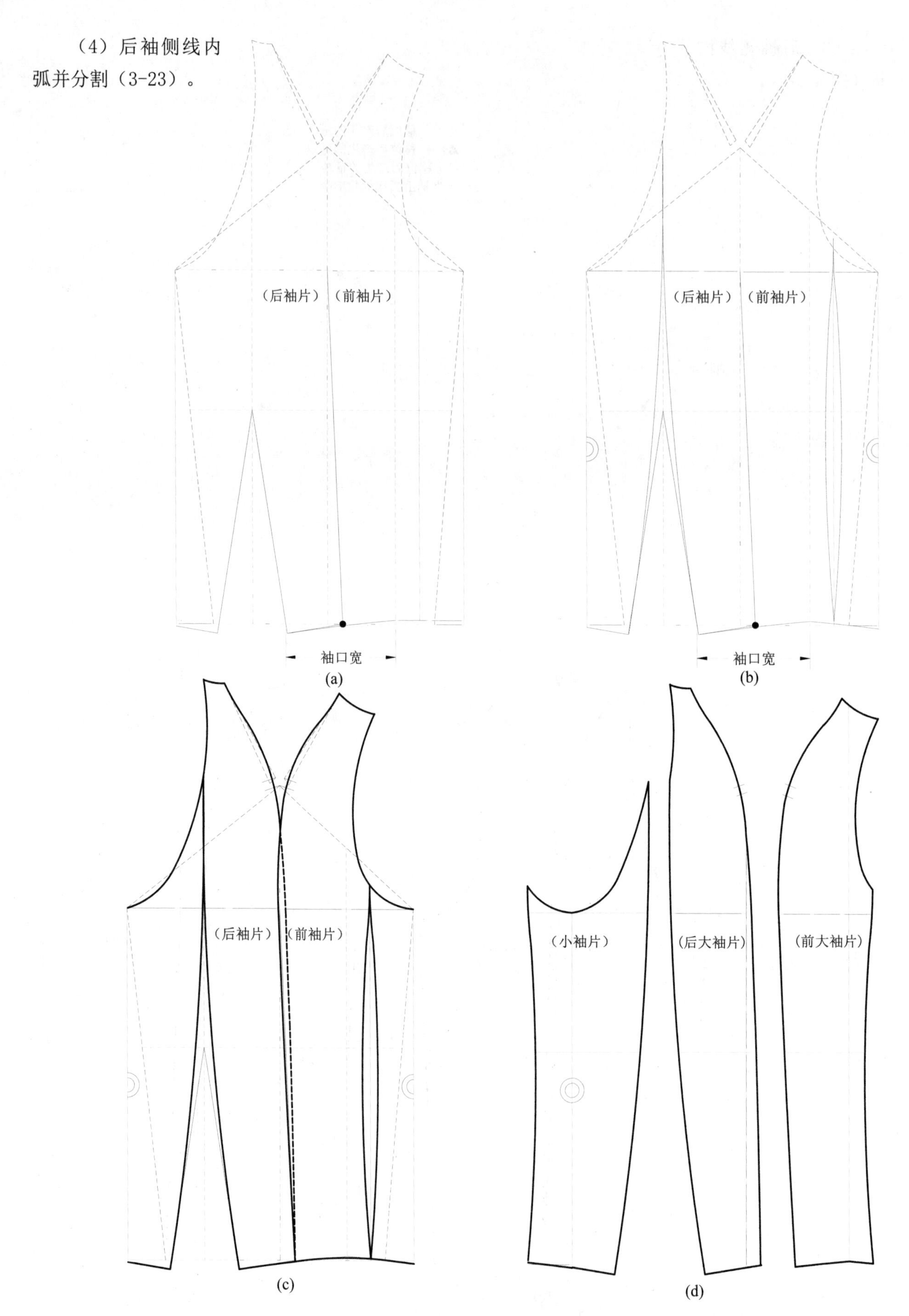

图 3-23 后袖侧线内弧并分割

二、重合法装袖型袖窿的常见分割线结构线变化

装袖型衣袖的袖窿弧线与袖山弧线的分割线的常见形式有：插肩袖、半插肩袖、圆装袖、落肩袖、冒肩袖等（图 3-24）。

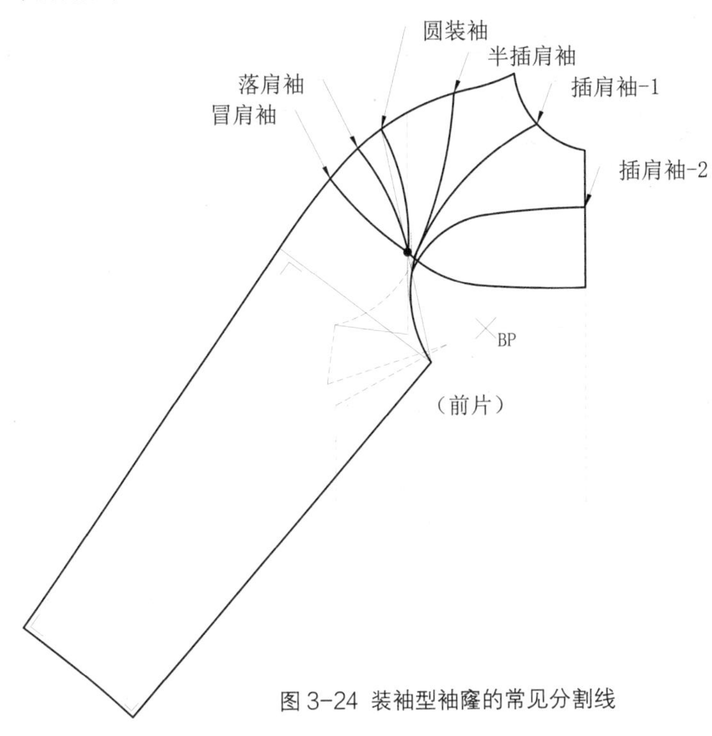

图 3-24 装袖型袖窿的常见分割线

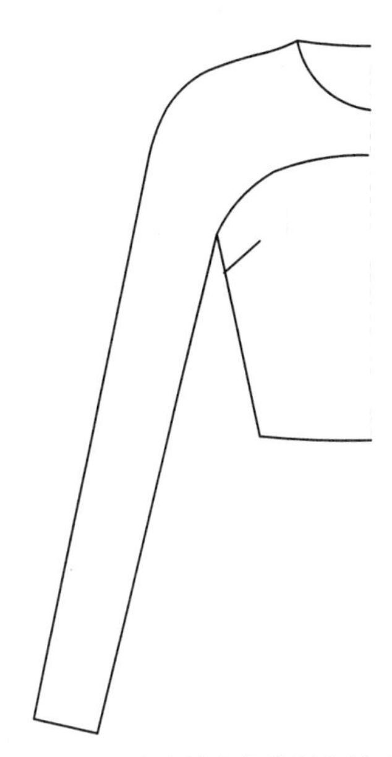

图 3-25 插肩袖（前中线分割）款式图

1. 插肩袖（领圈线分割）

款式图与结构图见图 3-14 ～图 3-19。

（说明：以下常见分割线结构图的规格均与插肩袖相同。）

2. 插肩袖（前中线分割）

（1）插肩袖（前中线分割）款式图（图 3-25）。

（2）插肩袖（前中线分割）操作步骤及结构图（图 3-26）。

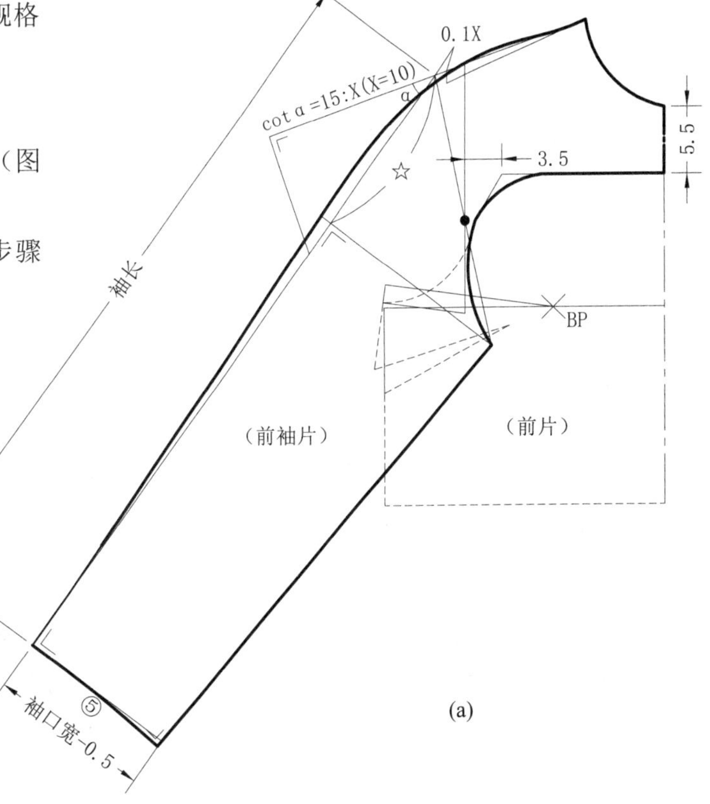

(a)

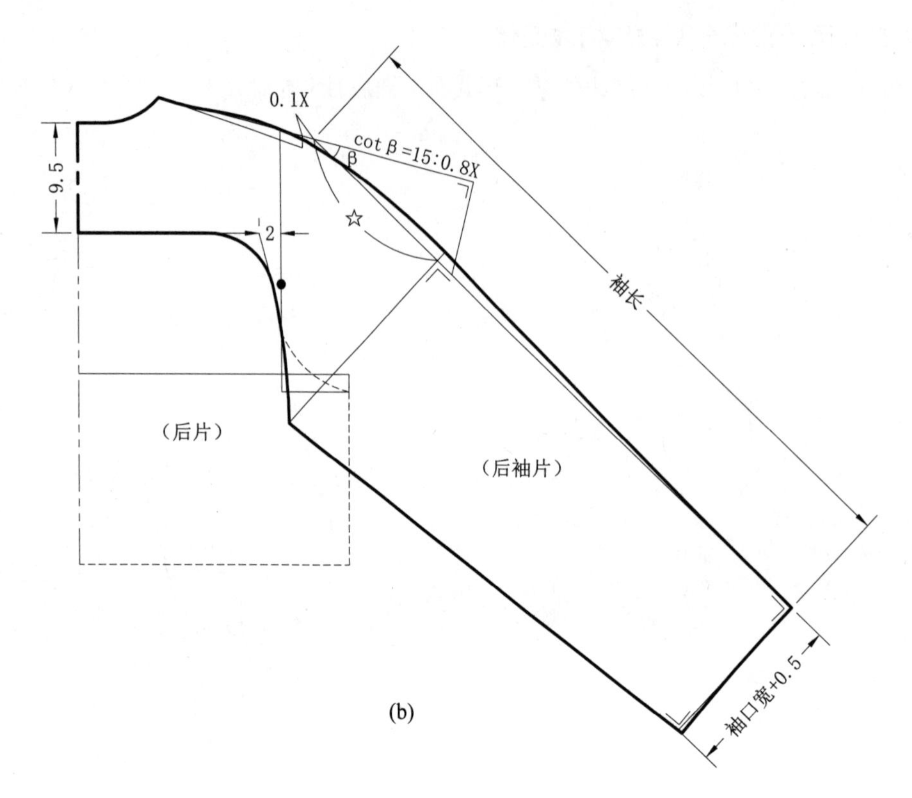

图 3-26 插肩袖（前中线分割）操作步骤及结构图

3. 半插肩袖

（1）半插肩袖款式图（图 3-27）。

（2）半插肩袖操作步骤及结构图（图 3-28）。

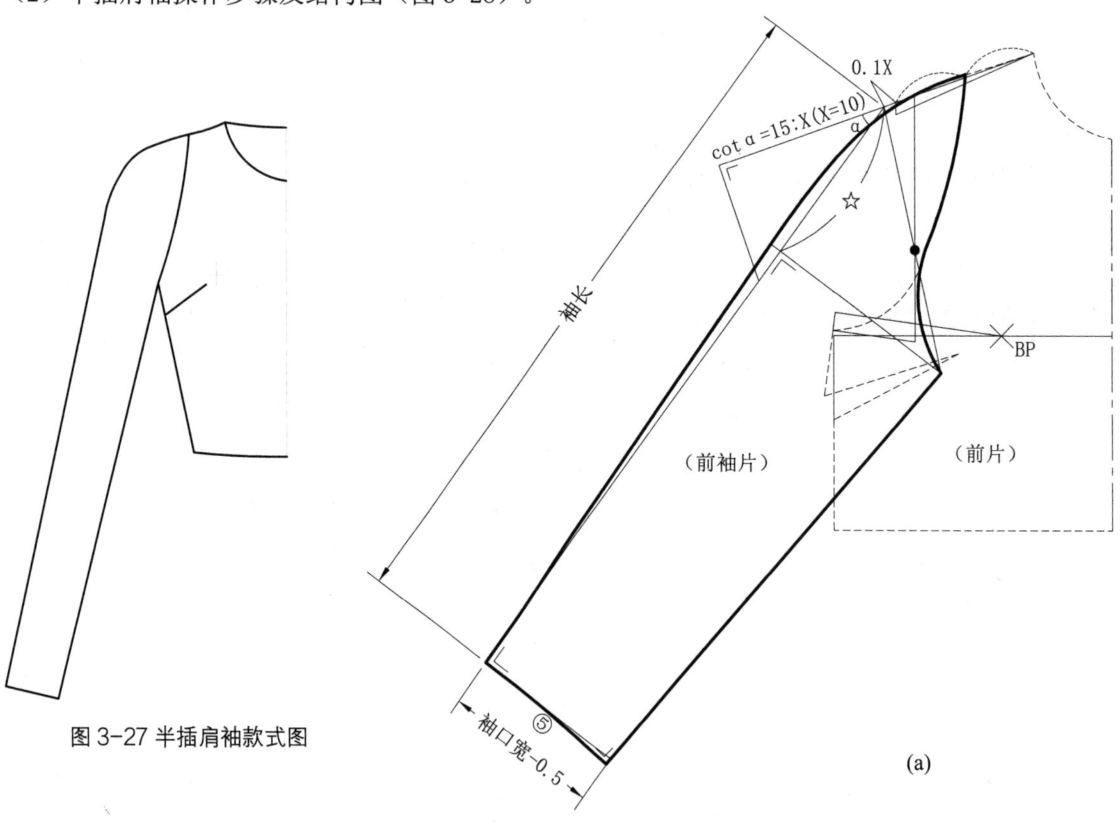

图 3-27 半插肩袖款式图

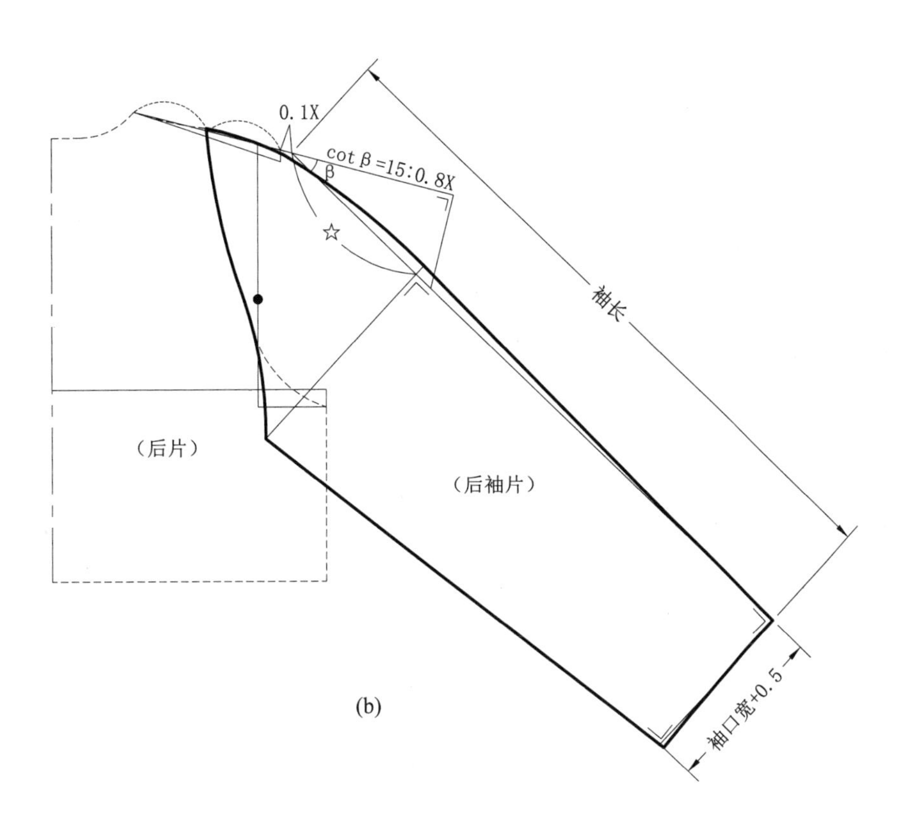

(b)

图 3-28 半插肩袖操作步骤及结构图

4. 圆装袖

（1）圆装袖款式图（图 3-29）。

（2）圆装袖操作步骤及结构图（图 3-30）。

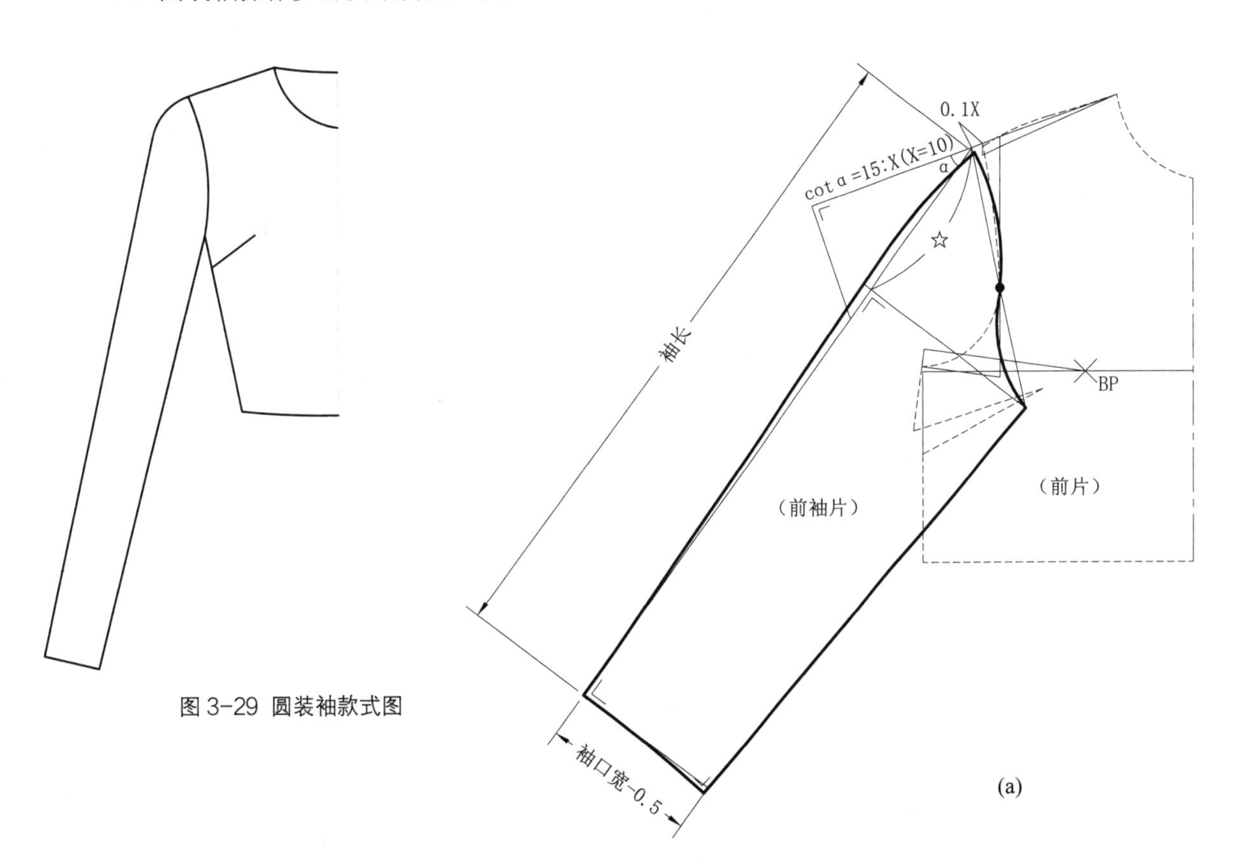

图 3-29 圆装袖款式图

(a)

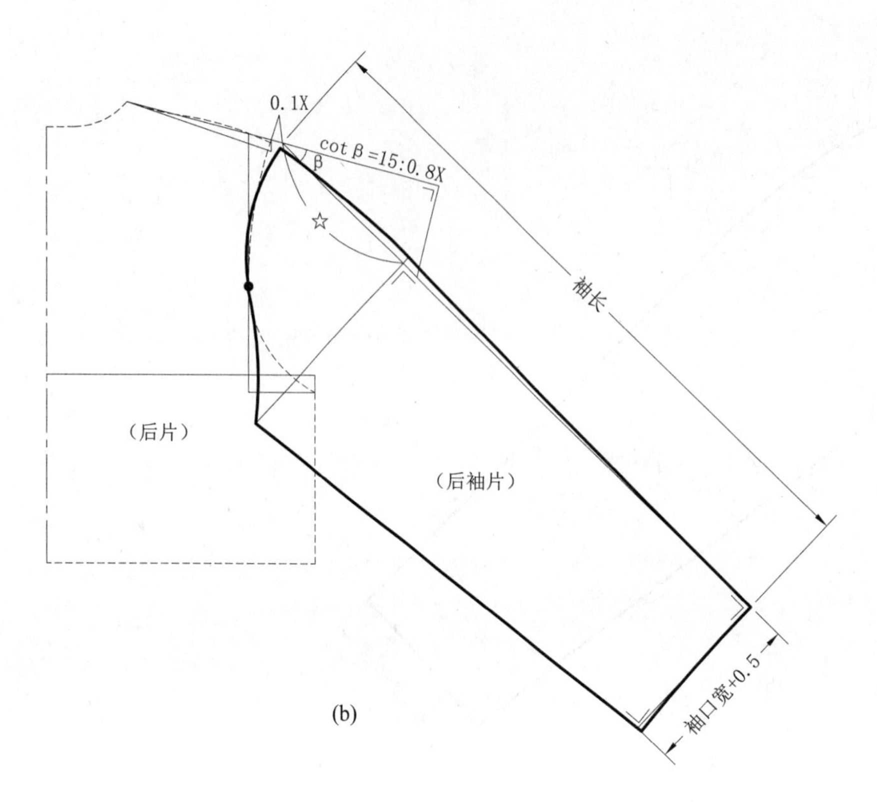

图 3-30 圆装袖操作步骤及结构图

5. 落肩袖

（1）落肩袖款式图（图 3-31）。

（2）落肩袖操作步骤及结构图（图 3-32）。

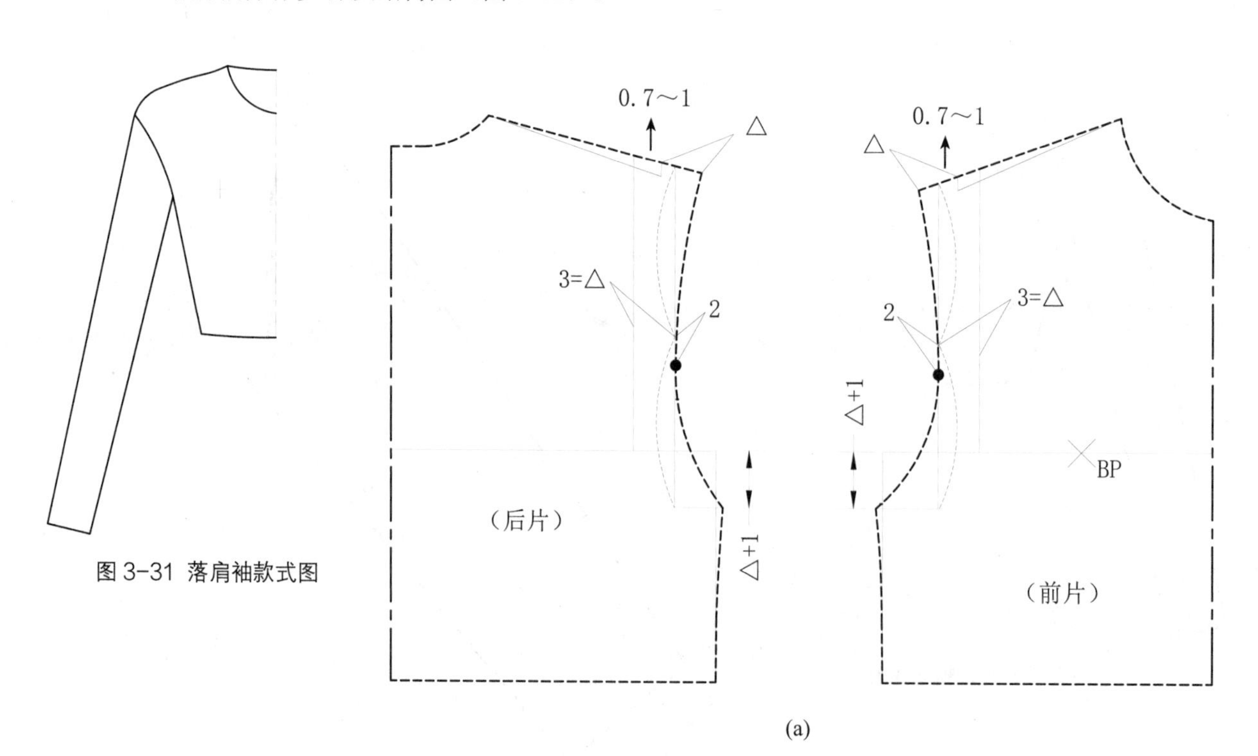

图 3-31 落肩袖款式图

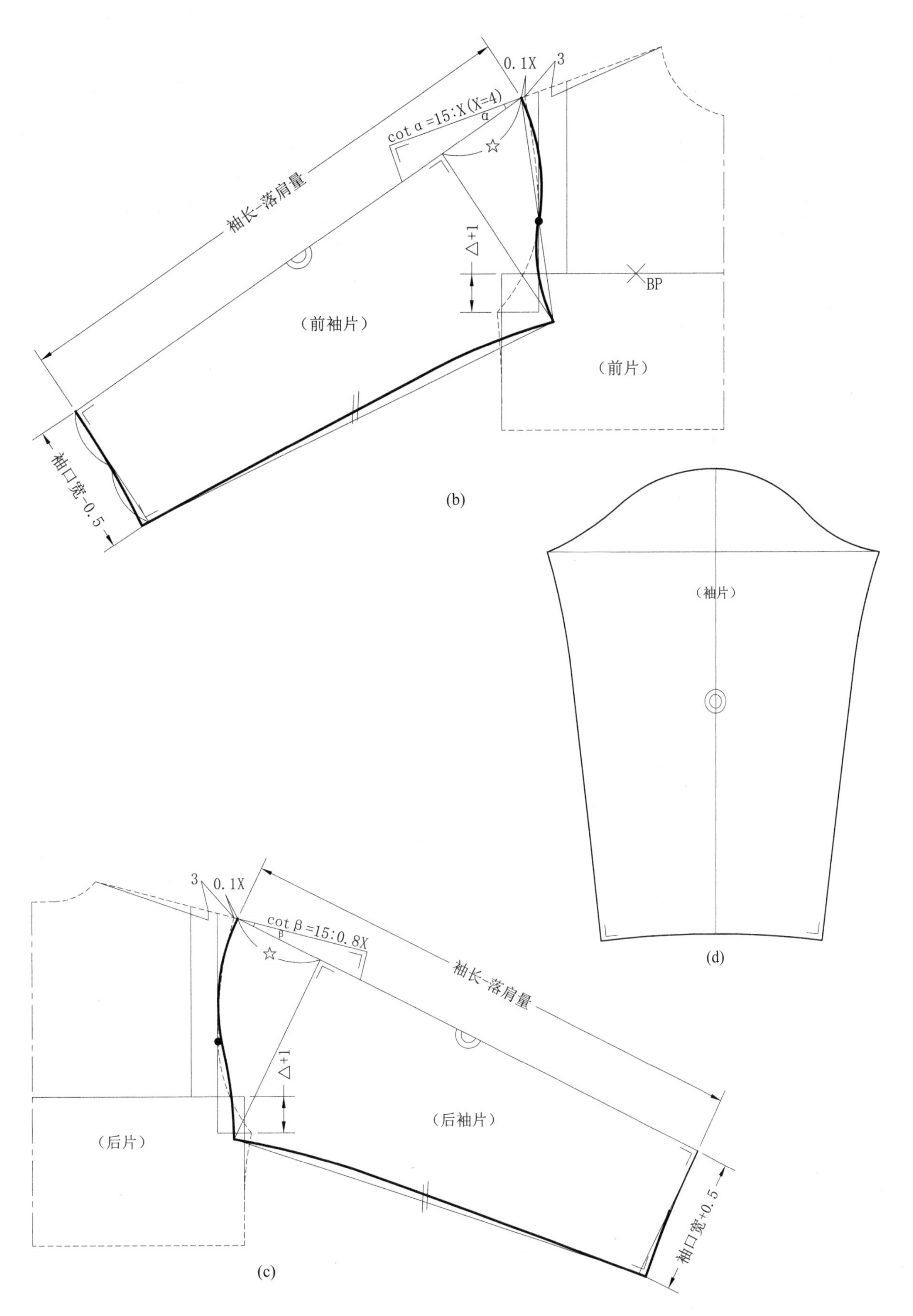

图 3-32 落肩袖操作步骤及结构图

6. 冒肩袖

（1）冒肩袖款式图（图 3-33）。

（2）冒肩袖操作步骤及结构图（图 3-34）。

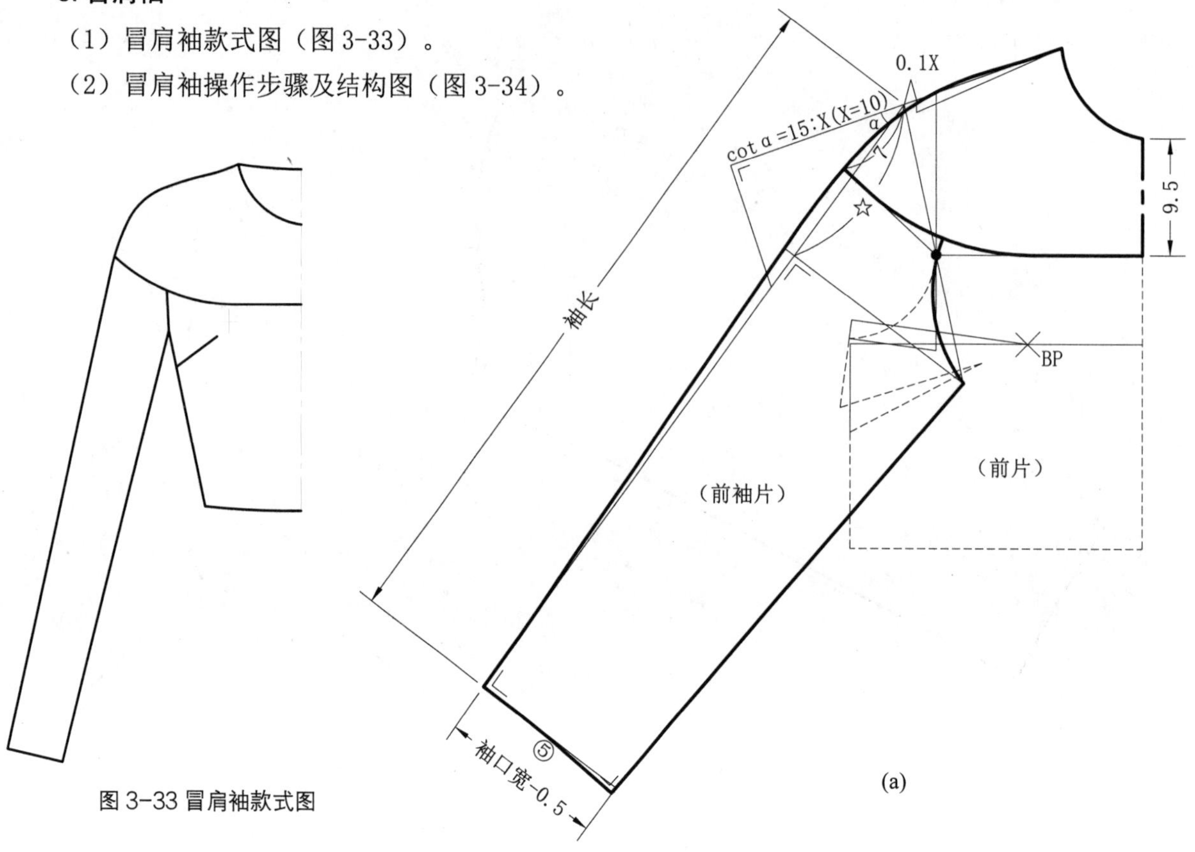

图 3-33 冒肩袖款式图

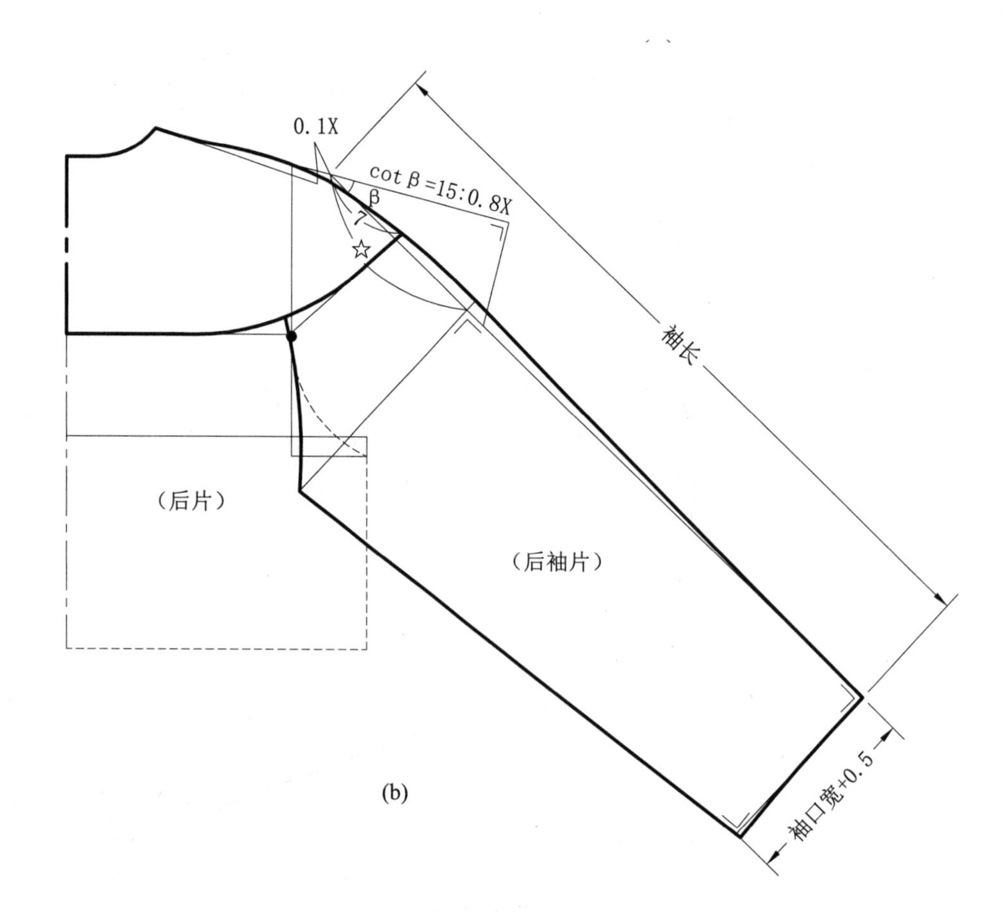

图 3-34 冒肩袖操作步骤及结构图

7. 育克袖

（1）育克袖款式图（图 3-35）。

（2）育克袖操作步骤及结构图（图 3-36）。

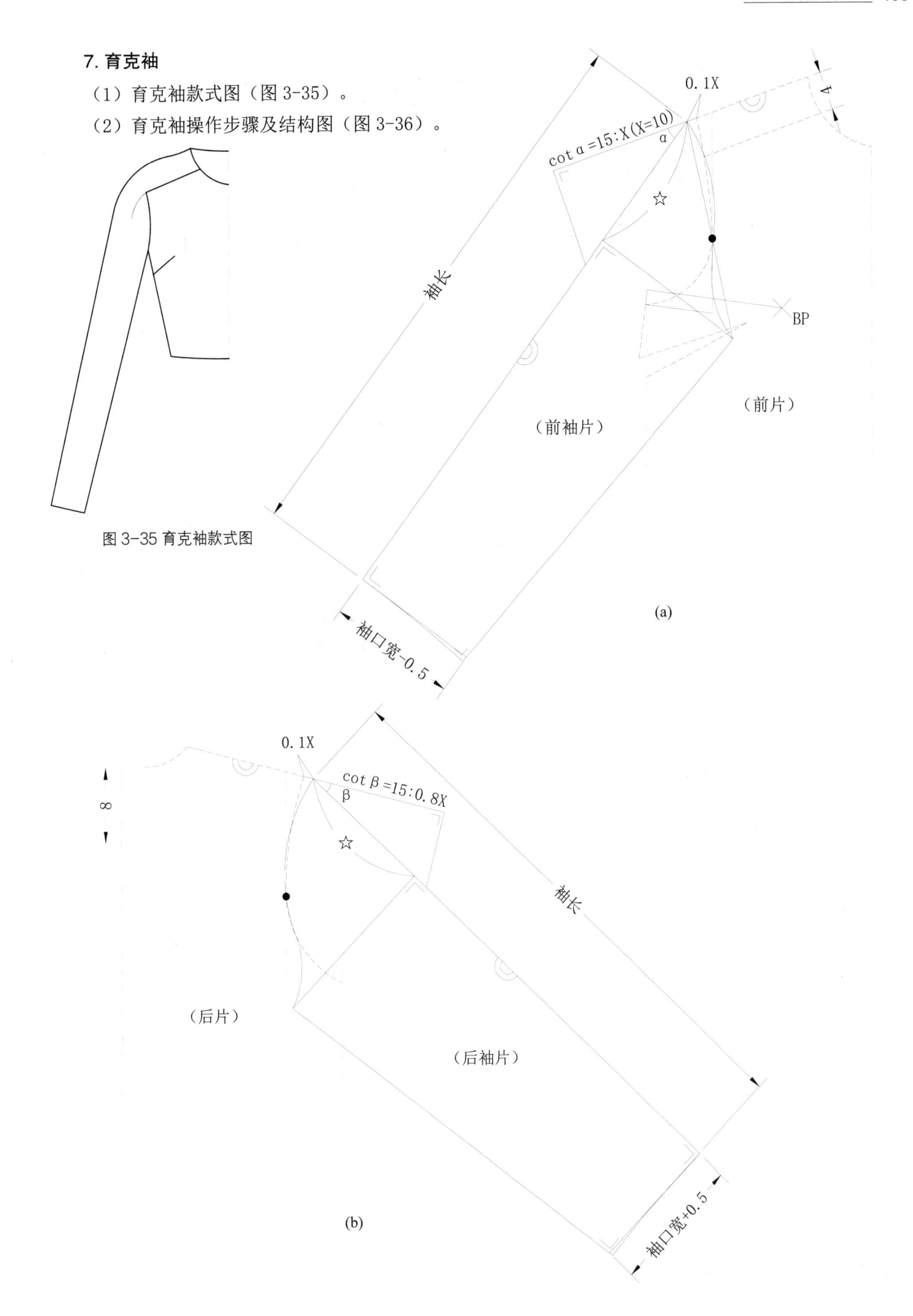

图 3-35 育克袖款式图

(a)

(b)

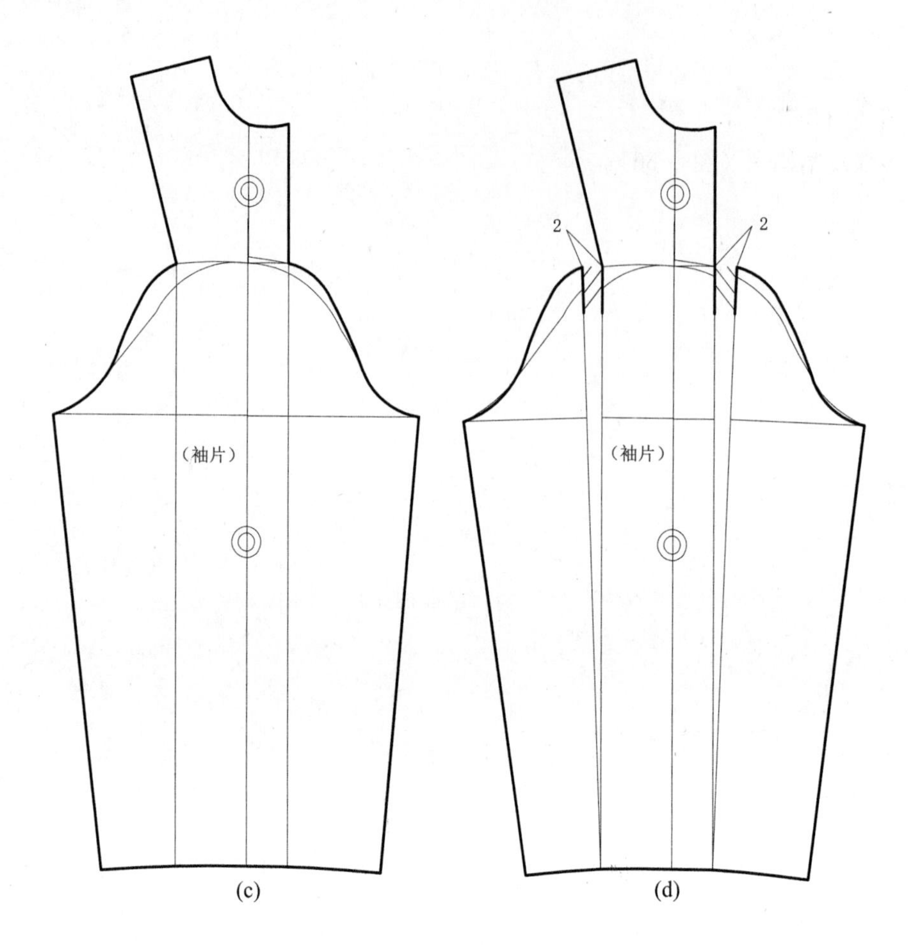

图 3-36 育克袖操作步骤及结构图

8. 半插肩叠裥袖

（1）半插肩叠裥袖款式图（图 3-37）。

（2）半插肩叠裥袖操作步骤及结构图（图 3-38）。

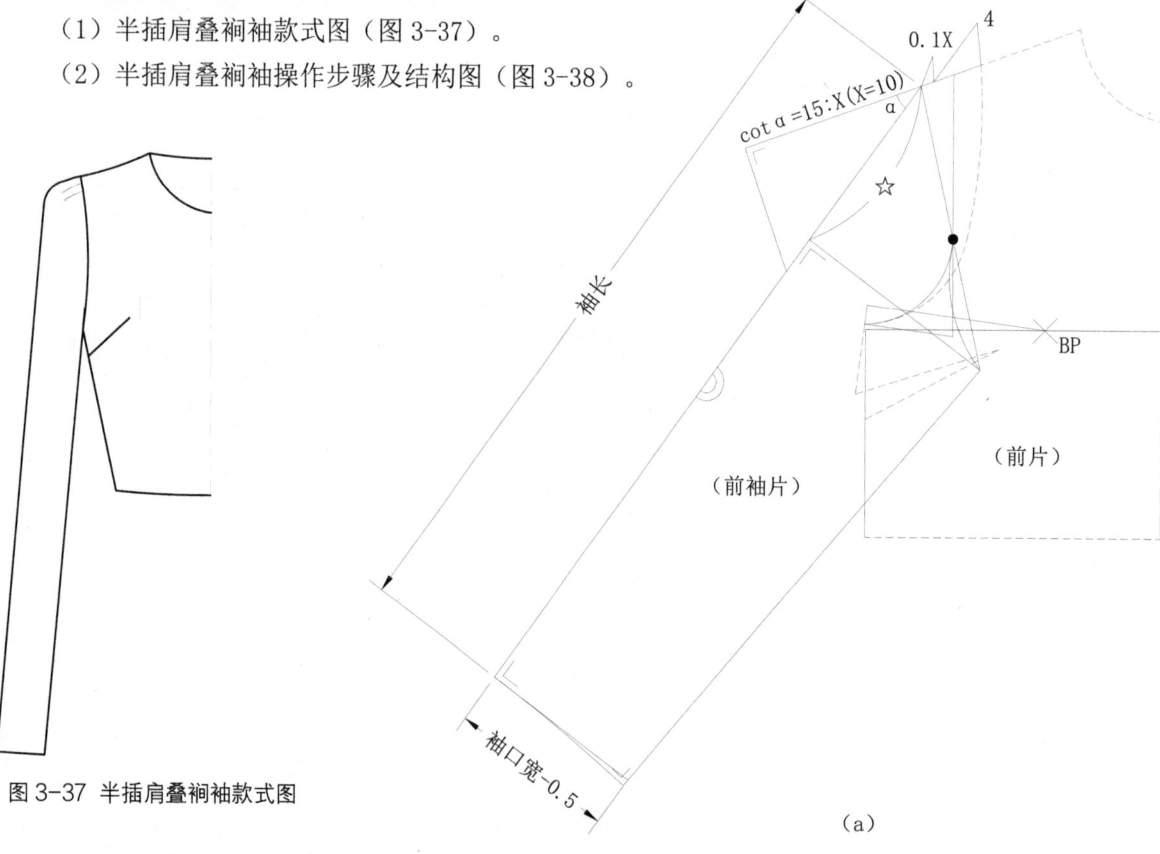

图 3-37 半插肩叠裥袖款式图

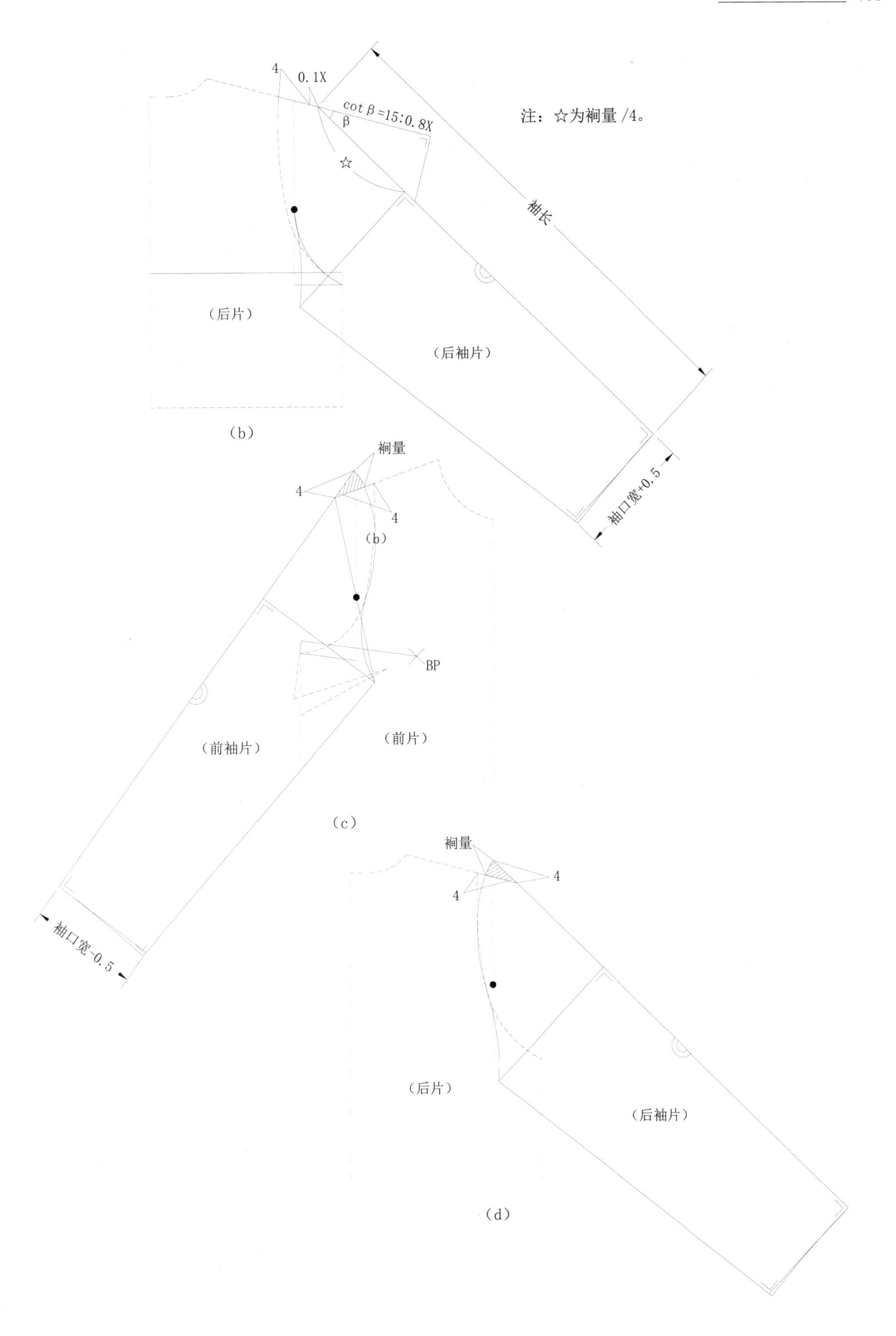
4
0.1X
cot β =15:0.8X
β
☆
注：☆为裥量 /4。
袖长
（后片）
（后袖片）
袖口宽+0.5
（b）
裥量
4
4
BP
（前袖片）
（前片）
袖口宽-0.5
（c）
裥量
4
4
（后片）
（后袖片）
（d）

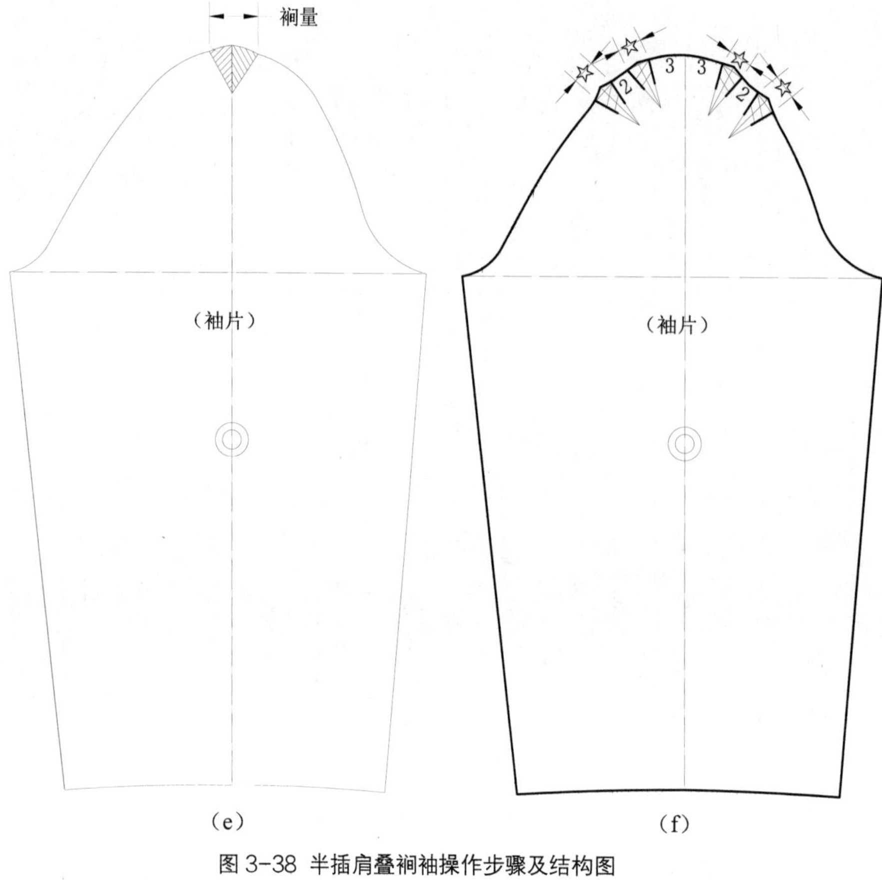

图 3-38 半插肩叠裥袖操作步骤及结构图

9. 细褶型插肩袖

（1）细褶型插肩袖款式图（图 3-39）。

（2）细褶型插肩袖操作步骤及结构图（图 3-40）。

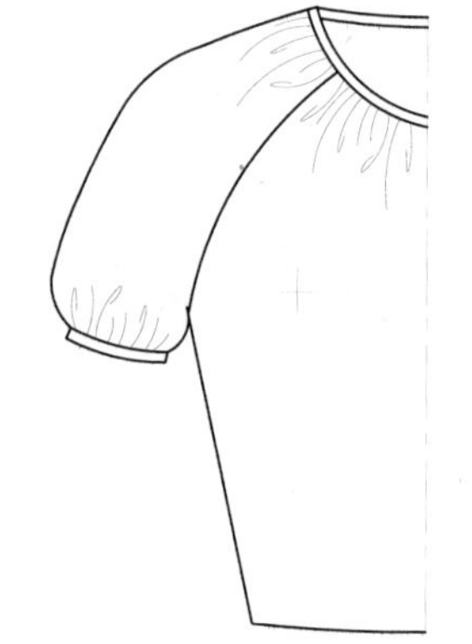

图 3-39 插肩细褶袖款式图

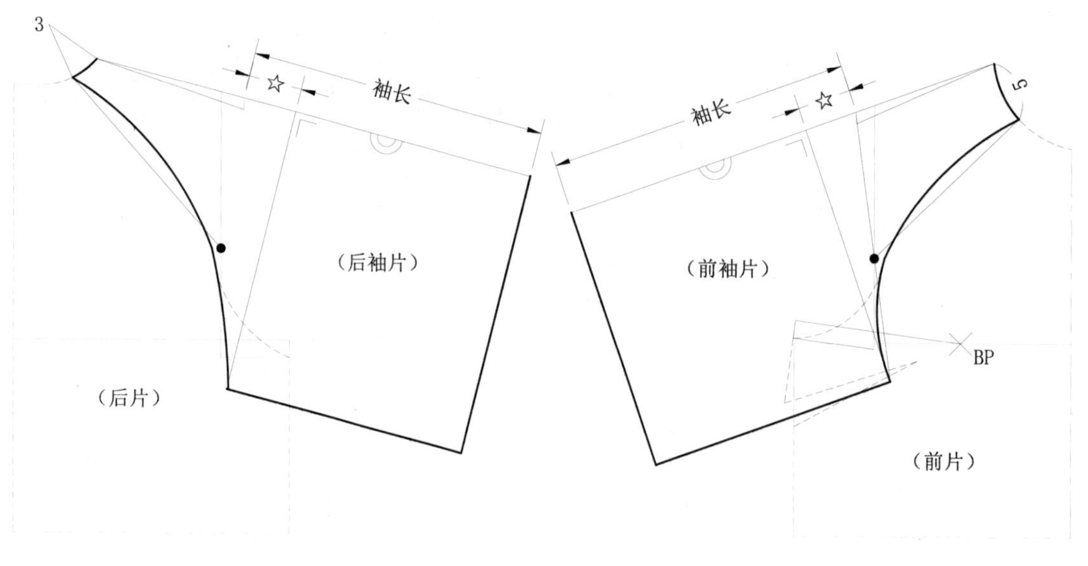

(a)

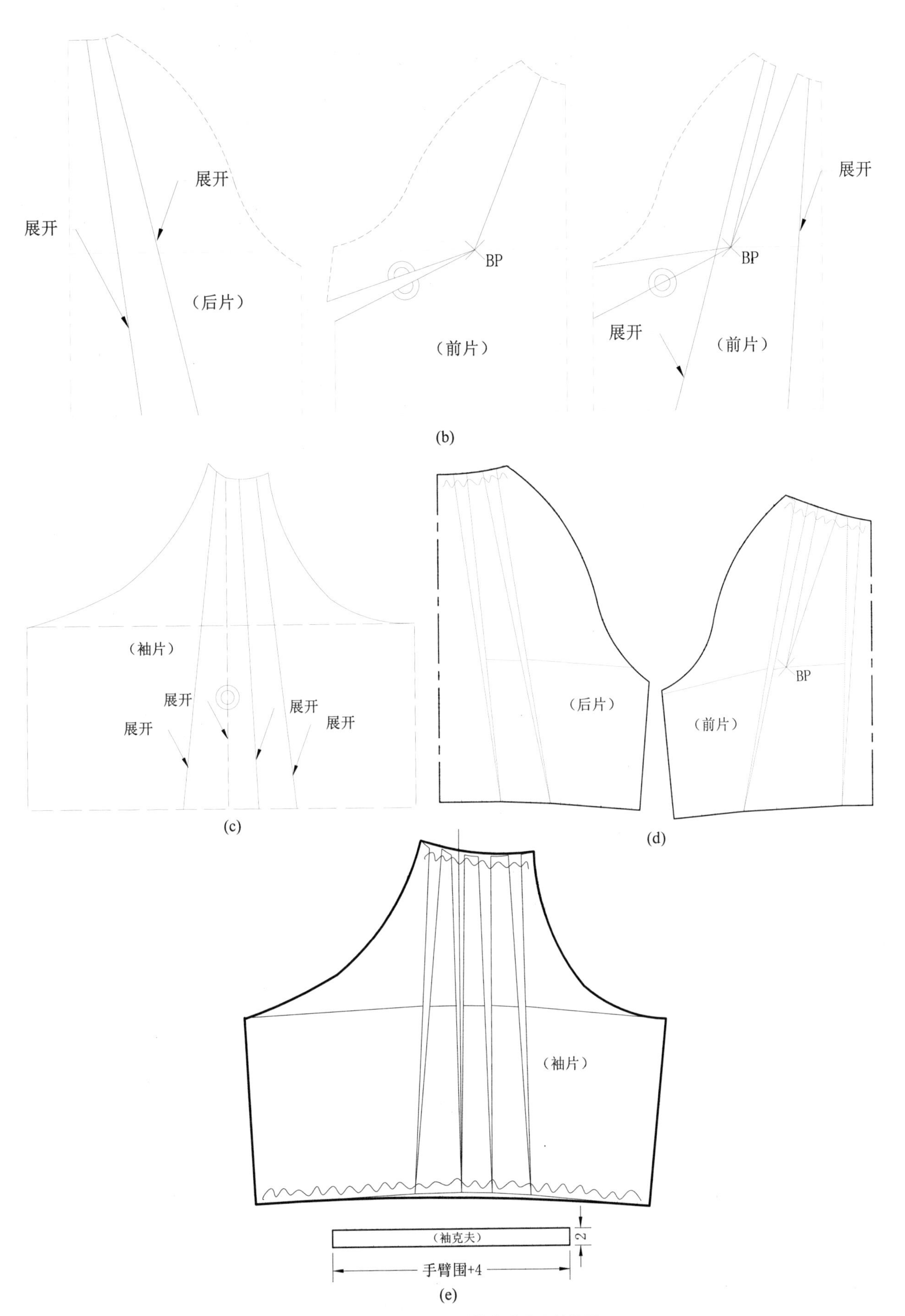

图 3-40 半插肩叠裥袖操作步骤及结构图

第四章 连袖型结构应用实例

连袖（连身袖）型衣袖是衣袖结构设计中的常见类型。连袖型结构是指衣袖的袖山弧线与衣身的袖窿弧线不完全分割或不分割的衣袖。从袖片造型看，连袖型结构可分为插片连身袖、插角连身袖、无分割完整连身袖等。

（说明：本章以下连袖型结构图的袖长规格均为58cm。）

第一节 插片及插角连袖结构应用实例

一、插片连袖（衣身插片）

（1）插片连袖（衣身插片）款式图（图4-1）。

（2）插片连袖（衣身插片）操作步骤及结构图（图4-2）。

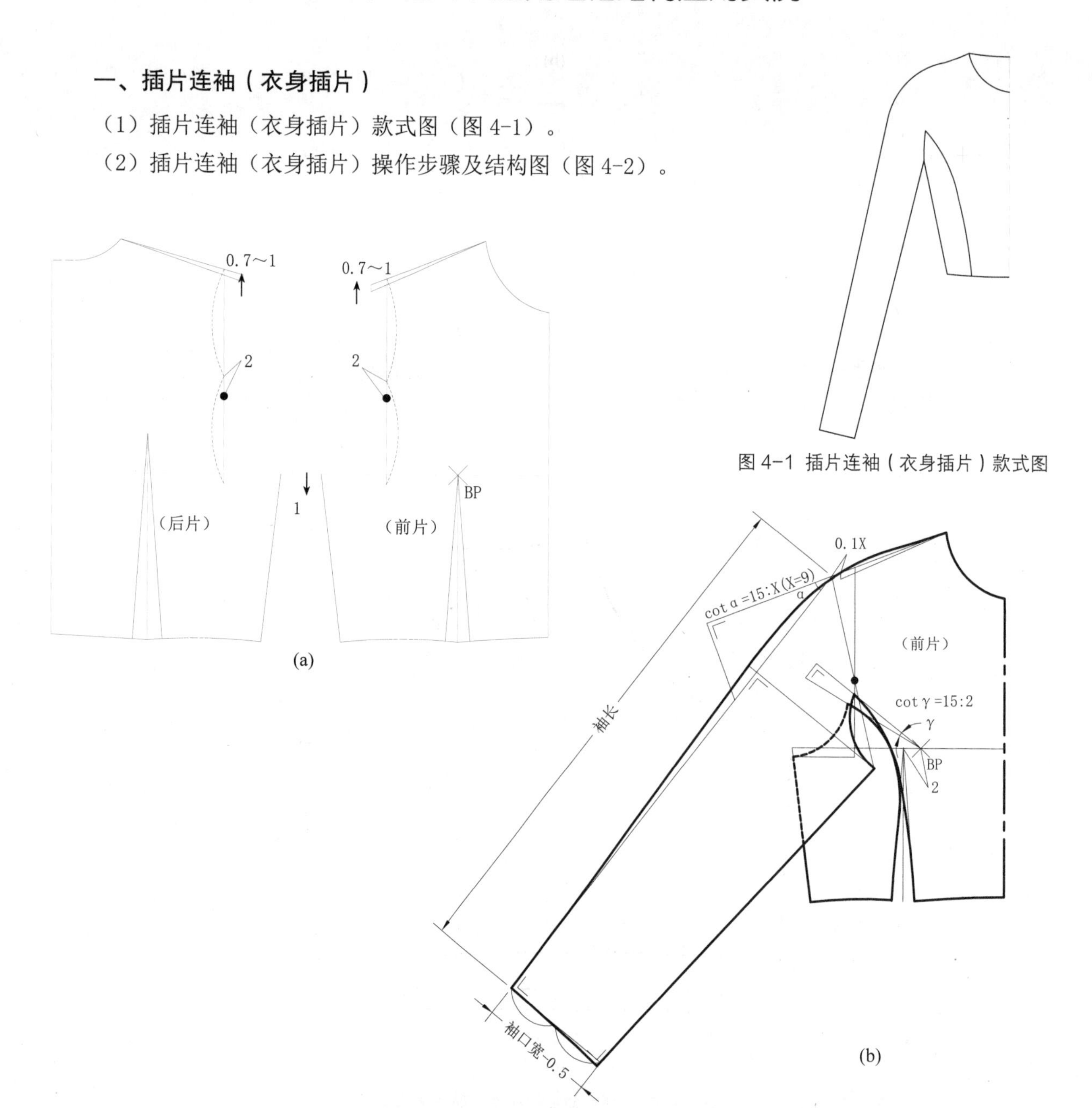

图4-1 插片连袖（衣身插片）款式图

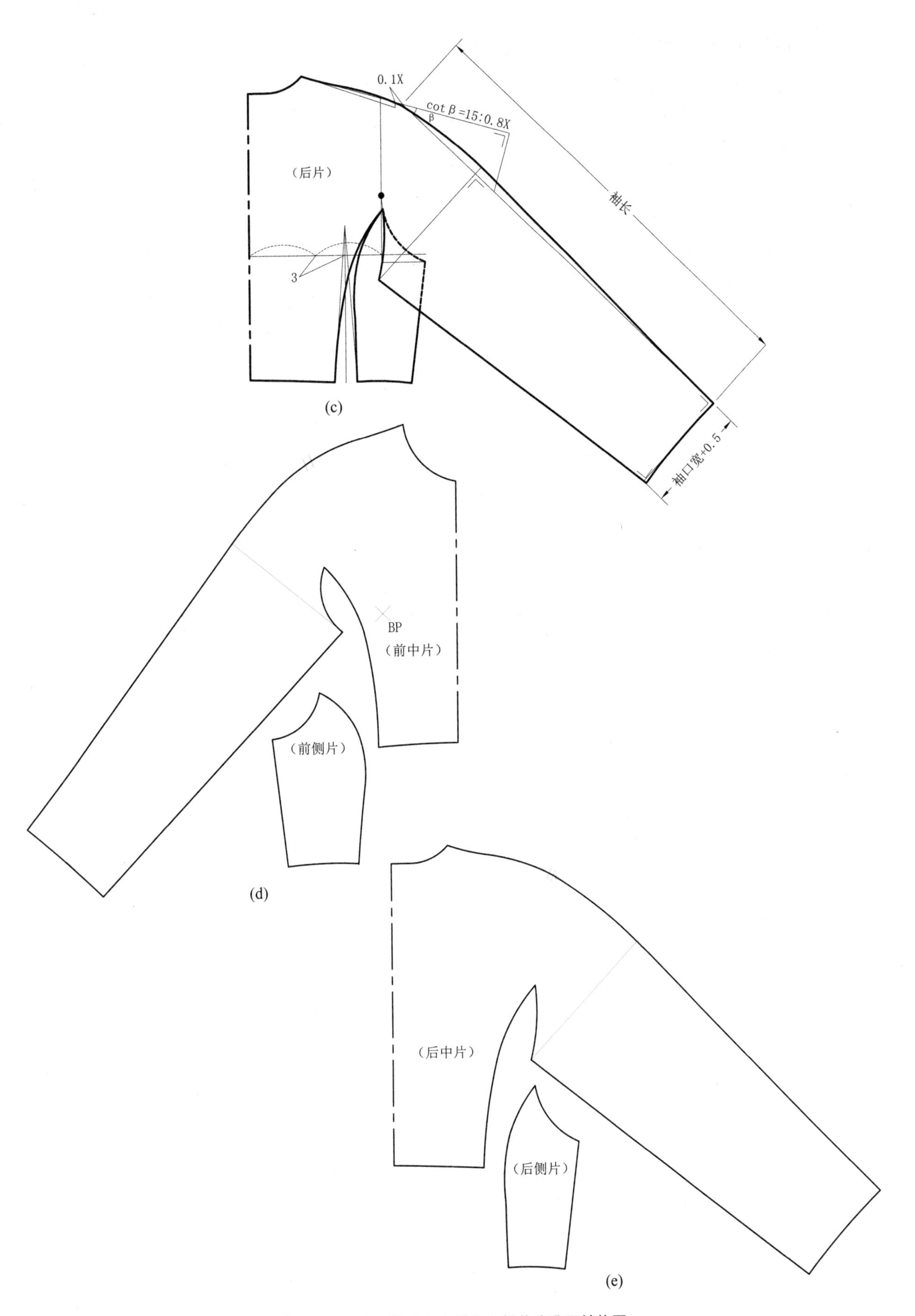

图 4-2 插片连袖（衣身插片）操作步骤及结构图

二、插片连袖（衣袖插片）

（1）插片连袖（衣袖插片）款式图（图4-3）。

（2）插片连袖（衣袖插片）操作步骤及结构图（图4-4）。

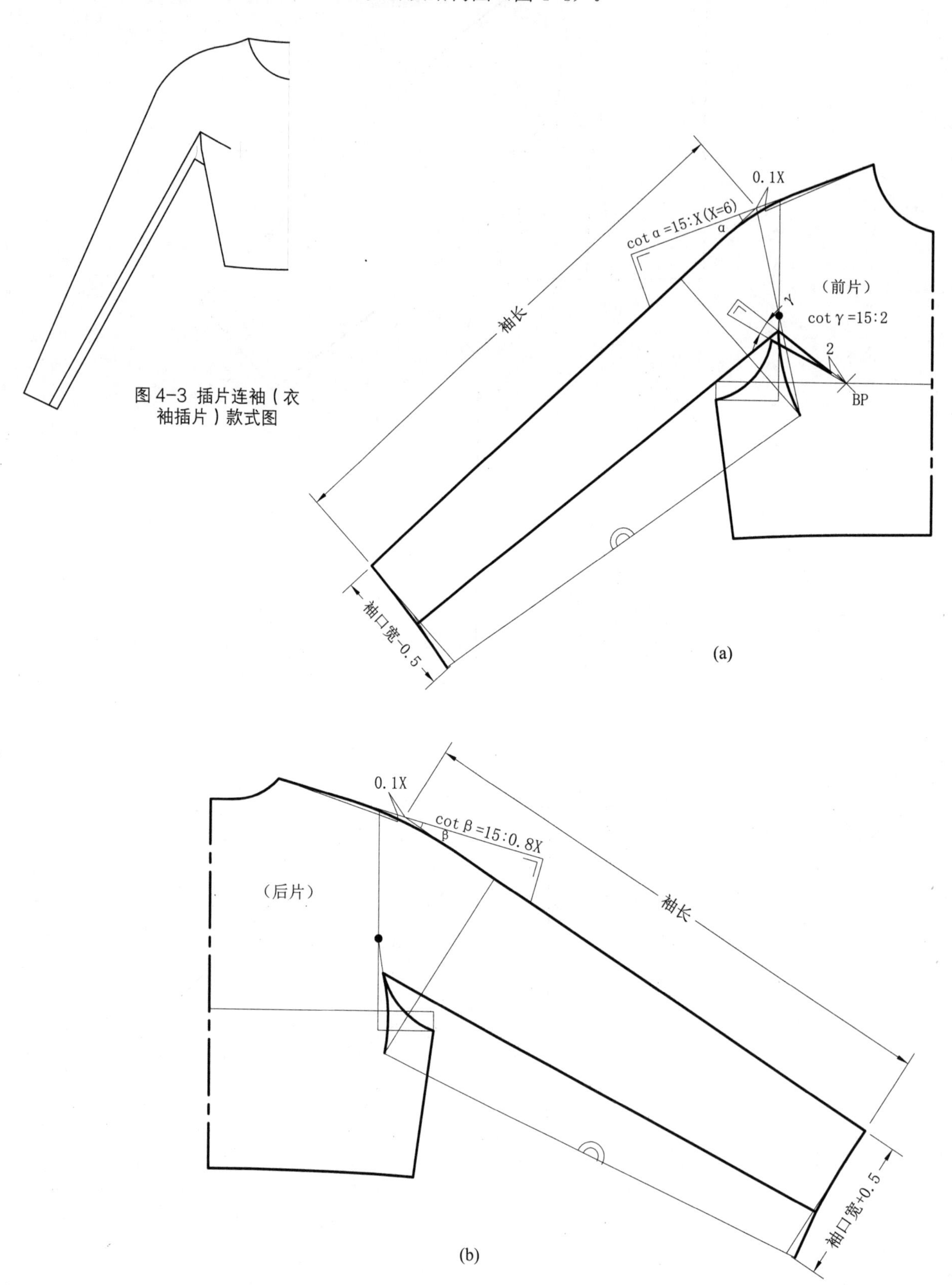

图4-3 插片连袖（衣袖插片）款式图

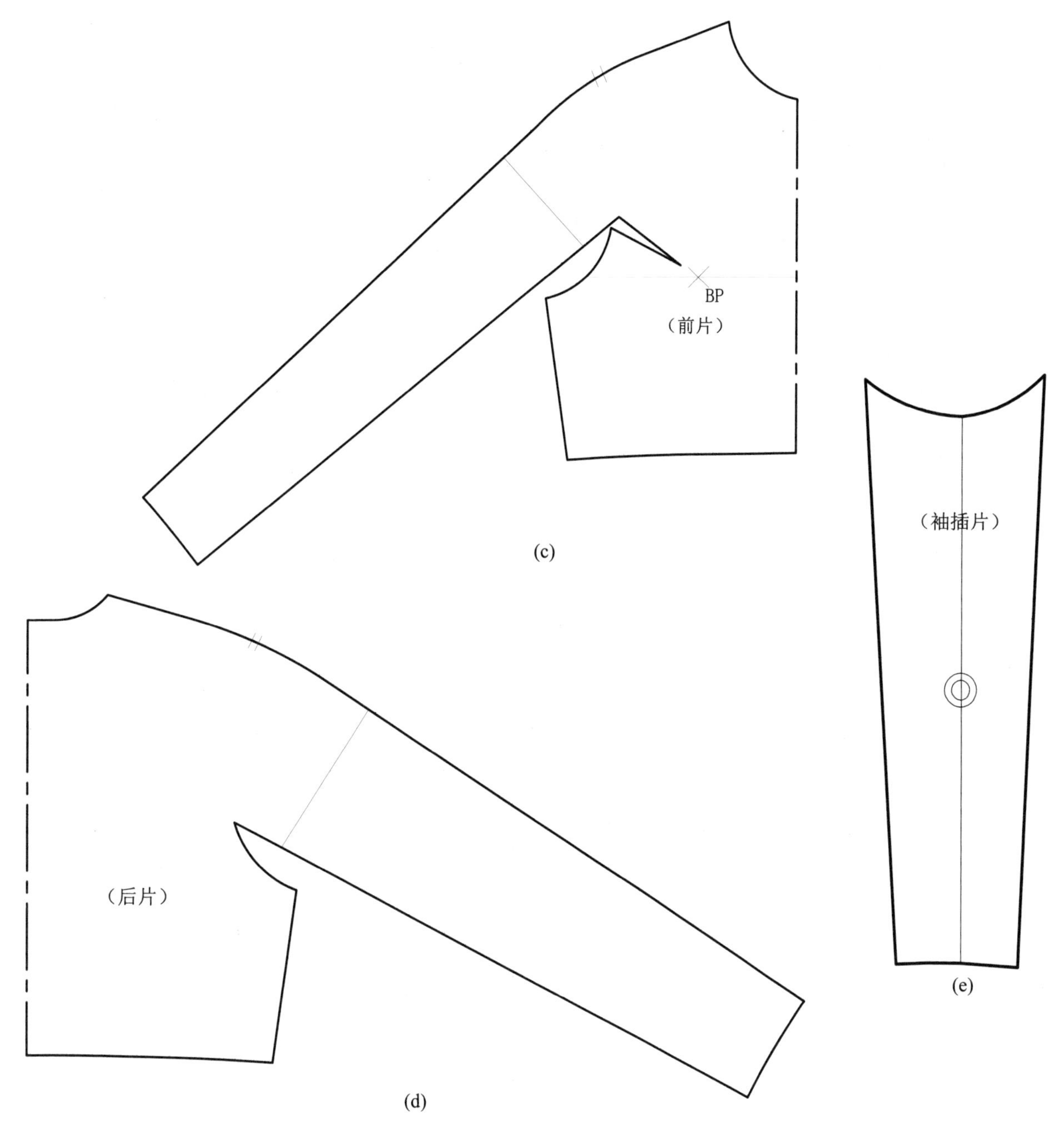

图 4-4 插片连袖（衣袖插片）操作步骤及结构图

三、插片连袖（衣身插片＋衣袖插片）

（1）插片连袖（衣身插片＋衣袖插片）款式图（图4-5）。

（2）插片连袖（衣身插片＋衣袖插片）操作步骤及结构图（图4-6）。

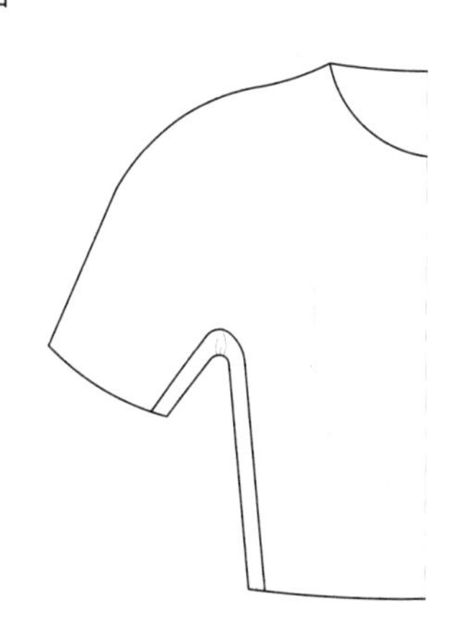

图 4-5 插片连袖（衣身插片＋衣袖插片）款式图

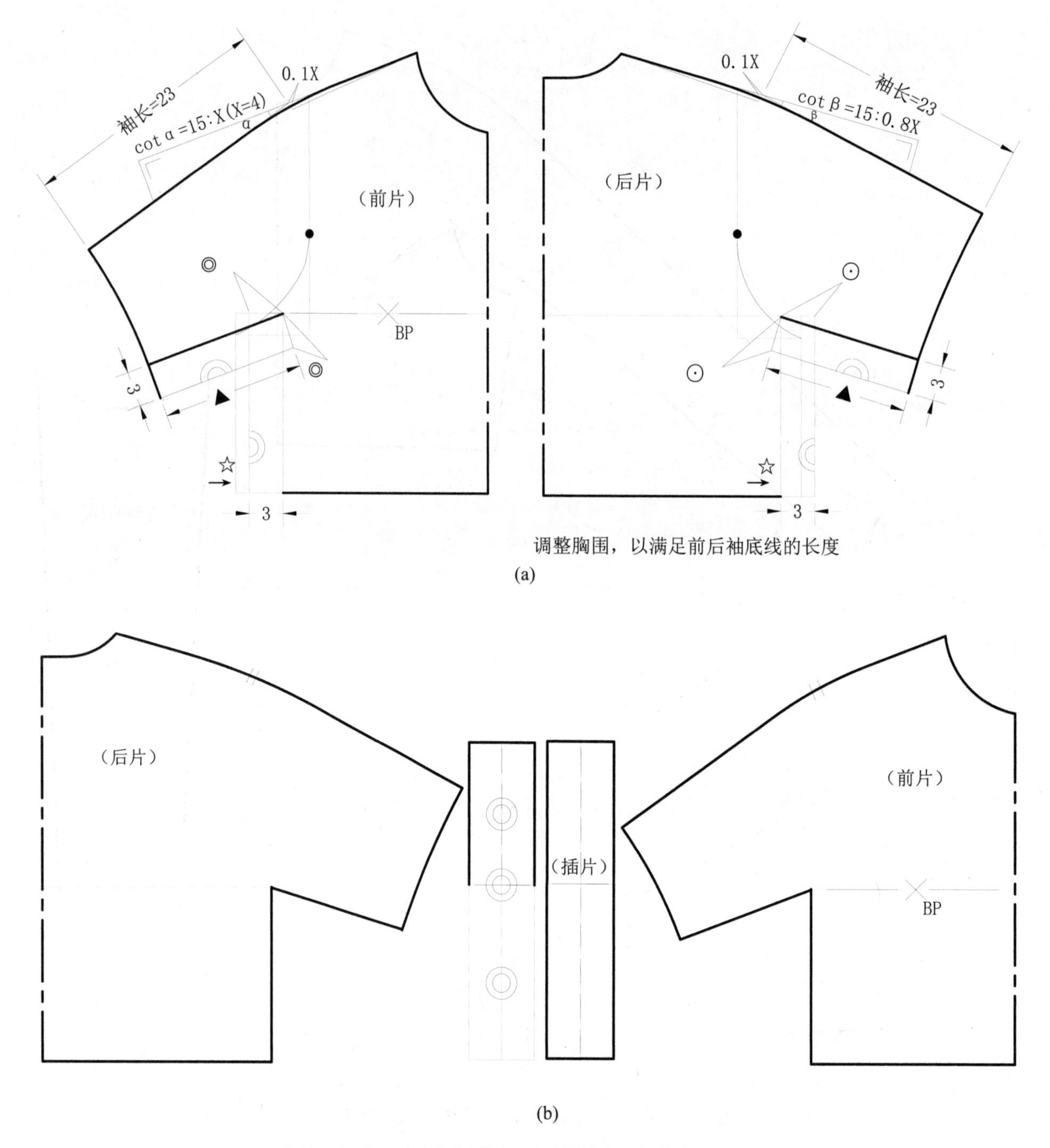

图 4-6 插片连袖（衣身插片 + 衣袖插片）的操作步骤及结构图

四、插角连袖

（1）插角连袖款式图（图 4-7）。

（2）插角连袖的操作步骤及结构图（图 4-8）。

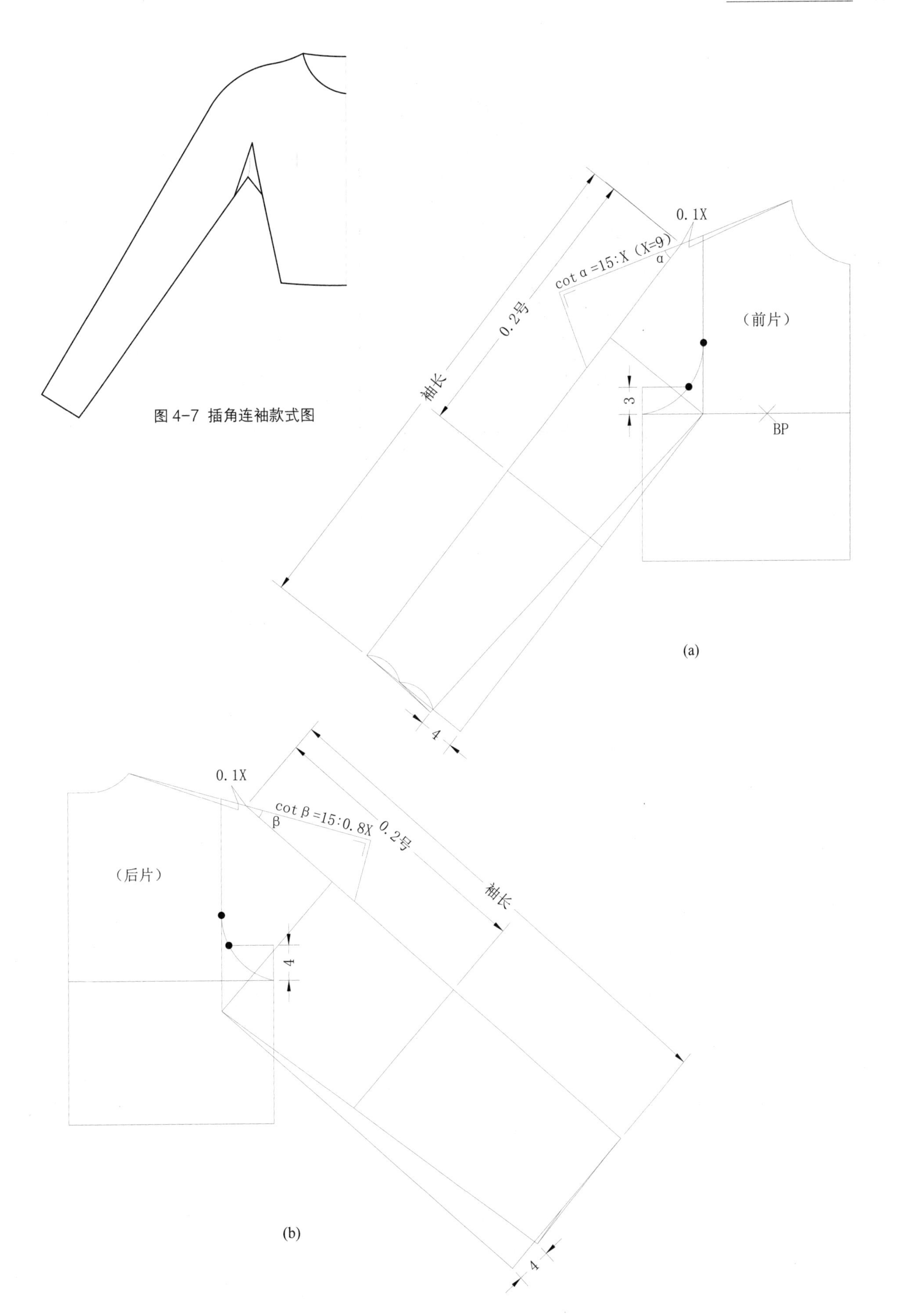

图 4-7 插角连袖款式图

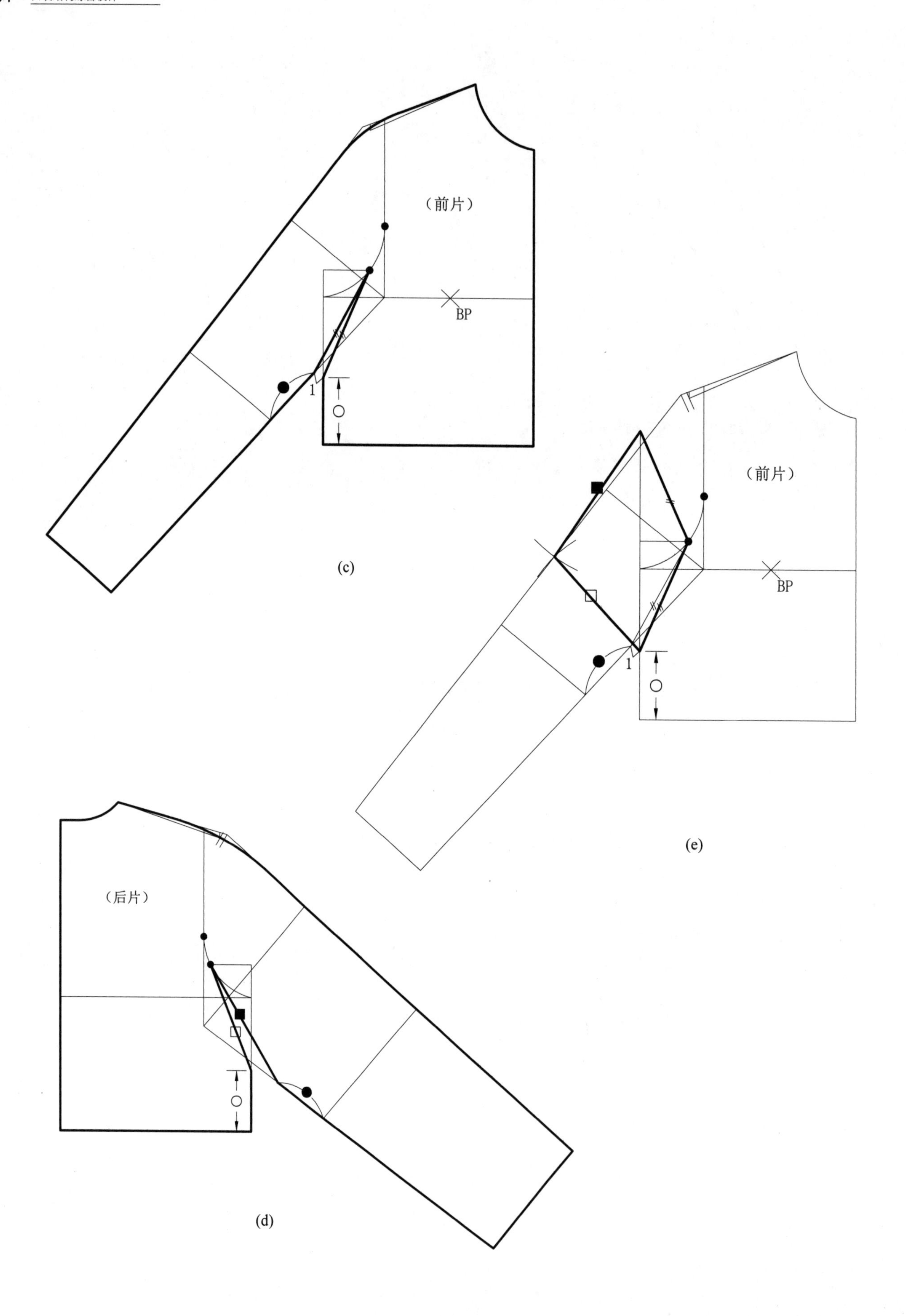
（前片）
BP
1
○
(c)
（前片）
BP
1
○
(e)
（后片）
○
(d)

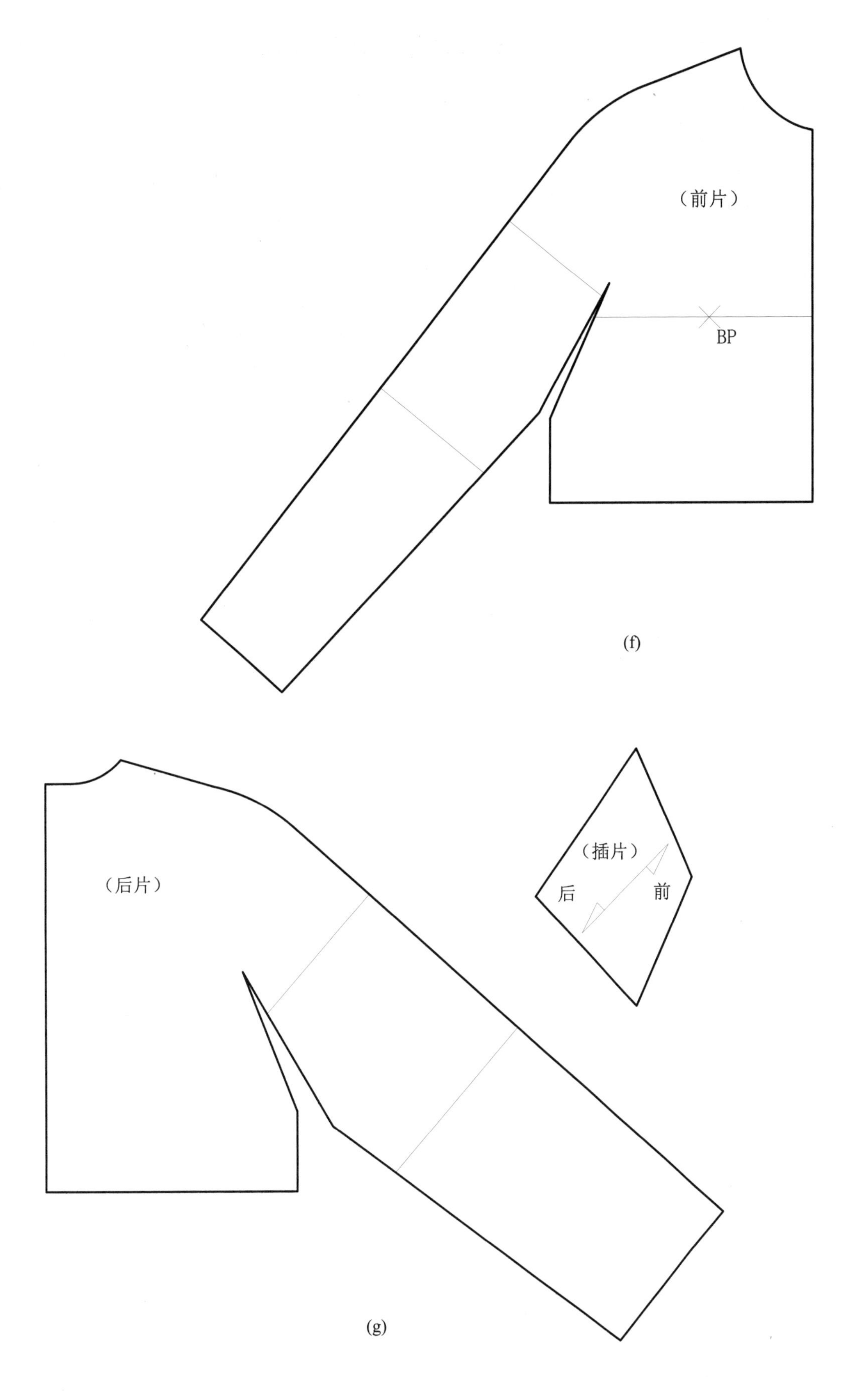

图 4-8 插角连袖的操作步骤及结构图

第二节 无分割完整连袖结构应用实例

一、连身长袖

（1）连身长袖款式图（图 4-9）。

（2）连身长袖操作步骤及结构图—方法 1（图 4-10）。

图中☆为调整前 / 后袖底线长度。将后衣身片侧线作相应量的移动，由此衣身胸围在基型基础上扩大☆。

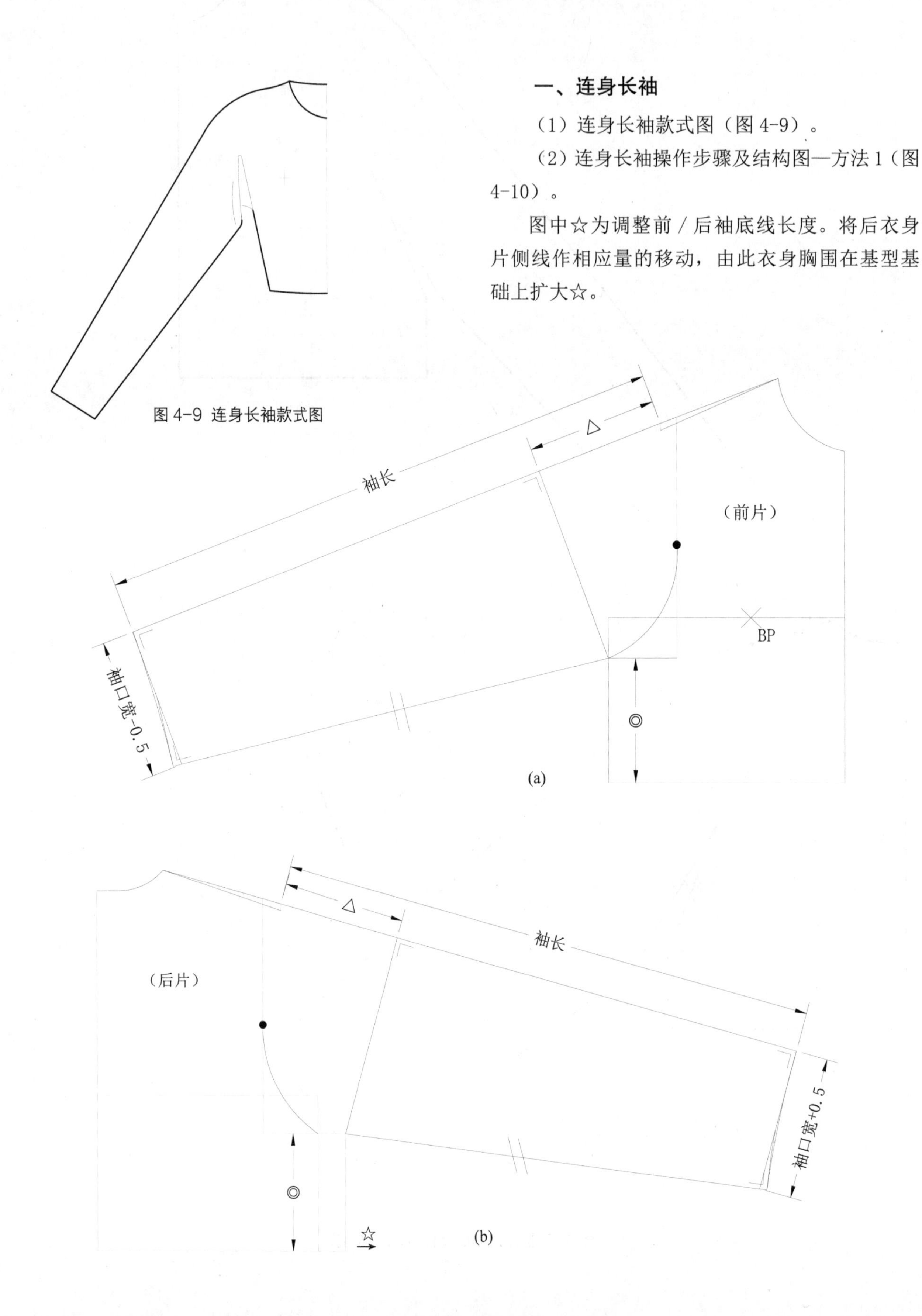

图 4-9 连身长袖款式图

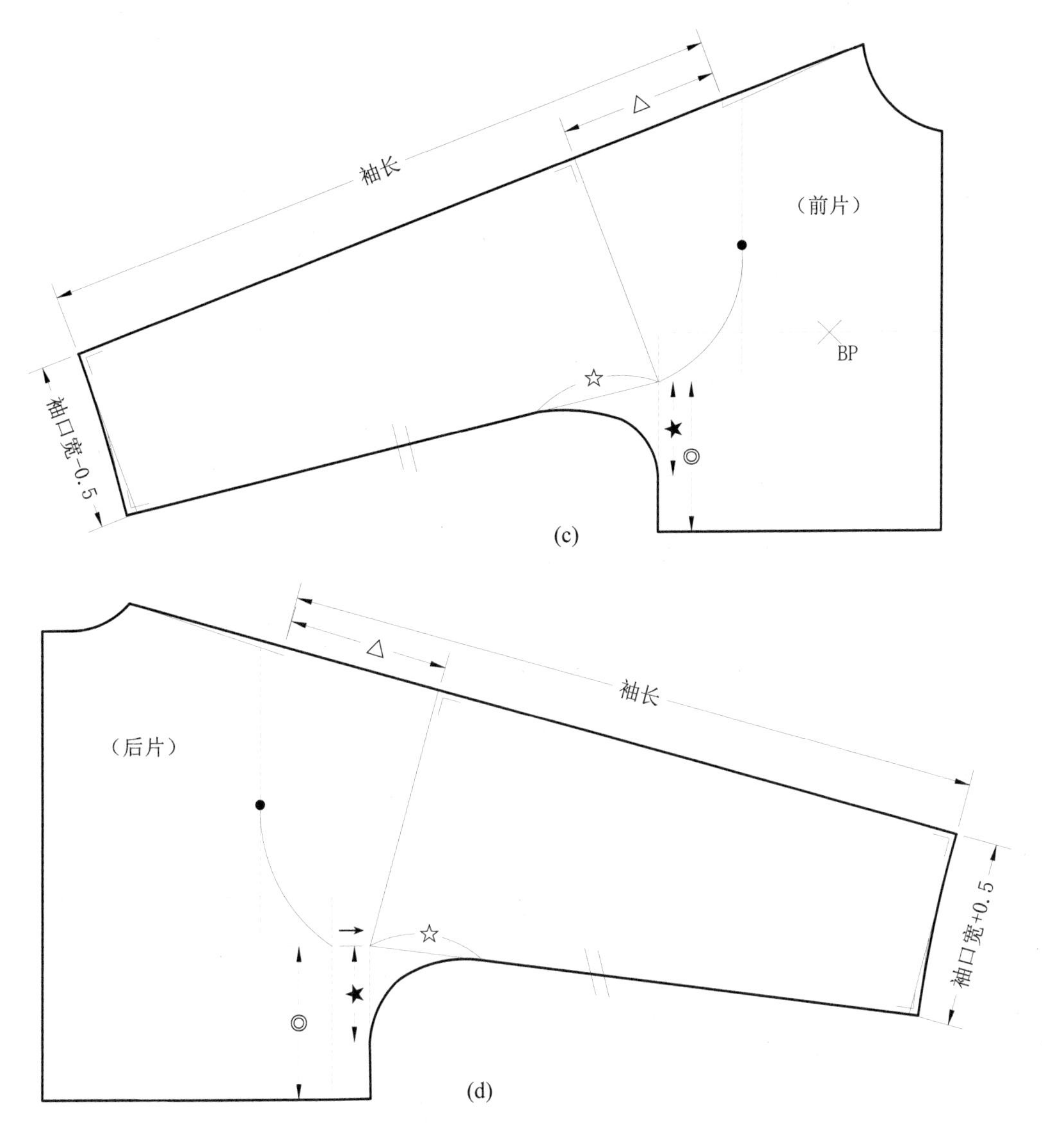

注：连身袖的前／后中线连折还是分割的处理视面料的门幅而定。

图 4-10 连身长袖操作步骤及结构图—方法 1

（3）连身长袖操作步骤及结构图—方法 2（图 4-11）。

图中☆为调整前／后袖底线长度。将衣身侧线在前／后衣身上做相同量的前移，由此衣身胸围不变。

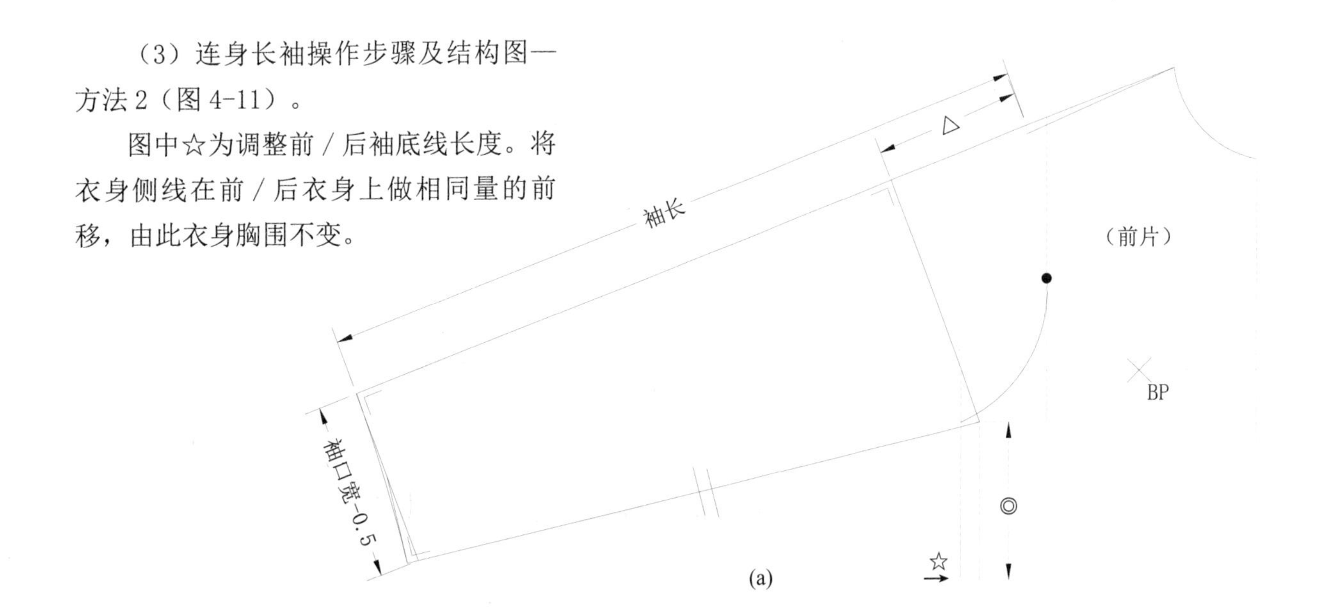

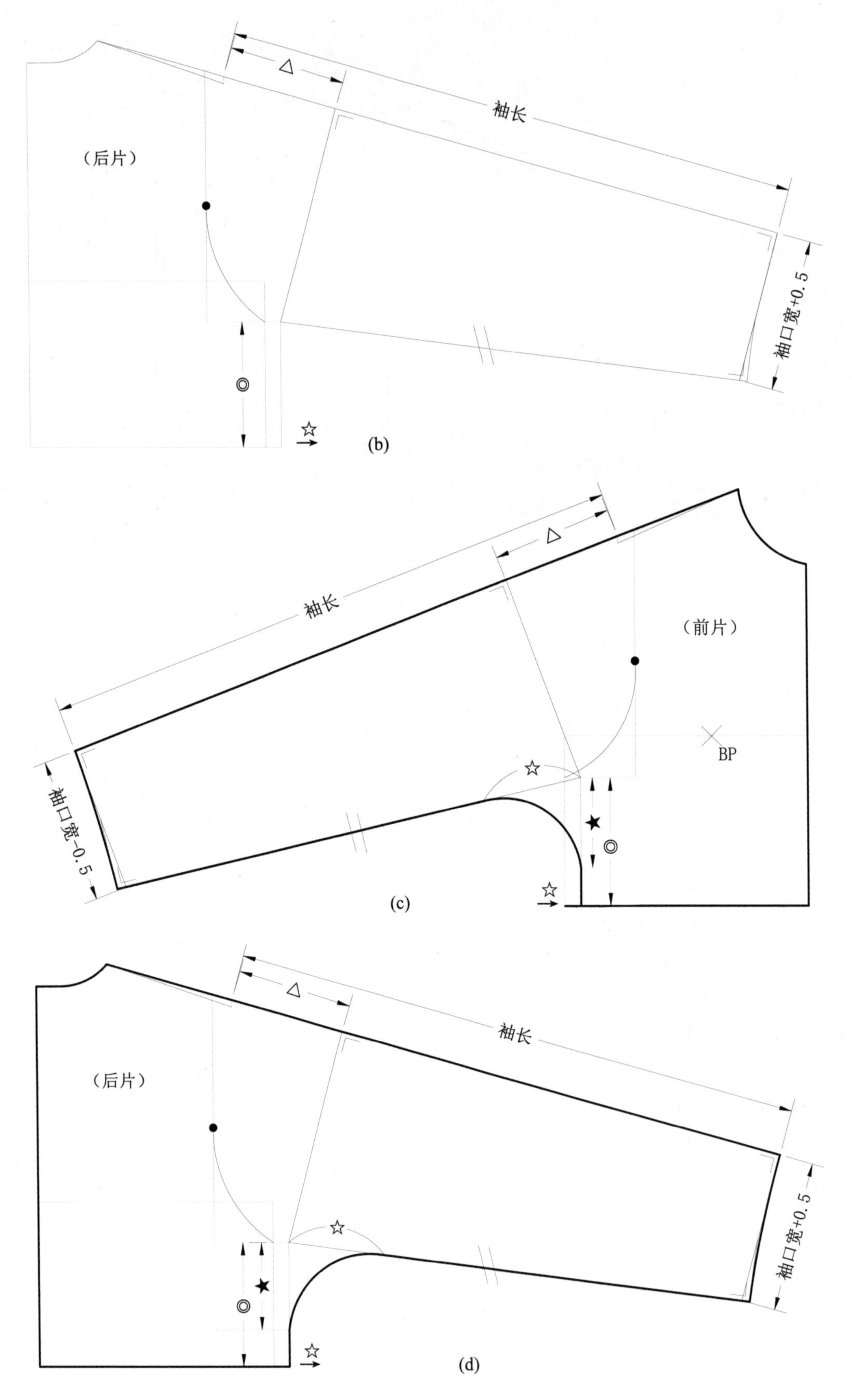

图 4-11 连身长袖操作步骤及结构图—方法 2

附：方角袖

（说明：方角袖属于重合法装袖型类的衣袖，但因其结构设计方法与连身长袖相同，所以把它放在这里讲解。）

1. 方角袖—款式 1

（1）方角袖—款式 1（图 4-12）。

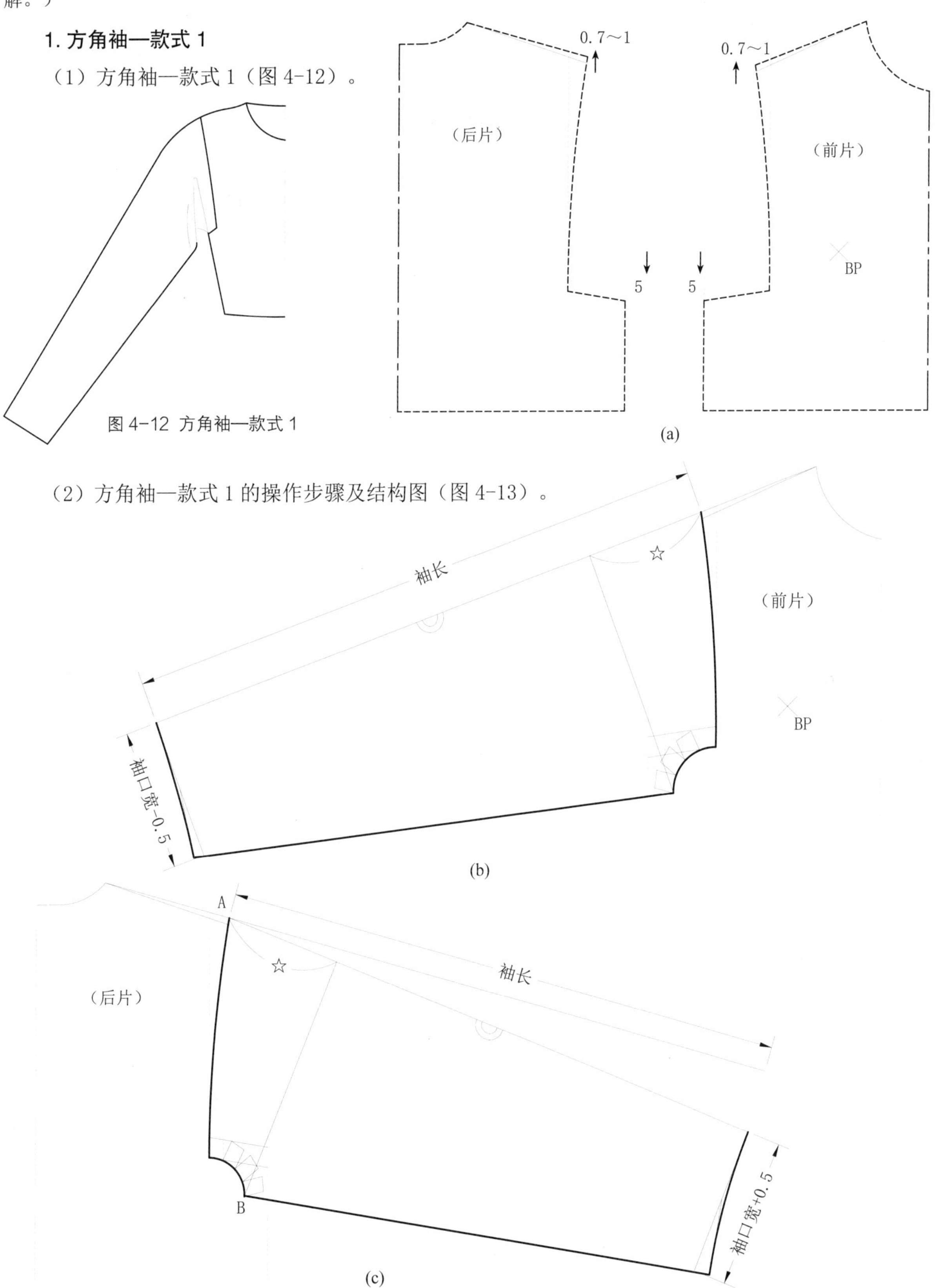

图 4-12 方角袖—款式 1

（2）方角袖—款式 1 的操作步骤及结构图（图 4-13）。

图 4-13 方角袖—款式 1 的操作步骤及结构图

2. 方角袖—款式 2

（1）方角袖—款式 2（图 4-14）。

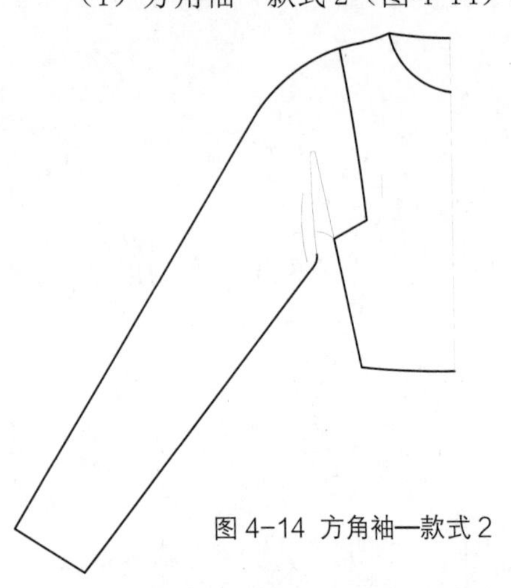

图 4-14 方角袖—款式 2

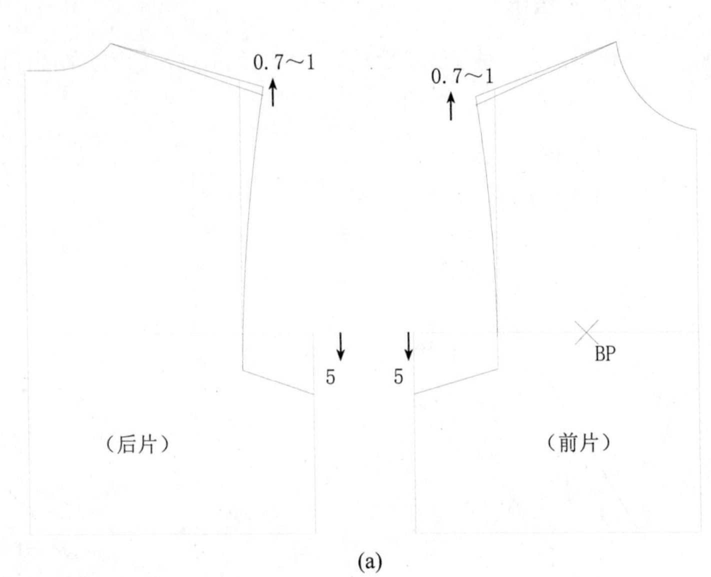

(a)

(2) 方角袖—款式 2 的操作步骤及结构图（图 4-15）。

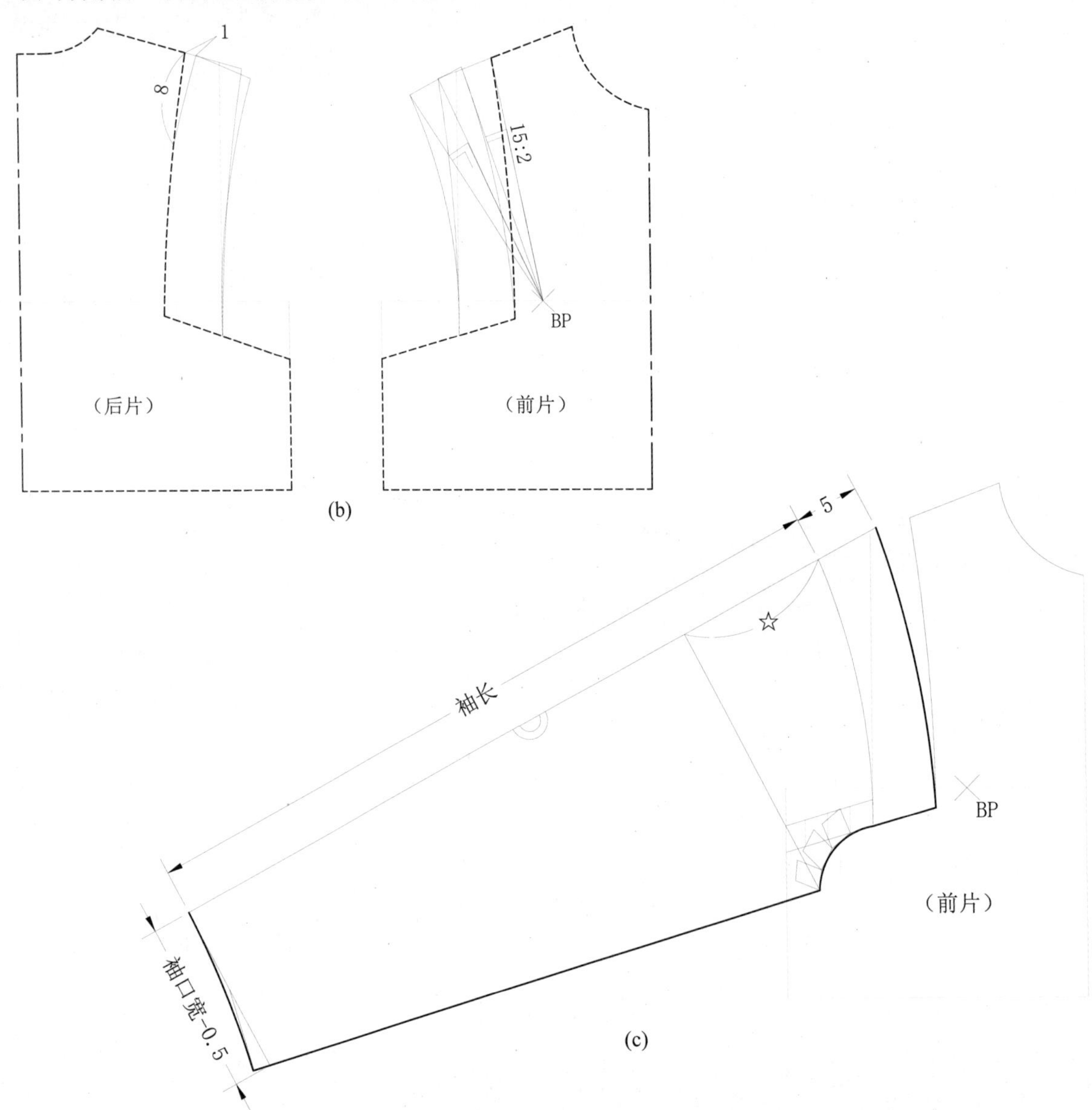

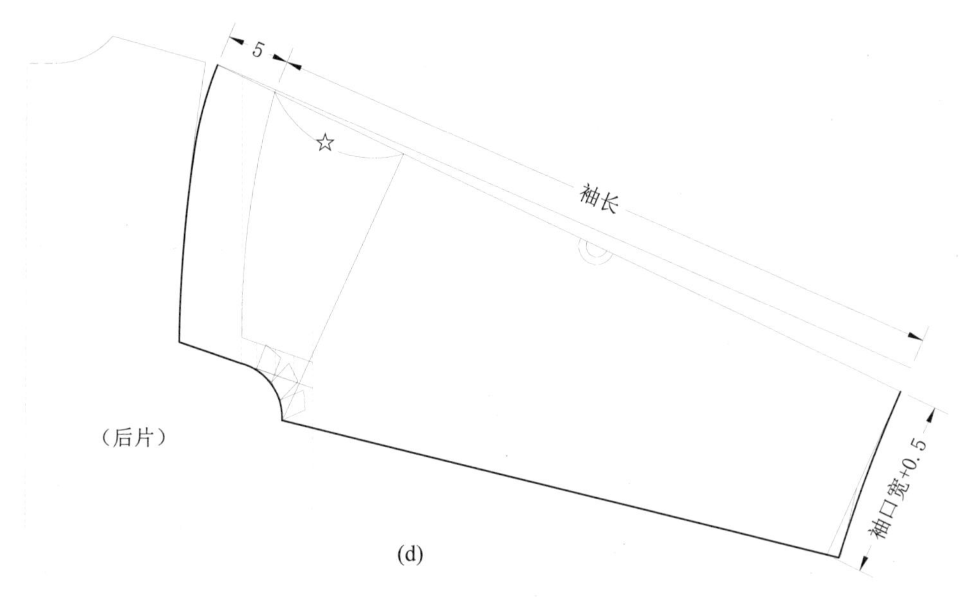

图 4-15 方角袖—款式 2 的操作步骤及结构图

二、连身盖袖

（1）连身盖袖款式图（图 4-16）。

（2）连身盖袖的操作步骤及结构图（图 4-17）。

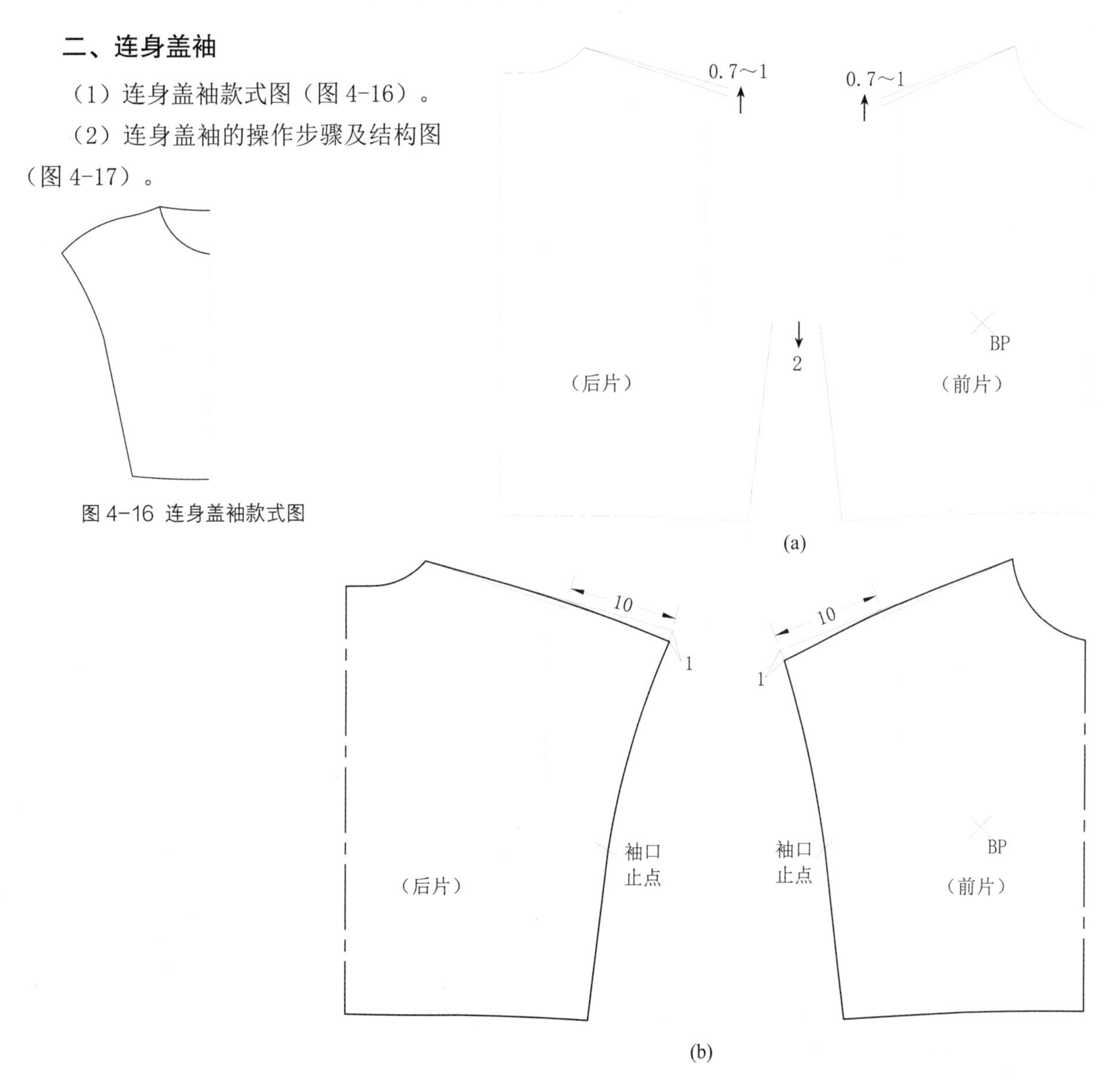

图 4-16 连身盖袖款式图

图 4-17 连身盖袖的操作步骤及结构图

三、连身短袖

（1）连身短袖款式图（图 4-18）。

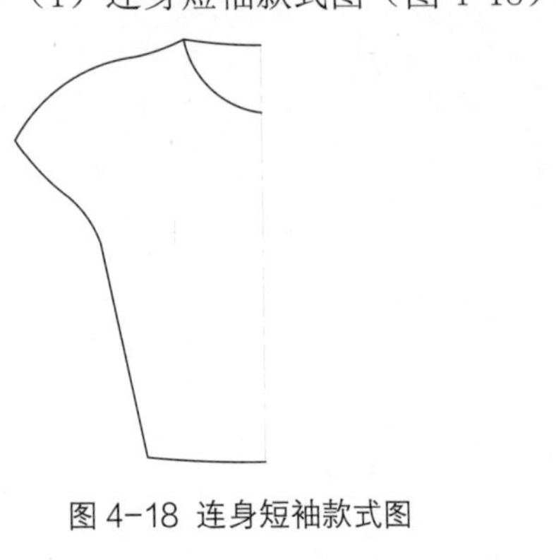

图 4-18 连身短袖款式图

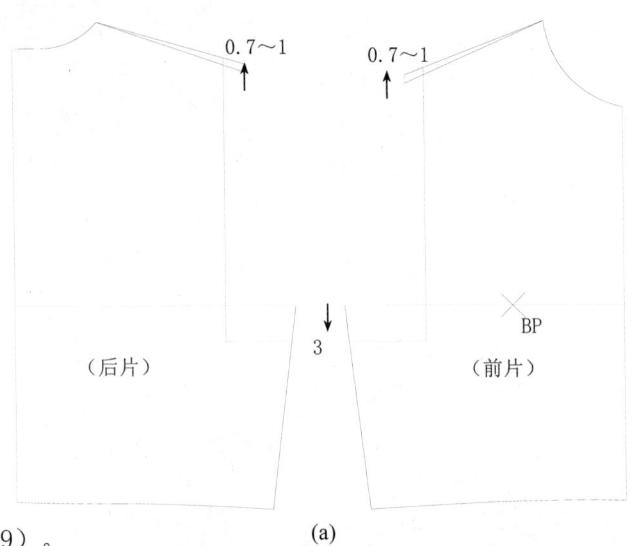

（2）连身短袖的操作步骤及结构图（图 4-19）。

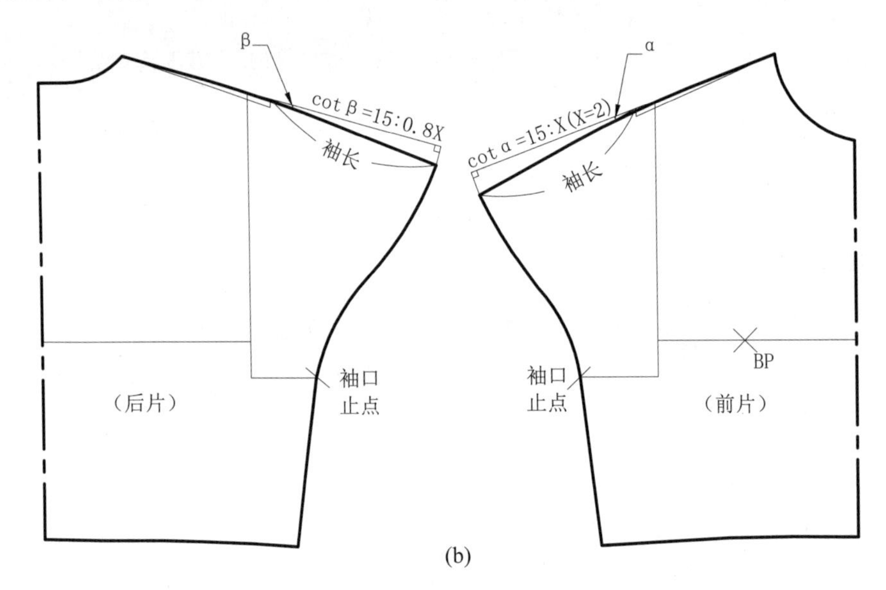

图 4-19 连身短袖的操作步骤及结构图

思考题：

1. 简述衣袖与人体上相对应的点。
2. 简述衣袖合体程度与人体手臂的关系。
3. 简述衣袖基型构成的方法。
4. 简述衣袖袖肥宽、袖山高与袖窿深的关系。
5. 简述袖山收缩量确定的相关因素。
6. 画出袖山高度结构变化图。
7. 简述泡袖结构的肩宽减窄的原因及具体控制量。
8. 后袖侧线变化有哪几种方法？其不同点表现在哪几个方面？
9. 两片袖为何要设置前 / 后偏袖？前 / 后偏袖的控制量如何确定？
10. 简述装袖型衣袖常见的分割线变化。
11. 简述装袖型衣袖与连袖型衣袖的区别点。
12. 连袖型衣袖有哪几种类型？

整装组合篇

衣身、衣领、衣袖及附件的组合构成了女装整装结构设计。在进行女装整装结构设计时，首先要重视对款式图的审视，其次要分析款式的各主要部位的规格设计，然后进行款式的具体分解。女装整装结构设计的成功与否，取决于对款式造型的把握、规格设计的到位、具体分解的精准。在掌握女装各主要部件的结构构成的基础上，做整体的组合变化是达到设计目标的有效途径。

第一章 衬衣

衬衣类女装的穿着季节一般为夏季和初秋。在其款式设计上，衣领变化相比于其他季节的服装还可有无领款式，同时衣袖变化也较多，有无袖、盖袖、短袖、长袖等。

第一节 吊带衫

一、款式图

见图 1-1。

图 1-1 吊带衫款式图

二、款式特点

（1）领型：无领；V 型领圈，左领圈收细褶，后领结带。

（2）袖型：无袖，袖窿处缉“之”字形装饰线。

（3）衣身：前片左右不对称；前领口左侧缉明线、收细褶，左下侧设弧形分割线且分割线右侧收细褶。后片设腰省，上口线设置高度到胸围线。斜下摆，呈左高右低的斜弧线状。右侧缝装隐形拉链。

三、设定规格

见表 1-1。

表 1-1 吊带衫部位规格（单位：cm）

号型	衣长	胸围	肩宽	领围
160/84A	65	88	38	36

注：以上胸围、肩宽、领围均为基型规格。以下不再另作说明。

四、结构图

（1）前 / 后衣身结构图（图 1-2）。

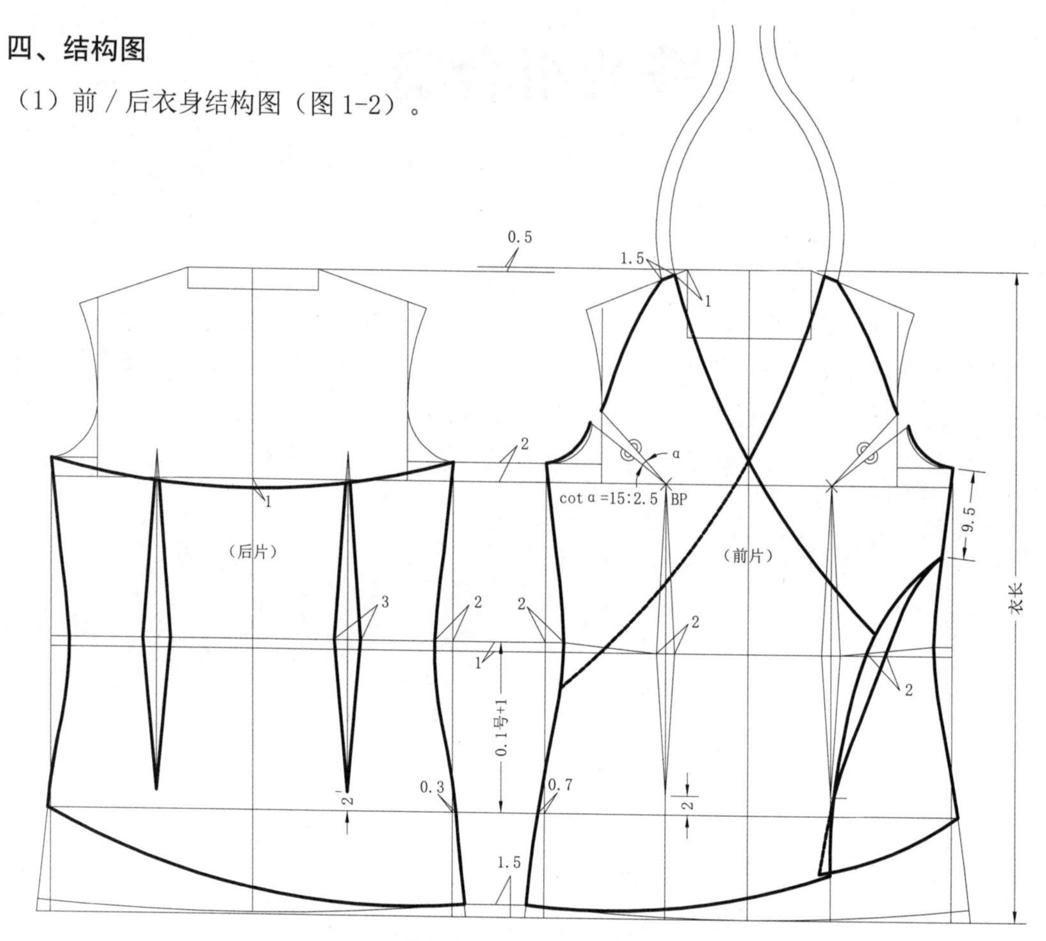

图 1-2 前 / 后衣身结构图

（2）前衣身及吊带结构分解图（图 1-3）。

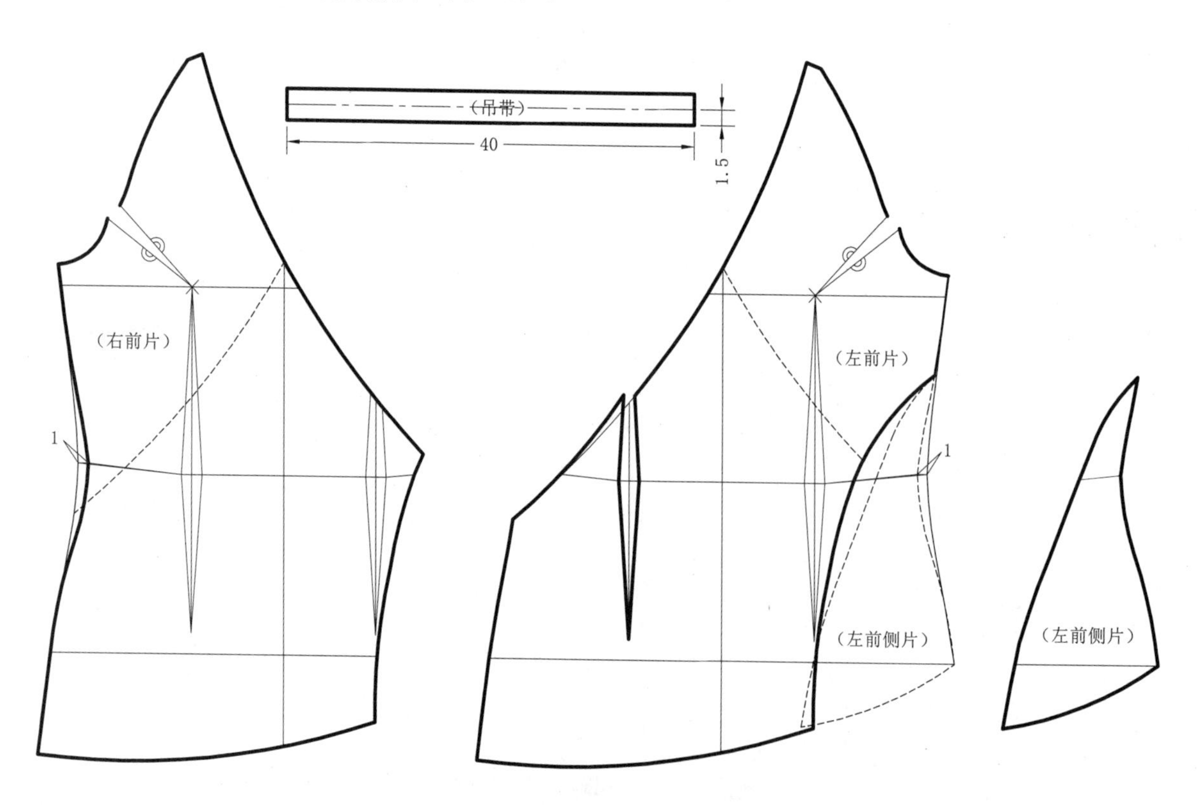

图 1-3 前衣身及吊带结构分解图

（3）右前衣身片细褶展开分解图（图 1-4）。

（4）左前衣片细褶展开分解图（图 1-5）。

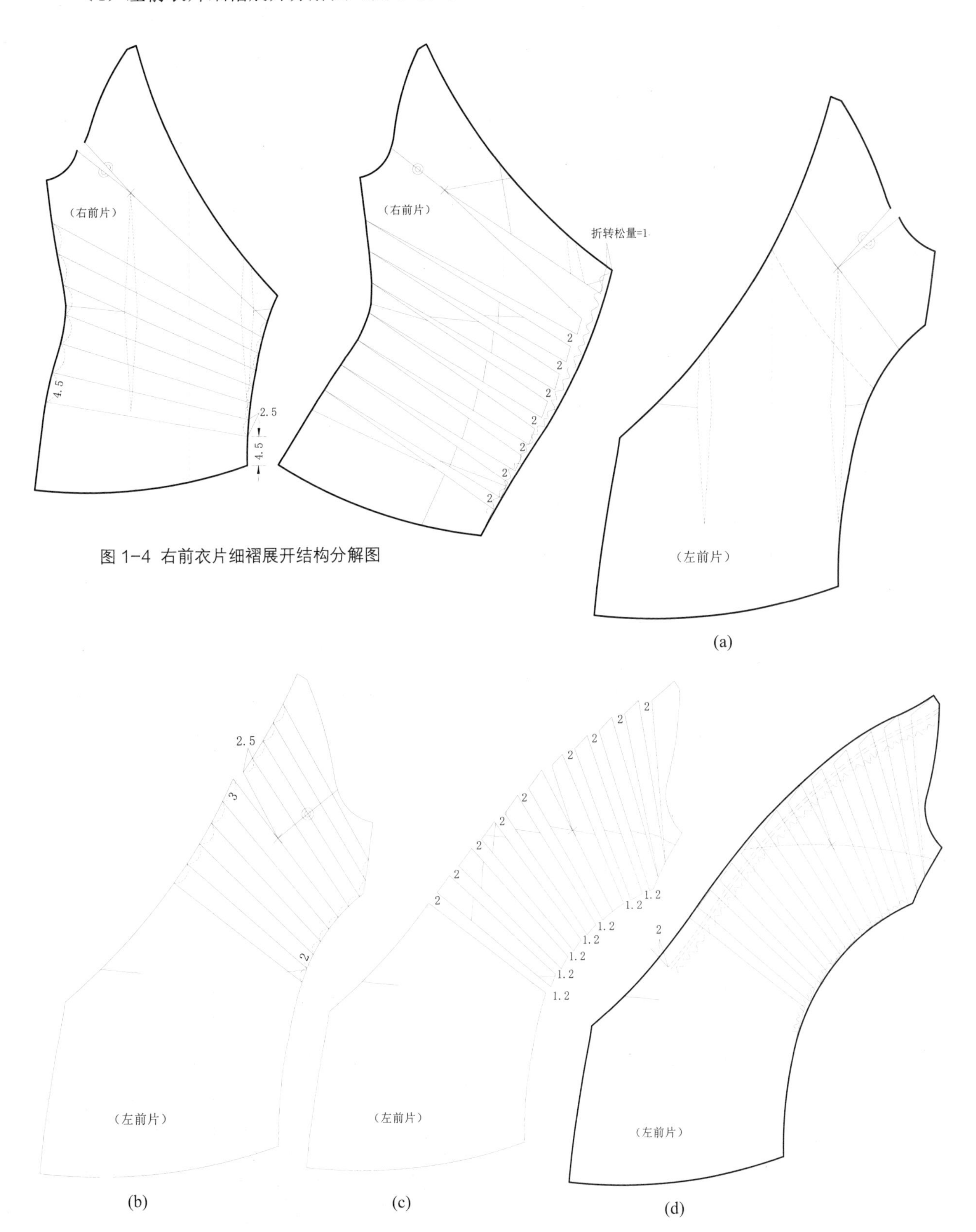

图 1-4 右前衣片细褶展开结构分解图

图 1-5 左前衣身细褶展开分解图

第二节 袒领分割型上衣

一、款式图

见图 1-6。

二、款式特点

（1）领型：袒领，前领左右两侧各设一折裥。

（2）袖型：灯笼袖，袖口收细褶，装克夫。

（3）衣身：前/后片设U字形分割；腰部以下前/后片各收4个阴裥。腰部设腰带，前饰蝴蝶结。U字形分割及下摆均缉明线。

图 1-6 袒领分割型上衣款式图

三、设定规格

见表 1-2。

表 1-2 袒领分割型上衣部位规格（单位：cm）

号型	衣长	胸围	肩宽	领围	袖长	袖斜线倾斜角余切
160/84A	63	92	38.5	35	18	15 ∶ 11

四、结构图

（1）前/后衣身结构图（图 1-7）。

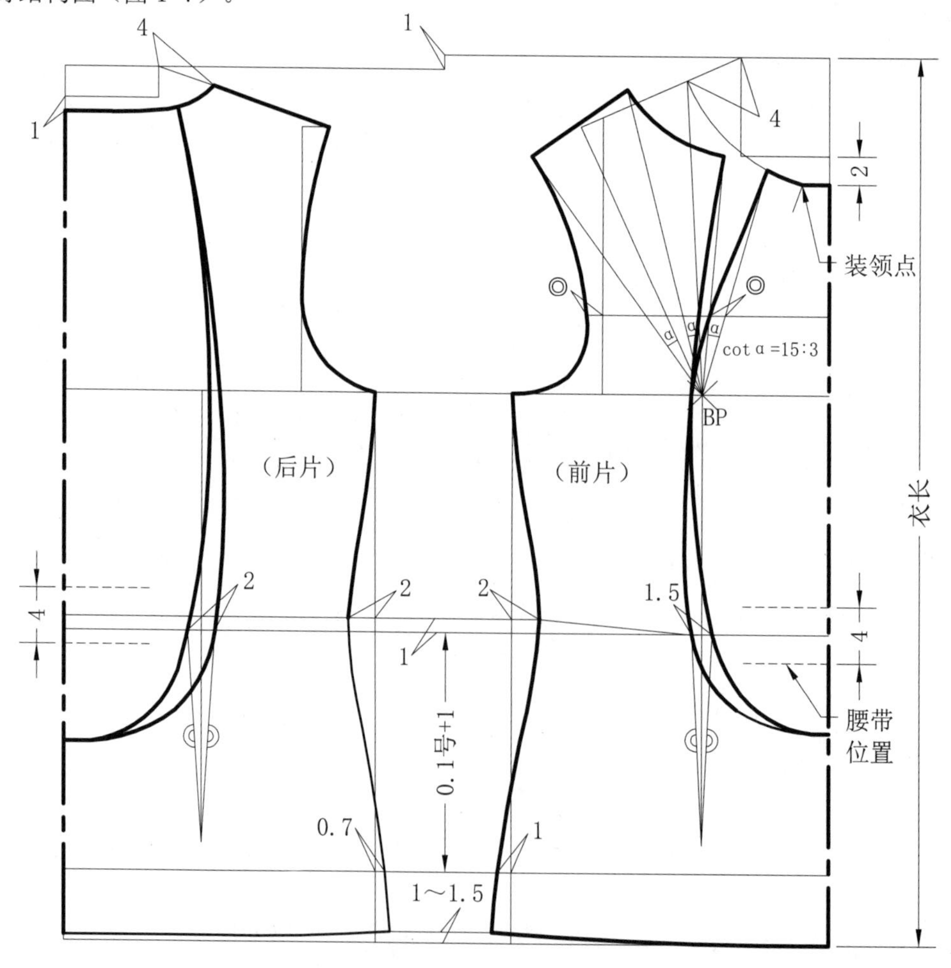

图 1-7 前/后衣身片结构图

（2）前 / 后衣身结构分解图（图 1-8）。

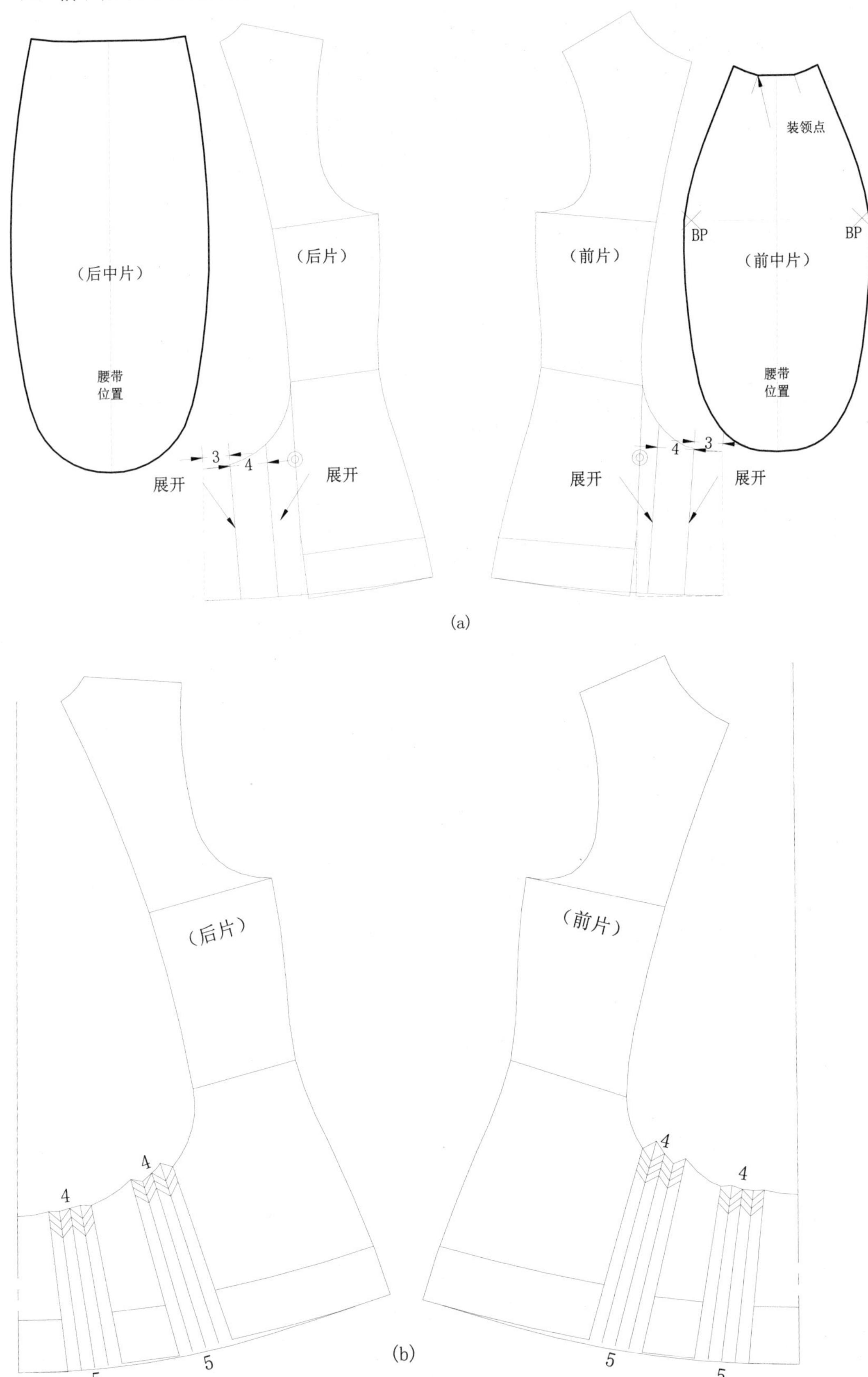

(a)

(b)

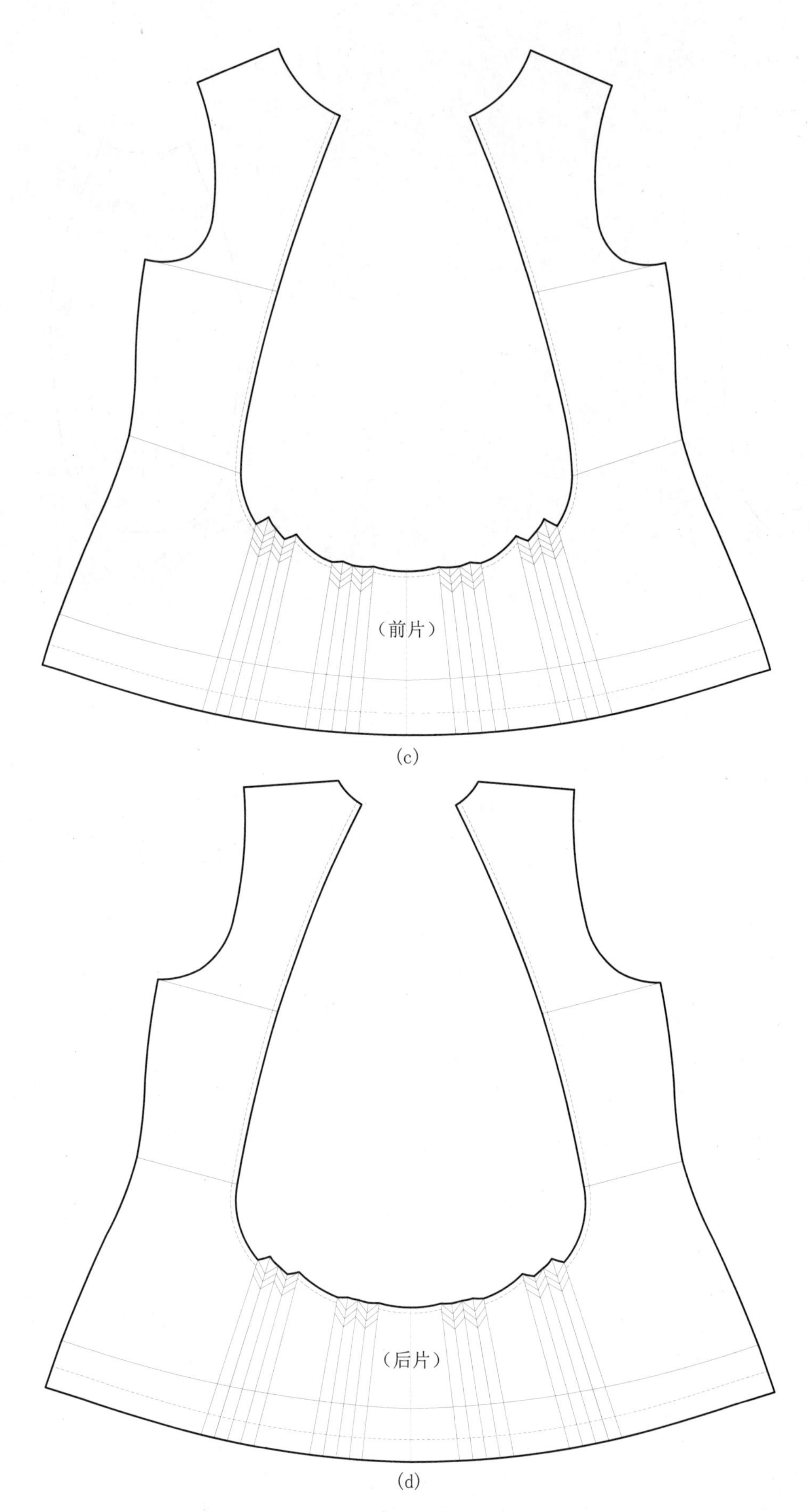

图 1-8 前 / 后衣身结构分解图

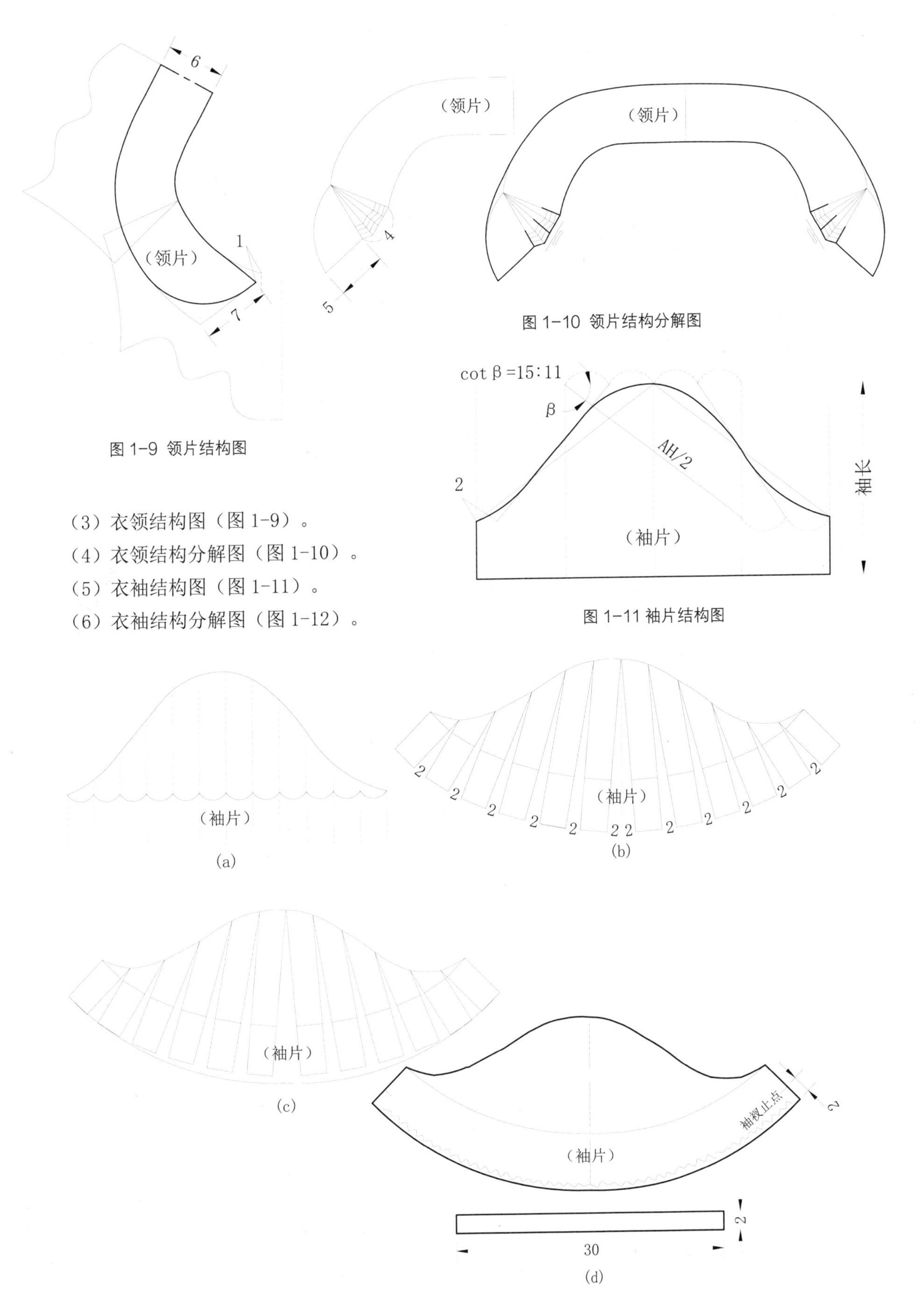

图 1-9 领片结构图

图 1-10 领片结构分解图

图 1-11 袖片结构图

（3）衣领结构图（图 1-9）。

（4）衣领结构分解图（图 1-10）。

（5）衣袖结构图（图 1-11）。

（6）衣袖结构分解图（图 1-12）。

图 1-12 袖片结构分解图

第三节 盖袖分割型上衣

一、款式图

见图 1-13。

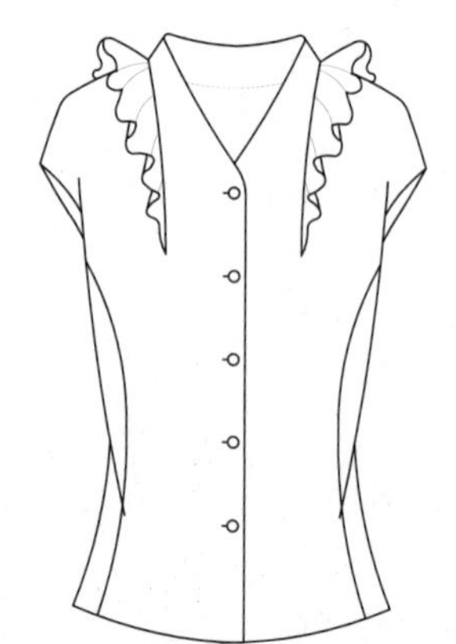

图 1-13 盖袖分割型上衣款式图

二、款式特点

（1）领型：连衣立领。

（2）袖型：连衣盖袖。

（3）衣身：前中开襟并钉纽 5 粒；前肩设置胸省并饰花边；前 / 后片设弧形分割线。

三、设定规格

见表 1-3。

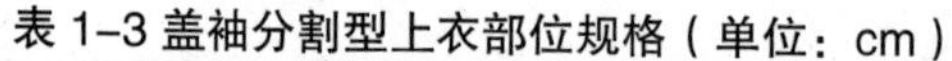

表 1-3 盖袖分割型上衣部位规格（单位：cm）

号型	衣长	胸围	肩宽	领围	袖长	袖中线倾斜角余切
160/84A	62.5	88	38	36	6.5	15 ∶ 5.5

四、结构图

（1）前 / 后衣身、领片及袖片结构图（图 1-14）。

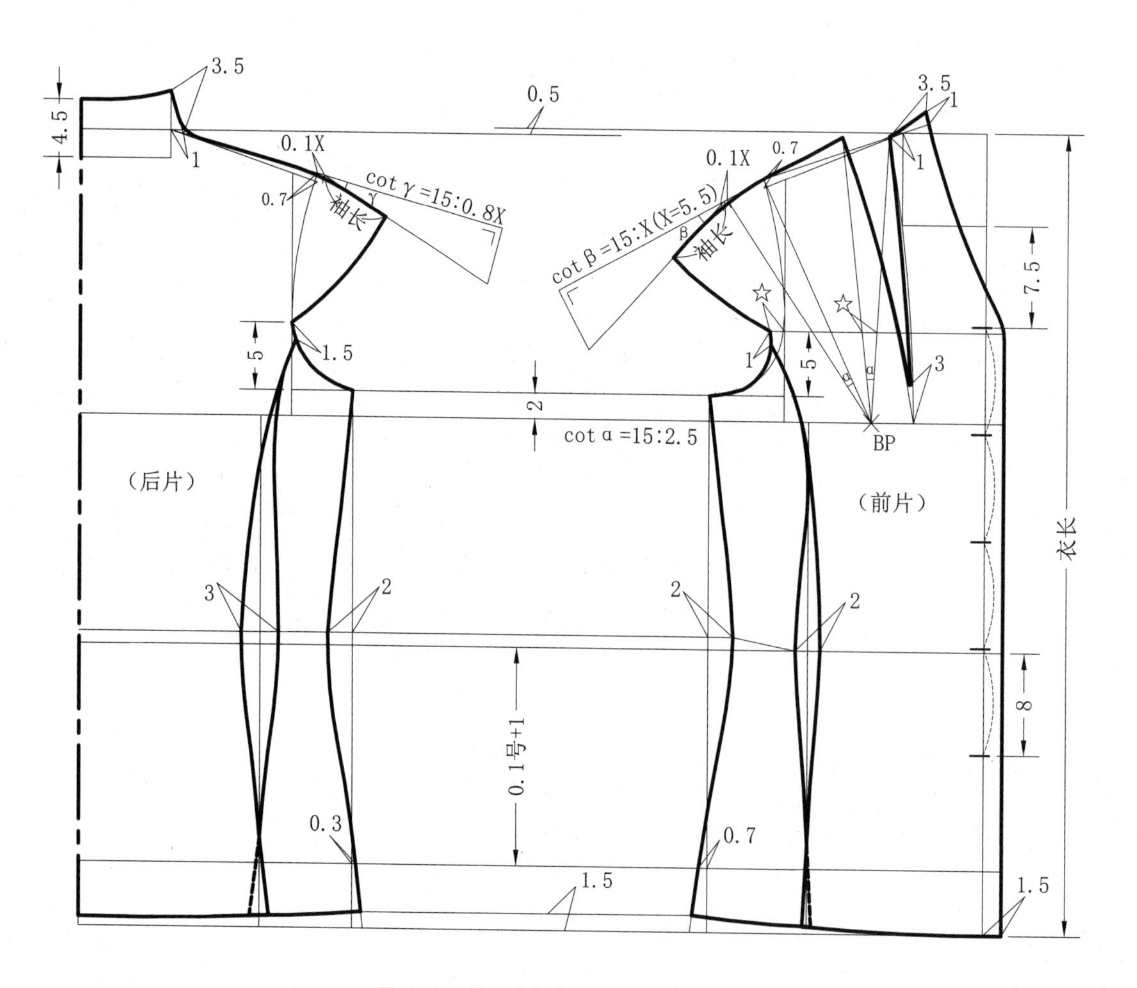

图 1-14 前 / 后衣身、领片及袖片结构图

（2）前衣身结构分解图（图 1-15）。

（3）花边结构分解图（图 1-16）。

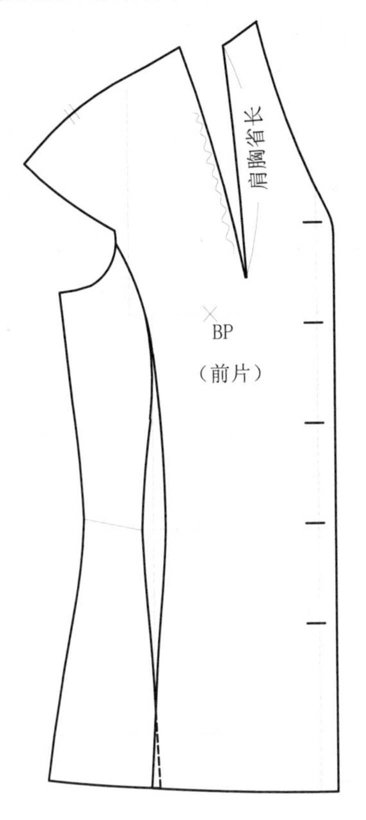

图 1-15 前衣身片结构分解图

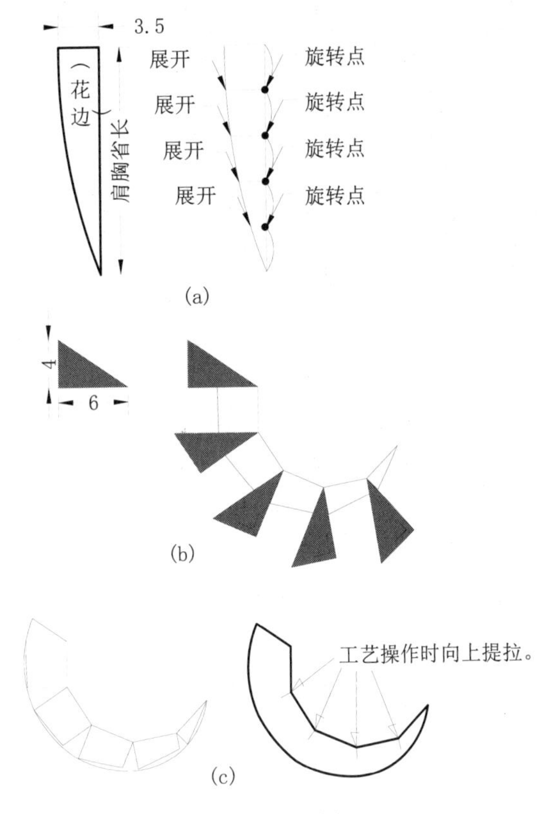

图 1-16 花边结构分解图

第四节 泡袖塔克上衣

一、款式图

见图 1-17。

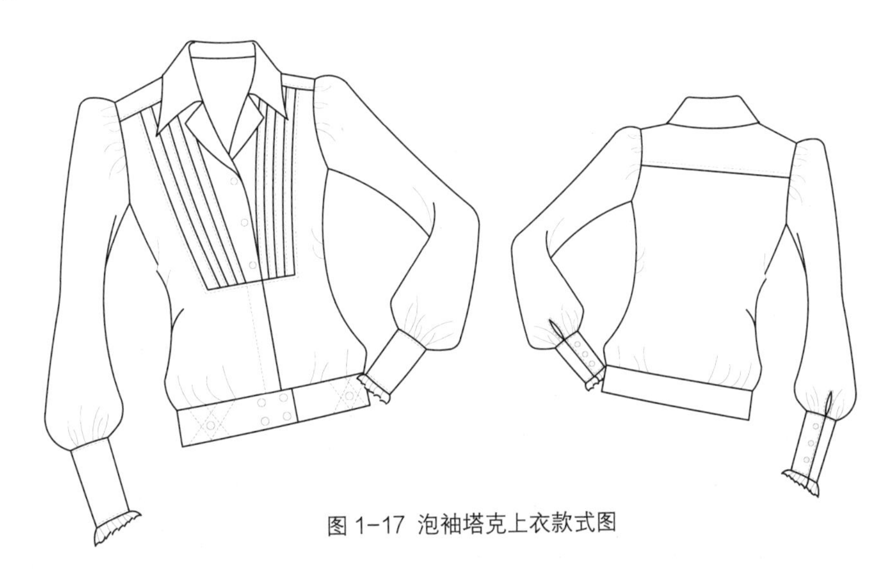

图 1-17 泡袖塔克上衣款式图

二、款式特点

（1）领型：开关两用式翻驳领。

（2）袖型：一片式合体型长袖；袖口装宽克夫并钉纽 3 粒，袖口装花边。

（3）衣身：前中上部开襟并钉纽 3 粒，下部暗开襟并钉纽 2 粒；前片设肩育克；门里襟上部两侧梯形分割内设塔克 4 道。后片上部设肩育克。下摆装登边，登边前中钉纽 4 粒，前侧缉装饰斜线，装饰线中钉装饰扣一粒。

三、设定规格

见表 1-4。

表 1-4 泡袖塔克上衣部位规格（单位：cm）

号型	衣长	胸围	肩宽	领围	袖长	袖斜线倾斜角余切	袖克夫宽
160/84A	62	98	40	36	58	15 ∶ 12.5	10

注：袖长规格为袖口基型规格，实际规格根据细褶量增长。

四、结构图

（1）前 / 后衣身片及领片结构图（图 1-18）。

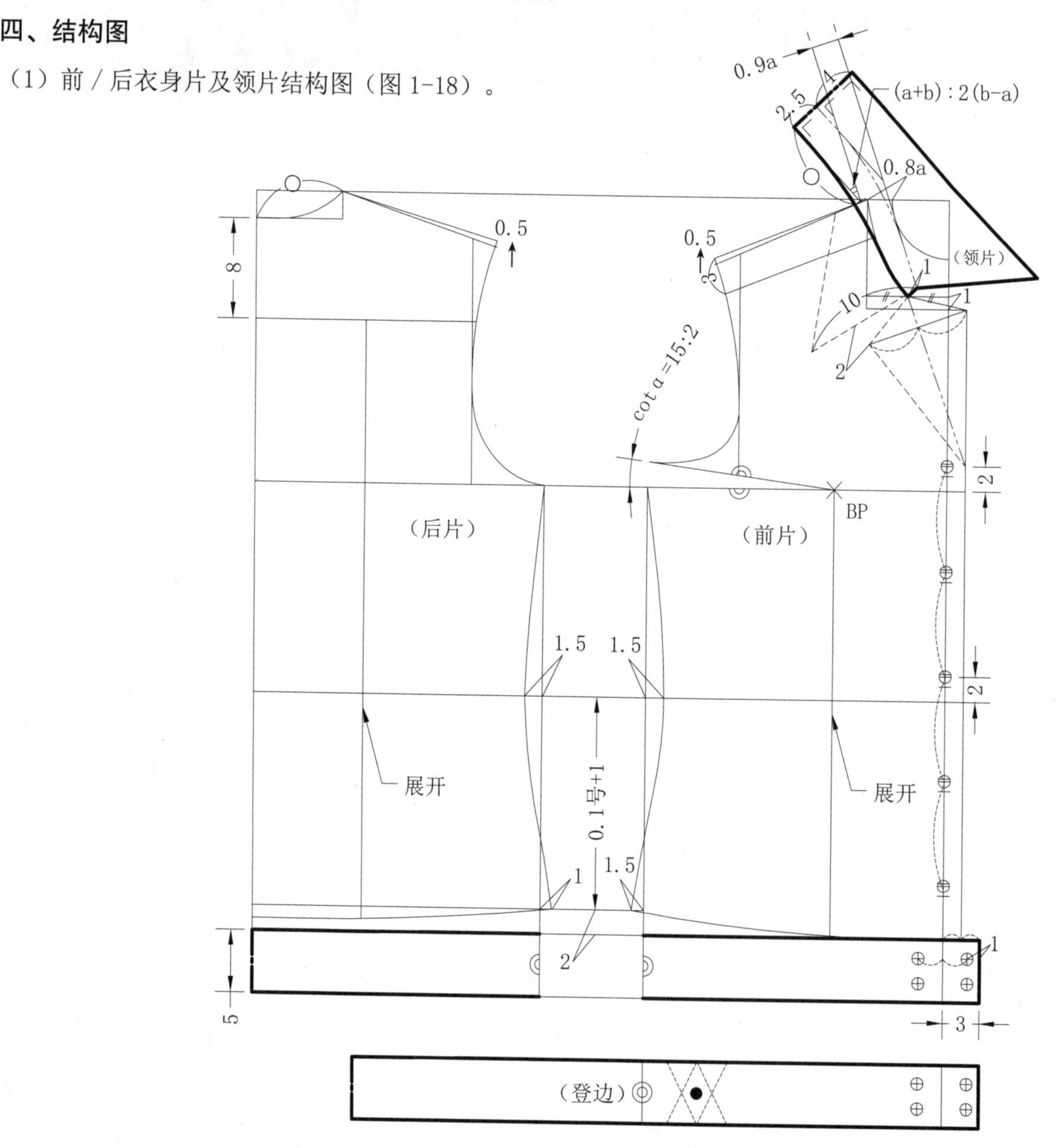

图 1-18 前 / 后衣身片及领片结构图

（2）前衣身片结构分解图（图 1-19）。

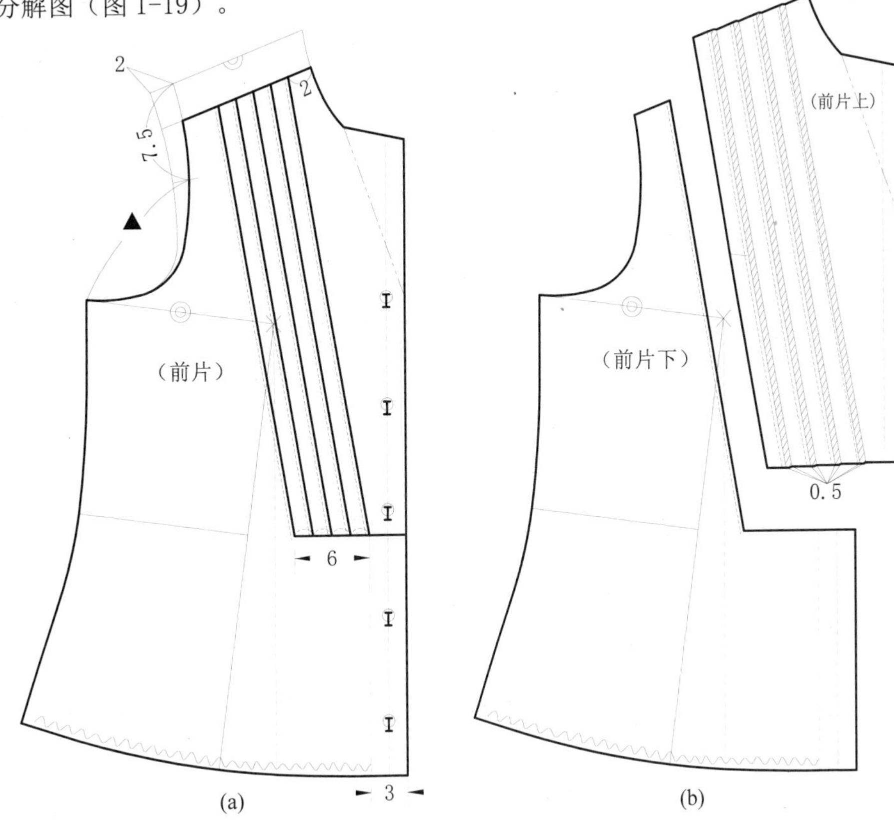

图 1-19 前衣身片结构分解图

（3）后衣身片结构分解图（图 1-20）。

（4）育克结构分解图（图 1-21）。

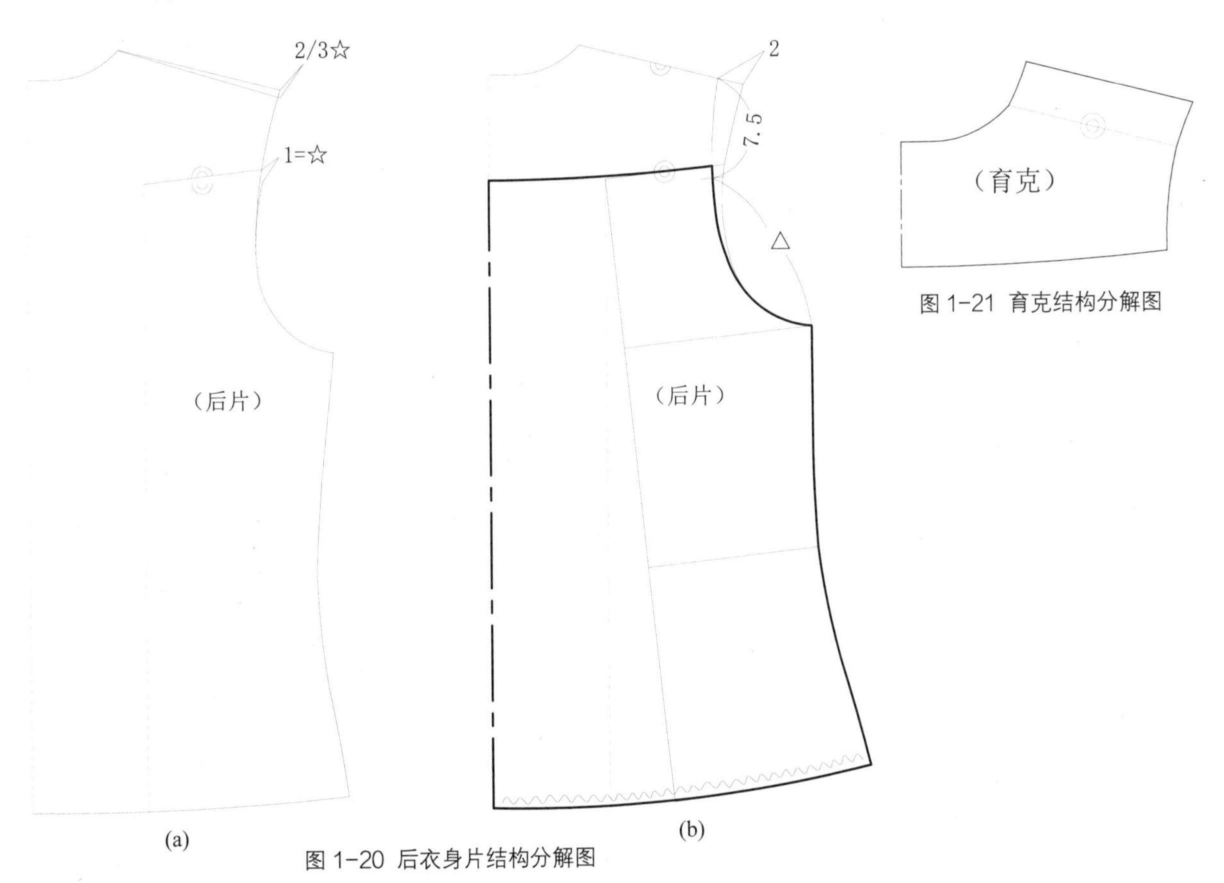

图 1-20 后衣身片结构分解图

图 1-21 育克结构分解图

（5）袖片结构图（图 1-22）。

（6）袖片结构分解图（图 1-23）。

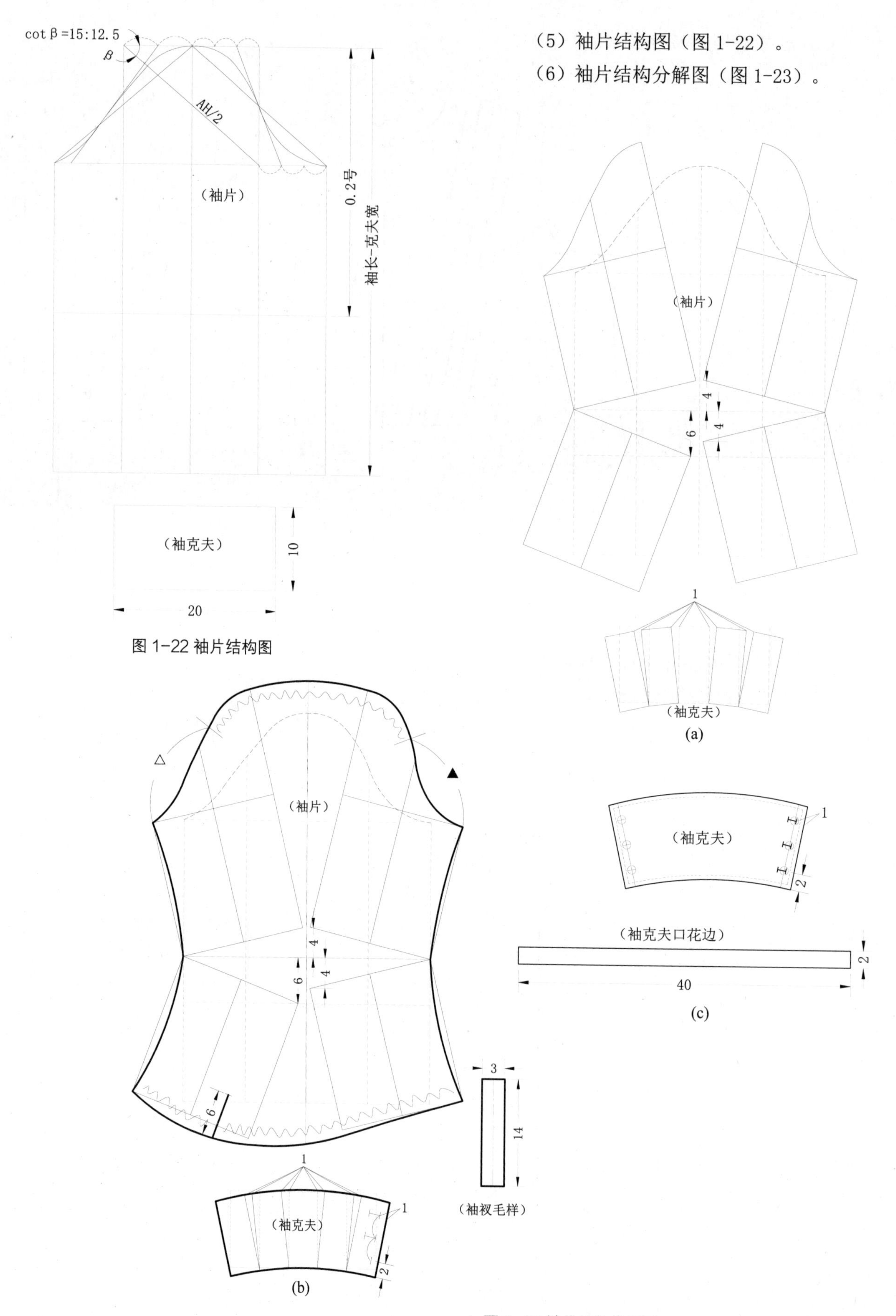

图 1-22 袖片结构图

图 1-23 袖片结构分解图

第二章 连衣裙

连衣裙的穿着不受季节限制，一年四季均可。上下装相连是连衣裙款式的特点，连衣裙的款式设计主要体现在腰围线。连衣裙款式变化可有上衣与下裙相连型和断开型两种。根据腰线高度，断开型又有高腰型、中腰型及低腰型。

第一节 无袖连衣裙

一、款式图

见图 2-1。

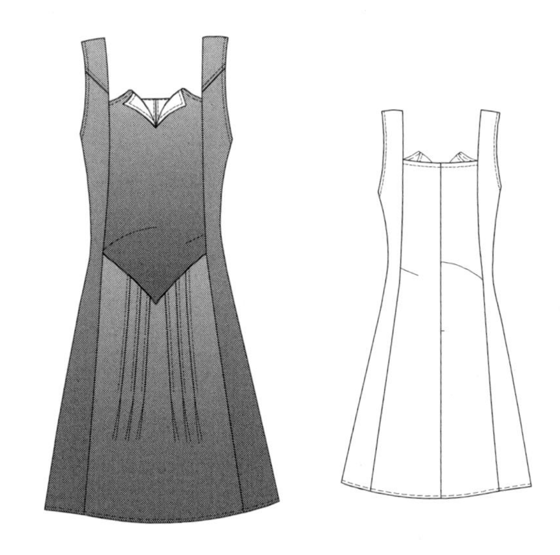

图 2-1 无袖连衣裙款式图

二、款式特点

（1）领型：无领，方形领圈，前中造型如图 2-1 所示。

（2）袖型：无袖，袖窿弧线缉明线。

（3）衣身：前片上领口为斜弧线，且前中开衩；前片设直形分割线；前侧片上部设斜向分割线；前片腰部以下设尖角形分割线，分割线下左右各收折裥 3 个。后片上口为横向弧线；后片设直形分割线，设后中线并装隐形拉链。下裙为 A 字裙。

三、设定规格

见表 2-1。

表 2-1 无袖连衣裙部位规格（单位：cm）

号型	衣裙长	胸围	肩宽	领围
160/84A	110	88	38	36

四、结构图

（1）前 / 后衣身片结构图（图 2-2）。

（2）前衣身片结构分解图（图 2-3）。

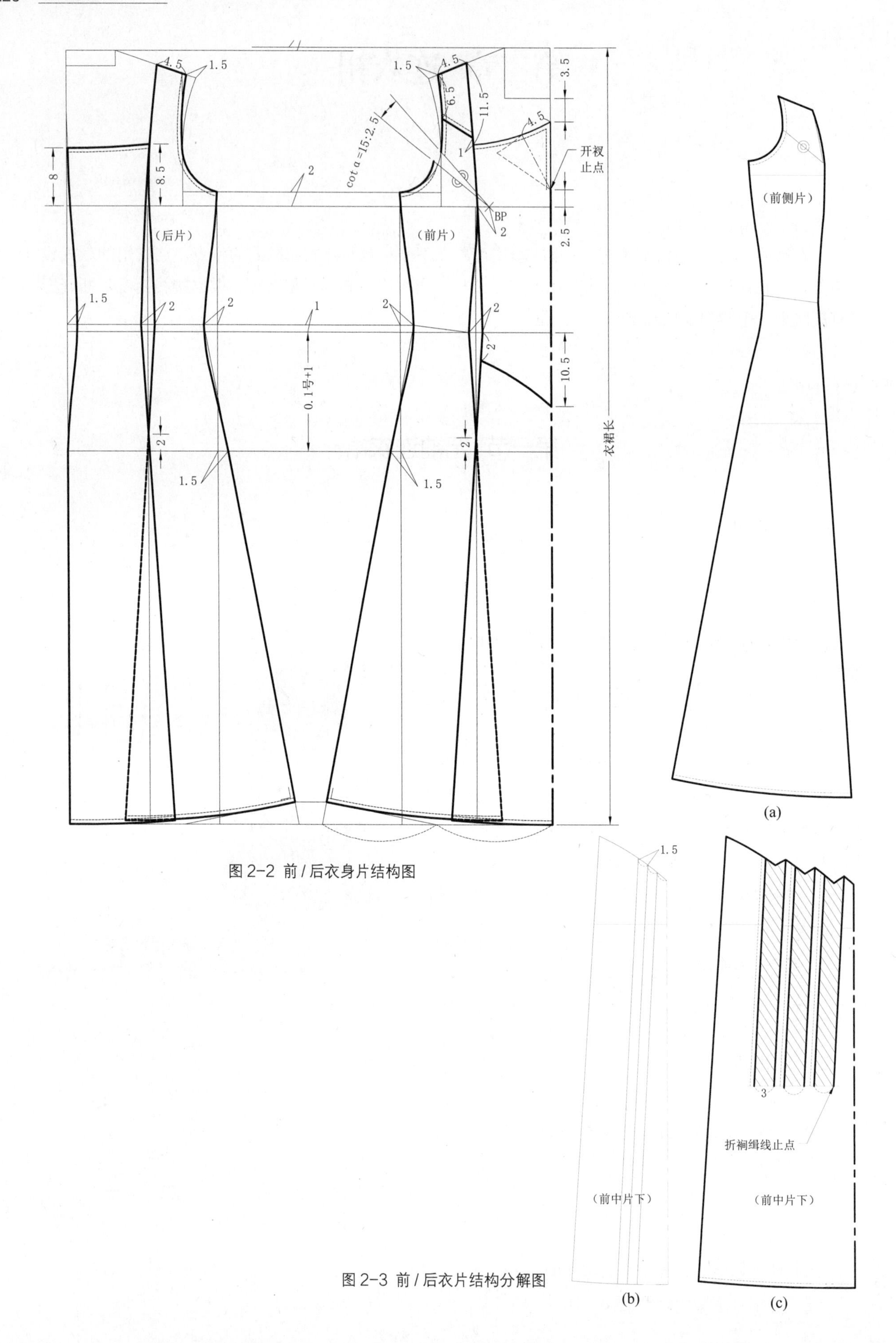

图 2-2 前/后衣身片结构图

图 2-3 前/后衣片结构分解图

第二节 吊带收省型连衣裙

一、款式图

见图 2-4。

二、款式特点

（1）领型：无领，一字型领圈。

（2）袖型：无袖，肩部装吊带。

（3）衣身：前 / 后片上口横向弧形分割；前片上部设 V 形分割，内饰蕾丝，边缘装饰线迹；前 / 后腰部设横向分割线，前 / 后衣身左右各收腰省三个；裙片下摆展宽呈波浪形；右侧线装隐形拉链。

三、设定规格

见表 2-2。

表 2-2 吊带收省型连衣裙部位规格（单位：cm）

号型	衣裙长	胸围	肩宽	领围
160/84A	114	88	38	36

四、结构图

（1）前 / 后衣身片结构图（图 2-5）。

（2）前衣身片结构分解图（图 2-6）。

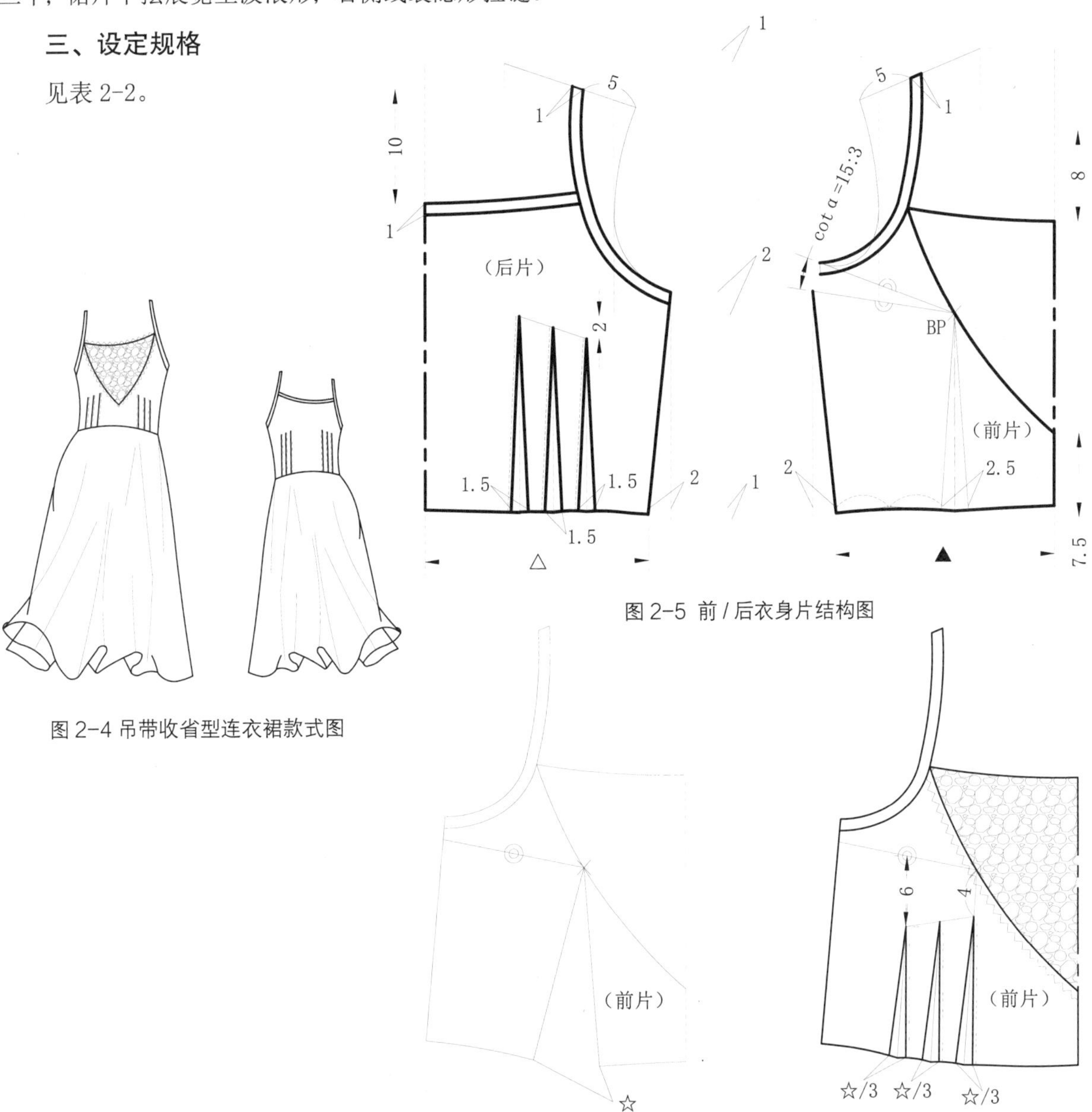

图 2-4 吊带收省型连衣裙款式图

图 2-5 前 / 后衣身片结构图

图 2-6 前衣身片结构分解图

（3）前/后裙片结构图（图2-7、图2-8）。

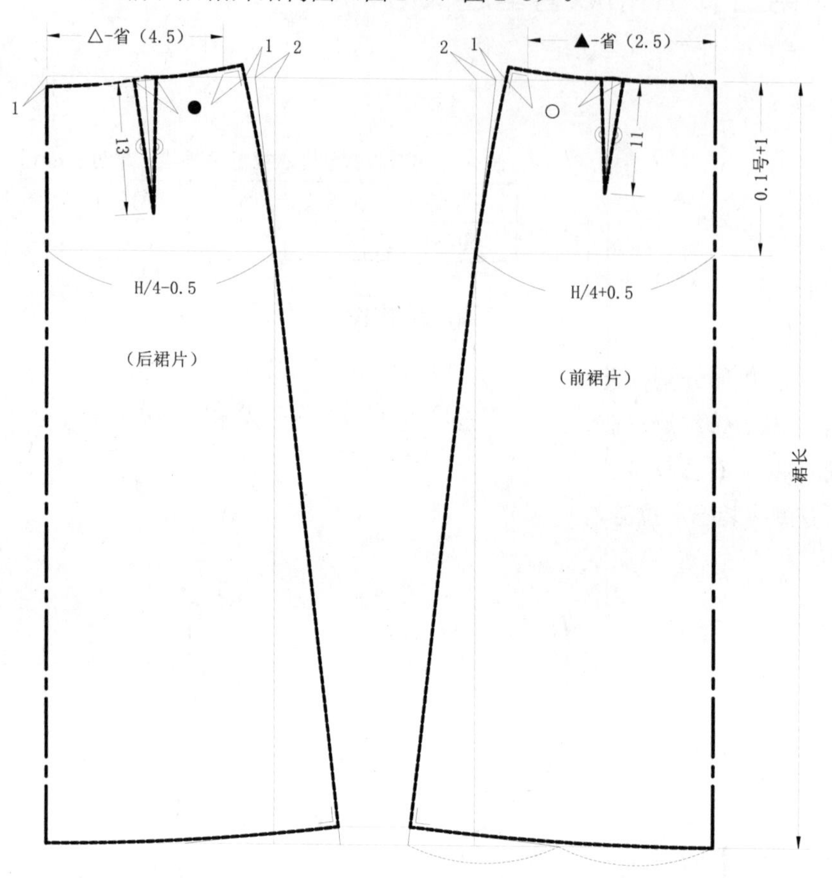

图2-7 前/后裙片结构图

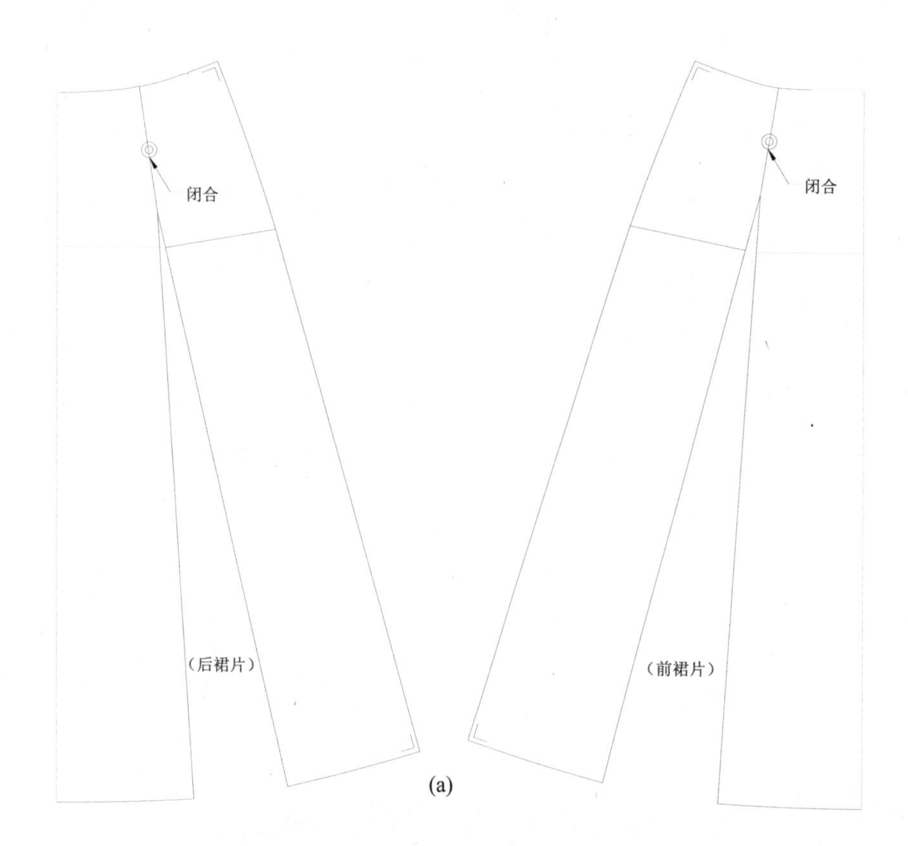

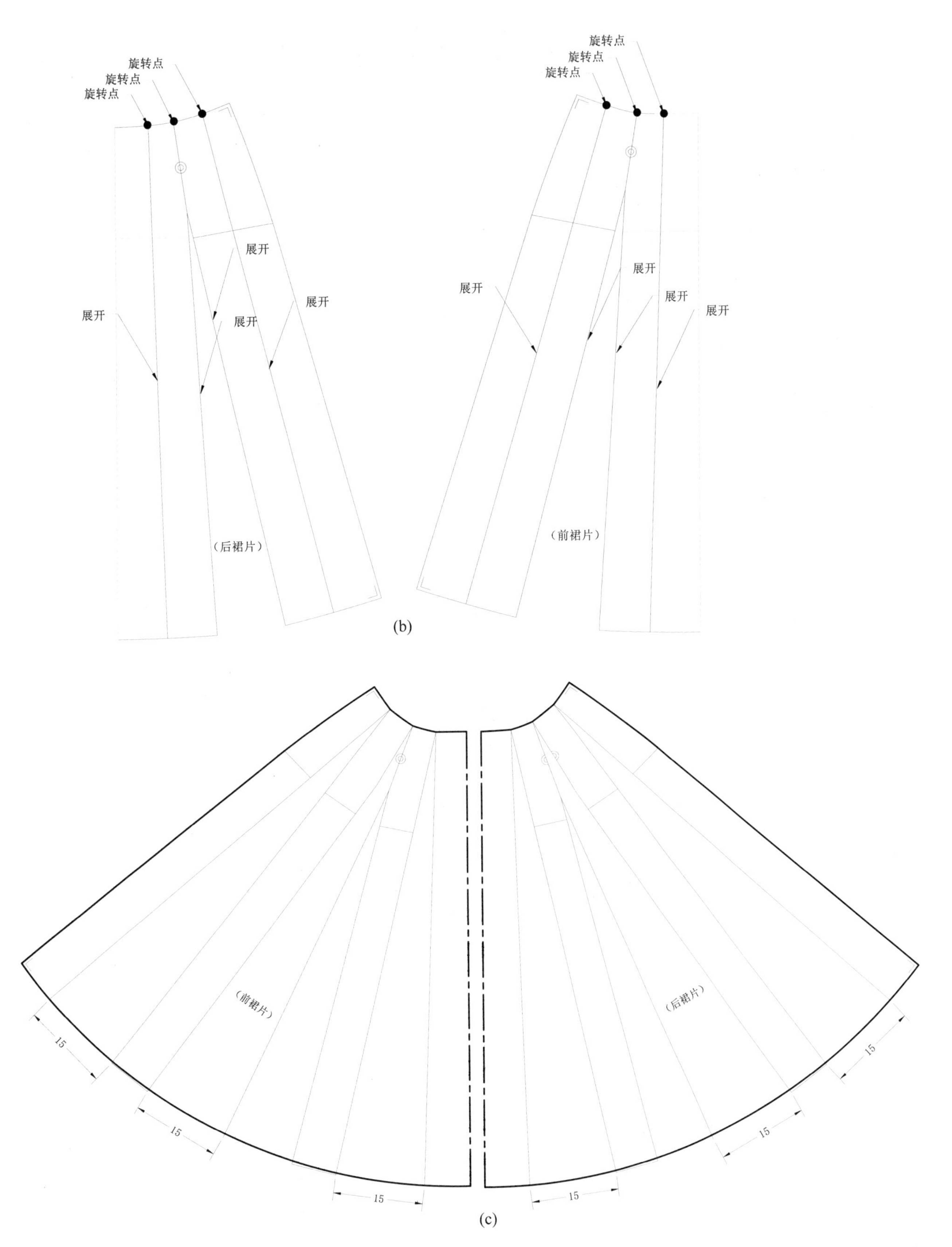

图 2-8 前 / 后裙片结构分解图

第三节 吊带分割型连衣裙

一、款式图

见图 2-9。

图 2-9 吊带分割型连衣裙款式图

二、款式特点

（1）领型：无领，弧形领圈。

（2）袖型：无袖，肩部设吊带。

（3）衣身：前片上口设心形弧形分割，下胸围线设横向分割线，分割线具体位置走向如图所示。后片设弧形分割线至臀高位。右侧缝装隐形拉链。裙片下部设横向分割线，裙摆以细褶收缩。

三、设定规格

见表 2-3。

表 2-3 吊带分割型连衣裙部位规格（单位：cm）

号型	衣裙长	胸围	肩宽	领围
160/84A	91+25	88	38	36

四、结构图

（1）前 / 后衣裙片结构图（图 2-10）。

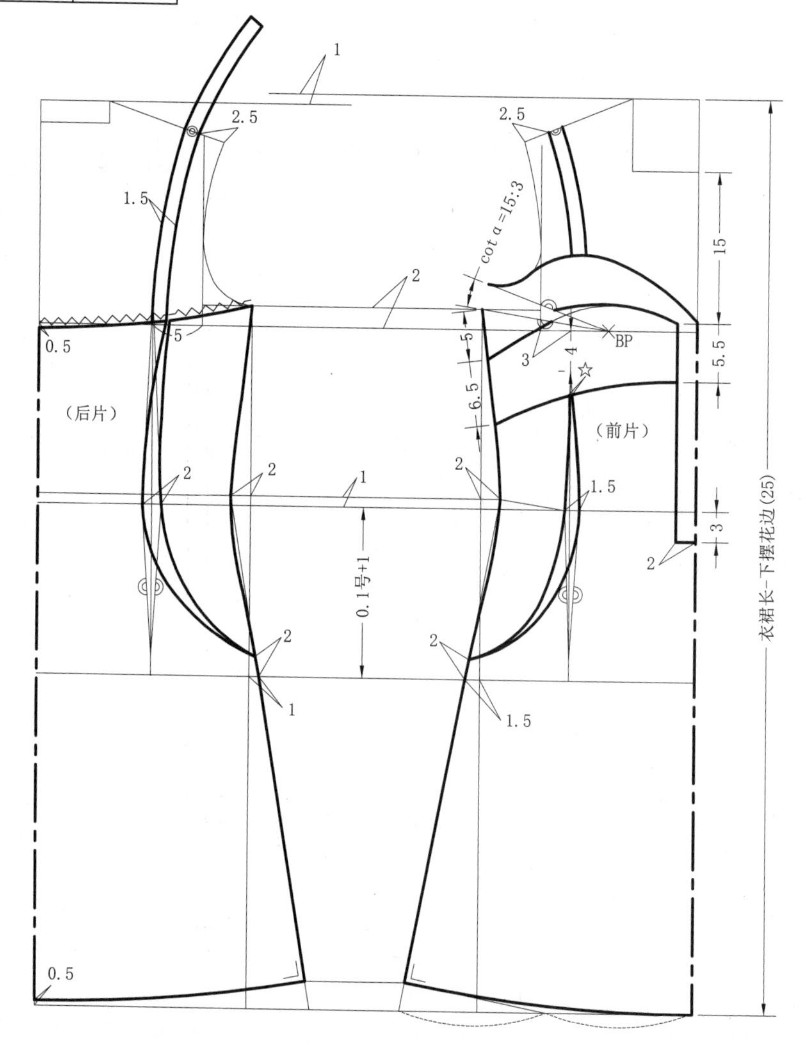

图 2-10 前 / 后衣裙片结构图

（2）前衣身上部结构分解图（图 2-11）。

（3）前 / 后衣裙片结构分解图（图 2-12）。

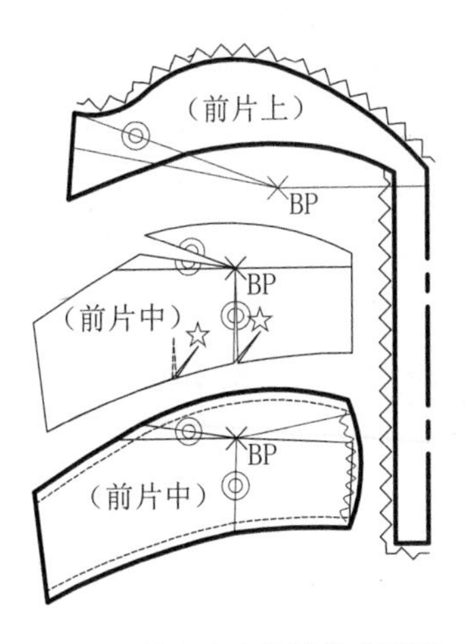

图 2-11 前衣片上部结构分解图

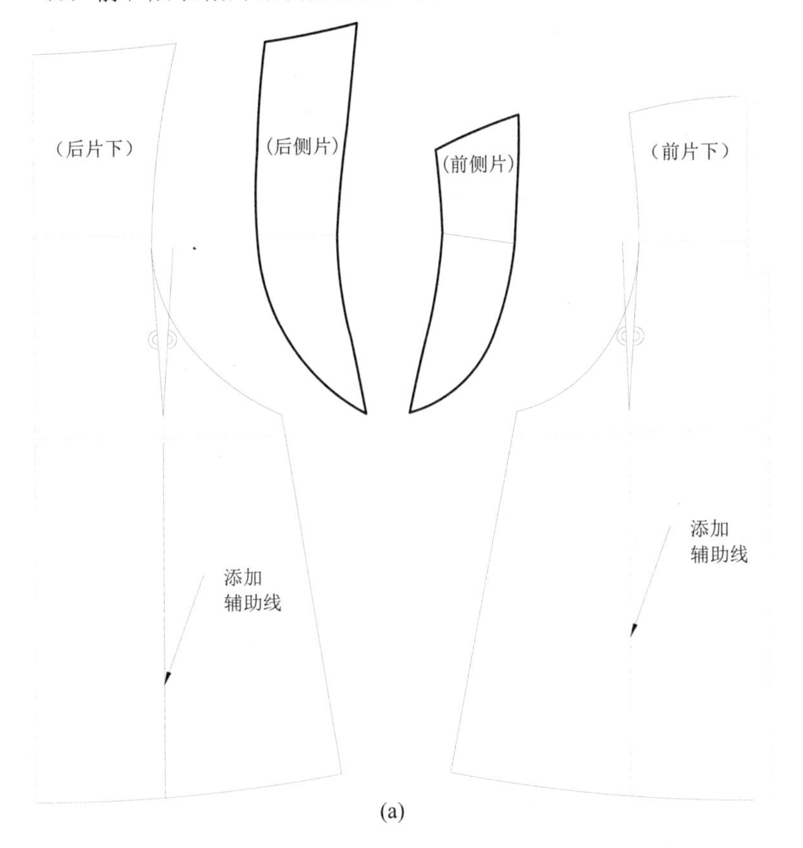

(a)

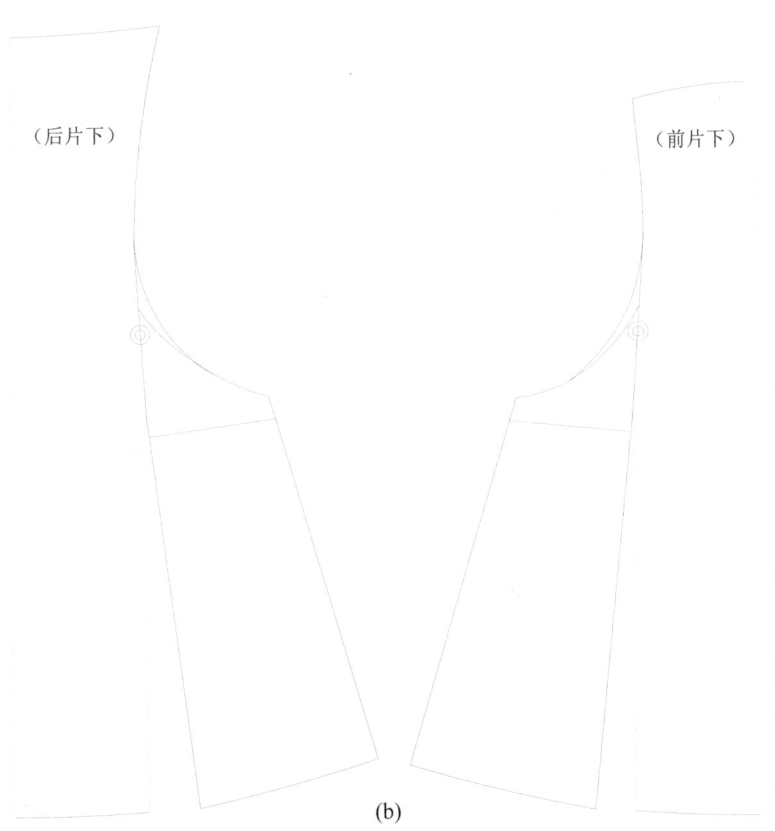

(b)

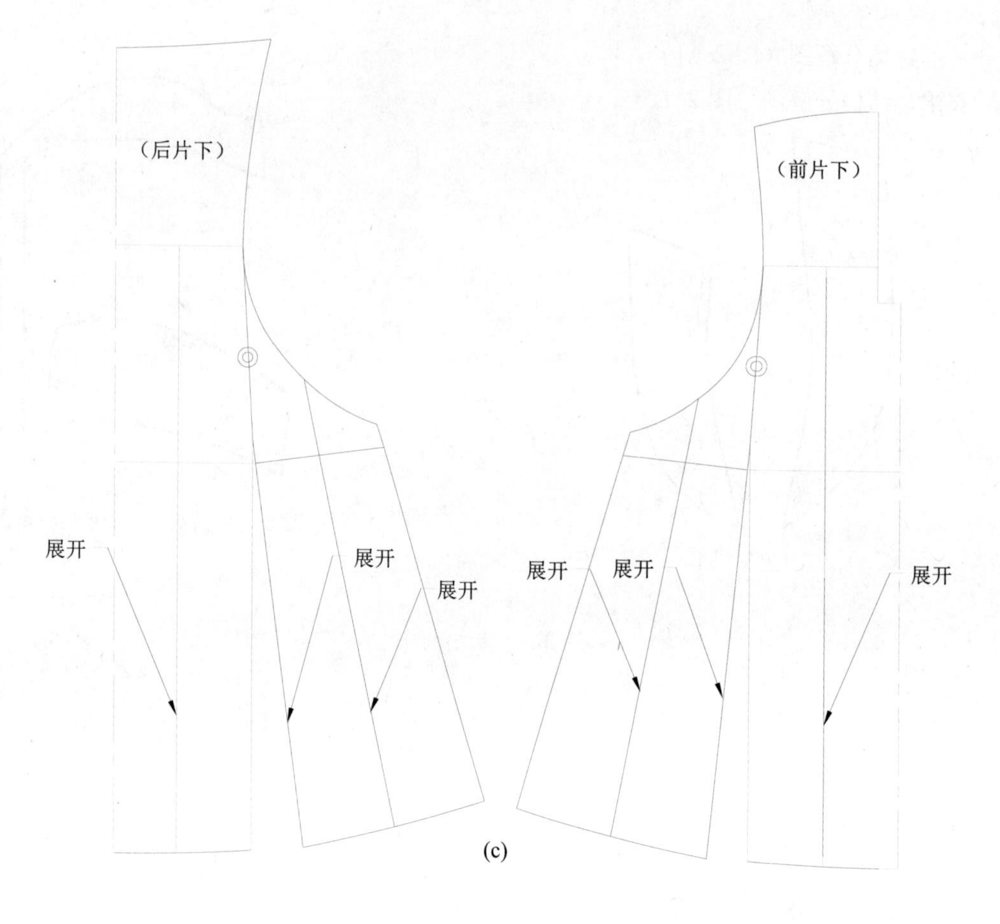

(c)

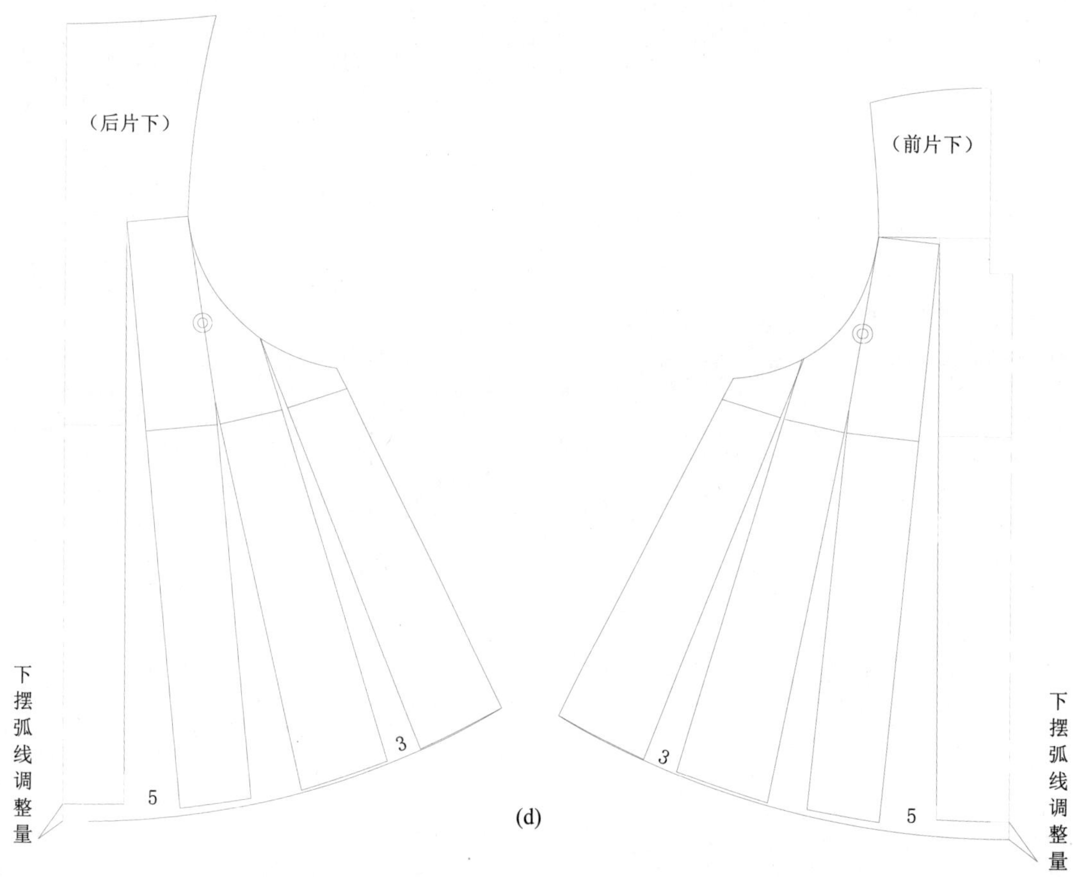

(d)

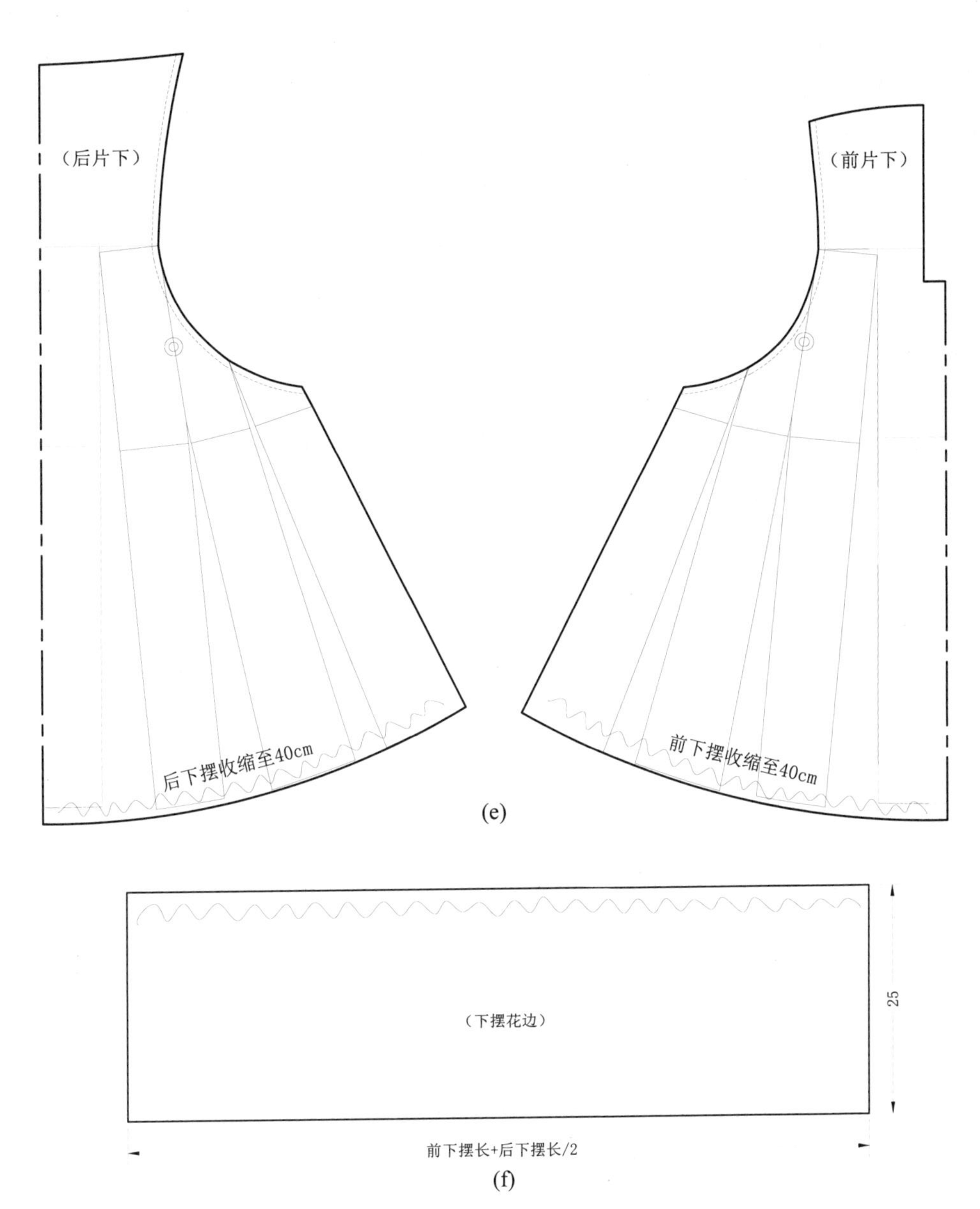

图 2-12 前 / 后衣裙片结构分解图

第四节 短袖分割型连衣裙

图 2-13 短袖分割型连衣裙款式图

一、款式图

见图 2-13。

二、款式特点

（1）领型：无领，梯形领圈。

（2）袖型：一片式超短袖。

（3）衣身：前片右侧上部设弧形分割，分割线上设折裥 3 个，右侧腰部收腰省，左侧设弧形分割线至裙片下摆，腰节线下设斜弧形左低右高分割线。后片设弧形分割线至臀高位，设后中线。右侧线装隐形拉链。

三、设定规格

见表 2-4。

表 2-4 短袖分割型连衣裙部位规格（单位：cm）

号型	衣裙长	胸围	肩宽	领围	袖长	袖斜线倾斜角余切
160/84A	101	88	38	36	8.5	15 ∶ 13

四、结构图

（1）前 / 后衣裙片结构图（图 2-14）。

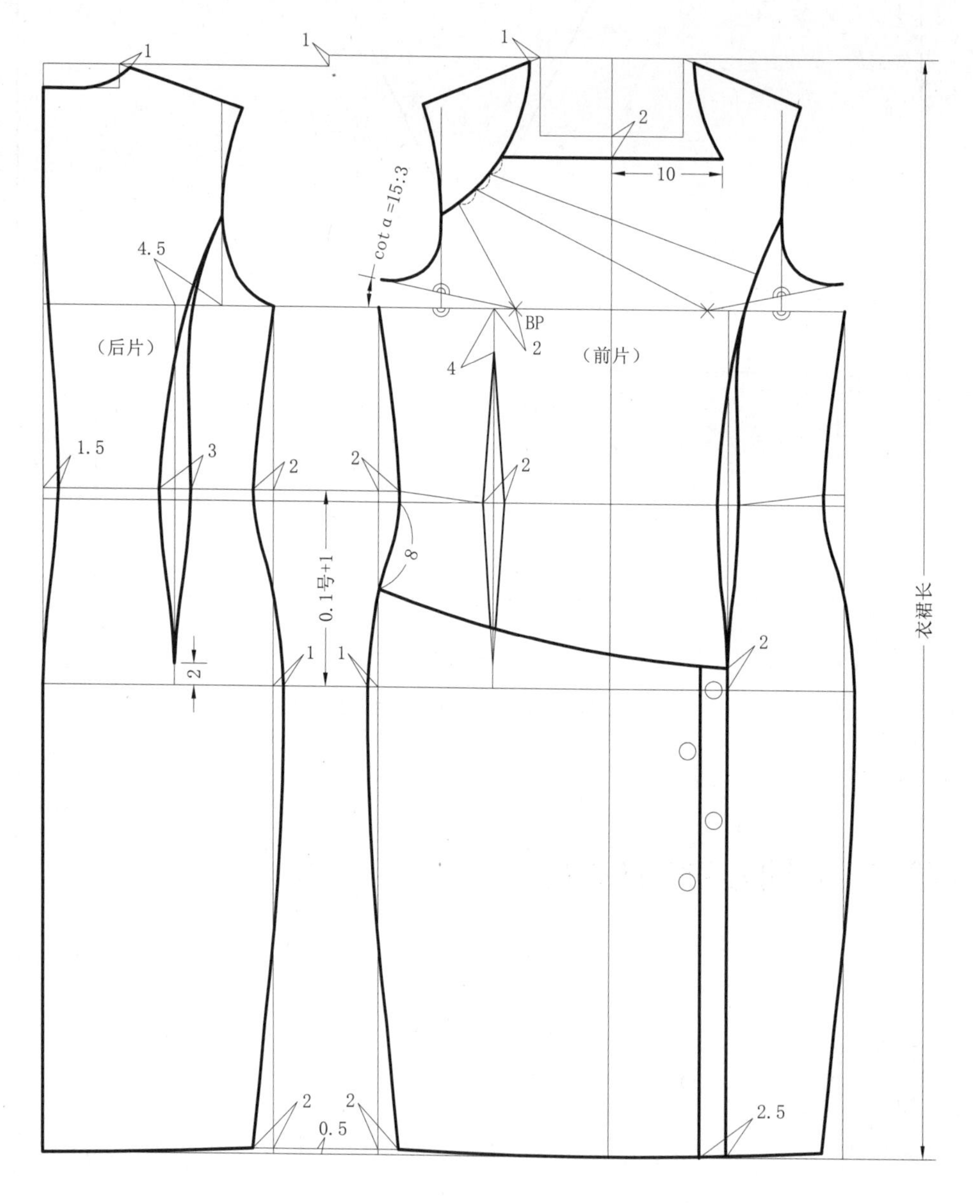

图 2-14 前 / 后衣裙片结构图

（2）前衣裙片结构分解图（图 2-15）。

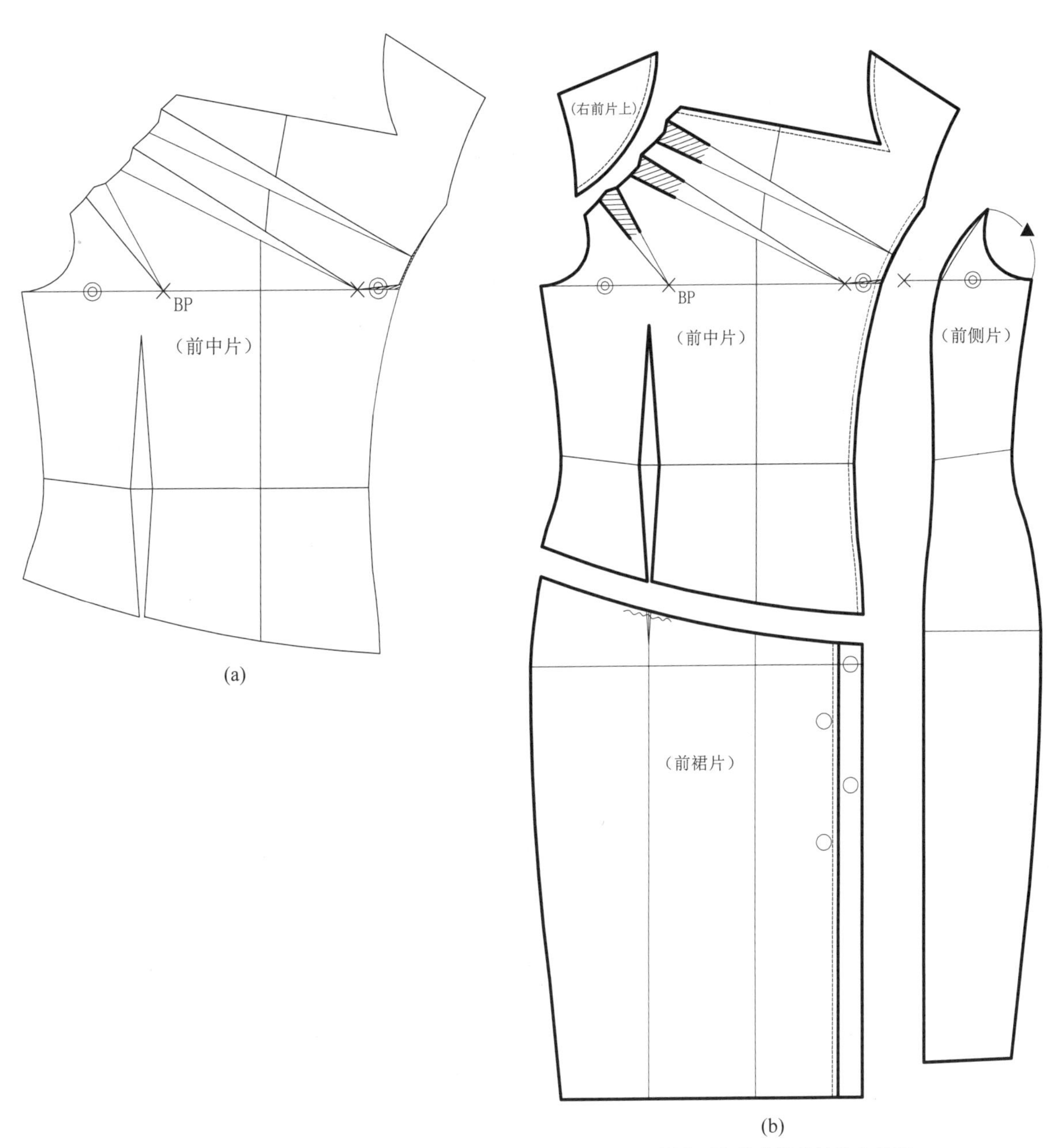

图 2-15 前衣裙片结构分解图

（3）后衣裙片结构分解图（图2-16）。

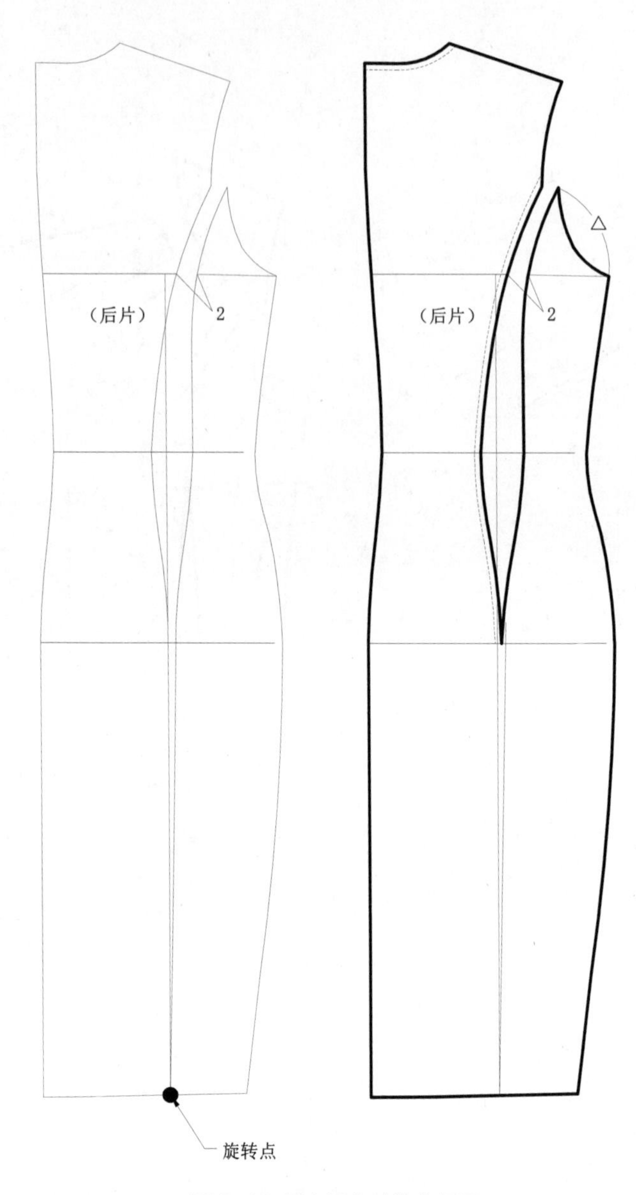

图2-16 后衣裙片结构分解图

（4）袖片结构图（图2-17）。

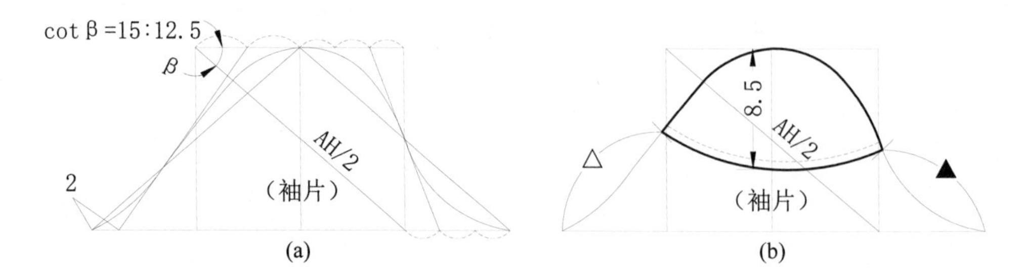

图2-17 袖片结构图

第三章 春秋上衣

春秋上衣一般为春秋季节穿着的服装。在其款式设计上，衣领变化多为立领、翻驳领，衣袖变化有中袖、长袖等。与衬衣相比，春秋上衣属外穿型服装，多见各类内搭服装与之相配。

第一节 小圆领分割型上衣

一、款式图

见图 3-1。

图 3-1 小圆领分割型上衣款式图

二、款式特点

（1）领型：关门式翻驳领，圆领角。

（2）袖型：一片式合体型长袖。

（3）衣身：前中暗开襟且钉纽 5 粒；前片左右不对称；左前片设弧形分割线且分割线延伸至右前片下侧；右前片设弧形分割线且分割线下部止于臀高位。后片设后中线，左右两侧弧形分割线。

三、设定规格

见表 3-1。

表 3-1 小圆领分割型上衣部位规格（单位：cm）

号型	衣长	胸围	肩宽	领围	袖长	袖斜线倾斜角余切
160/84A	62	94	39	36	58	15 ： 12.5

四、结构图

（1）后衣身片及左前侧衣身片结构图（图 3-2）。

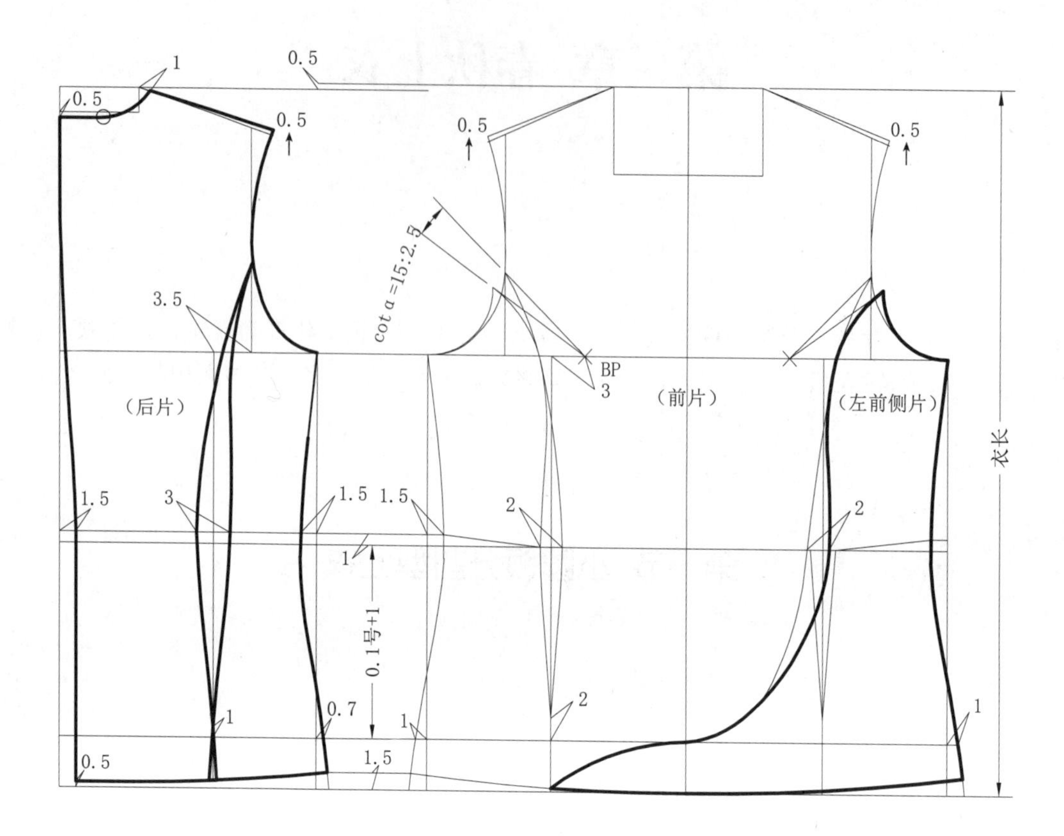

图 3-2 后衣身片及左前侧衣身片结构图

（2）右前衣身片及领片结构图（图 3-3）。

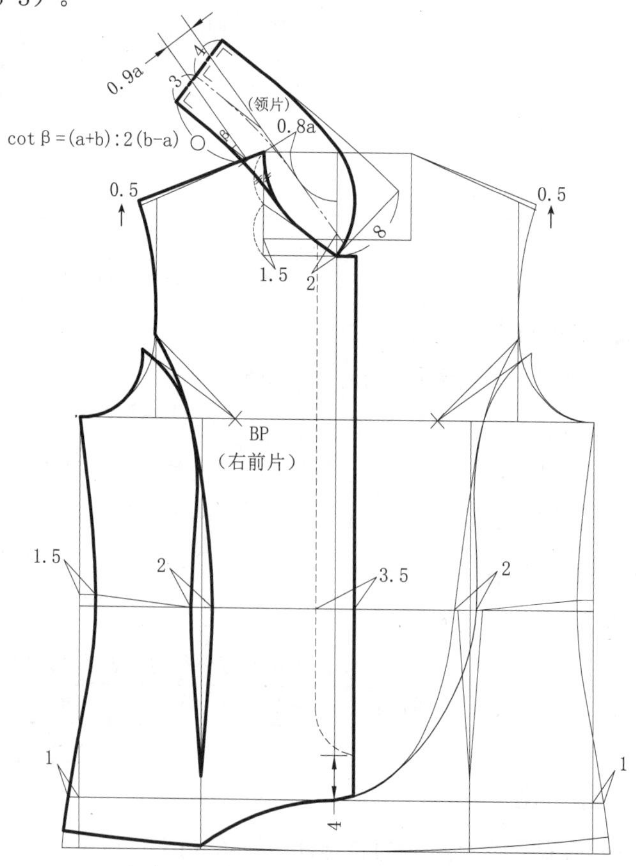

图 3-3 右前衣片及领片结构图

（3）右前衣身片结构分解图（图 3-4）。

（4）左前中衣身片结构图（图 3-5）。

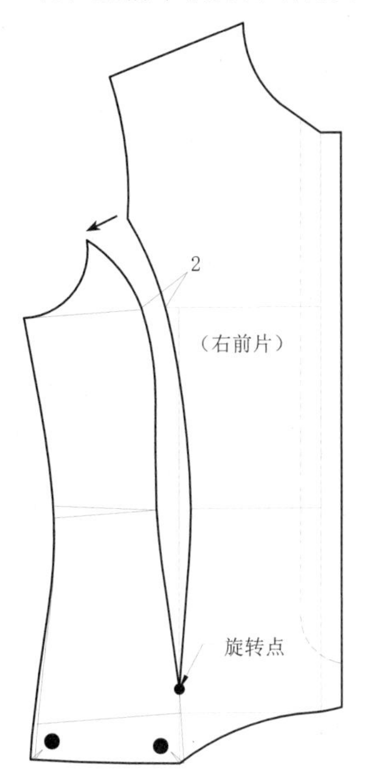

图 3-4 右前衣身片结构分解图

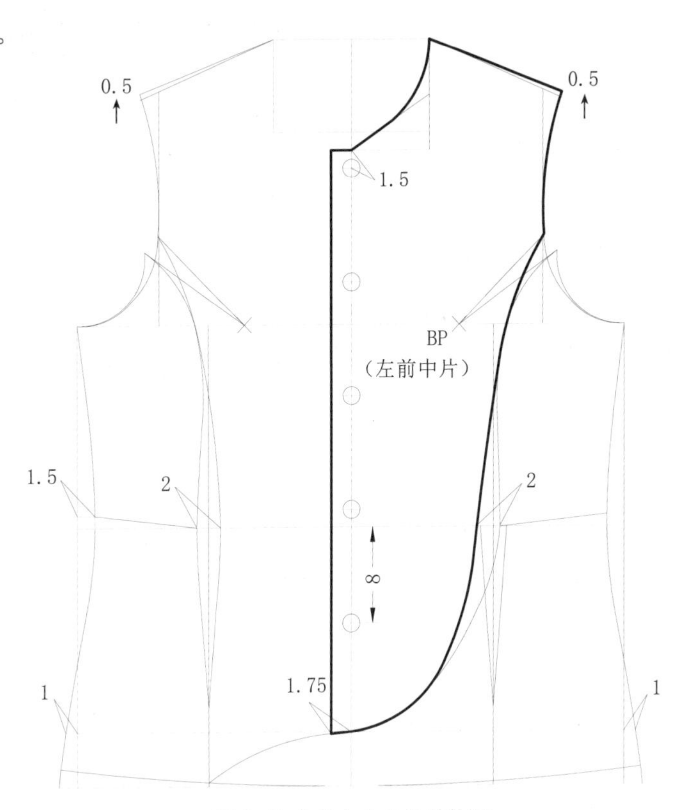

图 3-5 左前中衣身片结构图

（5）袖片结构图（图 3-6）。

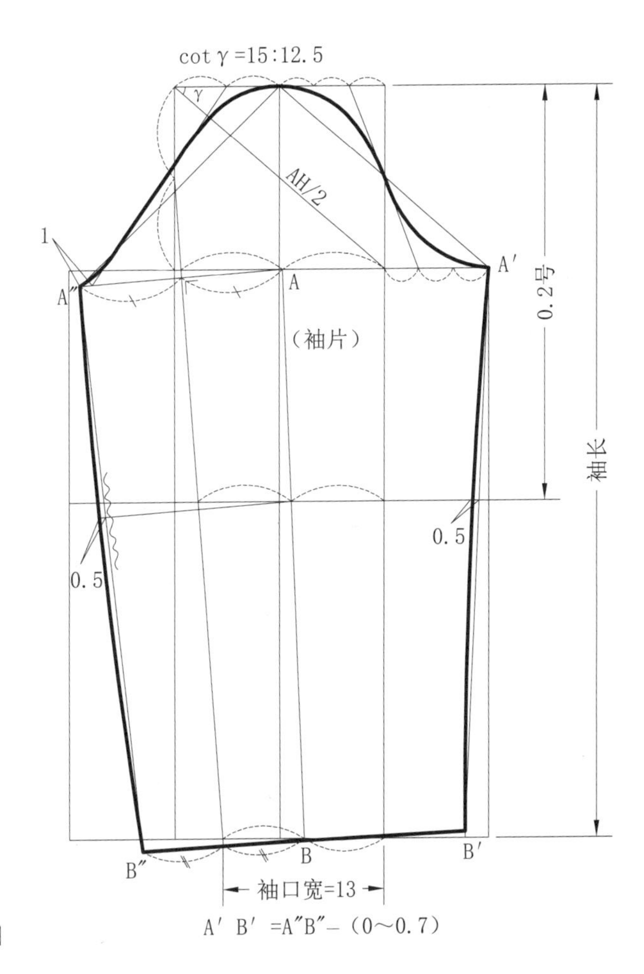

图 3-6 袖片结构图

第二节 翻驳领收省型上衣

一、款式图

见图 3-7。

二、款式特点

（1）领型：开门式翻驳领。

（2）袖型：一片式合体型长袖，袖肘收省两个。

（3）衣身：前中开襟并钉纽 3 粒；前片收胸腰省，腰围下转化为折裥；左右侧设前胸袋，装袋盖且袋盖上钉纽 1 粒；腰围下左右侧设装饰袋盖，袋盖上钉纽一粒。后片设后中线及后腰省。腰部设置腰带。领口、门里襟止口、胸腰省及袋止口均缉明线。

图 3-7 翻驳领收省型上衣款式图

三、设定规格

见表 3-2。

表 3-2 翻驳领收省型上衣部位规格（单位：cm）

号型	衣长	胸围	肩宽	领围	袖长	袖斜线倾斜角余切
160/84A	56	94	39	36	58	15 ∶ 12.5

四、结构图

（1）前 / 后衣身片及领片结构图（图 3-8）。

图 3-8 前 / 后衣身片及领片结构图

（2）前衣身片及口袋结构分解图（图 3-9）。

（3）袖片结构图（图 3-10）。

（4）腰带及腰带袢结构图（图 3-11）。

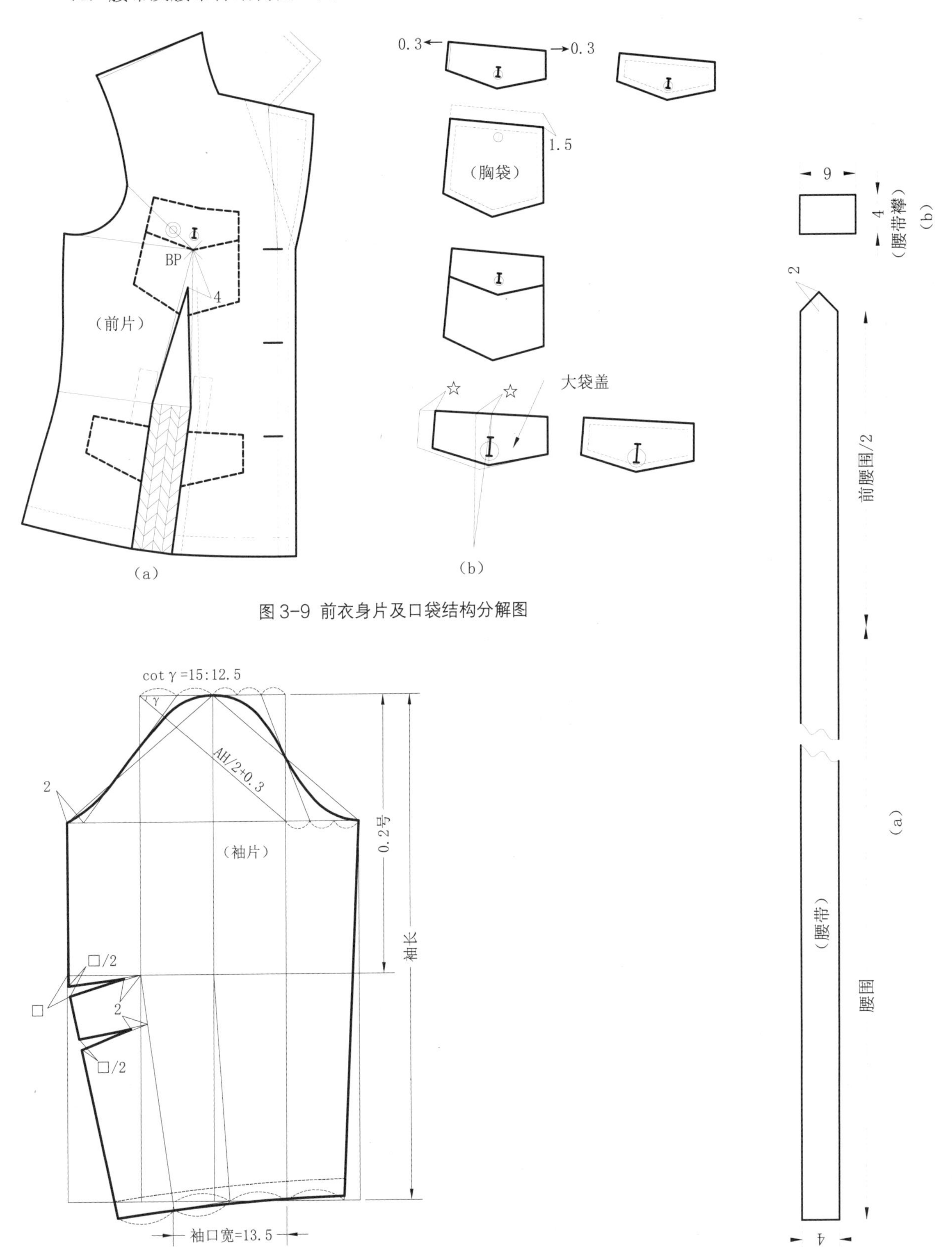

图 3-9 前衣身片及口袋结构分解图

图 3-10 袖片结构图

图 3-11 腰带及腰带袢结构图

第三节 立领斜门襟上衣

一、款式图

见图 3-12。

二、款式特点

（1）领型：立领。

（2）袖型：二片式合体型长袖。

（3）衣身：前中斜开襟并钉纽 3 粒；前片收胸腰省；近侧线设分割线；腰围下左右侧设双嵌线袋，无侧线。后片设后中线及弧形分割线。

图 3-12 立领斜门襟上衣款式图

三、设定规格

见表 3-3。

表 3-3 立领斜门襟上衣部位规格（单位：cm）

号型	衣长	胸围	肩宽	领围	袖长	袖斜线倾斜角余切
160/84A	72	96	40	36	58	15 ∶ 13

四、结构图

（1）前 / 后衣身片及领片的结构图（图 3-13）。

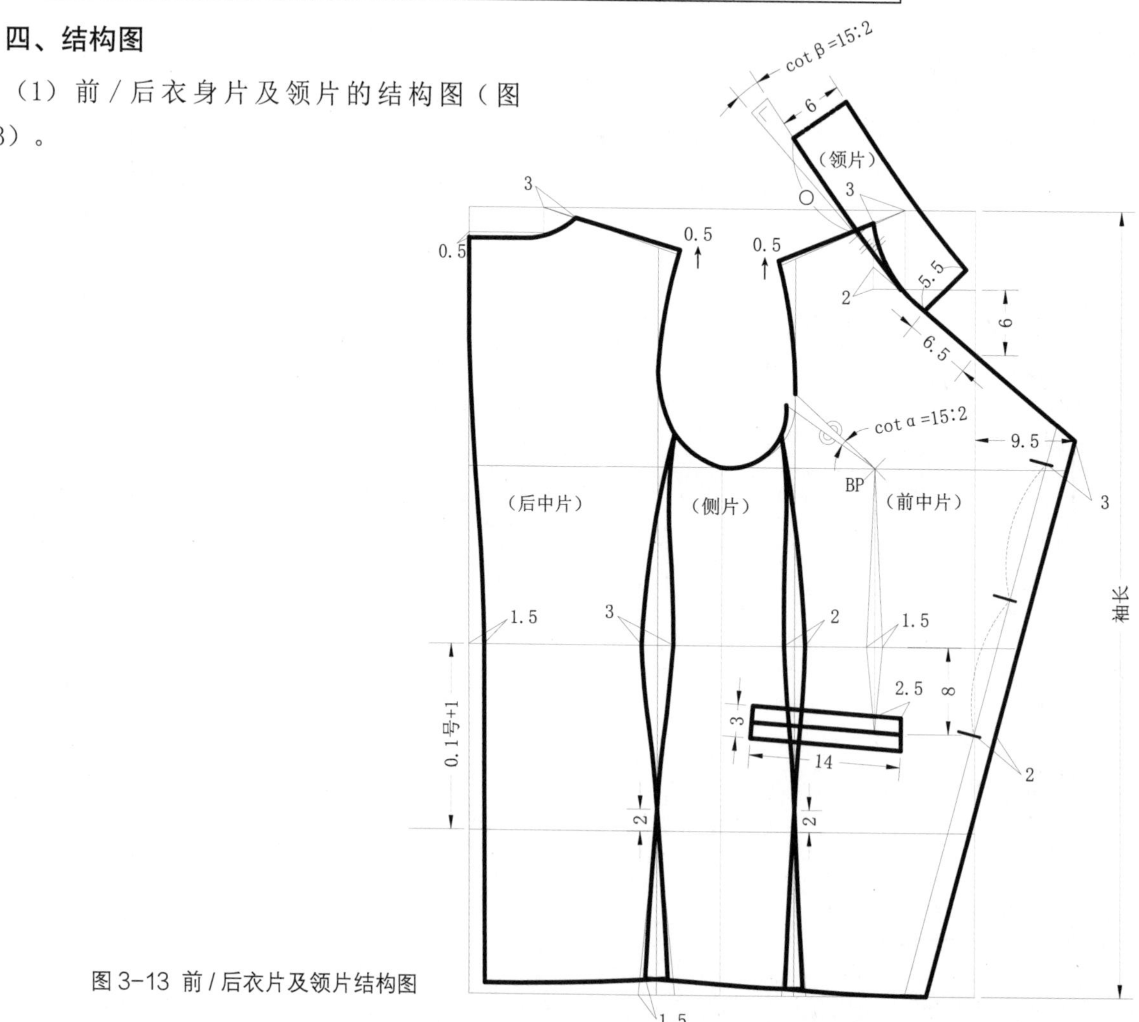

图 3-13 前 / 后衣片及领片结构图

（2）前衣身片结构分解图（图 3-14）。

（3）袖片结构图（图 3-15）。

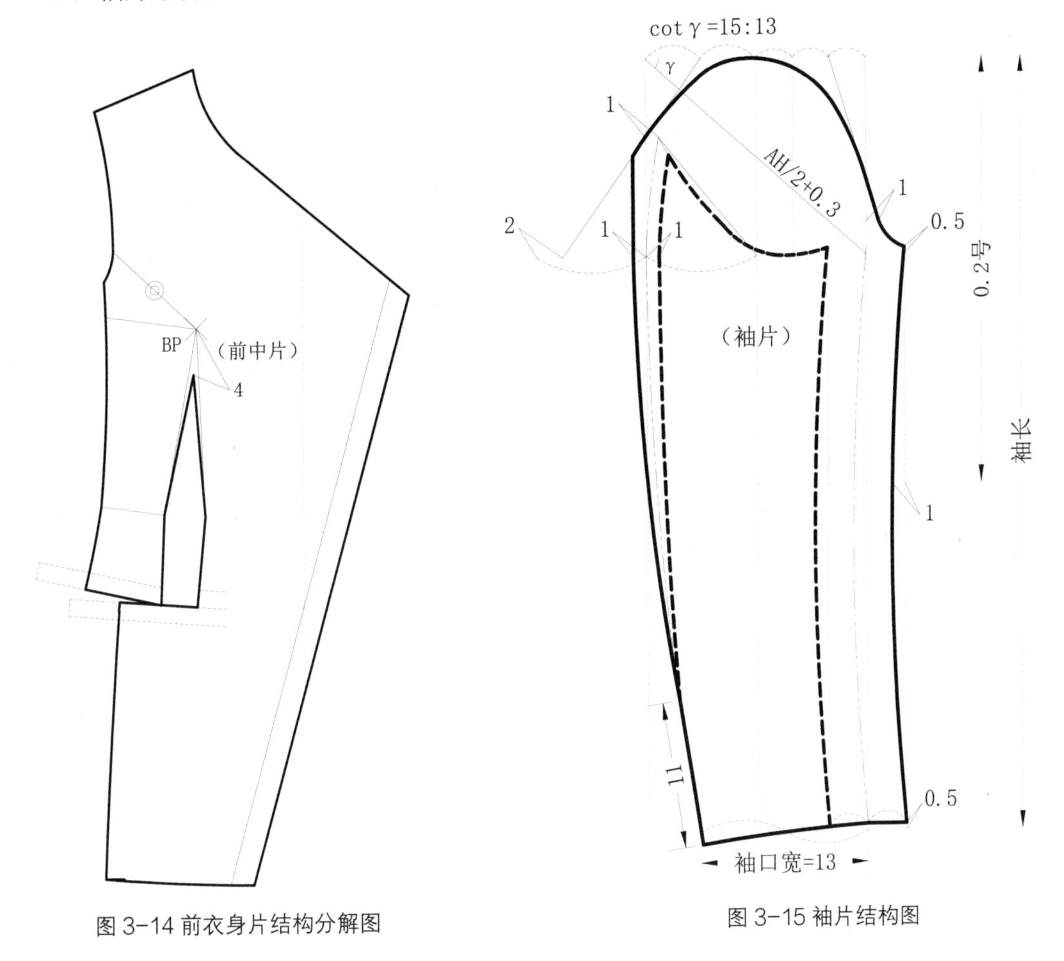

图 3-14 前衣身片结构分解图

图 3-15 袖片结构图

第四节 青果领分割型上衣

一、款式图

见图 3-16。

图 3-16 青果领分割型上衣款式图

二、款式特点

（1）领型：开门式翻驳领（青果领）。

（2）袖型：二片式合体型长袖，袖口开衩且钉纽一粒，后侧呈圆角。

（3）衣身：前中开襟并钉纽 3 粒，前片近侧线设分割线，前中胸围线以下设三条横向分割线。后片设后中线及弧形分割线。

三、设定规格

见表 3-4。

表 3-4 青果领分割型上衣部位规格（单位：cm）

号型	衣长	胸围	肩宽	领围	袖长	袖斜线倾斜角余切
160/84A	58	94	39	36	58	15 ∶ 13

四、结构图

（1）前 / 后衣身片及领片结构图（图 3-17）。

（2）挂面结构图（图 3-18）。

（3）前衣身片结构分解图（图 3-19）。

（4）袖片结构图（图 3-20）。

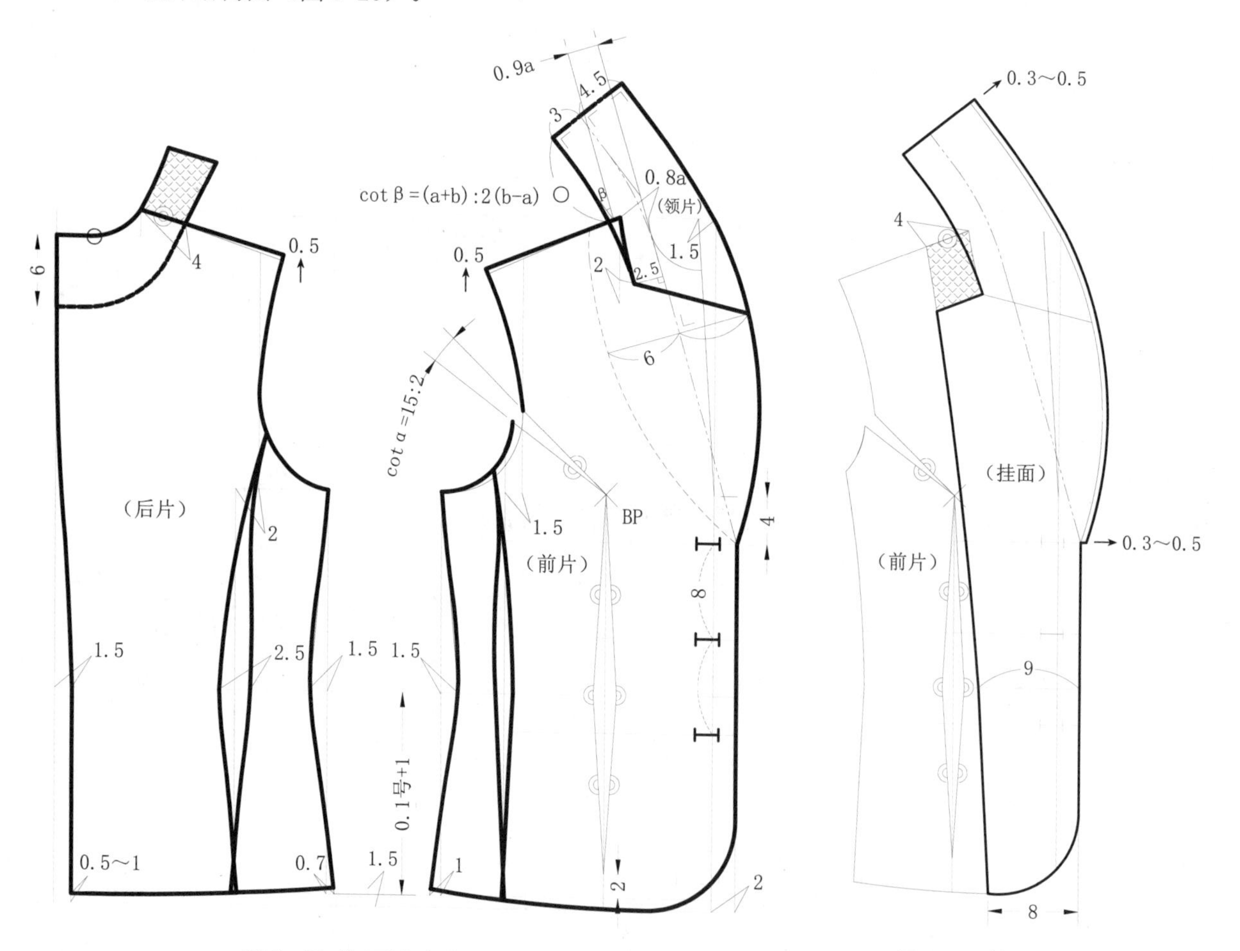

图 3-17 前 / 后衣身片及领片结构图

图 3-18 挂面结构图

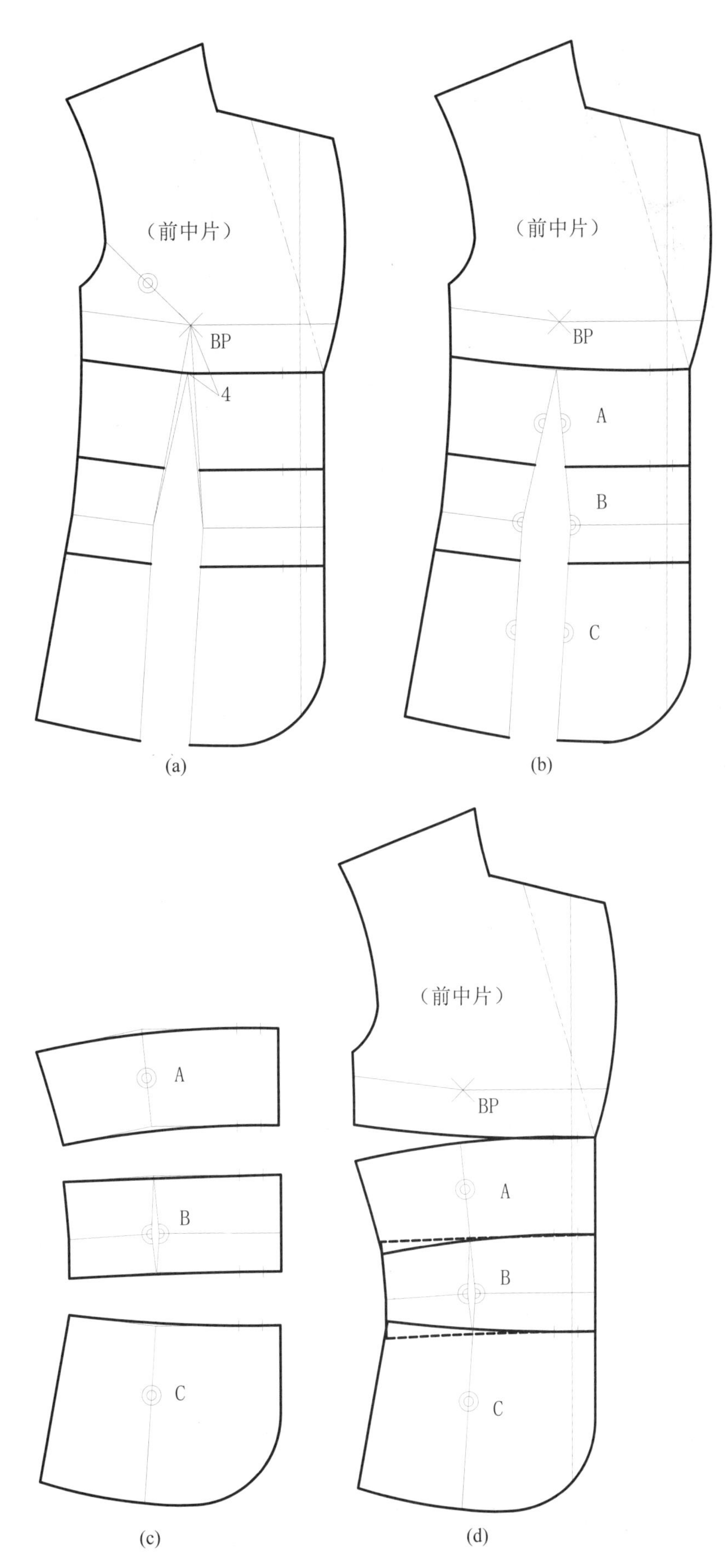

图 3-19 前衣身片结构分解图

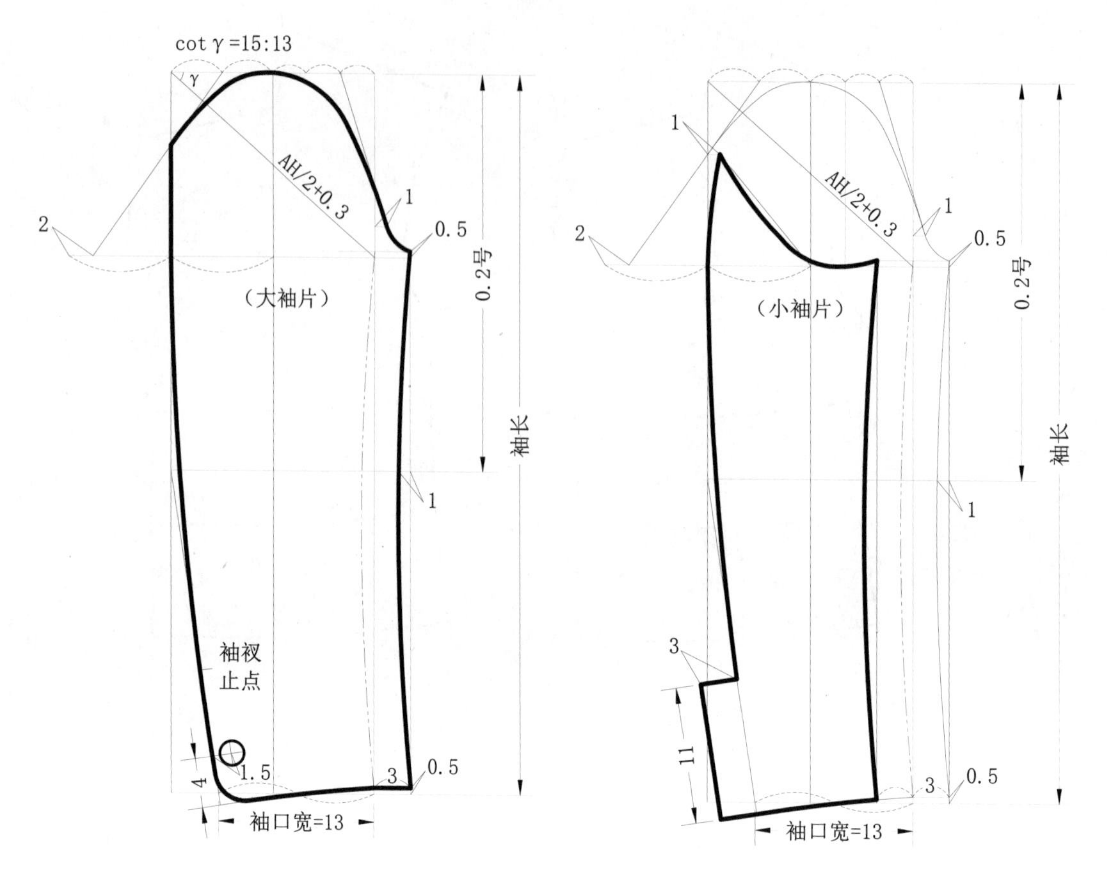

图 3-20 袖片结构图

第五节 海军领分割型上衣

一、款式图

见图 3-21。

二、款式特点

（1）领型：开门式翻驳领（海军领）。

（2）袖型：连衣型长袖。

（3）衣身：前中开襟装并拉链，前片近前中线自肩端点至侧线近底摆处设弧形分割线，左右侧设弧形分割线，腰围下设圆形贴袋。后片设后中线及弧形分割线。

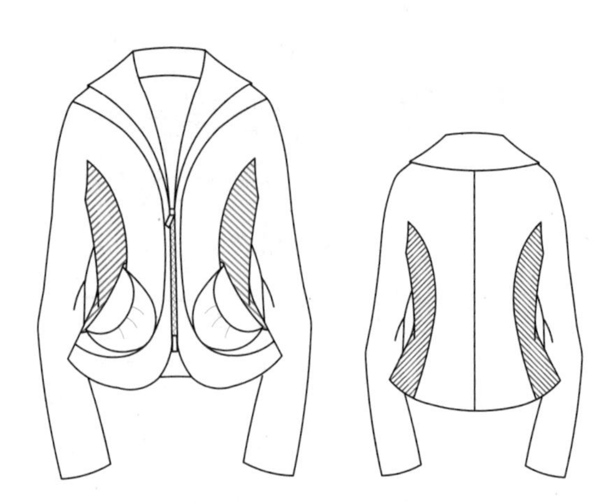

图 3-21 海军领分割型上衣款式图

三、设定规格

见表 3-5。

表 3-5 海军领分割型上衣部位规格（单位：cm）

号型	衣长	胸围	肩宽	领围	袖长	袖中线倾斜角余切
160/84A	62	94	39	36	58	15 ：10

四、结构图

（1）前 / 后衣身片及领片结构图（图 3-22）。

（2）前衣身片结构分解图（图 3-23）。

（3）前口袋结构分解图（图 3-24）。

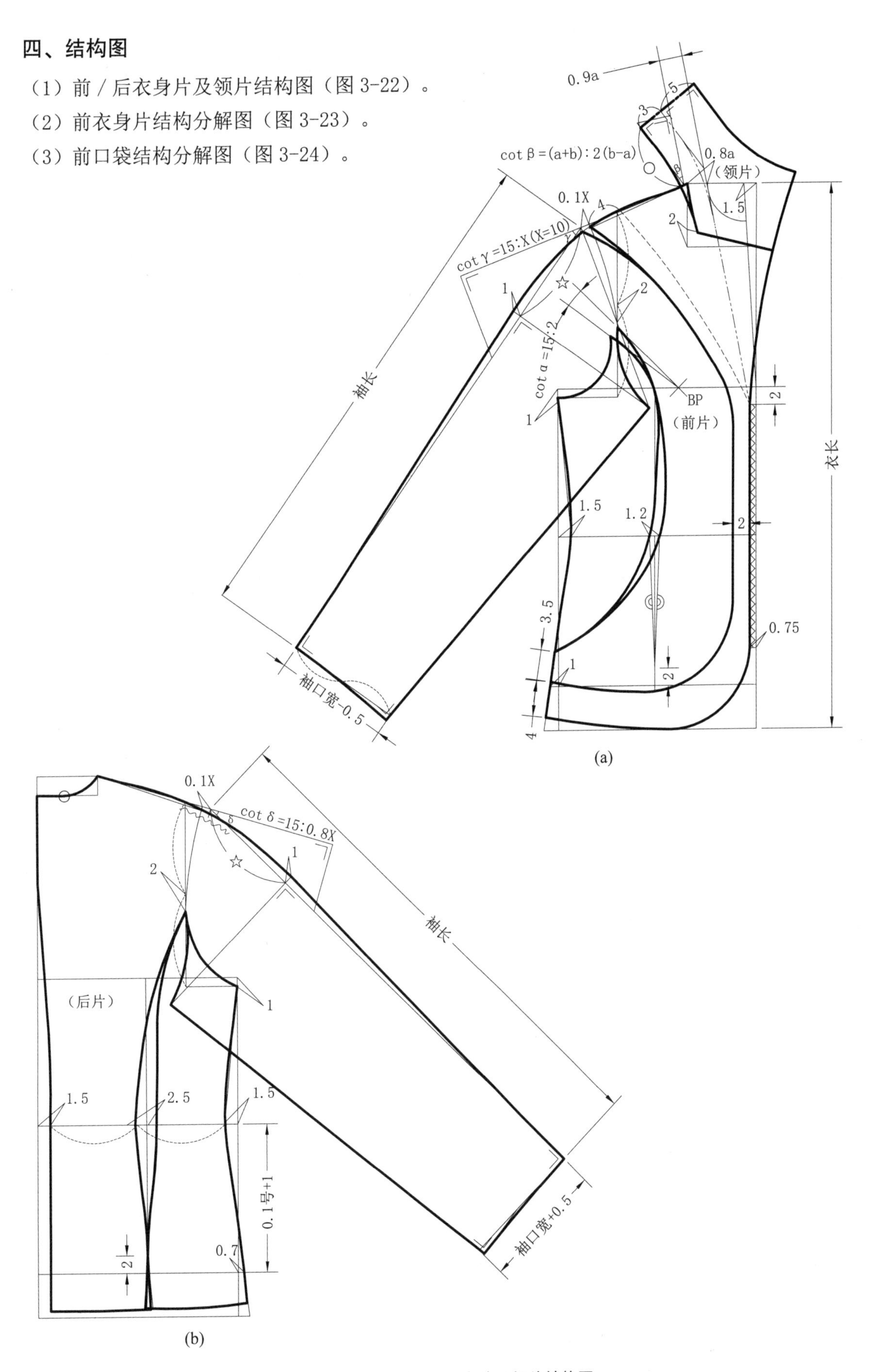

图 3-22 前 / 后衣身片及领片结构图

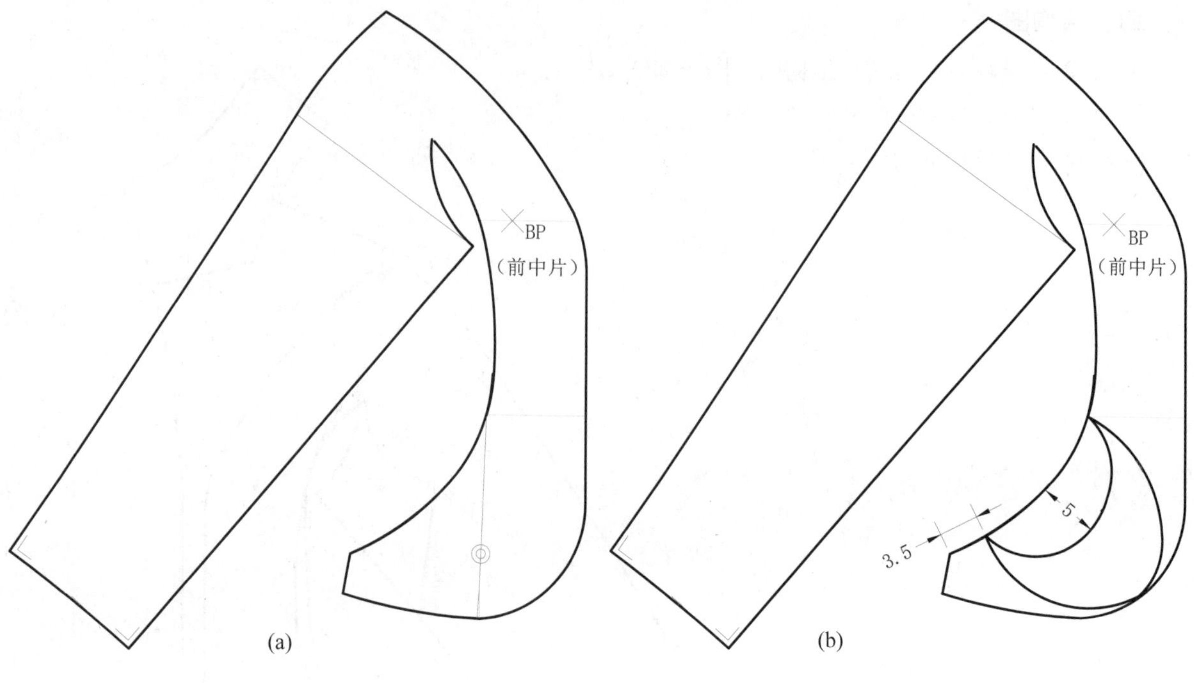

图 3-23 前衣身片结构分解图

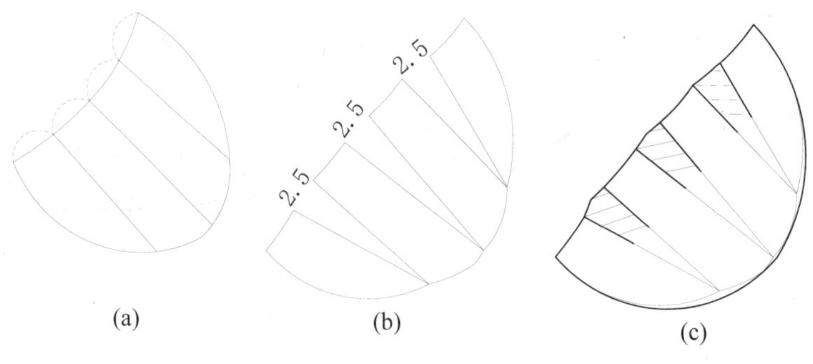

图 3-24 前口袋结构分解图

第六节 青果领收省型上衣

一、款式图

见图 3-25。

二、款式特点

（1）领型：开门式翻驳领（青果领），领宽加宽型。

（2）袖型：一片式合体型长袖。

（3）衣身：前中开襟且钉纽一粒，前片收领胸省、腰省，腰围线下设横斜式嵌袋。后片设后中线及腰省。领口、门里襟止口设嵌条。

图 3-25 青果领收省型上衣款式图

三、设定规格

见表 3-6。

表 3-6 青果领收省型上衣部位规格（单位：cm）

号型	衣长	胸围	肩宽	领围	袖长	袖斜线倾斜角余切
160/84A	58	94	39	36	58	15 ∶ 12.5

四、结构图

（1）前 / 后衣身片及领片结构图（图 3-26）。

（2）前衣身片结构分解图（图 3-27）。

（3）袖片结构分解图（图 3-28）。

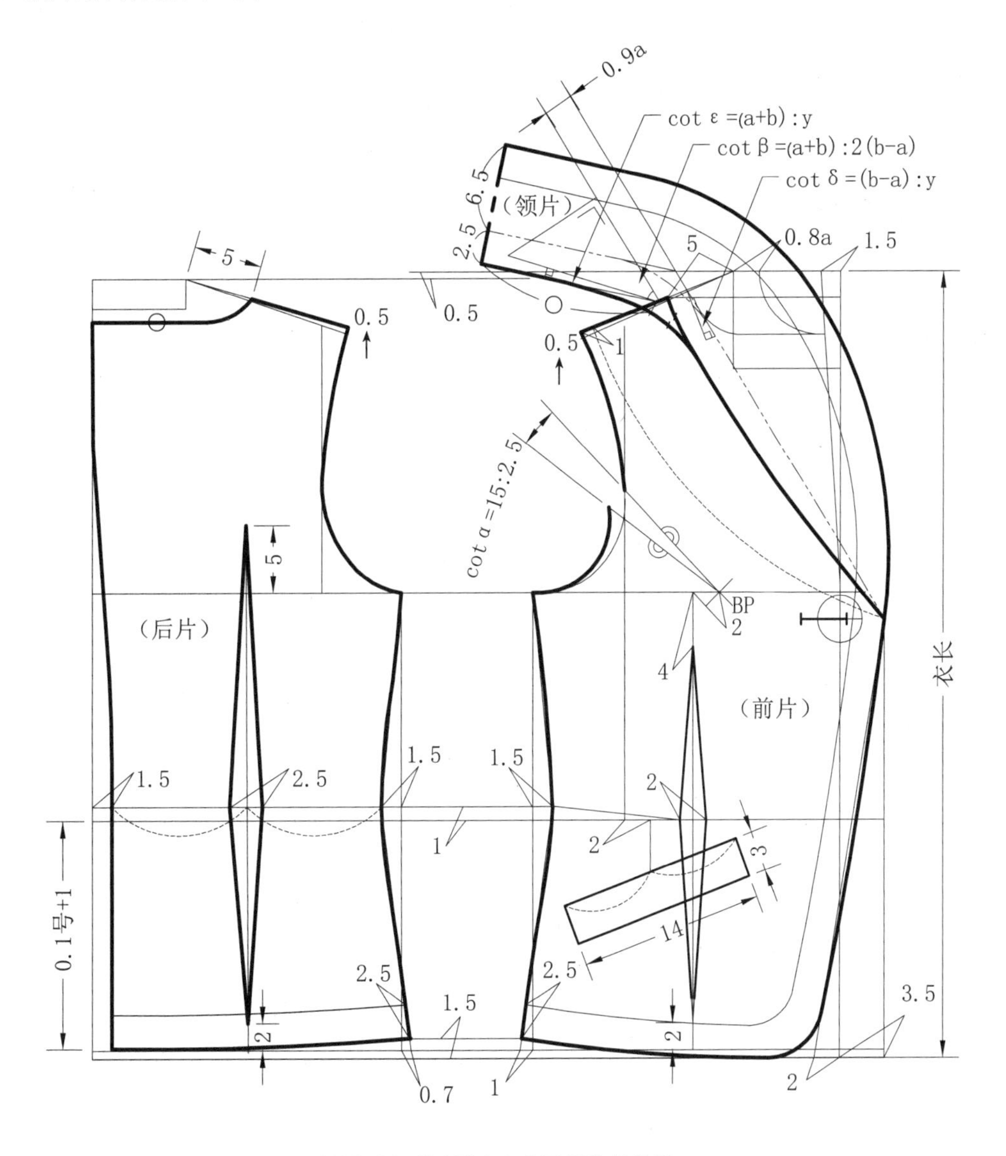

图 3-26 前 / 后衣身片及领片结构图

图 3-27 前衣身片结构分解图

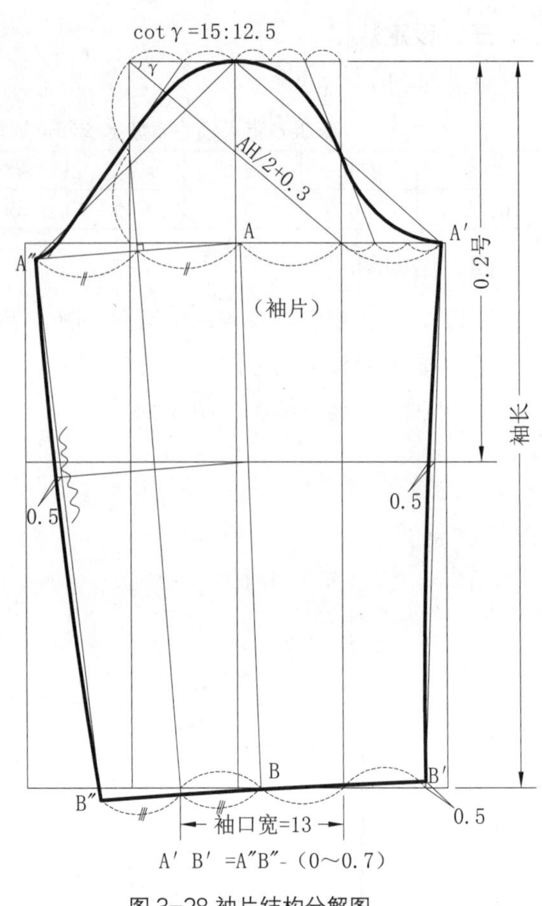

图 3-28 袖片结构分解图

第七节 便装领收省型上衣

一、款式图

见图 3-29。

二、款式特点

（1）领型：开门式翻驳领（便装领）。

（2）袖型：二片式合体型长袖，袖口开衩且衩角呈圆弧形。

（3）衣身：前中开襟钉纽三粒，前片收侧胸省、腰省，腰节高位置前中线至前腰省设横分割线，圆形摆角。后片设后中线及腰省，后中圆形摆角。领口、驳口、胸省、腰省、袖口止口均缉明线。

图 3-29 便装领收省型上衣款式图

三、设定规格

见表 3-7。

表 3-7 便装领收省型上衣部位规格（单位：cm）

号型	衣长	胸围	肩宽	领围	袖长	袖斜线倾斜角余切
160/84A	54	94	39	36	58	15 ： 13

四、结构图

（1）前 / 后衣身片及领片结构图（图 3-30）。

（2）前衣身片结构分解图（图 3-31）。

（3）袖片结构分解图（图 3-32）。

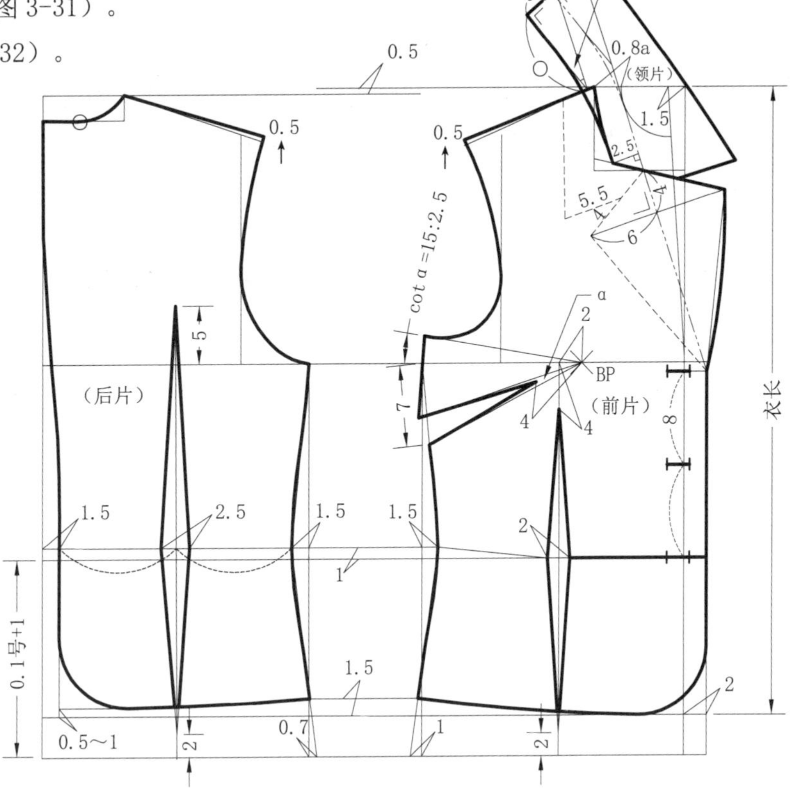

图 3-30 / 后衣片及领片结构图

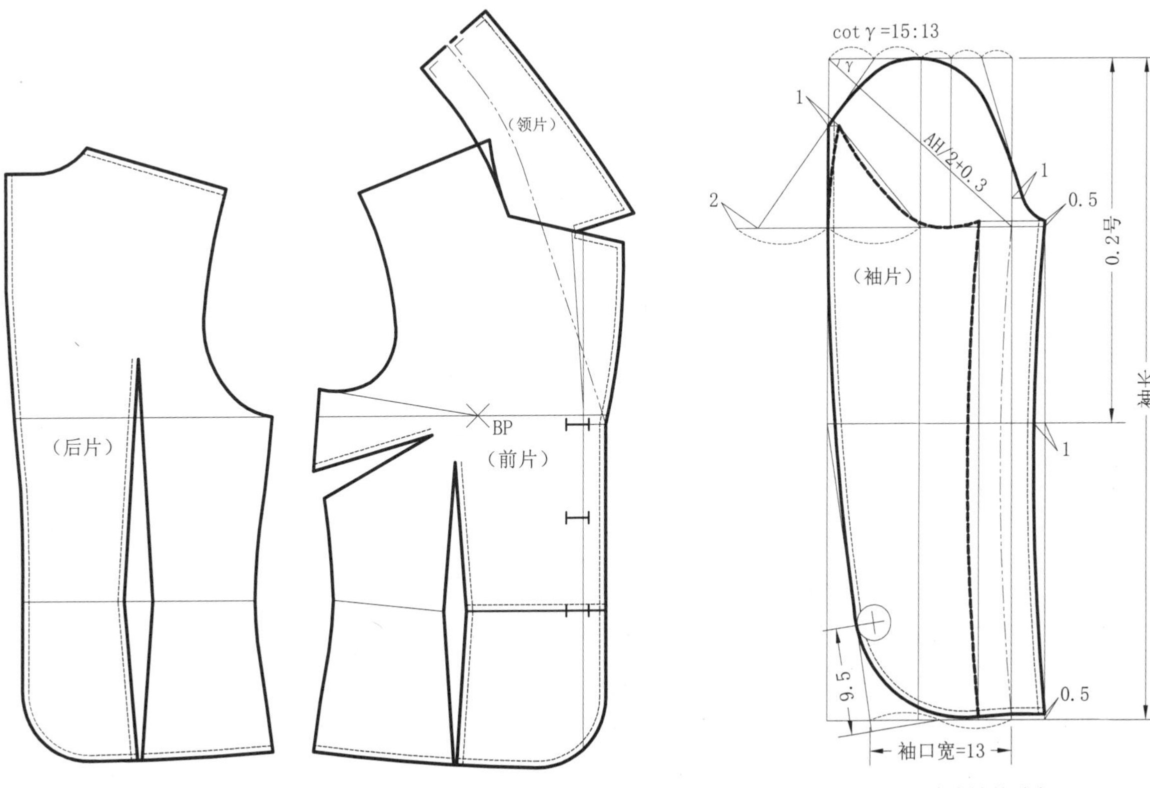

图 3-31 前衣片结构分解图

图 3-32 袖片结构分解图

第四章 大衣

大衣为冬季穿着的服装。在其款式设计上，衣领变化多为立领、翻驳领，衣袖变化有中袖、长袖等。大衣属外套型服装，多见各类内搭服装与之相配。

第一节 收省分割型大衣

一、款式图

见图 4-1。

图 4-1 收省 + 分割型大衣款式图

二、款式特点

（1）领型：开门式翻驳领，领串口线收细褶。

（2）袖型：二片式合体型长袖。

（3）衣身：前中开襟且钉纽 5 粒；前片收胸腰省，左右侧设横向不对称分割线，分割线走向及位置如图 4-1 所示。后片设后中线及腰省。挂面、分割片均选用直条料。

三、设定规格

见表 4-1。

表 4-1 收省 + 分割型大衣部位规格（单位：cm）

号型	衣长	胸围	肩宽	领围	袖长	袖斜线倾斜角余切
160/84A	110	98	40	38	58	15 ∶ 13

四、结构图

（1）前 / 后衣身片及领片结构图（图 4-2）。

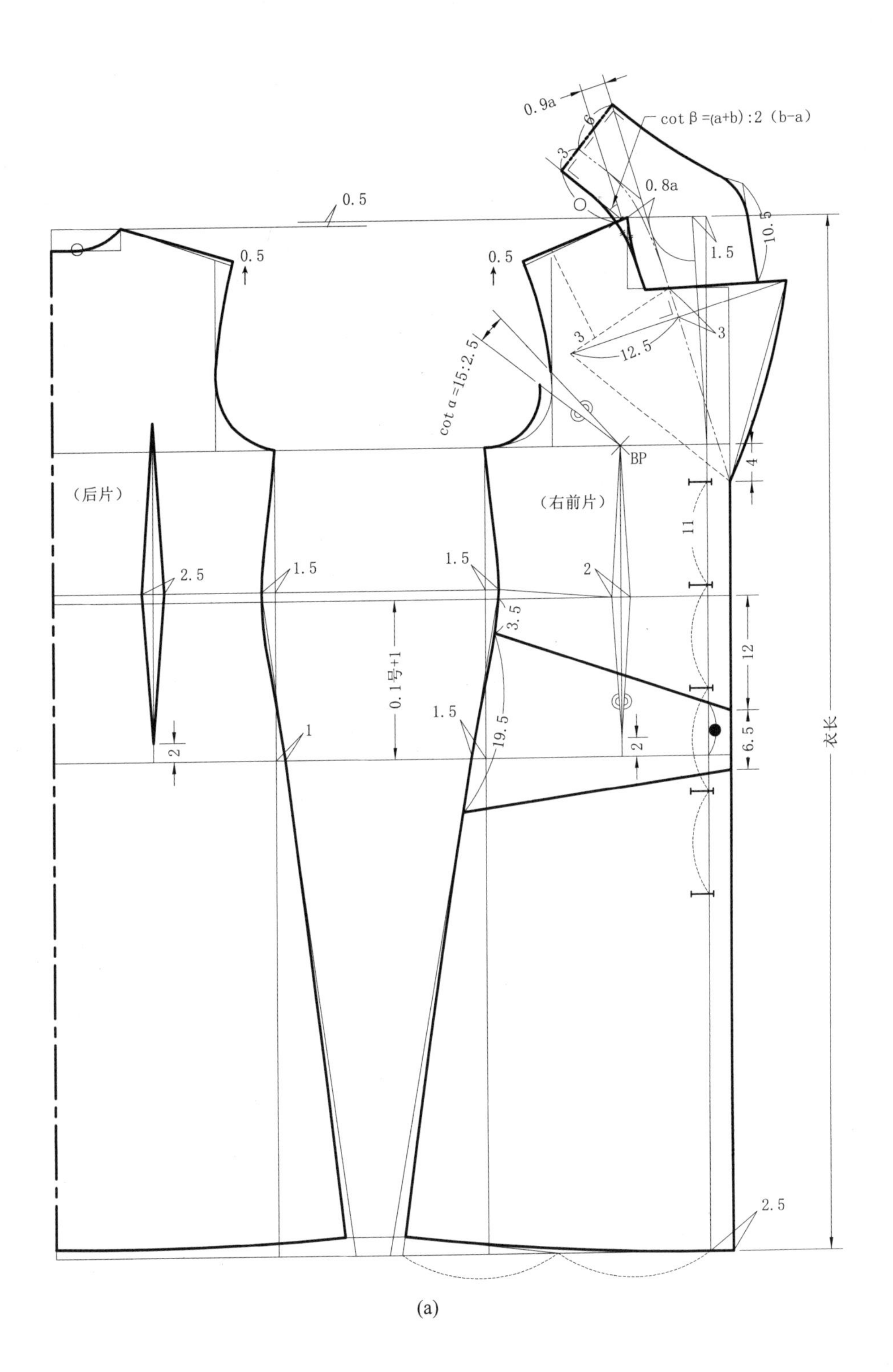
0.9a
6
3
cot β =(a+b):2 (b-a)
0.8a
0.5
10.5
1.5
0.5
0.5
3
12.5
3
cot α =15:2.5
BP
4
(后片)
(右前片)
11
2.5
1.5
1.5
2
3.5
12
0.1号+1
1.5
1
19.5
6.5
2
2
衣长
2.5

(a)

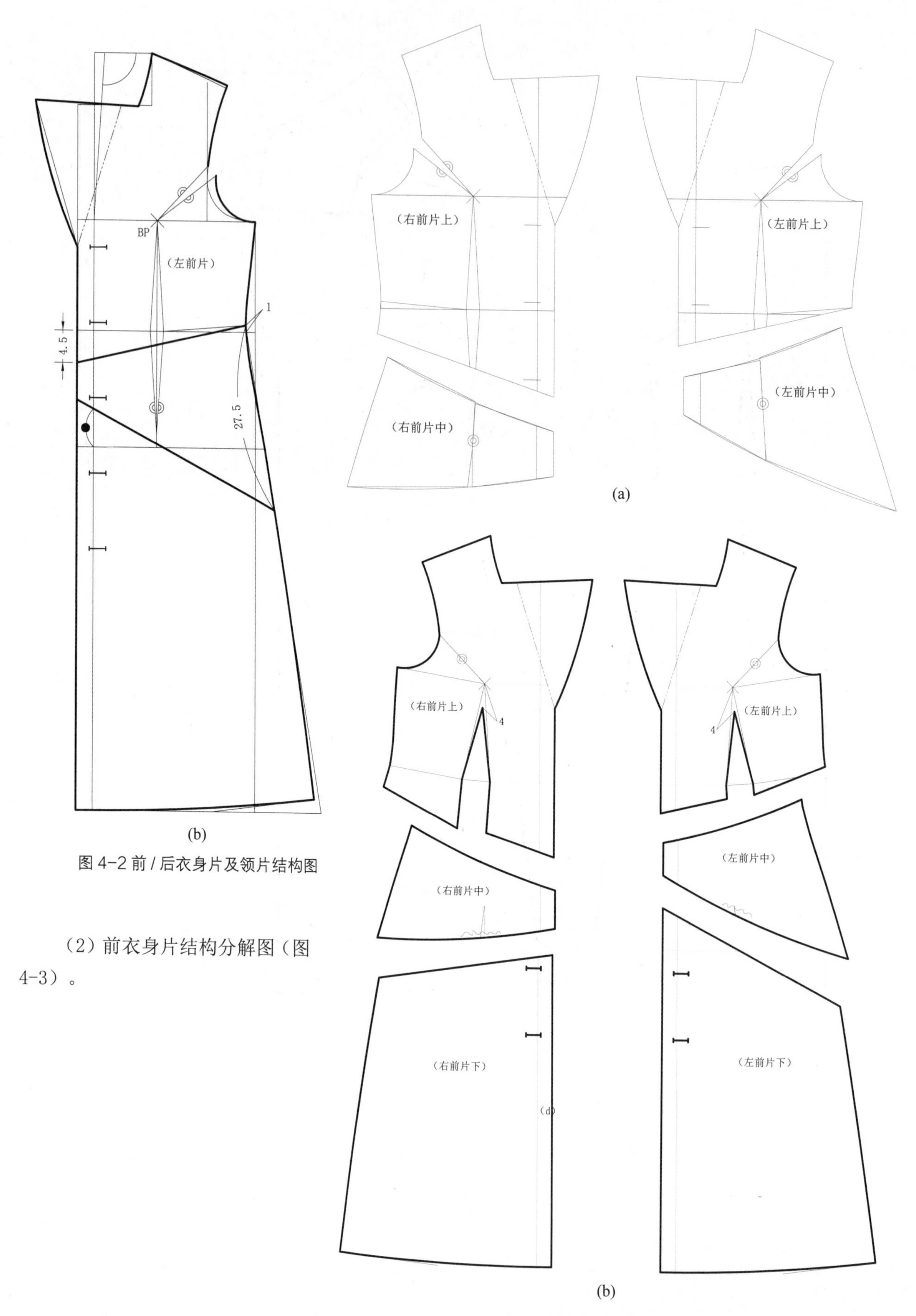

(b)

图 4-2 前 / 后衣身片及领片结构图

（2）前衣身片结构分解图（图4-3）。

(a)

(b)

图 4-3 前衣身片结构分解图

（3）袖片结构图（图 4-4）。

（4）领片结构分解图（图 4-5）。

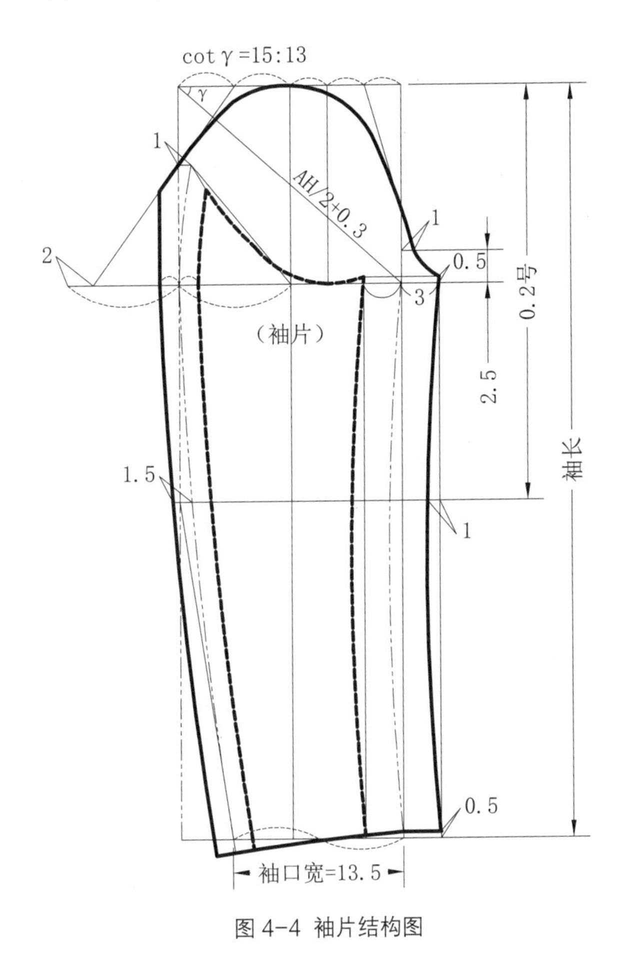

图 4-4 袖片结构图

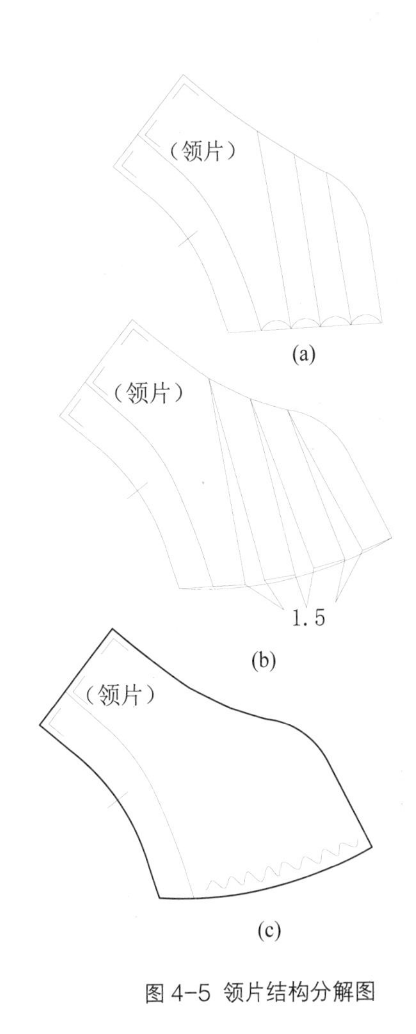

图 4-5 领片结构分解图

第二节 不对称领宽松大衣

一、款式图

见图 4-6。

二、款式特点

（1）领型：不对称型翻驳领。

（2）袖型：一片式宽松型长袖。袖片中间作分割线；袖口装翻边；分割线及袖口翻边止口均缉明线。

（3）衣身：前中开襟并钉纽 4 粒，前片上部设横分割线，腰围下设横斜形嵌线袋。后片设后中线，上部设横分割线。领口、门里襟、肩部分割线、袖窿、袋口、下摆止口均缉明线。

图 4-6 不对称领宽松大衣款式图

三、设定规格

见表 4-2。

表 4-2 不对称领宽松大衣部位规格（单位：cm）

号型	衣长	胸围	肩宽	领围	袖长	袖斜线倾斜角余切
160/84A	95	114	43	42	58	15 ∶ 9

四、结构图

（1）前 / 后衣身片结构图（图 4-7）。

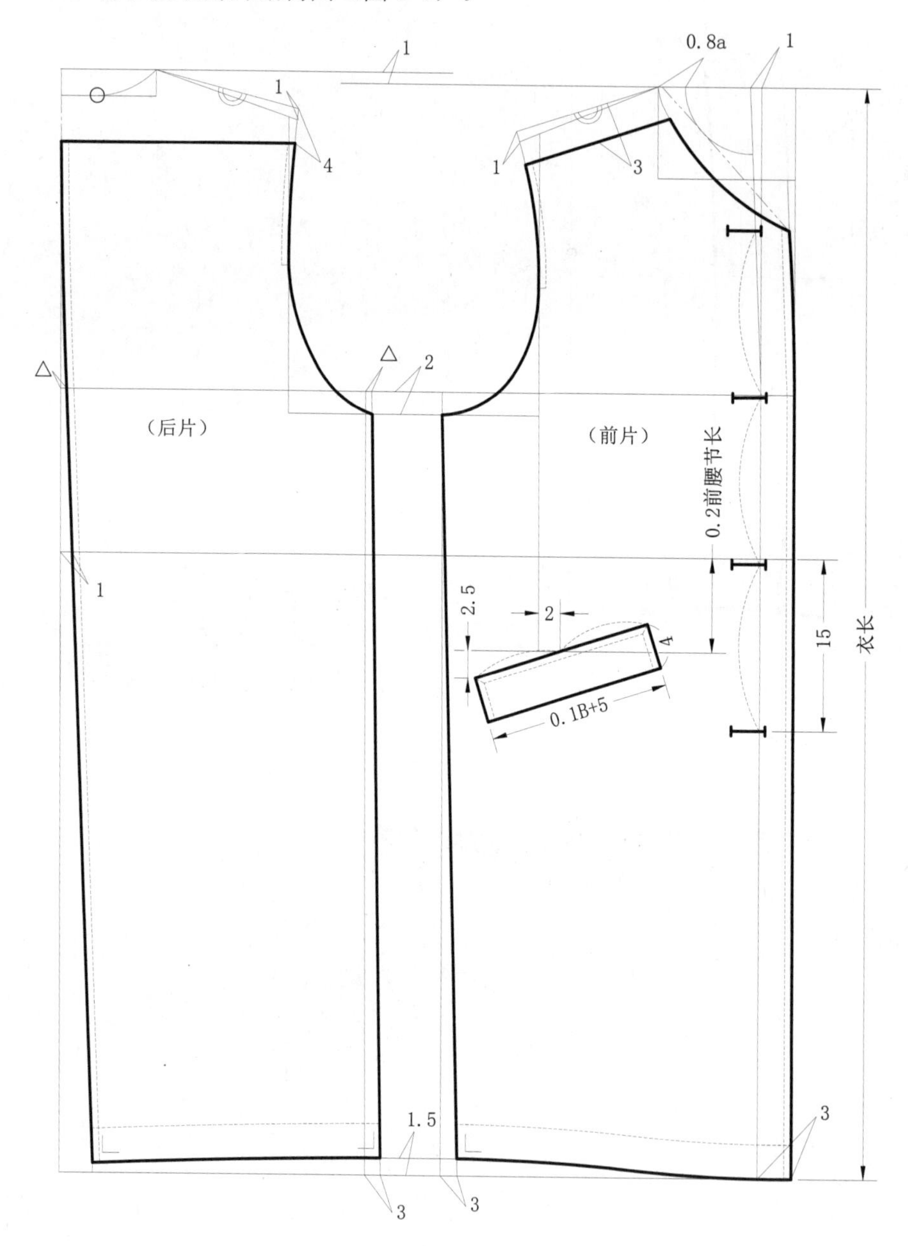

图 4-7 前 / 后衣身片结构图

（2）肩育克结构图（图 4-8）。

（3）领片结构图（图 4-9）。

（4）领片结构分解图（图 4-10）。

（5）袖片结构图（图 4-11）。

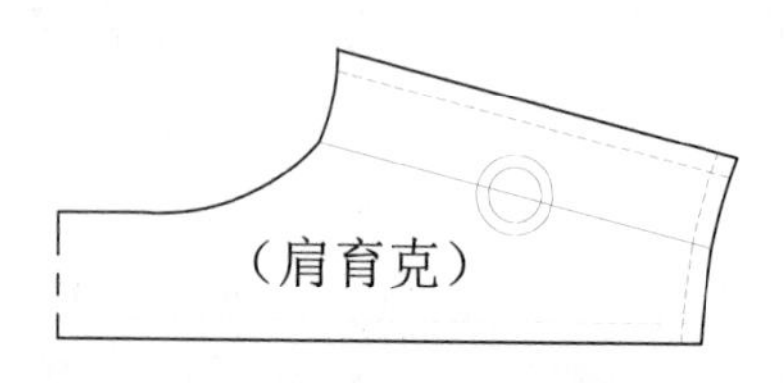

图 4-8 肩育克结构图

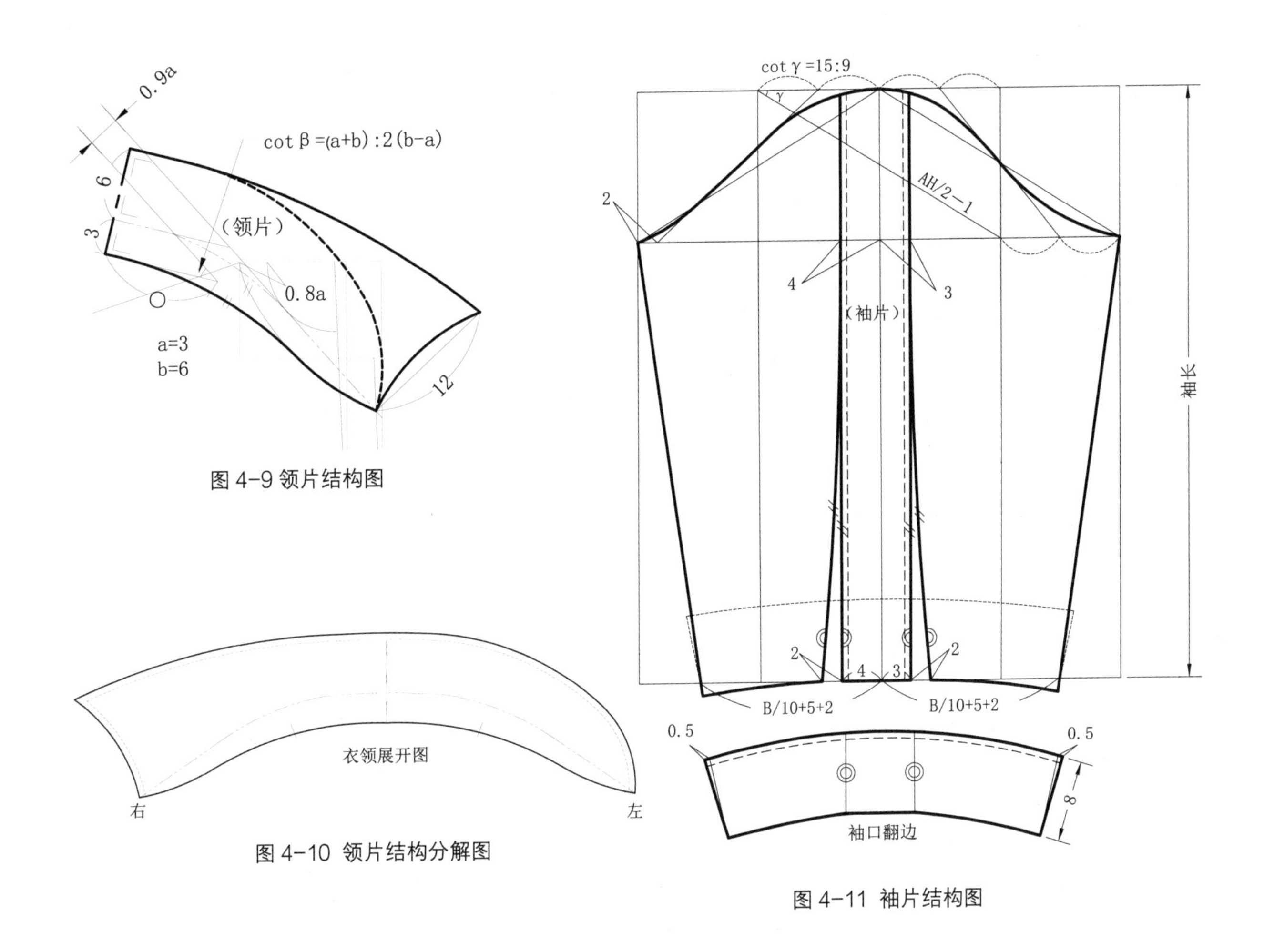

图 4-9 领片结构图

图 4-10 领片结构分解图

图 4-11 袖片结构图

第三节 插肩袖分割型大衣

一、款式图

见图 4-12。

二、款式特点

（1）领型：开门式翻驳领，青果式缺角圆领。

（2）袖型：插肩袖，三片式长袖。

（3）衣身：前中双排开襟并钉纽 8 粒，前片设直形分割线。后片设后中线，弧形分割线。

三、设定规格

见表 4-3。

表 4-3 插肩袖分割型大衣部位规格（单位：cm）

号型	部位	衣长	胸围	肩宽	领围	袖长	袖斜线倾斜角余切
160/84A	规格	100	104	41	39	58	15 ∶ 12

四、结构图

（1）前／后衣身片及领片结构图（图 4-13）。

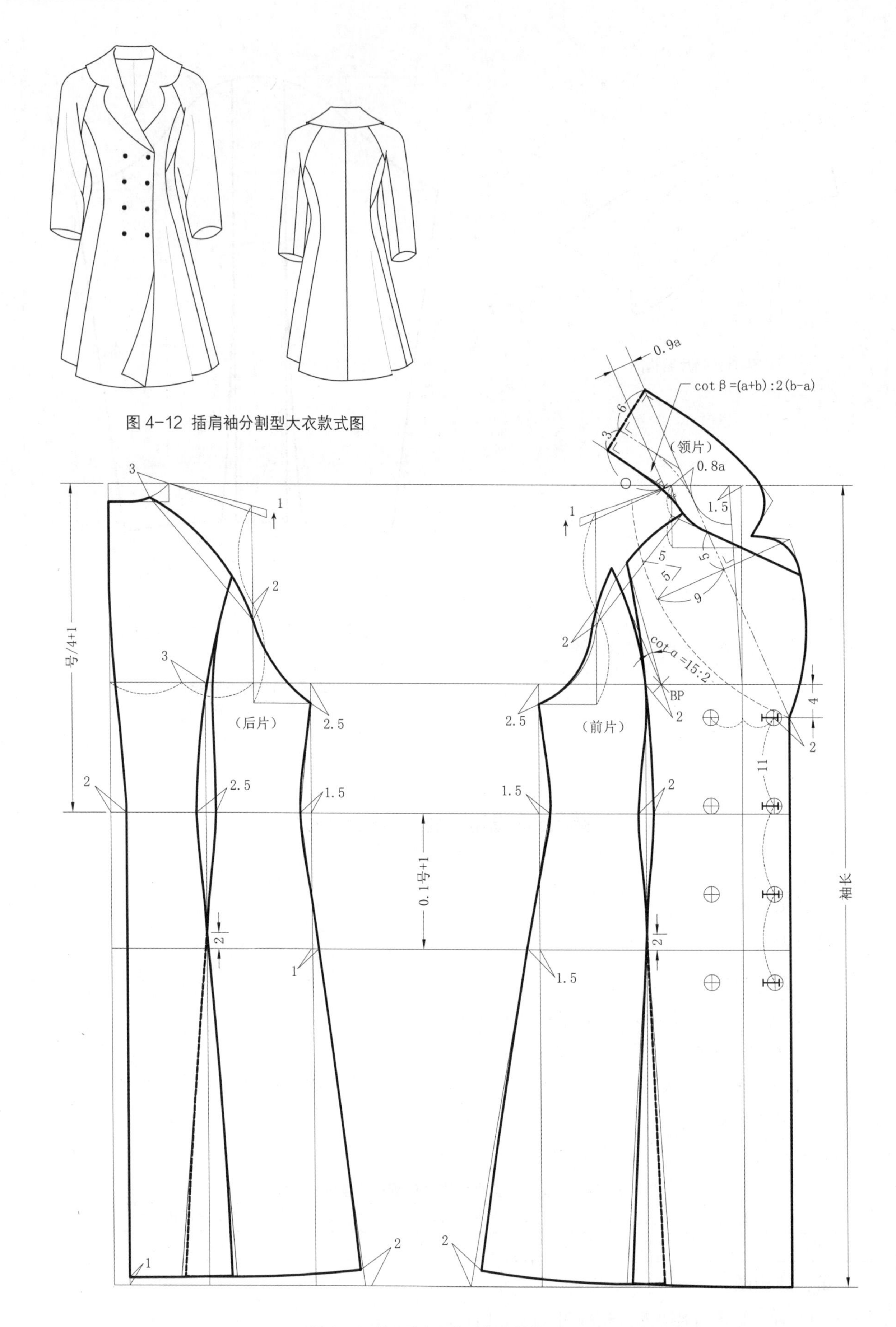

图 4-12 插肩袖分割型大衣款式图

图 4-13 前 / 后衣身片及领片结构图

（2）前 / 后袖片结构图（图 4-14）。

（3）袖片结构分解图（图 4-15）。

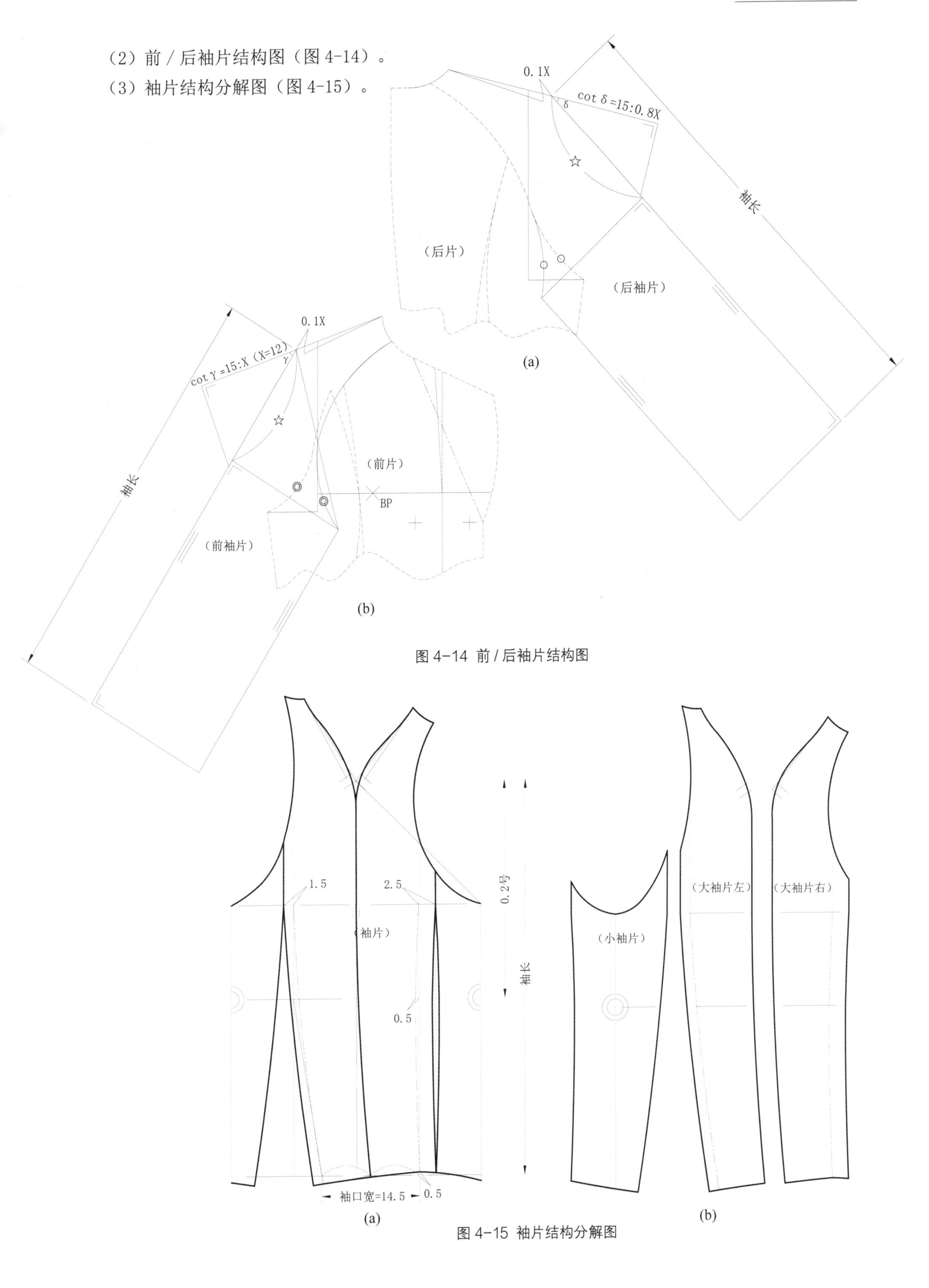

图 4-14 前 / 后袖片结构图

图 4-15 袖片结构分解图

第四节 连身立领收省型大衣

一、款式图

见图 4-16。

图 4-16 连身立领收省型大衣款式图

二、款式特点

（1）领型：不对称连衣立领；左侧为连衣立领，右侧为连衣立驳领。

（2）袖型：二片式合体型长袖。

（3）衣身：前中偏开襟并拷纽一粒，拷纽至左侧缝系带固定门里襟；前片设侧胸省、腰省，腰围下设横斜形嵌袋。后片设后中线及腰省。领口门襟止口缉明线。

三、设定规格

见表 4-4。

表 4-4 连身立领收省型大衣部位规格（单位：cm）

号型	衣长	胸围	肩宽	领围	袖长	袖斜线倾斜角余切
160/84A	80	100	41	39	58	15 ： 12.5

四、结构图

（1）前 / 后衣身片及领片结构图（图 4-17）。

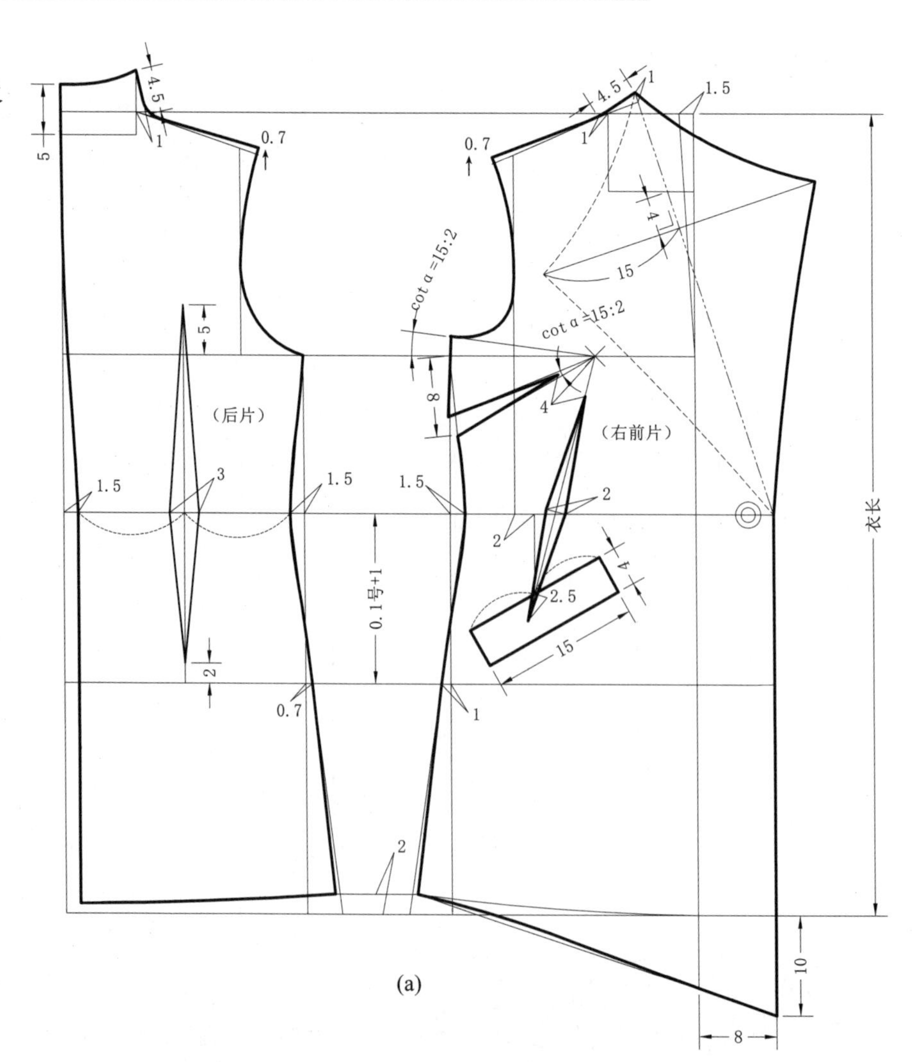

(a)

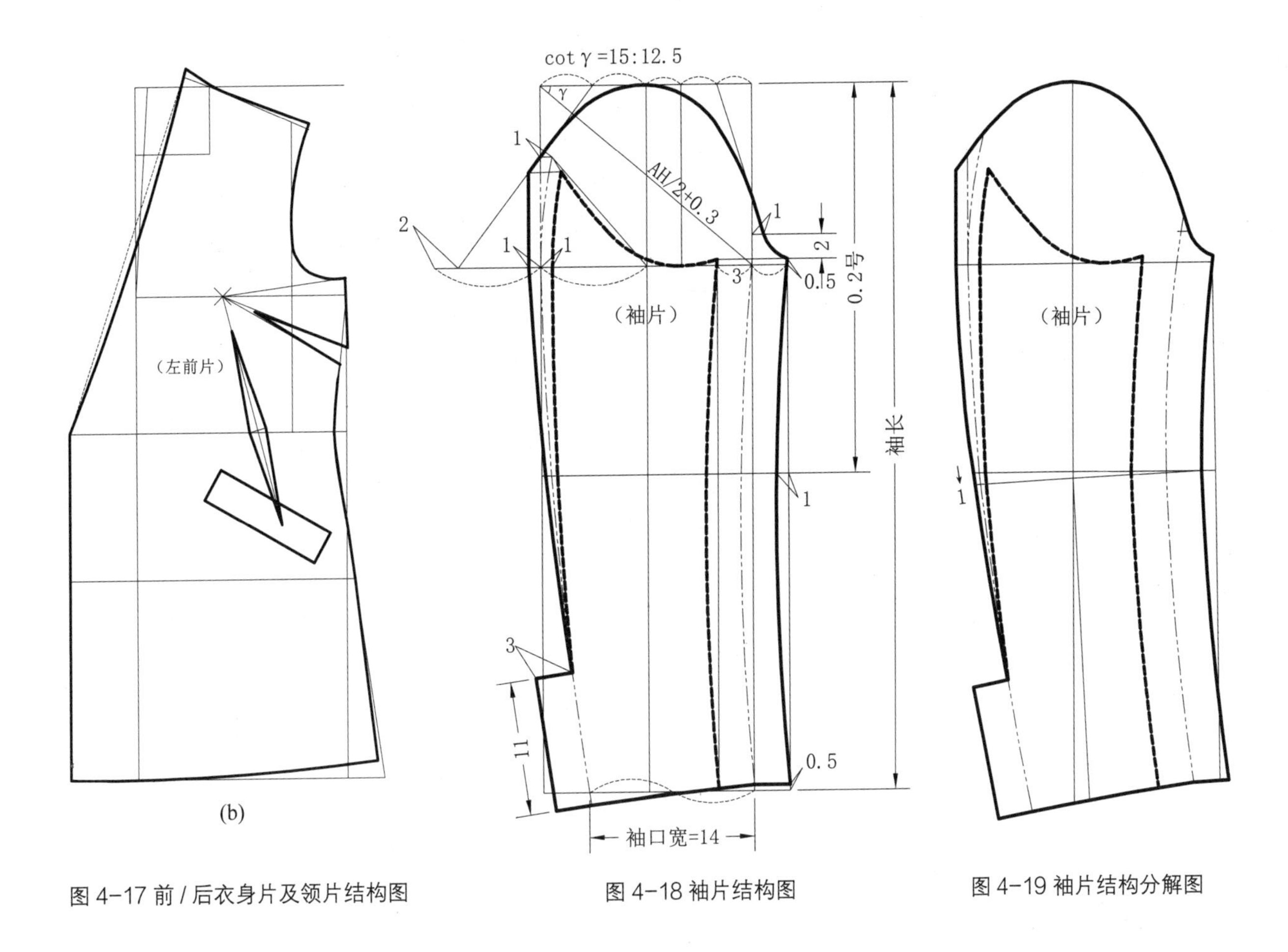

图 4-17 前 / 后衣身片及领片结构图

图 4-18 袖片结构图

图 4-19 袖片结构分解图

（2）袖片结构图（图 4-18）。

（3）袖片结构分解图（图 4-19）。

思考题：

1. 简述服装整体结构设计的制作步骤、要点及各类服装的处理方法。

2. 按款式图 1 制作结构图。制作提示：

（1）设定规格（表 1）。

表 1 各部位规格表（单位：cm）

号型	衣长	胸围	基型肩宽	基型领围	腰围	袖斜线倾斜角余切
160/84A	62	88	38	35	70	15 ： 12.5

（2）此款式可参考第一章第一节吊带衫的结构设计方法。细褶量由胸省与展开量构成。胸省夹角余切的控制量为 15 ：（2.5 ～ 3）。

3. 按款式图 2 制作结构图。制作提示：

（1）设定规格（表 2）。

表 2 各部位规格表（单位：cm）

号型	衣长	胸围	基型肩宽	基型领围	腰围	袖长	袖中线倾斜角余切
160/84A	64	90	38.5	35	74	7	15 ： 2.5

（2）此款式可参考第一章第三节盖袖分割型上衣的结构设计方法。弧形分割线近侧线，距离胸高点 4 ～ 6cm。胸省夹角余切的控制量为 15 ：（2 ～ 2.5）。

4. 按款式图 3 制作结构图。制作提示：

（1）设定规格（表 3）。

表 3 各部位规格表（单位：cm）

号型	衣长	胸围	基型肩宽	基型领围	腰围	袖长	袖斜线倾斜角余切
160/84A	55	94	39	36	76	58	15 ：3

（2）此款式可参考第三章第六节青果领收省型上衣和第七节便装领收省型上衣的结构设计方法。胸省夹角余切的控制量为 15 ：（2.5 ～ 3）。

5. 按款式图 4 制作结构图。制作提示：

（1）设定规格（表 4）。

表 4 各部位规格表（单位：cm）

号型	衣长	胸围	基型肩宽	基型领围	腰围	袖长	袖斜线倾斜角余切
160/84A	57	94	39	36	76	58	15 ：3

（2）此款式可参考第三章第四节青果领分割型上衣和第五节海军领分割型上衣的结构设计方法。胸省夹角余切的控制量为 15 ：（2.5 ～ 3）。

款式图 1　　款式图 2　　款式图 3　　款式图 4

参考文献

[1] 蒋锡根．服装结构设计—服装母型裁剪法．上海：上海科学技术出版社，1999.
[2] 徐雅琴．服装制板与推板细节解析．北京：化学工业出版社，2004.
[3] 孙熊．服装结构与工艺．上海：上海科学技术出版社，2007.
[4] 苏石民，包昌法，李青．服装结构设计．北京：中国纺织出版社，2007.
[5] 徐雅琴，马跃进．服装制图与样板制作（第 4 版）．北京：中国纺织出版社，2018.
[6] 徐雅琴．服装结构制图（第 6 版）．北京：高等教育出版社，2021.

图书在版编目 (CIP) 数据

女装结构综合设计：女装结构细节处理与解析大全 / 徐雅琴编著 . -- 上海：东华大学出版社，2023.1
ISBN 978-7-5669-2142-0

Ⅰ．①女… Ⅱ．①徐… Ⅲ．①女服一结构设计 Ⅳ．①TS941.717

中国版本图书馆 CIP 数据核字 (2022) 第 230551 号

责任编辑：谭　英
封面设计：鲍文萱

女装结构综合设计 女装结构细节处理与解析大全
Nüzhuang Jiegou Zonghe Sheji

徐雅琴　编著
东华大学出版社出版
上海市延安西路 1882 号
邮政编码：200051 电话：（021）62193056
出版社网址　http://www.dhupress.net
天猫旗舰店　http://www.dhdx.tmall.com
印刷：上海四维数字图文有限公司
开本：889 mm×1194 mm　1/16　印张：16.5 字数：580 千字
2023 年 01 月第 1 版　2023 年 01 月第 1 次印刷
ISBN 978-7-5669-2142-0
定价：59.00 元